祝酒辞大全

王宇 ◎ 编著

中国商业出版社

图书在版编目（CIP）数据

祝酒辞大全/王宇编著. —北京：中国商业出版社，
2012.5（2020.8重印）

ISBN 978-7-5044-7545-9

Ⅰ.①祝… Ⅱ.①王… Ⅲ.①酒-文化-中国
Ⅳ.①TS971

中国版本图书馆CIP数据核字（2011）第268792号

责任编辑：刘树林

中国商业出版社出版发行
010-63180647　www.c-cbook.com
（100053　北京广安门内报国寺1号）
新华书店经销
三河市宏顺兴印刷有限公司
* * * *
710毫米×1000毫米　16开　20印张　428千字
2014年7月第1版　2020年8月第2次印刷
定价：45.00元
* * * *
（如有印装质量问题可更换）

前 言

"酒文化"是一个既古老而又新鲜的话题。酒与生活,有着千丝万缕的联系,它与人们的生活形影不离。而且谈及酒的时候,几乎所有的人都有过一些切身的体会。人生如歌,酒乃绝唱!历经数千年而不衰的饮酒文化,不分南北、男女以及民族,已经成为一种表示礼仪、氛围、情趣的文化符号和象征,同时也是交朋会友、宴请宾客时不可或缺的佳物。特别是在现代人的一些社会交际过程中,酒所扮演的角色和其所发挥的作用更是不容小觑。酒作为一种交际媒介,在日常生活中的迎宾送客、聚朋会友、彼此沟通、传递友情……社会活动中,都发挥着非常独到的作用。所以,探索一些关于酒桌上的"奥妙",对每个需要社会交际的人都是十分有利的。

人生在世,难免饮酒,闲来无事,举杯小酌,叹:"人生能有几回醉,今朝有酒今朝醉!"而怡然自得。所以,在中国数千年的文明发展史中,酒与文化的发展基本上是同步进行的。从古至今,不管是外交场、商贸会,还是喜宴、寿宴、朋友聚会……人们无一不在推杯换盏中吃出氛围、喝出交情、谈成美事、增进友谊,而在这觥筹交错之间,祝酒辞自然也是一道不容忽视的风景。

顾名思义,祝酒辞就是在酒宴、酒会上发表的祝贺、祝愿之辞,它也是酒文化的重要组成部分。翻开五千年中华文明史,从先皇始祖黄帝与岐伯讨论用黍、稷、稻、麦、菽五谷造酒,到夏禹断言:"后世必有以酒亡其国者";从"何以解忧?唯有杜康"的曹操到"斗酒诗百篇"的诗仙李白;从项羽的"鸿门宴"到赵匡胤的"杯酒释兵权"……都在中国历史上留下了一段段成也酒、败也酒、乐也酒、愁也酒的千古佳话。除此之外，酒和中华民族文化之间也颇有渊源。在中华民族的诸多传统节日中，岁首元旦吉祥酒；寒食、清明悼念酒；五月端午避邪酒；八月中秋团圆酒；九九重阳长寿酒；腊月除夕聚欢酒……无一能离开酒的。甚至连庆祝婚宴、丧葬祭奠、迎宾接风、送别饯行、出师壮行、凯旋庆功……也都是以酒作为联络感情的工具。

在高朋满座的酒宴或酒会上，礼仪性的祝酒辞演讲是必不可少的。一篇热情洋溢的祝酒辞，不仅能够为现场的气氛助兴添彩，也能够进一步增进宾主之间的情感和友谊。所以，一场成功的酒宴必有一篇响亮的祝酒辞做烘托。既然在人际交往中，祝酒辞是不可缺少的礼仪演讲，那么如何才能写出一篇热情洋溢的祝酒辞呢？

《祝酒辞全书》一书，全方位、多角度撷取了近三百例祝酒辞，囊括了婚庆、生日、庆功、商务、政务、聚会、节庆、迎宾、送行、开业、开幕闭幕、乔迁、答谢、就职等所有日常酒宴场景和情境。不仅为读者概括地讲解了有关的酒文化和酒场礼仪、禁忌等知识和常识，更详解了祝酒辞的来龙去脉、不同场景、情境下祝酒辞要点及应用技巧，以及酒场规则、酒史趣谈等酒文化，而且还为读者奉上了十分齐全的祝酒辞范文。全书不仅语言生动、表述简洁，而且范例经典、格式明了、文体丰富，是不可或缺的公文写作、演讲致辞、口才艺术、应酬交际、情景应对全书。且全面地向读者展示了祝酒辞的功用——既具有社交功能，又能联络感情、表达意愿的祝酒辞，巧妙地将政治利益、社会关系、人际规则、良好祝愿、亲情友谊彰显于其中，居功至伟。更精选了数十种场合的千余例祝酒佳词、祝酒佳句、祝酒妙语等大量精彩绝伦的祝酒辞素材，并将之灵活运用于祝酒辞中，必将使祝酒辞瞬间身价倍增，让人印象深刻。堪称是一本最全面的祝酒辞全书。

您可以一口气读完这本丰盛的文化大餐，领悟其中雅俗共赏的社交之道。也可以在参加某类聚会前临阵抱佛脚，采用书中与您聚会性质相似的那一篇作为自己的腹稿，便于临场发挥。相信本书的内容一定会对您有较大的帮助作用，也愿您凭借本书，在觥筹交错之际，行令谈笑间翻云覆雨，扭转乾坤！

目　录

第一篇　无酒不欢，把酒大话酒之源

　　酒是我们最常见的东西，桌上有酒必定就要敬酒、祝酒。祝酒辞起源于古人以酒祭祀祖先和神灵时的祈祷语言，自有酒以来，祝酒辞便成为源远流长的酒文化的重要元素之一。《诗经·小雅》中的"我有旨酒，以燕乐嘉宾之心"即是敬酒时的祝词。汉乐府中的曲名"将进酒"其意即为"劝酒歌"，也是祝酒辞的一种形式。祝酒的规矩发展至今，早已深深融入到酒文化之中了！

第一章　万事抒怀须纵酒——祝酒探源 ········ 2
第二章　相逢意气为君饮——酒桌礼仪 ········ 4
第三章　为君持酒劝斜阳——祝酒出招 ········ 17
第四章　但使主人能醉客——劝酒有方 ········ 23
第五章　主人酒尽君未醉——拒酒有道 ········ 27
第六章　但将酩酊酬佳节——酒俗漫谈 ········ 31

第二篇　宾主尽欢，千宴成功靠祝辞

　　自古至今，酒都与人们的日常生活密不可分。正所谓"无酒不成席"，人们在生活中不管是遇上迎宾送客、逢年过节、宾朋小聚，还是碰上故人结婚生子、乔迁新居，亦或者是在开业庆典、贸易洽谈等正式场合，人们都要把酒言欢。酒作为一种交际媒介，在迎宾送客，聚朋会友，传递友情方面，都发挥着十分独到的作用。然而不管是在哪一种场合的酒宴上，敬酒、祝酒、劝酒时往往都需要说一些合情应景的祝福话语——祝酒辞。祝酒辞的内容可以祝贺，也可以是叮嘱，还可以是欢迎或者壮行，乃至歌功颂德……且不拘一格，堪称是招待宾客的一种必知礼仪。一篇好的祝酒辞既可以是烘托酒宴气氛的必备武器，也可以是拉近你和他人拉近关系的秘密通道。如果你现在还不懂得如何写出一篇表达自己心意的祝酒致辞，那么就要多下一番苦功哦！

第一章　自古无酒不嫁女——婚宴酒致辞全攻略 …………………… 40
第二章　祝君岁岁有今朝——生日酒致辞全攻略 …………………… 70
第三章　每逢佳节必思酒——节庆酒致辞全攻略 …………………… 85
第四章　万语千言杯中化——答谢酒致辞全攻略 …………………… 128
第五章　乔迁之喜共欢庆——乔迁酒致辞全攻略 …………………… 139
第六章　人生得意须尽欢——就职酒致辞全攻略 …………………… 148
第七章　酒逢知己千杯少——聚会酒致辞全攻略 …………………… 156
第八章　绝世佳酿赠英雄——庆功酒致辞全攻略 …………………… 169
第九章　劝君更尽一杯酒——送行酒致辞全攻略 …………………… 190
第十章　醉翁之意不在酒——商务酒致辞全攻略 …………………… 209
第十一章　以酒为媒促发展——政务酒致辞全攻略 ………………… 215
第十二章　喜事盈门飞酒韵——开业酒致辞全攻略 ………………… 230
第十三章　幕席庆典共举杯——周年庆典酒致辞全攻略 …………… 237

第三篇　酒缘轶事，名人酒缘知多少

在古时候，就有许多文人志士常常相聚饮酒，并以诗祝酒，所以才为后世留下了大量有关祝酒的诗词歌赋：有曹操的"对酒当歌，人生几何"，也有李白的"呼儿将出换美酒，与尔同销万古愁"，还有王维的"劝君更尽一杯酒，西出阳关无故人"，以及白居易的"晚来天欲雪，能饮一杯无"……这些因酒而生的祝酒诗词，如今已经成为被后世称赞的千古佳句，并广泛地被应用于祝酒辞的演说之中。然而除此之外，还有许许多多关于酒的名人名事以及典故时不常被人所提及的。如果你想了解更多关于酒的历史和文化，那就

目　录

赶快翻开本篇，跟我们一起把酒言欢，探讨古今酒事吧！

第一章　昔日煮酒论英雄——名人酒事 ………………………… 258
第二章　惟有饮者留其名——诗人酒缘 ………………………… 269
第三章　今日登高醉几人——酒与人品 ………………………… 284
第四章　浊酒一杯家万里——酒之典故 ………………………… 294
第五章　却忧前路酒醒时——酒与健康 ………………………… 304

第一篇
无酒不欢,把酒大话酒之源

  酒是我们最常见的东西,桌上有酒必定就要敬酒、祝酒。祝酒辞起源于古人以酒祭祀祖先和神灵时的祈祷语言,自有酒以来,祝酒辞便成为源远流长的酒文化的重要元素之一。《诗经·小雅》中的"我有旨酒,以燕乐嘉宾之心"即是敬酒时的祝词。汉乐府中的曲名"将进酒"其意即为"劝酒歌",也是祝酒辞的一种形式。祝酒的习俗发展至今,早已深深融入到酒文化之中了!

第一章 万事抒怀须纵酒——祝酒探源

1. 祝酒的传说

酒在世界上存在的历史已经很悠久了。据专家考证，世界上最早出现的酒其实是果物发酵天然形成的。至于酿酒的起源，则有多种不同的说法。我国的主流观点是，直到农耕时代出现以后，人类才开始用谷物酿酒。但是考古学家吴其昌在1937年提出："我们祖先最早种稻种黍的目的，是为酿酒而非做饭。"这种观点在国外是比较流行的，因为国外发现在一万多年前还处于游牧生活的人们就已经开始酿造谷物酒。

在游牧时期，生产力不发达，所以这时候酿成的酒数量也是非常少的。对于这种令人兴奋的具有神奇力量的汁液，人们想到的不是自己饮用，而是要把这种佳酿首先献给先祖和神灵，并在祭祀活动中说一些话，希望在祭祀活动中让神灵和祖先知道自己祈求的目的和愿望。因此，可以毫不牵强地说，这些语言其实就是最早的祝酒辞。

到现在，无酒不成席，每逢过节或者生活中有了什么喜事，亲朋好友们总爱团聚在一起，大摆宴席来联络感情，而在这个时候，众人举杯相邀，可以使酒席上的气氛更热烈，亲朋好友们的感情更融洽。而祝酒在酒宴中更是一道少不了的风景线。

祝酒是人们在人际交往中向彼此表达良好祝愿的一种形式，是一种宴饮礼仪。在宴席上宾主互相敬酒，以示来祝福、庆贺。通常祝酒是由主人先发起的，由主人向来宾敬酒并致敬酒辞，宴席人数少的时候，主人会和客人一一碰杯，一起欢饮，主人祝酒结束后，接下来就是来宾或者具有代表性的来宾来向主人祝酒，接下来主人和来宾一起饮酒。

祝酒的习俗可以一直追溯到开始有历史记录的年代。古代的勇士向他们的神祝酒。希腊人，罗马人也是如此，古代的北欧人则相互祝酒。几乎每一种文化都有祝酒的习俗，但是最为人们所津津乐道的，还是下面的这个传说。

相传在17世纪的英格兰，也就是今天英国的巴斯地区，这里是著名的温泉胜地，这里的水以有益健康而知名，在这个地方住着一位远近闻名的美女，有一天，这位美女和朋友们在一起聚会，宴会上的气氛非常融洽。美女的情人在酒杯中斟酒后又舀了些温泉水加在酒中，祝愿她身体健康并将这杯掺了温泉水的酒一饮而尽，美女很高兴，而后所有的朋友也依次向她祝酒，并都在酒杯内加入了温泉水，其实朋友们并非真的想喝那水，但自此以后，祝酒的形式反而流传了下来，并一直延续到今天。

迄今为止，祝酒是宴席上最为普遍流行的礼仪。在各种不同的宴席上，都有可能被提议祝酒。祝酒时，主宾都要说些有关祝福、吉利、感谢等话语。如祝寿宴席上应祝老人寿比南山、福如东海；婚礼宴席上应祝新郎新娘百年好合、白头偕老等。

2. 祝酒碰杯的由来

在各种宴席酒会上，宾客满座，人头攒动，人们为了表达自己的喜悦之情，都是笑容满面，向彼此举杯致意。但是不知道从什么时候开始，似乎彼此举起酒杯已经不足以表达当时的情绪了，一定要双方酒杯碰到一起才算尽兴，于是酒会上到处都可以听到清脆的碰杯声。为什么喝酒一定要碰杯呢？难道仅仅是为了表示良好的祝愿吗？祝酒碰杯的由来又是什么呢？

祝酒碰杯的由来有很多种说法，有一种说法是祝酒碰杯的习俗是起源于古希腊。传说古代希腊人在宴会饮酒的时候突然注意到这样一件事，在众人举杯喝酒之时，在人的面部五官中，鼻子能够嗅到酒散发的香味，眼睛能够看到酒的颜色，舌头能够品尝到酒的味道，而只有耳朵，什么享受都没有。这该怎么办呢？有一个聪明的希腊人就想出一个办法，在喝酒之前，把手中的杯子互相碰一下，这样发出的清脆响声就可以传到耳朵中，让耳朵和其他器官一样，也能享受到喝酒的乐趣，这是祝酒碰杯起源的一种说法。

祝酒碰杯还有一种心理上的说法，在古时代人们喝酒时，总是用右手执杯，将胳膊伸直与肩齐平，这可以向对方表示祝酒者腰间没有暗藏武器，是一种友好的表现。其实在酒宴上，彼此祝酒可以让酒宴的气氛比以往热烈很多。通过加上碰杯这个环节，一种悦耳的声音在可以增加你的听觉享受以外，也是一种彼此表示友好祝福的暗示。你通过祝酒和别人发生了肢体上的接触，当酒杯碰在一起的时候，人们也象征性地"拥抱"了。从某种意义上说，酒有了人回归一个完整的联系的含义。

第二章 相逢意气为君饮——酒桌礼仪

1. 敬酒干杯礼仪

随着经济的发展，人们的生活条件也越来越好，在一起吃饭喝酒联络感情的机会也多了起来。虽然都是朋友，但是在酒桌上有一些文明礼仪还是必须要注意的。如果不注意，很可能会造成误会。举例来说，看似很简单的敬酒干杯，其实也有大学问。

在中餐为主的宴会中，只要宴会开始，在饮酒的过程中随时都可以开始敬酒。如果想要致正式祝酒词，就应该选择一个特定的时间，不能因此而影响来宾的正常用餐。正式祝酒词适合在来宾都入座以后正式用餐之前开始，当然也可以在吃过主菜后、甜品上桌前进行。

而在祝酒之后的干杯，指的通常是在祝酒和敬酒的时候，以某种方式来劝说他人喝酒，或是建议对方与自己同时饮酒。因为在干杯的时候，往往以喝干杯中之酒的形式来表示对对方的尊敬，所以叫干杯。

干杯是需要有人率先提议的。提议干杯者的身份没有特别限制，可以是举办宴会的主人，或者是在场最重要的客人，当然也可以是其他任何在宴会现场的人。如果是你向别人提议干杯，首先应该起身站立，用右手端起酒杯，如果想更郑重一点，就在用右手拿起酒杯以后，再以左手托着杯底，面含笑意，看着其他的来宾，尤其是自己祝福的对象，说些祝福之词，如祝对方身体健康、生活幸福、合家欢乐、生意兴隆以及双方合作成功等等。

在有人提议干杯之后，作为被敬酒的人，也要手举酒杯起身站立。注视着向你敬酒的人，目光千万不能四处游移，这样会引起别人的误会。即使你平时滴酒不沾，这时候也应该拿着酒杯做做样子，在敬酒者说完祝颂词之后，把酒杯举到眼睛左右的高度，然后再碰杯。同时在中餐里还需要注意的是，干杯之前可以象征性地和对方碰一下酒杯，碰杯时不要用力过猛，非要听到响声不可，在碰杯的时候，应该让自己的酒杯低于对方的酒杯，以此来表示你对对方的尊敬。之后口道"干杯"，将酒一饮而尽，或者喝一半，然后，还须手持酒杯，与提议干杯者对视一下。如果喝完之后，要把酒杯适当倾斜，让主人看到杯中无酒，已经喝完，同时也表示对主人的尊敬。这一过程方告结束。

此外，在中餐宴会里，还有一个讲究。如果主人亲自向你敬酒，在干杯之后，你也应当回敬主人，与他再干一杯。回敬时，应右手持杯，左手托底，与对方一同将酒饮下。这样才算一个完整的敬酒过程。

有时候由于宴会的来宾人数比较多，或者当你与对方距离比较远的时候，可用"过桥"之法作为变通，即用手中酒杯之底轻碰桌面，这样做也等于和对方碰杯了。

在宴会上，敬酒应以年龄大小、职位高低、宾主身份为先后顺序，如果你想给别人敬酒，一定要充分考虑好敬酒的顺序，分明主次。即使宴会参加的人数众多，身边的人你大多都不熟悉，也要在开始前先打听一下身份或是留意一下别人对他的称呼，以此来确定自己敬酒的顺序，避免出现尴尬或伤感情。既使有时你可能有些事情要有求于席上的某位客人，对他自然要备加恭敬。但在敬酒的时候，如果在场还有其他身份更高或者年纪较长的人，你也要先给尊长者敬酒，不然会让大家都很难为情的。

如果别人向你敬酒，而你因为生活习惯或健康等方面的原因不方便饮酒，也可以委托自己的亲友、部下、晚辈代喝或者以饮料、茶水代替。同时作为敬酒人，也应充分体谅对方的苦衷，在对方请人代酒或以茶代酒的时候，不要觉得对方不给你面子，就非让对方喝酒不可，也不应该好奇地"打破砂锅问到底"。别人没主动说明原因就表示对方认为这是他的隐私，应该尊重别人的隐私权，一味追问或者强迫别人喝酒只会破坏宴席上的气氛。

以上是中餐宴会中的敬酒干杯礼节，而在西餐宴会中，提议干杯的人选一般都是举办宴会的男主人，并请客人们共同举杯，为在座者说些祝福的话，同时要注意不要忘掉了任何一位。客人一般不要喧宾夺主提议干杯，女士也不应当提议为男士干杯。

在主人提议干杯的时候，如果你不会饮酒，也不必勉为其难，应该主动礼貌地向主人说明原因，一般都会得到主人的体谅，有时出于宴会礼节的需要，可让服务员在自己的杯子里斟上一点酒，但在喝酒的时候可以只用嘴唇碰下杯沿，这样就不会有人再来为你添酒了。

西餐宴会中祝福干杯时只能用香槟酒，而绝不可以用啤酒或其他葡萄酒滥竽充数。在饮香槟干杯时，应饮去杯中一半之酒比较适合，但是也应量力而行。在干杯的时候如果客人较多，也不必一一碰杯，举杯的同时用眼神示意一下即可。同时特别需要注意的是，在与外宾干杯的时候，不要交叉干杯，否则会形成十字形，触犯西方人的忌讳。在喝完酒之后，还要手拿酒杯与提议者对视一下，这个敬酒干杯的过程就算结束。

2. 接待好是酒宴成功的开始

能否成功的举办一场宴会，这要涉及到财力、物力和人力的各方面安排。为了让宴会的各个细节都万无一失，主办方往往提前一两个月就开始筹划，而认真说来，做好酒宴的接待工作，是确保酒宴能够在融洽的气氛中进行下去的第一步。

　　酒宴的接待工作大体而言可以分为四个步骤。第一个步骤就是见面。与来参加宴会的客人见面，尤其是第一次受邀来参加的客人，接待人员必须保持良好的精神状态，当客人到达以后，接待人员要热情礼貌地和客人寒暄，表示出自己谦恭的态度。在接过客人手中东西的时候也应热情友好地进行问候，诸如"你好"、"你一路辛苦了"、"请进"等等之类的话可以让来宾心情舒畅。接待人员一定要待人主动热情，落落大方，言行有度，使对方感到友好与被尊重。

　　第二个步骤就是握手。西方文化中见面表示友好通常都是用拥抱或者贴面礼，因为我们国家的文化比较内敛，所以握手是中国人最常用的一种礼节。无论什么场合，无论年长年少，无论是见面还是告别，都可以用握手礼。但是这并不代表握手是非常简单的事情，握手的规矩很多，一般有以下几点：

　　在接待来宾，与来宾握手的时候，应该双眼注视着对方的眼睛，上身略为前倾，头略为低一些，含笑向对方致意。但眼睛不可俯视地面。如关系比较密切或久未见面的老朋友，想要表示真诚和热情可稍延长握手时间并上下摇晃几下。

　　而在握手的时间方面，一般来说应该控制在以3到5秒钟，不要一直抓着客人的手不放，尤其是在对待异性来宾的时候，握手时间过长会让别人觉得不舒服。如果你觉得握手时间长一些、用力大一些就更能表现你对来宾的热情，这种想法是非常错误的。

　　同时在握手的时候不能让自己的掌心对着地面，这是非常傲慢无礼的握手方式。正确有礼貌的握手姿态应该是两人手掌都处于垂直状态。同时还需要注意的是，如果宴会的场面非常隆重，需要接待的来宾非常多，那么你需要把握好与每位客人握手的时间长短，不能只顾着和自己熟悉的人握手交谈，而忽视了其他不熟悉的来宾，这样是非常失礼的。

　　握手时要讲究顺序，避免交叉握手，否则被视为是非常不礼貌的行为。

　　在握手之后，接下来的工作就是引导来宾到会客室或者宴会现场了。在引路的时候，接待人员一定要注意自己的语言是否得体，应该说："某某（领导职务，下同），请跟我来。"如果来宾的职务或者年龄高于宴会主人，那么则最好说："某某，我来领路。"在引导的途中，接待人员应走在来宾的右侧前方两步左右的位置，步伐的速度应该和客人协调，不能不管不顾地自己一个劲儿往前走，如果在路上遇见了自己熟悉的人，也不宜停步与别人闲聊，而应当主动与引导的客人寒暄、交谈，以示自己的友好、热情。

　　如果到达宴会现场需要上楼或者途中有拐弯的话，接待人员要伸手指明方向，并说："请这边走。""请从这里上楼。"如果是乘电梯上楼，须向客人说明："在×楼"，然后在电梯侧面按住门，让客人先进入，自己随后跟入，并定好到达的楼层。在电梯内注意不要盯着客人。电梯停稳后，接待人员要招呼："某楼到了,请下电梯。"请客人先下。

来到宴会现场,接待人员应向客人说明:"就在这里。"然后再开门。如果门是朝外开的,接待人员要将门拉向自己一边,让客人先入;如果门是朝里开的,接待人员要先推门而入,按住门,侧身请客人进入。这样,整个接待过程才算告一段落。

接待是一门艺术,只有接待工作做的好,来宾们才能真正开心地参加宴会,从而让酒宴取得预想中的成功效果。所以,想要举办一场成功的宴会,接待工作一定要加以重视!

3. 酒桌上的规矩和应酬方法

俗话说,处处留心皆学问,在我们的生活中,只要留心观察,就能从一些细小的地方和平常的事情中获得知识。同样,看似只是喝酒吃饭的酒席,细细研究一下也是有很多门道的。

(1) 酒桌上的座次问题

首先是酒桌上的座次问题,酒桌上谁坐在什么位置可是有讲究的。亲戚朋友们在一起还可以随便些,如果是接待客人的话就要讲点规矩了。总体来说,关于酒桌上的座次可以分为三种情形。

如果是一般的家庭聚会的话,家庭聚会酒桌上的座次,一般是按照辈份高低和年龄大小来排序的。在家庭聚会中,不管是谁请客,酒桌最里面面向门口的显要位置都是由辈分最高或者年龄最长的人来坐的,接下来可按辈份或年龄来依次排列。

如果是朋友或者同学聚会的话,一般来讲是由买单的人坐在面向门口的位置,也就是坐在主座上,有时庄主也可能把这个位置让给职位较高或德高望重的人,其余的可以按年龄大小排列,但是因为是朋友,所以很少计较这些,谁坐哪儿都是无关紧要的。

第三种就是比较正式的接待客人的晚宴。接待客人属于外交范畴,这时候必须严格按照座次规则来入座。总的来讲,酒桌上的座次是"尚左尊东"、"面朝大门为尊"。若是圆桌,则正对房间大门的为"主人"位,主人左右两边的位置,则是越靠近主人位置越尊贵,如果距离相同的话则是右侧尊于左侧。如果是八仙桌,若有正对大门的位置,那么主人位就是正对大门一侧的右边位置。如果没有正对大门的位置,那么主人位就是面东的一侧的右席,这个位置的对面位置则是由主人请来帮忙招待客人的主陪。

有些弄不清楚座次的朋友,其实通过看桌子上杯中餐巾的叠法也是可以分辨出来的。主人和主陪这两个位置的餐巾叠法是与众不同的。主人位的餐巾一般是折叠成圆筒形状插在杯子里面的。而主陪的餐巾则是叠成扇面状,其他位置的餐巾则是普通的花瓣状。一旦确定好了这两个位置，其他的位置就好定了。

如果你是举办宴会的主人，你应该在宴会开始前提前到达，然后在靠门位置等待来宾，并为来宾引座。如果你是被邀请的客人，那么就应该听主人的安排入座，不要随意决定自己该坐哪里。还有就是有时候客人没来全，主要是当主宾没来的时候，为了表示对主宾的尊重，大家一般都在休息间的沙发上坐着等候，直到主宾来了再入席，如果你是客人，这个时候千万不要一屁股率先坐下。

最后特别需要注意的一点就是，如果你邀请的客人彼此之间都非常熟悉，而其中的主宾年龄、职务、威望等在客人中比较突出时，即使你是买单的主人，也应该把主宾请到"主人"位置就坐，并由其主持酒宴，你则坐到"主陪"位置。

（2）点菜的规矩

由于中国的特殊国情，和别人一起吃饭是一个非常有效的发展新朋友的手段，而吃饭点菜更是一门高深的学问，很多人在准备宴请时最头疼的恐怕就是点菜了，怎样才能点的既体现风味，又能荤素搭配，消费得当呢？这确实很考验点菜者的水平。

如果你是一场宴会的组织者，在时间允许的前提下，你应该等客人差不多到齐之后，把菜单在来宾中传阅，并请他们来点菜。但是一般来说，如果你是买单的主人，客人都是不太好意思点菜的，会让你来作主。这时需要注意的是，如果你的顶头上司也在酒桌上，千万不要觉得为了表示对他的尊重就让他来点菜，除非是他主动要求来点菜的。否则，他会觉得不够体面。

如果你是一场宴会的受邀者，那么你需要谨记的就是不要在点菜时太过主动，而是要让主人来点菜。如果主人盛情难却执意让你点菜的话，你可以点一个价位中等比较常见的菜。这时也不要忘记征询一下其他客人的意见，特别是问问他们"有没有什么忌口的"或者"有没有比较喜欢的"，这样会让大家觉得你很细心，增加对你的好感。

在点菜的时候，一定要心中有数。不能瞎点一气，在点菜时，一定要记住以下几个原则。

第一，要注意看参加酒宴的具体人数，以此来决定应该点几道菜。比较通用的规则是人均一菜，如果酒宴上男士较多的话可适当加点几道菜，这样不会浪费。

第二，要将菜肴良好组合搭配。所点菜肴应该做到有荤有素，有冷有热。如果男士较多的话，可多点些肉类，如果女士较多，则可多点几道清淡些的蔬菜。

第三，要从宴请的重要程度出发。如果只是普通的宴请，那么菜的价格不必太贵，20到50元左右都是可以的。但是如果宴请的对象中有比较关键的人物，那么则应该点上几个比较昂贵的菜，例如龙虾、鲍鱼、鱼翅等，这样可以显示你对客人们的尊重。

第四，在点菜的时候，千万不要再问服务员每道菜的价格，或者和服务员讨价还价要求打折之类的，这样会让客人觉得你有点小家子气，而且客人也会觉得很不自在,破坏用餐的气氛。

第五,在点菜的时候,千万不要忘记把来宾的饮食禁忌考虑在内,特别是主宾的饮食禁忌应该给予高度重视。这些饮食方面的禁忌主要有三条:

①宗教,宗教信仰对于少数民族和西方国家来说是非常重要的,所以在安排菜单的时候一定不能疏忽大意。例如,信奉伊斯兰教的穆斯林们通常不吃猪肉,并且不喝酒。而佛教徒是不吃荤腥食品的,这点在招待外宾时尤要注意。

②健康,有时候客人由于自己的身体疾病,所以对于某些食品也是有所禁忌的。比如,有心脑疾病和高血压的人,不适合吃狗肉,也不适合吃特别肥腻的食物。肝炎病人不能吃羊肉和甲鱼,高血压、高胆固醇患者,要少喝酒等等,这些在宴会正式开始之前就应该探听清楚,这样在点菜的时候才能做到万无一失。

③地区差异,我国地大物博,不同地区的人们的饮食喜好往往不同。对于这一点,在安排菜单时也要兼顾。比如,湖南和四川省份的人普遍喜欢吃辣,而上海等江浙地区则喜欢饮食清淡。西方人通常不吃动物内脏,也不吃动物的头部和脚爪。另外,在宴请外宾的时候,也尽量少点一些需要啃食的菜肴,因为在老外看来,在用餐中把咬到嘴中的食物再吐出来是很不礼貌的,所以这些需要啃食的菜肴对他们来说就有点不方便了。

第六,多点些特色菜,比如西安的羊肉泡馍,上海的红烧狮子头,北京的烤鸭等等,这些具有浓重本地色彩的菜肴对外地客人来说,要比千篇一律的生猛海鲜更受欢迎。

(3) 吃应有吃相

中国历史悠久,中国人不仅讲究吃,同时对吃相的要求也很高。随着酒宴礼仪越来越得到重视,在酒桌上的应该怎么吃才不失礼貌也有了更高的标准。下面就给大家讲下在中餐宴会上应该怎样"吃"。

一般来说,在正式的中餐宴席刚刚开席的时候,服务员都会给每位来宾送上一条湿毛巾,它的用途是擦手,千万不要拿它去擦脸。同时中餐中有些菜肴是需要动手的,比如龙虾螃蟹等等,在上完这些菜以后,也会送上一小盆水,水盆之中的水不是用来喝的,而是让你在用完餐之后洗手用的。

主人致完祝酒辞,正式用餐开始以后,用餐时一定要注意文明礼貌和中西差异。如果宴请的客人中有外宾,不要一直劝别人吃菜,可以把每道菜肴的特点简单跟他介绍一下,吃不吃由他。在中国的风俗中,向他人劝菜,甚至为对方夹菜是表示主人热情待客的一种表现。但是由于中西方文化的差异,西方人并没有这个习惯,如果你一再让菜的话,说不定就会引起外宾的反感,反而弄巧成拙。举一反三,当你参加由西方人举行的宴会时,也不要指望主人会殷勤地反复给你让菜,劝你多吃些。你要是等着别人这么劝你,那你就只能饿肚子了。

作为参加酒宴的客人,当宾客全部入席后,也不要立即动手吃东西,而应该耐心等待主人举杯示意酒宴开始的时候,客人才能开始动筷;同时夹菜要文明,菜肴转到自己面前再动筷子，不要伸长胳膊去夹那些离自己很远的菜。一次夹菜也不要过多，如果你大块大块地往嘴里塞，这样会给人留下一个贪婪的印象。同时在酒宴上也不要挑食，不要只盯住自己喜欢的菜，或者把喜欢的菜都堆在自己的盘子里。这是非常没有礼貌的一种表现。

同时用餐的动作要悠闲斯文，夹菜的时候不要碰到邻座的客人，也要小心不要把汤泼翻在桌上。也不要发出一些不雅的声音，如"咕噜咕噜"的喝汤声，"叭叭"作响的吃菜声，这都是没有礼貌的表现。也不要在吃东西的时候和别人聊天。吃剩的骨头和鱼刺也可用餐巾掩口，用筷子取出来放在碟子里。如果觉得牙齿中塞了什么东西，也不要用手乱抠，而是应该用牙签剔牙时把它剔出来。

在用餐结束以后，可以用餐巾或服务员送来的小毛巾擦擦嘴，但不要用它来擦头颈或胸脯；餐后也不能旁若无人地打嗝，以免造成别人尴尬；在主人正式宣布酒宴结束之前，客人不能先离席。

(4) 喝酒有学问

俗话说无酒不成席，想要举行一场成功的宴会，离了酒是万万不行的。俗话说，酒是越喝越厚，但在酒桌上也有很多讲究，以下便是在酒桌上你应该注意的小细节。

细节一：和领导喝酒，给领导们敬酒是必须的，但是如果酒桌上不止一位领导的话，一定要等他们相互之间喝完才能站起来敬酒。敬酒一定要站起来，并且要用双手拿着杯子。

细节二：敬酒的时候，可以几个人同时去敬一个人，但是绝对不可以拿着一杯酒敬很多人，这样很不低调。当然，如果你是领导，那么你是可以这么做的。

细节三：在敬别人酒的时候，如果两个人没有碰杯，那么喝多少可根据你自己的情况来定，也要参考对方酒量和对方喝酒的态度，但是不能比对方喝得少，因为是你去敬人酒的。相反，如果你们两个人碰杯的话，那么你应该将杯中的酒喝完，然后让对方随意，这样更能显示出你的大度。

细节四：应该多留点心，随时帮领导或客户添酒，但是如果领导没有示意的话，不要擅作主张代领导喝酒。

细节五：在敬酒或者干杯的时候，记着一定要时刻保持自己的杯子比别人的低。

细节六：如果酒桌上没有地位比较重要的人物在场，和别人干杯的时候最好按时针顺序轮着来，这样可以避免厚此薄彼，消除可能发生的误会。

细节七：在敬酒的时候，一定要准备好恰当的祝酒辞，这样被敬酒的人才会更乐意喝你的酒。

细节八：酒桌是个放松的地方，不要在喝酒的时候谈生意，这样会扫大家的兴致。

同时在敬酒的时候，应该谨守这样一个顺序，先是主人敬主宾，再是陪客敬主宾,然后主宾回敬,陪客互敬,陪客一定要摆正自己的位置,千万不能喧宾夺主乱敬酒,这是很不礼貌的,也是很不尊重主人的一种行为。

（5）离席

一般酒宴和茶话会的时间都很长,最少都在两小时以上。有时候当你在会场逛了几圈之后,因为一些事情你想离开。那么中途离席的一些技巧,你是不能不了解的。

如果你有事需要中途离开,一定要向邀请你来的主人说明、致歉,不可悄无声息地就不见了。同时在和主人打过招呼之后,主人如果把你送到门口,你在致谢之后应该马上就走,不要拉着主人在门口聊个没完没了。因为酒宴上需要留心的事情很多,现场也还有许多其他客人等着主人去招呼,如果你占了主人太多时间,就会造成主人不能将其他的客人照顾好,在其他客人面前失礼。

同时还需注意的是,在酒会、茶会进行途中,如果你准备离去,千万不要一一问你所认识的人要不要一块走。很可能你的这一举动会让本来热热闹闹的场面瞬间变得冷冷清清。这种闹场的事是最难被宴会主人谅解的,所以一个有风度的人,可千万不要犯下这种没脑子的错误。

在中国,办事吃饭是常事,酒桌是一个扩大交际圈的良好场地,所以为了不出丑和应酬有效果,酒桌上的诸多礼仪和注意事项还是尽早学习一下为好。

4. 酒桌上的交谈礼仪

酒在中国占据了一个非常特殊的地位。俗话说,无酒不成席。几乎所有的人都喝过酒,都对酒桌文化有着切身体会,而"酒文化"也是一个既古老又新鲜的话题。尤其是在现代社会,交际中酒已经越来越不可或缺。

酒作为一种可以增加酒席气氛的交际媒介,在迎宾送客,聚朋会友,彼此沟通,传递友情等方面,发挥了自己独特的作用,所以,好好研究一下酒桌上的"奥妙",学学在酒桌上的交谈礼仪,对扩大你的人际关系是非常有帮助的。下面就是在酒桌上交谈时应该掌握的礼仪。

（1）与众同欢,切忌私语

大多数酒宴上邀请的宾客都比较多,因为每个人的兴趣爱好、知识面以及生活层面不同,所以每个人都有自己熟悉和不熟悉的东西,在起话题的时候,尽量不要太偏,在说话的时候尽量说一些大部分人能够参与的话题,这样可以让大多数人都参与到话题中来,得到多数人的认同。如果你一直说些自己感兴趣但是别人很陌生的话题,天南海北,神侃无边,这样会让别人觉得你唯我独尊,忽略了众人,从而对你的印象大打折扣。

特别是在酒桌上,尽量不要与身边的人贴耳小声说话,给别人一种神秘感,别人听不见你们的谈话内容，就会觉得你们在说些见不得人的事情，或者产生"就你俩好"的嫉妒心理，觉得你们在排斥其他人，这样会影响喝酒的效果。

（2）瞄准宾主，把握大局

大多数宴会都是有一个主题的，这个主题也就是聚在一起喝酒的目的。在赴宴的时候，到场后首先应环视一下在座各位的神态表情，分清主次，不要只顾着喝酒，其他什么也不顾，这样会失去交友的好机会，更要在一些哗众取宠的酒徒乱说话，想要搅乱东道主的意思的时候，要及时圆场，把话题拉回来。

同时要选择轻松、高雅、有趣的话题，不要问些没有水平的，或者一直追问别人的隐私，让对方感到敏感和不快，也不要对宴会和饭菜妄加评论，这样的做法都会让别人对你的印象大打折扣。

（3）语言得当，诙谐幽默

酒桌上不仅可以看出一个人的酒量，更重要的是可以显示出一个人的才华、常识、修养和交际风度。酒桌是一个交际场合，气氛多是轻松的，所以在这些时候，不要一直说些一本正经的话，这样会让酒桌上的气氛变得严肃。什么场合说什么话，在酒席上，一句诙谐幽默的语言，不仅可以活跃气氛，还可以给客人留下很深的印象，使陌生人无形中对你产生好感。这样你的社交也就更方便了，所以知道什么时候该说什么话，语言诙谐幽默是很关键的。

（4）敬酒有序，主次分明

敬酒也是一门大学问。在一般情况下，敬酒是按年龄大小、职位高低、宾主身份作为顺序的，在敬酒的时候一定要充分考虑好敬酒的顺序，分明主次。敬酒的时候要说一些祝福的话，不要太过张扬，也不要乱说话。

（5）察言观色，了解人心

察言观色是人情往来中想要不得罪人所必须掌握的基本技术。不会察言观色就等于不知风向便去转动舵柄，弄不好就会在小风浪中翻了船。一个人若想在酒桌上得到大家的赞赏，说话左右逢源，就必须学会察言观色。因为与人交际的第一步就是要看透人心，这样能够顺着别人的心思说话，才能左右逢源，演好酒桌上的角色。

（6）锋芒渐射，稳坐泰山

酒宴是一个比较正式的场合，在这种场合一定要正确估价自己的实力，不要别人一激将就把自己的实底都交出来，尽量保留一些酒力和控制好自己说话的分寸，既不让别人小看自己，同时又不要过分地表露自身，选择适当的机会，在适当的时候再说话，这样才能稳坐泰山，使大家不敢低估你的实力，对你更加友好。

（7）远离敏感话题

在酒桌上，你可以和其他来宾谈喜欢的书籍，谈现在流行的电影，谈工作体会或者衣食住行，这些都是可以的，但是，有一些话题你必须小心避开，否则它会给你带来大麻烦。

首先，对于自己不知道或者不太了解的事情，不要冒充内行而大放厥词，这样很容易闹笑话，也让别人觉得你是一个华而不实的人。

其次，就是不要向刚认识或者结交不深的客人夸耀你有多么成功，比如你有多少多少钱，你的儿子多么多么聪明。交浅言深，这样口无遮拦，说不定就会给你带来祸患。

不要在酒桌上大肆议论朋友的隐私，也不要对自己的领导评头品足。世上没有不透风的墙，这些话传到你的朋友和领导耳朵中，你能有好日子过吗？

最后，不要向在座的人诉苦，即使你的生活真的很坎坷，你给他们说了又有什么用呢？除了给他们增加一些谈资以外，没有人会真正帮助你，酒桌从来就不是一个争取别人同情的地方。

由此可见，酒桌上说话实在是一门大学问，除却以上这些要求以外，在和不同性别的人交往的时候，也有不同的要求。

若是男生在一起相聚，那么熟悉起来是很简单的，用酒为媒介，可以帮助你们迅速打成一片，进行友好的交流。如果是女生的话，就要在日常生活中多关心一下女生的生活圈子，这样在说话的时候才有共同话题。

另外，在吃饭的时候，不要奉行沉默是金的原则，不能老是被动地回答，别人不和你说话你也就不理人家，一定要积极主动地参与话题，时刻用微笑对人，乐于聆听。还有，要学会适时适度地打破尴尬和僵局，只有这样，你才算是一个会说话的人。

5. 宴请、宴席礼仪

宴会是应联络感情需要或者适应社交礼仪需要而举行的一种社交与饮食结合的聚会。又可称酒会。通过宴会，人们不仅可以获得对美食美酒饮的享受，而且也可以增进人际间的交往，是一种很受欢迎的社交方式。

因为宴会具有社交的作用，所以在宴会上对于礼仪的要求就很严格。想给来宾留下一个好印象的话，主办单位或者主人就一定要认真、周到地做好宴会的各种准备工作。

（1）要明确宴会所宴请的对象，宴会举办的目的以及宴会究竟是采用哪种形式

第一，在对象方面，只有明确了宴请的对象，确定下来主宾的身份、国籍、习俗、爱好等这些东西，才能确定宴会应该采用什么样的规格、主陪人等等，所以这是最基本的一步。

第二，就要确定宴请的目的究竟是什么。是为了表示对某人的欢迎、欢送、答谢，还是为了表示对某件事的庆贺等等。明确了目的，宴会的范围和形式也就更容易确定。

第三，要确定宴请的范围。请哪些人来参加，请多少人参加，这都是在宴会举办之前确定好的。在确定宴请范围的时候，一定要注意主客双方的身份要对等，如果主要宴请的那位来宾携夫人一同前来，那么主人也应该携伴出席。

第四，在宴会的形式方面，这是要根据宴会的规格、对象、目的来确定的，宴会的形式有正式宴会、冷餐会、酒会、茶会等多种形式。目前世界的主要趋势就是趋向简化，放松的气氛更适合于主客之间沟通感情。

（2）选择合适的时间、地点

确定宴会时间的时候，一定要注意避开重大节日、假日，可以在重大节日推前或者延后两天，否则如果你安排在节日当天，会让来宾左右为难，到底是来参加你的宴会还是在家和自己的家人一起度过。如果想表示自己对主宾的尊重，可以在与主宾进行商定之后方确定宴请日期。

宴请地点的选择，一般都是根据宴会的规格来考虑的，如果是规格高的比较正式的宴会，就可以安排在高级饭店或者宾馆之中举行。如果只是一般规格的茶话会则根据情况安排在适当的饭店进行。

（3）向客人发出邀请

正式的宴会在向客人发出邀请的时候一般都要通过请柬的形式。这样做一方面可以表示对客人的尊重，另一方面也可以避免客人不小心忘记或者记错宴会时间和地点。

向客人发出的请柬内容中应该包括：宴会的主题、形式、时间、地点，以及举办人的姓名。请柬的设计应该有一定的观赏性，这样才能引起客人的重视。同时请柬的递送时间应该是在宴会举办时间的两周以前，太晚了也会显得不礼貌。

（4）宴会的席位的安排须知

宴会的桌次和座次一般都是要事先安排好的，这样在客人来到宴会的时候可以很快地入座，便于维持会场上的秩序。同时席位的安排合理与否不仅体现出对客人的尊重程度，同时也能看出主人举办宴会的经验是否充足。

在安排来宾的座次的时候，主要应该考虑的有以下几点：首先，座次的高低应以主人的座位为中心，近高远低，右上左下，依次排列。其次，要把主宾安排在最尊贵的位置。即在主人的右手位置，如果主宾携夫人一同前来，则要把主宾夫人安排在宴会女主人的右手位置。主人方面的陪客，座次要尽可能地与邀请的客人交叉而坐，这样便于彼此之间交谈，不要把自己人安排在一起，这样会冷落客人。如果邀请的客人之中有外宾的话，那么应该将随外宾而来的翻译安排在外宾右侧。

（5）宴会菜单的拟定和宴会用酒的选择

在安排宴会菜单和用酒的时候主要考虑以下几点：宴会的规格和邀请范围，以及参加宴会的来宾身份，提前了解来宾的饮食习惯和禁忌。安排菜单的时候要注意冷热、甜咸、色香味搭配。做到精致可口、赏心悦目、特色突出。

以上是宴会举办人所应该遵守的宴请礼仪,那么作为一个受邀来参加宴会的客人,你也需要注意一些必须知道的宴席礼仪。

在来到宴请会场之后,入座时应该先请同桌客人中的长者入座,然后才是依次入座,入座时,要从椅子左边进入,坐下以后身子要保持端正,不可东倒西歪,也不要低头,而是应和同桌的客人礼貌微笑。入座后,主人不宣布宴席开始的话,不要擅自动筷子,更不要弄出什么响声来,在宴会途中也不要随意起身走动。

进餐的时候也应先请同桌客人和长者先动筷子,在夹菜的时候不要一次夹过多,也不要伸长手臂夹离自己特别远的菜,咀嚼时不要出声音,在喝汤的时候最好用汤匙一小口一小口地喝,不要把汤碗直接端到嘴边,也不要一边吹一边喝。

在进餐的时候,不要吃的过急,这样容易出现打嗝的现象,在餐桌上打嗝是非常失礼的。如果实在是想打喷嚏,一定要注意侧身,不要对着餐桌上的菜肴,事后也要说一声"不好意思"、"对不起"、"请原谅"之类的话,以表示自己的歉意。

在餐桌上,如果想给客人中的长辈布菜,一定要记得使用餐桌上的公用筷子,也可以把离客人或长辈远的菜肴送到他们跟前,不要用自己的筷子给别人夹菜,这样不仅不卫生,也非常不礼貌。

同时,需要注意的是,宴会本来就不是一个专门吃饭的场合,多数宴会的举办都是以联络感情为目的的,所以在吃饭的时候,也要适时地抽空和左右的人聊几句风趣的话,以调和气氛。不要光低着头吃饭,不管别人,也不要狼吞虎咽地大吃一顿,更不要贪杯。

在宴席结束离席的时候,也一定要向主人当面表示感谢,或者就在此时邀请主人以后到自己家作客,以示回谢。拥有良好的用餐礼仪,不仅符合礼仪的要求,也有利于我国饮食文化的继承和发展。

6. 酒宴结束后礼貌送客

宴会是国际国内社会交往中一种通行的较高层次的礼仪形式。宴会常用于庆祝节日、纪念日,表示祝贺、迎送贵宾等事项。宴会的场面一般比较庞大、隆重,能使人得到一种礼遇上的满足。

不同形式的宴会有着不同的作用,概括地说,宴会可以表示祝贺、感谢、欢迎、欢送等友好情感。通过宴会,可以协调关系,联络感情,消除隔阂,增进友谊,加强团结,求得支持,有利于合作等。宴会是人们沟通感情的社交场合,所以想要举办一次成功的宴会,需要的准备工作是非常重要的。

目前国内很多人在举行宴会的时候,总是会犯顾前不顾后、虎头蛇尾的毛病。宴会开始前,客人来到的时候主人在门口热情欢迎,热热闹闹,显得非常尊重来宾，而且在酒席中频繁为来宾敬酒；可是到宴会结束的时候，一片狼藉，连客人什么时候走自己都不知道，这是最大的失礼。

想要办一场成功的宴会，不仅要做好招待工作，酒宴结束后的送客也是不可小视的。如果说迎宾是酒宴开始的序曲，那么送客就是一场宴会的压轴戏。因此，真正有经验的宴会举办人士总是更加重视送客的礼仪，"出迎三步，身送七步"是需要遵守的最基本的规则，有始有终才是真正的送客之道。

怎样才能做好送客工作呢？在宴会结束送客的时候，主人一定要注意自己的身体语言，不要板着个脸，一定要用微笑来送走客人，这样会在无形中增进双方的好感，为将来的交流打下良好的基础。

针对客人的重要程度，送客的远近也是有区别的，一般的人要送到餐厅门口或者是电梯门口，重要的客人则要送到饭店的门口，如果对方有自己的专用车辆，送行人员应该在来宾乘坐的交通工具启动以后再离开，至少在确认对方离开自己的视线以后不会有其他意外再离开。这样，如果对方的交通工具因故晚点或出现其他特殊情况，送行人员可以及时给予关照。

如果对方没有专用的车辆，主人应该为其安排好车辆，宾主双方可以在送行地点再叙片刻。此时，主人可以送上精心准备的纪念品，让他带在身边，情感的延伸，这是一种微妙的处理方法。当目送客人上车或离开以后，要以恭敬真诚的态度，笑容可掬地送客，不要急于返回，应鞠躬挥手致意，待客人移出视线后，才可结束告别仪式。

第三章 为君持酒劝斜阳——祝酒出招

1. 祝酒辞——酒宴上的杀手锏

随着我国经济的腾飞，人们的生活水平也不断提高，以往人们每天为了穿衣吃饭而操碎了心，又哪里有钱和时间来举办各种宴会活动。但是现在随着衣食的富足，各种喜庆活动也自然增多，大大小小的酒宴已不是希罕事。如果谁家有了什么婚姻嫁娶、生日寿诞、乔迁新居、升迁荣调、开业奠基等喜事，更是要隆重地办几桌酒席，请亲朋好友一起来热闹热闹，在酒宴上，东道主或是参加宴会的客人都要致辞祝福。在这个时候，如果发表的祝辞不当，往往会破坏宴会上的气氛，使得宴会不欢而散。俗话说的好，良言一句三冬暖，恶语伤人六月寒。好的祝酒辞胜过山珍海味、美酒佳肴，能够激发来宾们的兴致，从而圆满地达到宴会的目的。由此可见，祝酒辞在酒宴中的作用实在不可小觑。

祝酒辞以辞为引，借酒助兴，将祝福、致贺、致谢等融为一体，以此来表达祝酒人的诚挚心意，正所谓"人生得意须尽欢"，祝酒辞可以使得人们的情感高涨，能够有效地促进彼此之间的沟通，把酒宴的气氛推向高潮，达到喜庆同乐、欢欣共享、促进友谊发展的目的。

祝酒辞的用途非常宽广，不仅可以用于国家级宴会或者正式的外交场合，还可以用于日常生活的婚寿喜宴、迎来送往的接风饯行的酒宴之上，但是需要注意的是，不管用于什么场合的祝酒辞，其内容都要由三个部分组成：第一部分，是欢迎或感谢之辞。如祝酒辞是以主人身份发表，就要对客人的到来致以热烈欢迎。如果祝酒辞是以来宾的身份发表，就要对主人的款待致以衷心的感谢。第二部分的重点就是要表达美好的祝贺、祝愿。第三部分就是结尾，以向对方敬酒干杯，结束全文。

在这三部分之中，第二部分通常都是一篇祝酒辞的重点部分，占祝酒辞的主要篇幅。我们都知道祝酒辞是抒情类的文章，一篇好的祝酒辞，要写得情感饱满，真挚动人。这样才能让人兴奋、欢愉，达到预想的效果。但又不能一味空洞地抒情，而是要通过叙事和议理来抒发自己的感情，做到事、理、情的有机融合。

例如在1972年尼克松总统首次访华的时候，为庆祝访问成功，在离京之前举行了答谢宴会并致祝酒辞。在该祝酒辞中有这么一段话：昨天，我们同几亿观众一起，看到了名副其实的世界奇迹之——中国长城。当我在城墙上漫步时，我想到了为了建筑这座城墙而付出的牺牲;我想到它所显示的在悠久的历史上始终保持独立的中国人民的决心;我想到这样一个事实,就是,长城告诉我们,中国有伟大的历史,建造这个世界奇迹的人民也有伟大的未来。尼克松的这段祝酒辞就是把叙事和议论有机地结合在了一起,自然而又得体。

同样,因为祝酒辞是为了创造生动活泼的现场气氛,而不是把场面讲冷、讲凉。因此,趣味性也是精彩的祝酒辞所不可缺少的一个重要因素。例如"东风吹,战鼓擂,今天喝酒谁怕谁!""酒逢知己千杯少,话不投机大口喝"之类的,可以给人带来更多欢乐和喜庆,让人心旷神怡。

曾经有人说过这样一句话,酒从杯里转到嘴里只是单纯的饮酒,这时人只能感受到酒精对人体生理上的刺激作用,只有当喝酒的时候伴随着热情洋溢的祝酒辞,才能让酒的作用发挥到极致。祝酒辞可以起到联络感情的作用,让原本不熟悉的主宾迅速熟悉起来。

中国是酒的故乡,几千年来,孕育了灿烂的酒文化。所谓有酒必有宴,有酒宴必有祝酒辞。可以说,万事抒怀须纵酒,千宴成功靠祝辞。若想宴会成功举办,保证宴会的效果,祝酒辞是不可缺少的。

2. 祝酒有技巧

在宴会礼仪中,祝酒是必须掌握的一项。

祝酒也叫敬酒,在不同场合,都会有可能被提议祝酒。如果在你毫无准备的情况下,被众人推举出来提议祝酒,大多数人会觉得紧张不知所措。其实不用紧张,放松心情,因为祝酒辞并不需要太长。在你毫无准备的情况下可以说一些简单的话来摆脱困境,如"让我们为了某某干杯"或"为了某某,让我们举杯共饮"。

当然如果你想表现得更有风度,更有智慧的话,你就应该在参加宴会前适当做些准备,在祝酒辞上下一番功夫。

首先,祝酒辞应该开宗明义。任何宴请都是有名义或者有原因的。如果你是宴会的主办人,虽然在邀请客人的请柬上已经注明了宴请的原因,但不妨在致祝酒辞时重复一遍,这样可以让来宾们更清楚这场宴会的举办目的。比如这场宴会是为了感谢兄弟单位在某一事情上给本单位提供了方便而举行的,在致祝酒词的时候就可以这样说:"各位尊敬的来宾,上次某某事情。如果缺少了你们的大力支持和鼎力相助,就不会有今天这样完满的结局。今天略备薄酒素菜,请来某某领导和各位,以表达我们诚挚的谢意,请大家干杯!"

其次,祝酒辞要做到雅俗共赏。一桌宴席,少则四五人,多则十人以上,这么多人的年纪阅历秉性都各有不同,所以祝酒辞也应该根据具体问题具体分析,力求综合各人的喜好,做到雅俗共赏。要使劝酒的语言雅俗共赏,要认真学习古人关于酒的名句，如"明月几时有，把酒问青天"，"一壶浊酒喜相逢，古今多少事，都付笑谈中"等等。还要注意搜集今人关于酒的俗语，如"友谊深，一口闷；感情厚，喝不够。""今日痛饮黄龙酒，明朝更上一层楼"等等。

第三，祝酒时要不卑不亢。如果有领导应邀来参加宴会，主人在表达致谢之意的时候一定要注意分寸，不要说些过分的溢美之词，如："领导百忙之中光临寒舍，使小屋蓬荜生辉……"这类的话会让其他的宾客觉得不舒服。也不要只顾着和领导说话，劝领导喝酒，冷落了其他客人，这是要不得的。

3. 劝酒有学问

中国自古就是礼仪之邦，中国人一向是开放好客的，而中国人好客的特点在酒席上发挥得淋漓尽致。在我国，人与人的感情往往是在酒桌上得到升华的，一顿饭下来原本不熟的两个人就可以成为勾肩搭背的哥们儿，这样大的变化多数的功劳都要归功于酒桌上的互相敬酒。

在我国，主人为表自己尽到地主之谊的最重要的做法就是在酒桌上劝客人多喝酒。客人喝得越多，喝的越醉，主人就越高兴，觉得客人给自己面子，自己照顾周到了。如果客人不喝酒的话，主人就会担心是自己照顾不周到让客人不满意了。所以为了让客人满意，主人总是会在酒桌上一个劲儿地劝酒。

按照我国目前的大众趋势，酒宴上的第一次敬酒是要留给主人的，在酒席刚开始，主人在讲上几句话后，便开始了第一次敬酒。在主人敬酒致祝酒辞的时候，来宾和主人都要起立，主人先将杯中的酒一饮而尽，并将空酒杯口朝下，说明自己已经喝完，以示对客人的尊重。客人一般也要喝完，然后便由客人向主人回敬酒。

除了酒席刚开始的敬酒，还有的便是客人与客人之间的敬酒了，酒桌上为了使对方多饮酒，敬酒者往往会找出种种必须喝酒的理由，例如"感情深，一口闷"；"感情厚，喝个够"之类，如果被敬酒者无法找出反驳的理由，就得喝酒。在这种双方寻找论据的同时，人与人的感情交流得到升华。

除此之外，还有一种特殊的劝酒方式，那就是"罚酒"，"罚酒"通常都是玩笑性质居多的，主要是为了劝人多喝酒，所以"罚酒"的理由也是五花八门。最为常见的可能是对酒席迟到者的"罚酒三杯"。

酒在中国占据很重要的地位，有无酒不成席之说，所以在酒桌上国人总是希望能够劝到别人喝更多酒。其实喝酒固然能增加感情，但是如果不加控制一味劝别人喝酒，不仅会伤身体，还有可能伤了感情，所以劝酒也应适度。

"锄禾日当午，汗滴禾下土，连干三杯酒，你说苦不苦？""亲朋聚会不劝酒，真诚相待天地久，一年四季不劝酒，健康幸福永长留。""喝酒不强求，情义心中留！老酒虽没有，真情到永久！老酒不沾口，健康年年有！"这都是网友总结出来的各种应对过度劝酒的段子，表示的都是同一个意思：喝酒要适度，喝好别喝倒！

4. 祝酒的礼仪

祝酒是宴会中不可或缺的一项内容，往往也是就餐者相互传达各种信息的一种方式。祝酒的方式很多，可以是一对一的祝酒，也可以是对全体就餐者的祝酒。祝酒时，主人往往会说明举办宴会的主要目的，而客人则会表达一种祝贺、祝愿和支持之类的话。从这个意义上讲，祝酒实际也是在致词。

在餐会上，致祝酒辞通常是男主人或女主人的优先权。如果无人祝酒，客人则可以提议向主人祝酒。如果其中一位主人第一个祝酒，一位客人可以在第二个祝酒。

在仪式场合，通常会有一位酒司仪，如果没有，组委会主席会在就餐结束、开始发言前致必要的祝酒辞。在不太正式的场合，可以在葡萄酒和香槟酒上来之后，就提议祝酒。祝酒者并不必要把酒杯里的酒喝干。每次喝一小口足矣。

你可能根本不碰包括葡萄酒在内的各种酒精饮料，甚至敬酒时也是如此。当酒传递过来时，你当然可以谢绝，在祝酒时举起装着苏打水的高脚杯。过去，除非是酒精饮料，否则不祝酒，但是今天各种饮料都可以用来祝酒。无论如何，你应该站起来，加入到这项活动之中，至少不应该极端失礼地坐在座位上。

5. 劝酒必知的技巧

见人说人话见鬼说鬼话，好像是最基本的社交台词。事先了解一下跟你喝酒人的脾气性格，有豪爽的就大大方方，比较含蓄一点的就说话有涵养。

劝人喝酒，目的是渲染气氛。劝酒，体现了主人的好客和热情。有些人自己不爱喝酒，觉得喝多了没有好处，担心让人家喝多了似乎不怀好意。其实，劝酒是件热闹事，劝酒时要劝到点子上，有叫得响的理由，说得对方高兴了，喝两杯也痛快。但注意劝酒与喝酒不是对等的。作为主人，一定要尽东道主之意，热情相劝，至于客人喝不喝，喝多少并不重要，不必较真，请对方自便。有人说，谁愿喝多喝，谁不愿意少喝，不是更好吗？不愿喝的还好办，愿意喝几杯的，你不劝，人家就不好意思频频举杯自饮，因此，劝酒是必要的。

席上劝酒要热情，但以少喝为佳。要破除"但使主人能醉客，不知何处是故乡"的观念和不喝醉就不够意思的老观念。酒逢知己千杯少，喝到适度为最好。须明白劝酒并不只是"劝君更进一杯酒"，还要适时地劝君少饮一杯酒。在座的客人中，说不定就有天性不会喝酒的，或者是不宜多喝酒的，甚至由于身体原因，暂时忌酒的。这时，你如果像平时和自己的哥们相聚一样，行"酒阀"作风,用蛮横和激将的办法劝酒,客人给你和你领导面子的话,可能会饮下这一杯杯苦酒,但事后客人的心情可想而知;如果客人不买你的账,难免出现难堪的场面,不但达不到宴请的目的,而且会使难以解决的问题变得更难。所以,让客人乘兴而来,尽欢而去是宴请和劝酒的原则。

6. 不可不知的五大敬酒原则

(1) 怎么斟酒

敬酒之前需要斟酒。按照规范来说,除主人和服务人员外,其他宾客一般不要自行给别人斟酒。如果主人亲自斟酒,应该用本次宴会上最好的酒斟,宾客要端起酒杯致谢,必要的时候应该起身站立。

如果是作为大型的商务用餐来说,都应该是服务人员来斟酒。斟酒一般要从位高者开始,然后顺时针斟。如果不需要酒了,可以把手挡在酒杯上,说声"不用了,谢谢"就可以了。这时候,斟酒者就没有必要非得一再要求斟酒。

中餐里,别人斟酒的时候,也可以回敬以"叩指礼"。特别是自己的身份比主人高的时候。即以右手拇指、食指、中指捏在一起,指尖向下,轻叩几下桌面表示对斟酒的感谢。

酒倒多少才合适呢?白酒和啤酒可以斟满,而其他洋酒就不用斟满。

(2) 什么时候敬酒?

敬酒应该在特定的时间进行,并以不影响来宾用餐为首要考虑。

敬酒分为正式敬酒和普通敬酒。正式的敬酒,一般是在宾主入席后、用餐前开始就可以敬,一般都是主人来敬,同时还要说规范的视酒词。而普通敬酒,只要是在正式敬酒之后就可以开始了。但要注意是在对方方便的时候,比如他当时没有和其他人敬酒,嘴里不在咀嚼,认为对方可能愿意接受你的敬酒。而且,如果向同一个人敬酒,应该等身份比自己高的人敬过之后再敬。

(3) 敬酒的顺序

敬酒按什么顺序呢?一般情况下应按年龄大小、职位高低、宾主身份为序,敬酒前一定要充分考虑好敬酒的顺序,分明主次,避免出现尴尬的情况。即使你分不清或职位、身份高低不明确,也要按统一的顺序敬酒,比如先从自己身边按顺时针方向开始敬酒,或是从左到右、从右到左进行敬酒等。

(4) 敬酒的举止要求

敬酒分为正式敬酒和普通敬酒。正式敬酒是指宴会一开始的时候,主人先向大家集体敬酒,并同时说标准的祝酒词。这种祝酒词内容可以稍长一点,但也就是在五分钟之内讲完。

无论是主人还是来宾,如果是在自己的座位上向集体敬酒,就要求首先站起身来,面含微笑,手拿酒杯,面朝大家。

当主人向集体敬酒、说祝酒词的时候，所有人应该一律停止用餐或喝酒。主人提议干杯的时候，所有人都要端起酒杯站起来，互相碰一碰。按国际通行的做法，敬酒不一定要喝干。但即使平时滴酒不沾的人，也要拿起酒杯抿上一口装装样子，以示对主人的尊重。

除了主人向集体敬酒，来宾也可以向集体敬酒。来宾的祝酒词可以说得更简短，甚至一两句话都可以。比如："各位，为了以后我们的合作愉快，干杯！"

平时涉及礼仪规范内容更多的还是普通敬酒。普通敬酒就是在主人正式敬酒之后，各个来宾和主人之间或者来宾之间可以互相敬酒，同时说一两句简单的祝酒词或劝酒词。

别人向你敬酒的时候，要手举酒杯到双眼高度，在对方说了祝酒词或"干杯"之后，再喝。喝完后，还要手拿酒杯和对方对视一下，这一过程才结束。

（5）敬酒要因地制宜，入乡随俗

对我国来说，敬酒的时候还要特别注意：敬酒无论是敬的一方还是接受的一方，都要注意因地制宜、入乡随俗。我们大部分地区，特别是东北、内蒙古等北方地区，敬酒的时候往往讲究"端起即干"。在他们看来，这种方式才能表达诚意、敬意。所以，在具体的应对上就应注意，自己酒量欠佳应该事先诚恳说明，不要看似豪爽地端着酒去敬对方，而对方一口干了，你却只是"意思意思"，往往会引起对方的不快。另外，对于敬酒的来说，如果对方确实酒量不济，没有必要去强求。喝酒的最高境界应该是"喝好"而不是"喝倒"。

第四章　但使主人能醉客——劝酒有方

1. 劝酒的学问

人际交往免不了在一起吃饭，吃饭时很多时候都要喝酒，正所谓"无酒不成席"。在餐桌上，不论是和同事、朋友一起吃饭，还是和领导、长辈一起吃饭，都要"会说话"、"会敬酒"。其实，劝酒也是一门学问，要劝得巧，才能喝得好。比如说有的人不会喝酒，一般情况下就不能劝太坚持，而有的人会喝，但轻易不愿喝，这就需要有人劝酒。那么劝酒时应该怎么劝，餐桌上有哪些应该注意的问题你知道吗？

（1）先挑选对象再劝酒

要知道，不是所有的人都会喝酒，因此不是酒桌上的每个人都要劝，有几种特殊情况就不必多劝：酒量小的人。这类人本来就喝不了太多酒，如果再劝的话，有点难为人家了；对喝酒特别实在的人（倒多少喝多少的人）别劝，这样的人自己就能喝好，也能把握好，一味劝酒的话，一定会喝多；和女士一起吃饭的时候，不要对女士劝酒，这样显得不礼貌。那么，要对什么人劝酒呢？我认为：应该对有酒量但还没有喝多少酒的人进行劝酒，这样，对方能感受到你的热情，从而欣然接受。

（2）什么时候是劝酒的最佳时机

劝酒是需要把握时机的，宴席刚开始时不要劝酒，因为每个人都会根据自己的酒量适当喝一些，这时劝酒显得多此一举，不劝也能喝，何必非要劝呢？宴席要结束的时候不要劝酒，"天下没有不散的宴席"都已经喝得差不多了，如果再劝酒，就有些强人所难了。而且还容易喝多，酒后失态是小事，如果发生其他意外，那就后悔莫及了。劝酒的时候一定要把握好劝酒时机，最佳的劝酒时机是宴席进行到一半的时候，这时候劝酒不仅容易成功，而且能活跃酒桌气氛。

（3）劝酒需分场合

有些场合是不适合劝酒的，比如不熟的人第一次坐在酒桌上喝酒，大家相互之间并不了解，这时候就不宜劝酒，即使劝，也要注意分寸，比如可以说："我喝了，大家随意。"在悲伤的时候也不宜劝酒。本来就心情不好，"借酒消愁愁更愁"，如果再一味地劝酒，就极容易喝多酒；上下级在一起喝酒的时候不宜劝酒，下级劝上级喝酒时方法不多，往往以牺牲自己为代价，自个喝上一杯，领导随意沾唇；而上级劝下级，下级却不能不喝，如此不公平，还是别劝酒吧。需要了解的是，最适合的劝酒场合是在偏重喜庆气氛的酒桌上，比如新婚之喜、升学之喜、乔迁之喜等等。

(4) 文明的劝酒语增添餐桌气氛

劝酒的时候，一段得体的劝酒语绝对可以给餐桌增添和谐的气氛，把喝酒的氛围推向高潮。比如："为我们初次合作就取得了圆满的成功，干一杯。""为我们高中珍贵的同学情谊干杯。""感谢您给我无私的帮助和热情的鼓励，我敬您一杯。""我常年工作在外，不在爸爸身边，今天是您老六十大寿，在这个特殊的日子里，我敬爸爸一杯，祝爸爸健康长寿。"像这样文明高雅的劝酒语，能恰当地表达敬酒者的心情，令人回味。

总之，在劝酒的时候要把握好分寸，因人而异，因地而异。不要盲目地劝酒，这样不但起不到调解气氛的作用，而且还容易节外生枝，使原本友好的关系产生裂痕，甚至发生其他意想不到的事情。

2. 什么时候不适合坚持劝酒

人们进酒场，明明自己怕被劝倒，但是也怕劝不倒别人。不管能喝不能喝，让你喝你就喝，没商量余地，似乎如果不能劝酒成功，就显得不热情不周到。因而某些时候，喝酒就是一场战争。但话又说回来，没有酒场的配合公关，一些事情和交易，显然办不痛快和圆满，显得不按潜规则出牌。

劝酒是依附酒场生存，只要有酒场就有劝酒行为，在酒桌上劝酒这一行为是难以避免的，一刀切掉劝酒作风，既不现实也不可能。但是凡事都有一个适度原则，要注意把握劝酒的分寸和火候，要知道并不是所有的时候都适合劝酒，劝酒至少有以下五个原则需要注意。

一是不能不分时候地劝。劝酒很有些讲究，尤其什么时候开始劝酒，好像有个不成文的规定。一般情况下要掌握时机，喝到该劝酒的空间，方能进入劝酒程序。可以这样俗气地定义，坚持"掐头去尾取中间"原则，不能上来没等开场白，没等开过"几盅全会"，便迫不及待地端杯劝酒，忽视主题搞重点劝酒要不得。当然也不能临近尾声喝满堂红，却不顾全大局走向，硬性横插一刀，把酒局劝乱套。劝酒讲究时空观念，也不能看着别人正说酒词，或正与人碰杯，或者才放酒杯换口茶，丝毫没眼力地劝酒。时机掐得不对付，劝酒便少些意义和道理。这是自找没味，说不定要挨扁。

二是不能不分场合地劝酒。喝酒比较在意场合，不同性质的场合，对劝酒的要求各异。有的场合需要劝酒，比如请人帮忙办事，比如招待来自远方的朋友，比如关系单位的"骚扰酒"等。有的场合不需要劝酒，劝酒非但不能营造和谐气氛，反而破坏酒场环境，引发不必要的冲突和麻烦。比如与外商洽谈业务场合，外国人不理解不喜欢中国式劝酒，出自好意的劝酒，弄不好把业务搅黄了。比如接待上级检查工作的场合，彼此任务在身，应该严肃对待，不适合劝来劝去太放肆不严肃。比如悲情失意在身的场合，劝酒显然与气氛不符。比如陌生人坐在一起，互不了解互不熟悉，劝酒可能出现尴尬局面。

三是不能不看对象地劝酒。劝酒要看人下菜碟，能劝则劝几杯，即便劝不出效果，起码不至于引发超级难堪。对于有些特殊身份的人们，一定要少劝慎劝甚至别劝。比如上司坐在酒场，喝不喝酒喝多少酒，别人不能干涉和决定，如果下属不知好歹地硬劝，劝不成事小，弄不好惹身骚找不自在。比如对开车赴酒场的人，非但不能劝酒，如果他想喝酒应该劝阻端杯，否则因被劝酒喝多喝醉，引发意外事故，劝酒人吃不了兜着。比如身体有病的人，本来就应忌讳酒，劝人家喝酒喝出毛病，都不合适了。比如滴酒不沾的女士，即使装作不喝，只要人家不主动应承，劝过就完不能硬劝老劝。

四是劝酒不能口不择言。虽然酒场上说话比较随意，性情水催化出的性情，可以忽视忽略说话的语气方式和内容，但也不能什么话都讲，尤其要注意劝酒词的对象。比如用骂誓恶语劝酒，声称谁喝不酒谁是三孙子，遇到急性人非较劲不可。比如不能故意贩卖黄色暴力，对着女士大发荤词劝酒，一旦女人发威不买账并反攻，劝酒人肯定下不了台。比如拿别人的短处缺陷当下酒菜，劝人家喝堵心酒的结果，是最后堵心自己。比如开发很敏感很焦热的酒词，劝给比较对应的人，可能人家承受不了敏感和焦热，而制造新的敏售焦热难题。

五是劝酒要有标准。人逢酒场精神爽，三杯下肚来性情。喝酒嘛喝的不是酒，一定程度上就是喝休闲喝热闹喝痛快，劝酒活动自然而然地要发生，不劝酒才显得不正常。适度地劝两下见好就收最为理想，怕就怕劝开头没有尾，把小局劝大劝强。有的人劝酒时快意忘形，不知不觉地耍开二虎头，抄起酒杯便劝，不管杯大杯小什么酒。用大碗劝啤酒，拿大杯劝白酒，红酒、洋酒也不按章法动杯，逮着什么用什么，早已远离文明酒恭敬酒的初衷。这么超常规的劝酒，不把酒场劝歪才怪。

3. 女将出马，劝酒更有效

虽然酒总是与男人有关，但是很多时候酒桌上也总会有女人在场，事实上有时候让女人来劝酒比男人更有效，这就是女人劝酒的妙处，但女人毕竟不是男人，因此，如果需要女人"出马"的场合，就要学会分场合。

（1）硬拼

此招善饮急酒的美眉使用最见效果。对北方男人尤其有效。

有人敬酒便酒来一口干，再回敬三杯给他。你喝不喝？不喝就不是男人！哪个男人受得了这种激将法？就算是酒在肚子里已经升到脖子处，也得硬着头皮喝下去。三杯三杯再三杯，不一会，地上就趴着一只醉猪了。

注意事项：酒力稍弱的美眉都不能使用此招，这是高手中的高手，强档中的强档使用的超极无敌酒招，是硬碰硬的抗争，强与强的决斗，只适合超强级酒场美眉使用。常人请勿效仿，否则非死即伤。

(2) 攻弱

看准形势，主动出击，捉准一个酒量弱的家伙就拼命地拼命地拼命敬，努力地努力地努力灌，杜绝外界一切干扰力量，所有其他人敬酒统统不喝两眼只在目标选手身上，所有代酒的替酒的求情的告饶的只当称隐形人，目标人物不倒下绝不转移视线，下手不能慢态度不能软，宁愿错杀不要放过。

注意事项：挑选目标的时候绝对要求看清楚再下手，否则遇上扮猪吃老虎的酒场高手，那么倒下的说不定就是自己了。

(3) 变脸

当软语温语已经不再起作用，当发嗲撒娇撞上冰冷的石头弹了回来，这就是此招发挥作用的时刻到来了。

美眉们应当腾地站起身来，用纤纤细手温柔地一拍桌子，或横眉冷眼或泪眼盈盈或无限哀伤地再问他一次："你喝是不喝？"此时眼神当怨毒当冰冷当仇恨当无情有高水平者还可流露出一丝丝杀气总之有无限种让人有不好预感的可能性，若还有顽固分子妄图抵抗，强度大一些的感叹语句就出来了，最典型的一句话就是："你看不起我是不是！"，另外一招就是把酒端到离他嘴只差1厘米的地方，用杀人似的眼睛盯着他，用苦大仇深的语气问："你还当不当我是朋友？"到最后自然酒到他干，百试不爽。

注意事项：跟心胸宽，或是交情好的哥们才好使用这招，就算不成也可以嬉皮笑脸地当成玩笑，无伤大雅，若是一两个心眼比针还细的人当真误会了拂袖而去，或是以后跟你交恶，就没意思了。

(4) 后制

此招适应全方面，大群体，人数众多时的拼酒场面。

开始保留实力，有人敬酒能推就推，或说身体不舒服不能喝酒，或摆出一副苦瓜脸说家中有事心烦不想喝酒，表情要做痛不欲生状，让旁人自然识趣弹开，酒筵至半，众人都喝得七七八八了，便从冰山美人变做热辣小野猫，拿着大杯每桌主动找人喝酒，来来来，上上上，喝喝喝，保证起码能一下搞掂一二三四五六七八个。

注意事项：自己开始时不能喝酒态度要严肃，理由要充分，这样才能真正保存实力，到后面时可借故突然恢复热情本性（比如接了个电话家中有喜事什么的），这是四两拨千斤的好办法，应该熟练应用才是。

(5) 诈怜

弱者一向是让人忽视的群体，在酒桌上尤为突出。

开始喝酒的时候便可怜兮兮地跟大家告罪，我真的是不能喝酒的，很抱歉，请原谅，最好有一两个同伙在旁客串证明确实是酒场菜鸟，喝的时候别人会自然相让，你喝半杯吧我喝一杯，这样来来去去一些回合，高手倒下了，菜鸟还在喝。

注意事项：此方法适应不太熟悉或新交的朋友，若是多年老友死党早看清楚你的底细了，再装可怜只放看免费猴子表演，酒是绝不能少喝的。

第五章　主人酒尽君未醉——拒酒有道

1. 不失礼的拒酒方法

酒桌也是一个大的交际场所，而且是挺考验人的。通常是，如果你不能喝酒，最好学会拒酒；你没有酒量陪酒友们痛快，那就凭三寸不烂之舌让大伙儿开心。这样，既能保证不伤自己的身体，又能不扫其他人的兴。下面介绍几条"拒酒词"，以供参考。

（1）只要感情好，能喝多少喝多少

你可以这样说："九千九百九十九朵玫瑰也难成全一个爱情。只有感情不够才用玫瑰来凑。因此，只要感情好，能喝多少喝多少。我不希望我们的感情掺和那么多'水分'。我虽然喝了一点儿，但这一点儿是一滴浓浓的情。点点滴滴都是情嘛！"

（2）只要感情到了位，不喝也会陶醉

你试试这样说："跟你不喜欢的人在一起喝酒，是一种苦痛；跟你喜欢的人在一起喝酒，是一种感动。我们走到一块，说明我们感情到了位。只要感情到了位，不喝也陶醉。"

（3）只要感情有，喝什么都是酒

你如果确实不能沾酒，就不妨说服对方，以饮料或茶水代酒。你笑着说："只要感情有，喝什么都是酒。感情是什么？感情就是理解，理解万岁！"你然后以茶代酒，表示一下。

（4）感情浅，哪怕喝大碗；感情深，哪怕舔一舔

酒桌上，千言万语，无非归结一个字"喝"。如："你不喝这杯酒，一定嫌我长得丑。"如："感情深，一口吞；感情浅，舔一舔。"劝酒者把喝酒的多少与人的美丑和感情的深浅扯到一块。你可以驳倒它们的联系："如果感情的深浅与喝酒的多少成正比，我们这么深的感情，一杯酒不足以体现。我们应该跳进酒缸里，因为我们多年交情，清深似海。其实，感情浅，哪怕喝大碗；感情深，哪怕舔一舔。"

（5）为了不伤感情，我喝；为了不伤身体，我喝一点

他劝你："喝！感情铁，喝出血！宁伤身体，不伤感情；宁把肠胃喝个洞，也不让感情裂个缝！"这是不理性的表现，你可以这样回答："我们要理性消费，

理性喝酒。'留一半清醒,留一半西醉,至少在梦里'。"

（6）在这开心一刻,让我们来做选择题吧!

我们思路打开一些,拒酒的办法就来了。他要借酒表达对你的情和意,你便说:"开心一刻是可以做选择题的。表达情和意,可以:A. 拥抱,B. 拉手,C. 喝酒,任先选一项。我敬你,就让你选;你敬我,应该该让我选。现在,我选择A. 拥抱,好吗?"

（7）君子动口,不动手

他要你干杯,你可以巧设"二难",请君入瓮。你问他:"你是愿意当君子还是愿意当小人?请你先回答这个问题。"他如果说"愿意当君子",你便说"君子之交,淡如水",以茶水代酒,或者说"君子动口,不动手,你动口喝",请他喝;他如果说"愿意当小人",你便说"我不跟小人喝酒",然后笑着坐下,他也无可奈何。

总之,拒酒词、拒酒的办法还有很多,要随机应变,"兵来将挡"。酒文化中既有劝酒词,也有拒酒词,你没有酒量,凭着你的机智和口才也可以在交际场上应对周旋,游刃有余。

2. 特定情形下的拒酒之道

女士劝男士——
攻:激动的心,颤抖的手,我给领导倒杯酒,领导不喝嫌我丑。
守:春眠不觉晓,处处闻啼鸟,举杯问美女,我该喝多少?

给中年人劝酒——
攻:一条大河波浪宽,端起这杯咱就干。
守:万水千山总是情,少喝一杯行不行?

劝妻子管教严的男士——
攻:酒壮英雄胆,不服老婆管。
守:来时夫人有交代,少喝酒来多吃菜。

朋友之间劝酒——
攻:男人不喝酒,枉在世上走。
守:危难之处显身手,妹妹（兄弟）替哥喝杯酒。

劝喝白酒——
攻:喝酒不喝白,感情上不来。
守:只要感情有,喝啥都是酒。

互相劝酒——
攻:屁股一抬,喝了重来。
守:屁股一动,表示尊重。

3. 酒场上女性怎么拒酒

社交和工作娱乐的需要，很多时候女性也要无可避免地在酒场中走动，但比起男人来说，多数女人的酒力还是比较小的，但既然在酒桌上出现了，自然会有人劝酒，在此，教不胜酒力的女性几招比较好用的拒酒方法，使自己在被劝酒时巧妙渡过"酒关"。

（1）借力

稍平常脸的女孩子身边都会围绕着一两个或可爱或不可爱的追求者吧。每天嗡嗡嗡地飞来飞去，让人有时得意有时厌烦的。

酒宴前就事先跟一酒量稍好的苍蝇悄悄地说自己不会喝酒，到时可否帮上一忙，大多有救美情结的英雄狗熊们都会不顾疼痛大力捶胸曰："包在我身上包在我身上。"那么一切就 OK 了。

酒场上拼酒时坐在他旁边，摆出一副楚楚可怜的姿态，有人敬酒自然会兵来将挡，水来土掩，酒来旁人倒。

注意事项：有牺牲精神的苍蝇必不可少，美眉们不要临时才抱佛脚捉猪头，平日就要注意发展一两只啊。

（2）偷机

这点适用于酒量不太好却被勉强灌酒的美眉，若是跟人家拼酒也这么做，就没点酒场道德了。以下有几个小方法可以一试。

①事先准备一方小手帕（最好稍有点厚度的），喝了酒之后不吞入肚，假装擦嘴把酒偷偷吐到手帕上，手帕只湿但不会流出来，别人也没看出来。

②喝酒之后，做势要吐冲向卫生间，把口中酒吐掉。

③知道有宴会要喝酒之前，准备一些醒酒的东西在旁边（如醋、糖水之类），觉得不支可以马上用来醒酒接着再战。

注意事项：①、②两条只适用于在喝白酒的场合，若酒太多自然不可能吐手帕，去卫生间吐掉的酒，也不会有太多，对整个称雄酒场的事业没有帮助。而且做这些事情时表情要自然，动作要纯熟，若是心理素质不太好的，装假的时候慌慌张张，被发现了罚酒.杯就得不偿失了。

（3）装醉

不想继续喝酒的时候装醉是明智的选择。

女性是天生的演员，要在酒场上做出伪装色自然也是很简单的事。

去卫生间的时候把胭脂在颊上打得多一些小脸呈通红状态，在酒桌上轻轻地歪头做酒力不支状，眼神迷离双唇微张，无意中会碰倒三四次东西，有男朋友的赖在男朋友的怀里直嚷头晕，稍有风度的男人都不忍心再灌酒了，于是可以偷笑着看他们对杀自己乐得轻闲。

注意事项：千万要注意酒醉时的表情要爱娇而不风骚，可爱而不妖媚，若被人家看成是勾引男人的举动可就大大地表演过头了。

（4）媚功

作为女人是非常幸运的事，做现代社会的女人尤其幸运，作为一个稍可爱或漂亮的女人，简直就是福中之福。当我们拥有这么好的外在天赋，当我们拥有这么柔媚的外表、拥有那么磁性诱惑的声音，如果不能把它发挥到极致，岂不是暴殄天物？在酒场上自然也不能浪费了这项基本的、天然的资源。电他，电他，电晕他，电倒他，电晕电倒之后，叫他喝多少就多少，这是酒场美眉一个重要的作战方式，我们要足分利用自身的特长、资源，把杀伤力增强到无限。注意事项：利用此种战术的美眉必须客观、再客观地估计自己本身的魅力指数，若是妨碍市容的脸部指数与破锣般的嗓音，趁早另择他法。

第六章　但将酩酊酬佳节——酒俗漫谈

1. 重大节日的传统饮酒习俗

中国是一个多民族国家，各地的风俗习惯不同，因此各地流传下来的节日有很多。一年中的几个重大节日，都有相应的饮酒活动，如端午节饮"菖蒲酒"，重阳节饮"菊花酒"，除夕夜的"年酒"。在一些地方，如江西民间，春季插完禾苗后，要欢聚饮酒，庆贺丰收时更要饮酒，酒席散尽之时，往往是"家家扶得醉人归"。关于有饮酒风俗的重大节日有这些：

（1）除夕

俗称大年三十夜。时在一年最后一天的晚上。人们有别岁、守岁的习俗。即除夕夜通宵不寝，回顾过去，展望未来。始于南北朝时期。梁代徐君倩在《共内人夜坐守岁》一诗中写道："欢多情未及，赏至莫停杯。酒中喜桃子，粽里觅杨梅。帘开风入帐，烛尽炭成灰，勿疑鬓钗重，为待晓光催。"除夕守岁都是要饮酒的，唐代白居易在《客中守岁》一诗中写道："守岁樽无酒，思乡泪满巾。"孟浩然写有这样的诗句："续明催画烛，守岁接长宴。"宋代苏轼在《岁晚三首序》中写道："岁晚相馈问为'馈岁'，酒食相邀呼为'别岁'，至除夕夜达旦不眠为'守岁'。"

除夕饮用的酒品有"屠苏酒"、"椒柏酒"。这原是正月初一的饮用酒品，后来改为在除夕饮用。宋代苏轼在《除日》一诗中写道："年年最后饮屠苏，不觉来年七十岁"。明代袁凯在《客中除夕》一诗中写道："一杯柏叶酒，未敌泪千行"。唐代杜甫在《杜位宅守岁》一诗中写道："守岁阿戎家，椒盘已颂花。"

除夕午夜，全家聚餐又名为团圆酒，向长辈敬辞岁酒，这一习俗延续到今。

（2）春节

俗称过年。春节是最大最正式的节日，喝酒庆祝新年是必不可少的。汉武帝时规定正月初一为元旦；辛亥革命后，正月初一改称为春节。春节期间要饮用屠苏酒、椒花酒（椒柏酒）；寓意吉祥、康宁、长寿。

"屠苏"原是草庵之名。相传古时有一人住在屠苏庵中，每年除夕夜里，他给邻里一包药，让人们将药放在水中浸泡，到元旦时，再用这井水对酒，合家欢饮，使全家人一年中都不会染上瘟疫。后人便将这草庵之名作为酒名。饮屠苏酒始于东汉。明代李时珍的《本草纲目》中有这样的记载："屠苏酒，陈延之《小品方》云,'此华佗方也'。元旦饮之,辟疫疠一切不正之气。"饮用方法也颇讲究,由"幼及长"。"椒花酒"是用椒花浸泡制成的酒,它的饮用方法与屠苏酒一样。梁宗懔在《荆楚岁时记》中有这样的记载,"俗有岁首用椒酒,椒花芬香,故采花以贡樽。正月饮酒,先小者,以小者得岁,先酒贺之。老者失岁,故后与酒。"宋代王安石在《元旦》一诗中写道:"爆竹声中一岁除,春风送暖入屠苏。千门万户曈曈日,总把新桃换旧符。"北周庾信在诗中写道:"正朝辟恶酒,新年长命杯。柏吐随铭主,椒花逐颂来。"

(3)清明节

时间约在阳历4月5日前后。人们一般将寒食节与清明节合为一个节日,有扫墓、踏青的习俗。始于春秋时期的晋国。这个节日饮酒不受限制。据唐代段成式著的《酉阳杂俎》记载:在唐朝时,于清明节宫中设宴饮酒之后,宪宗李纯又赐给宰相李绛酴酒。清明节饮酒有两种原因:一是寒食节期间,不能生火吃热食,只能吃凉食,饮酒可以增加热量;二是借酒来平缓或暂时麻醉人们哀悼亲人的心情。古人对清明饮酒赋诗较多,唐代白居易在诗中写道:"何处难忘酒,朱门美少年,春分花发后,寒食月明前。"杜牧在《清明》一诗中写道:"清明时节雨纷纷,路上行人欲断魂;借问酒家何处有,牧童遥指杏花村。"

(4)端午节

又称端阳节、重午节、端五节、重五节、女儿节、天中节、地腊节。时在农历五月五日,大约形成于春秋战国之际。人们为了辟邪、除恶、解毒,有饮菖蒲酒、雄黄酒的习俗。同时还有为了壮阳增寿而饮蟾蜍酒和镇静安眠而饮夜合欢花酒的习俗。最为普遍及流传最广的是饮菖蒲酒。据文献记载:唐代光启年间(885~888年),即有饮"菖蒲酒"事例。唐代殷尧藩在诗中写道:"少年佳节倍多情,老去谁知感慨生,不效艾符趋习俗,但祈蒲酒话升平"。后逐渐在民间广泛流传。历代文献都有所记载,如唐代《外台秘要》、《千金方》、宋代《太平圣惠方》,元代《元稗类钞》,明代《本草纲目》、《普济方》及清代《清稗类钞》等古籍书中,均载有此酒的配方及服法。菖蒲酒是我国传统的时令饮料,而且历代帝王也将它列为御膳时令香醪。明代刘若愚在《明宫史》中记载:"初五日午时,饮朱砂、雄黄、菖蒲酒、吃粽子。清代顾铁卿在《清嘉录》中也有记载:"研雄黄末、屑蒲根,和酒以饮,谓之雄黄酒。"由于雄黄有毒,现在人们不再用雄黄兑制酒饮用了。对饮蟾蜍酒、夜合欢花酒,在《女红余志》、清代南沙三余氏撰的《南明野史》中有所记载。

(5)中秋节

又称仲秋节、团圆节,时在农历八月十五日。在这个节日里,无论家人团聚,还是挚友相会,人们都离不开赏月饮酒。文献诗词中对中秋节饮酒的反映比较多,《说林》记载:"八月黍成,可为酎酒"。五代王仁裕著的《天宝遗事》记载,唐玄宗在宫中举行中秋夜文酒宴,并熄灭灯烛,月下进行"月饮"。韩愈在诗中写道:"一年明月今宵多,人生由命非由他,有酒不饮奈明何?"到了清代,中秋节以饮桂花酒为习俗。据清代潘荣陛著的《帝京岁时记胜》记载,八月中秋,"时品"饮"桂花东酒"。

我国用桂花酿制露酒已有悠久历史,二千三百年前的战国时期,已酿有"桂酒",在《楚辞》中有"奠桂酒兮椒浆"的记载。

汉代郭宪的《别国洞冥记》也有"桂醪"及"黄桂之酒"的记载。

唐代酿桂酒较为流行,有些文人也善酿此酒,宋代叶梦得在《避暑录话》有"刘禹锡传信方有桂浆法,善造者暑月极美、凡酒用药,未有不夺其味、沉桂之烈,楚人所谓桂酒椒浆者,要知其为美酒"的记载。

金代,北京在酿制"百花露名酒"中就酿制有桂花酒。

清代酿有"桂花东酒",为京师传统节令酒,也是宫廷御酒。对此在文献中有"于八月桂花飘香时节,精选待放之花朵,酿成酒,入坛密封三年,始成佳酿,酒香甜醇厚,有开胃,怡神之功⋯⋯"的记载。直至今日也还有在中秋节饮桂花陈酒的习俗。

(6) 重阳节

又称重九节、茱萸节,时在农历九月初九日,有登高饮酒的习俗。始于汉朝。宋代高承著的《事物纪原》记载:"菊酒,《西京杂记》曰:'戚夫人待儿贾佩兰,后出为段儒妻,说在宫内时,九月九日佩茱萸,食蓬饵,饮菊花酒,云令人长寿'。登高,《续齐谐记》曰:'汉桓景随费长房游学'。谓曰:'九月九日,汝家当有灾厄,急令家人作绢囊,盛茱萸,悬臂登高山,饮菊花酒,祸乃可消'。景率家人登,夕还,鸡犬皆死。房曰,'此可以代人'。"自此以后,历代人们逢重九就要登高、赏菊、饮酒,延续至今不衰。

明代医学家李时珍在《本草纲目》一书中,对常饮菊花酒可"治头风,明耳目,去痿,消百病","令人好颜色不老","令头不白","轻身耐老延年"等。因而古人在食其根、茎、叶、花的同时,还用来酿制菊花酒。除饮菊花酒外,有的还饮用茱萸酒、茱菊酒、黄花酒、薏苡酒、桑落酒、桂酒等酒品。

历史上酿制菊花酒的方法不尽相同。晋代是"采菊花茎叶,杂秫米酿酒,至次年九月始熟,用之",明代是用"甘菊花煎汁,同曲、米酿酒。或加地黄、当归、枸杞诸药亦佳"。清代则是用白酒浸渍药材,而后采用蒸馏提取的方法酿制。因此,从清代开始,所酿制的菊花酒,就称之为"菊花白酒"。

2. 日常饮酒的习俗

饮酒的风俗是民俗的重要组织部分,所包含的内涵十分丰富。几乎涉及到人类生产、生活的各个领域。从古代的祭祀,到婚丧嫁娶;大到国家庆典迎宾、小至时令节气、修房盖屋,亲友相会等等,都与酒俗密切相关。所以,酒俗是一种历史非常悠久的民俗。

(1) 祭祀酒俗

我国具有悠久的祭祀文化历史，祭祀，即祭祖、祭神或以某种仪式纪念死者。祭祀是中国传统文化的重要组成部分。祭祀酒俗具有深厚的历史文化积淀。石家庄是中国酿酒技术的发祥地之一，也是中国祭祀文化的发祥地之一。酒文化与祭祀相结合，就产生了祭祀酒俗。石家庄地区的祭礼酒俗源远流长，早在新石器时代就已初见端倪，正定南杨庄新石器时代墓葬中发现的盛酒的长颈陶酒壶，就是当事人们用酒祭祀死者的佐证。

进入奴隶制社会以后，祭祀酒俗成为奴隶主强化统治的一种手段，借此来残害奴、愚弄奴隶，维护他们自己的统治权威。在藁城台西商代遗址的祭祀坑中发现的被残杀的奴隶残骸和酒器，是当时残酷而无情的祭祀酒俗的真实写照。为了严格奴隶制的祭祀酒俗，商周时期的奴隶主统治者逐步建立了体系完善的一套体制。从酒器到祭礼，从仪式到酒的酿造，都有十分具体的规定。在石家庄发现和收藏的大量青铜酒器，有不少就是祭祀用的礼器。譬如在辛集、元氏、无极等地发现的商周时期的青铜卣，正定出土的青铜尊、彝等器物，就是奴隶制社会祭祀用的酒器。中国文字中的"鬯"，也是祭祀酒俗的产物。它的原意是指一种祭祀降神用酒，是用郁金香酿黑米而成。《周礼·春宫·郁人》记载：在奴隶主祭祀活动中，专门有一种职业，称为"鬯人"，"掌供柜鬯而饰之。"负责"和郁鬯以实彝而陈之。"唐代贾公彦疏云："郁金之草，以其和鬯酒，因号为鬯草。"由于这种祭祀酒俗和祭祀酒礼，产生了鬯、鬯人、鬯祀等一系列词汇，可见祭祀酒俗对中国文字所产生的深远影响。

祭祀祖先，是中国历史悠久的传统风俗。从远古时代对族氏图腾的祭祀，到周礼中对牢的祭礼，从汉唐时期对祖庙祭祀的礼制，到明清时期民间祭族谱、祭祖坟、祭家庙、祭灵牌等祭俗，反映了古人对祖先的崇拜和怀念；也反映了中国古人对怀古、寻根的一种传统观念。而在这种传统礼俗中，酒是一个不可缺少的重要方面。

(2) 节令酒俗

节令酒俗是人们根据时令的特点和地方物候逐渐形成的一种酿酒、饮酒、会饮的习俗。石家庄是我国农耕业发达的地区，人们的生产、生活与自然界的时令、节令密切相关，也与农时密切相关，因此在民俗文化中有着许多与时令相关的内容。节令酒俗，就是其中一个重要部分。

清光绪《畿辅通志·舆地志略·风俗》中记载正定诸县："正定元日，谒墓，敬尊者，饮屠苏酒。"

《深泽县志》载："十月一日，好集客，号曰试酒，以多醉者为荣。"痛饮不醉休言归。民国《河北通志通·民事志·谣俗》中专设一节"四时"风俗。其中记载"立春日，聚会饮春酒。"

"春分日，节裁果树，分腊酝酒醢（用腊将酿好的酒和肉、鱼酿的酒酱封起来），利久蓄。""清明日，簪柳条，作秋千戏，携酒踏青。""孟夏之月，四日酿酒，可久蓄。""仲夏之月，五日，插薄艾，以彩索系项背，啖角黍，饮蒲酒，采药苗。"如今各地青少年在颈项间戴红绳所系的香包，就是从这种民俗民演化而来的。"仲秋之月，十五夜，会饮赏月。""季秋之月，九日，蒸花糕，酿菊酒，腌瓜菜及蟹，登高会饮。""除夕守岁，饮椒酒，焚苍术。"

明万历《真定县志》卷一"舆地志节令"中记载"元月十五日，土民饮酒赏贺。……九月九日，制花糕，饮菊酒。"在藁城县，还流行一种"鞭春牛"的古老祭春仪式。

（3）婚嫁酒俗

据清光绪《畿辅通志·舆地志略·风俗》记载：河北地区婚俗中："先通媒妁，女家允许，男家即送庚贴，以首饰钗钏先之，谓之过定礼。及婚，先择嫁娶吉日，谓之定嫁。娶次，男家用猪酒送催嫁，女家犯妆奁。临期，男子亲迎，陈设灯烛，鼓吹至女家，女家备酒醴敬迎，谓之喜筵。筵毕，女至婿家，夫妇同拜天地，行合卺礼。是日酒筵会亲友。三日先拜翁姑，即诣家庙、祖茔展拜，遍拜亲串之来贺者。四日女家亲串携食品相贺，婿赴女家，谓之回门。次年正月，女翁备酒筵，夫妇偕赴女家，谓之住正月。"

婚娶聘嫁，是人生的大事。尤其是旧中国深受"妇女从一而终"的传统婚嫁观念的影响，一般都把婚嫁之事看得很重。无论是迎娶新娘，还是女子出嫁，都要举行相当隆重的礼仪。而在这个具有悠久酒文化积淀的地区，自然会把酒与婚嫁紧紧结合起来，于是在婚俗中就专门有了一套关于饮酒、敬酒、喜筵酒、送亲酒、迎亲酒的酒俗，不仅成为婚嫁文化的重要组成部分，而且也成为河北酒文化的重要内容。

（4）丧葬酒俗

早在新石器时代，在丧葬文化中就开始使用酒和酒器。在正定南杨庄仰韶文化遗址中发现的细颈陶酒壶，就是一件随葬的酒器。进入青铜时代，各种成型精美的青铜酒器装满美酒之后，成为奴隶主贵必备的殉葬品。在平山县三汲镇战国时期中山国都城发掘的两代中山王的墓葬中，不仅出土了上千件青铜酒器，而且发现了两壶保存完好的古酒，成为世界上目前保存年代最久的古酒。

在奴隶社会和封建社会，丧葬礼俗中体现了严格的等级制。墓葬形制、随葬器物、墓丘大小、地面建筑物的高低、建筑物所用的砖瓦等都有十分严格的规定。甚至墓中所用的棺椁的厚度，都要按等级确定。但是无论等级差别多么悬殊，在丧葬中随葬品及葬礼中，一般都要用酒。由此逐渐形成了一套约定俗成的丧葬酒俗。

而作为一般平民，虽然对封建贵族挥霍美酒、粮食的丑恶行为深恶痛绝，但自然在丧葬观念中怀有对美酒的一种希冀。生时不能享用美酒，倒是希望死后能享受荣华富贵。因此，在丧葬风俗中，逐渐强化了酒的地位和作用。

（5）生育酒俗

生儿育女，既是一个新生命的诞生，也是父母婚姻结合的结晶，置酒庆贺，一方面向亲友宣布自家一个新成员的加入；另一方面，反映了对妇女生育的一种尊重，同时，把诸多美好的祝福和希望寄托在新生命的身上，浸润在酒筵的喜庆气氛之中。如新中国第一部《辛集市志》第四章"习俗"中记载"旧时生男为大喜，生女为小喜。产后先给娘家送喜讯。第三日，母亲或近亲女子携带米面、鸡蛋、芝麻、红糖等营养品和婴儿衣物前来婆家侍奉月子。产后第三天第十二天为小庆，满月（男为29天，女为30天）则为大庆，娘家或亲友持礼物前来祝贺，主要摆筵席款待来客。"

（6）寿辰酒俗

过生日、贺寿辰，是一种古老的传统习俗，也是联络邻里乡谊感情的一种方式，抑或还兼有尊老爱幼的醇德之风。在石家庄各市县，老人过生日，晚辈要送寿桃、寿糕、寿酒，向老人祝贺。乡亲们也要出一小部分钱"凑份子"，表示感情。主人家要设酒筵招待亲友、乡亲、邻里，加强联系，增加感情。

（7）建房迁居酒俗

修房盖屋，是一项非常重要的工程项目。所以一般盖房子在上梁之前，都要举行一定的仪式。其中放炮、置酒，是少不了的项目。有的要请工匠师傅们喝上喝酒，有的要用酒祭洒新屋地基。据说此举一是为了驱邪，二是给自家创造一种欣喜气氛，也给工匠师傅一种庆贺。这从一个方面反映了传酒俗的文化魅力。新房竣工，要在乔迁之前举行一定仪式。譬如辛集市的民俗，是由长辈先到新房子里用铁勺子炒一个鸡蛋，俗称暖房。乔迁之时，亲朋邻里要前来祝贺。一般是送一幅中堂画，天头上写"某某乔迁之喜"，俗称"温居画"。主人要在当晚备酒设宴招待亲朋邻里，称为"暖房酒"。

（8）尊师敬老酒俗

据《藁城县志》记载：每岁正月十五、十月初一日，要由地方最高行政长官在儒学的明伦堂前举行尊师敬老行礼仪式。拜德高望重的长者，宴请德高兴望的师长。

这种传统礼俗，在新时代被赋予了新的形式和新的涵义。尤其是改革开放以来，随着教育事业和社会养老福利事业的发展，尊师重教、尊老爱幼已成为一种社会公德。许多地方每年在教师节的时候都要组织慰问教师的活动。有的学校举行会餐、聚筵活动，庆祝教师自己的节日。在一些敬老院、干部休养所，每年重阳节、中秋节、春节等传统节日，一般都要举办酒筵、晚会等活动，体现敬老尊老的传统美德，也是对传统美德的一种弘扬。

（9）出行酒俗

外出旅行，要饮"出行酒"，家人为亲人壮行，这寄托着家人的美好情感，充满了希冀、祝福、留恋等感情。正是这种酒俗的内在感召力，所以世代流传，万世不灭。在古代文人读书为的是"学而优则仕"，为的就是跻身官宦之列，为光宗耀祖，为报效国家，或施展抱负、改变困境等等。所以，升官进爵要置酒庆贺，或显示身份地位，或答谢恩师亲友。官场失意，也要置酒消愁。这酒俗就是具有如此博大精深的内在魅力。

（10）其他酒俗

酒俗文化，是一个广泛的体系，它所包含的内容，除了上述介绍的酒俗之外，实际生活中还包含很多，传统节日的庆典、搬家、做官、迎接宾客、饯行、省亲等等凡此种种，都与酒俗有着某些联系。

总而言之，酒俗所包容的深刻内涵，远远超出社会科学的范畴。酒俗中有价值观，也有人生观，更有文化观、是非观。酒俗是一种历史文化的积淀，更是一种民众心态的反映。

3. 酒风俗之饮酒禁忌

酒虽好喝，但也不是没有禁忌，饮酒过量造成醉酒后的麻烦和困扰，对身体的危害，以及对工作学习的干扰。因此饮酒切忌过猛过快，这样易增加血液中酒精的浓度，加深醉酒程度，也不要空腹时饮酒，这样不仅直接刺激消化道粘膜，带来危害，还可加快肝脏和神经系统的毒性反应。因为有研究显示，空腹喝酒会增加患高血压的危险。另外饮酒的一些禁忌需要注意，要知道饮酒本是为了痛快，对身体无益的时候就莫要强行饮酒。

一忌带病饮酒，特别是肝病、肾病、胃肠溃疡以及白痴、精神病患者，这样会加重病情。

二忌女性孕期饮酒，孕妇饮酒会影响胎儿的正常发育。

三忌啤酒、白酒混用，先饮啤酒，后饮白酒，扩大了酒精的刺激性，使人易醉。

四忌烟酒同时并用，喝酒时吸烟，其烟雾很易在酒精中溶解，溶解在酒精中的尼古丁，被人体吸收，会加重对人体的危害。

五忌酒后饮茶，茶是千家万户常用的饮料，亦可说它是健康的饮料，但酒后尽量不要立即饮茶。

李时珍在《本草纲目》中对酒后饮茶的危害作了明确的表述：酒后饮茶伤肾，腰腿坠重，膀胱冷痛，兼患痰饮水肿。许多人不知道这个常识，酒后饮茶，想以之解除酒燥，化积消食，通调水道。但是因为酒味辛甘，入肝、肺二经，饮酒后阳气上升，肺气增强；茶味苦，属阴，主降。酒后饮茶，特别是饮浓茶对肾脏不利。酒精进入肝脏后，通过酶的作用分解为水和二氧化碳，经肾脏排出体外。而茶碱有利尿作用，浓茶中含有较多的茶碱，它会使尚未分解的乙醛（酒精在肝脏中先转化为乙醛,再转化为乙酸,乙酸又被分解为二氧化碳和水)过早地进入肾脏。而乙醛对肾脏有很大的损害作用,易造成寒滞,导致小便频浊、阳痿、睾丸有坠痛感和大便干燥等病。所以,酒后最好不要立即饮茶,尤其不能饮浓茶。最好进食瓜、果或饮果汁,既能润燥化食,又能醒酒。

六忌是酒后不要呆在喷洒了农药和灭害灵的室内。由于酒后人体血流量加快,皮肤和粘膜上的血管扩张,通透性增强。这时皮肤上若沾染上有毒农药,空气中飘浮的药若被吸入呼吸道的粘膜上,就会增加中毒的严重性,危及生命安全。

七忌是酒后不宜马上洗澡。酒后马上洗澡,更增加胃肠负担,容易损伤胃肠功能;很多人以为喝些酒再洗个热水澡很舒服,事实上,喝了大量的酒后再去泡澡容易引发心血管疾病。

人饮酒后,体内储备的葡萄糖在洗澡时会因血液循环加快而大量消耗,导致体温较快降低。同时,酒精抑制了肝脏的正常生理活动能力,妨碍体内葡萄糖储存恢复,容易导致休克,严重时还会致命。因此,王医生也提醒大家,饮酒后最好不要立即去洗澡,"有的人误以为洗热水澡可解酒,其实这样只会加剧心脏缺血"。此外,洗澡时一旦出现头晕、胸闷、眼花等"澡堂综合征",也需立即停浴,到医院就诊。

八忌食胡萝卜。胡萝卜中含有丰富的胡萝卜素,在肠道中经酶的作用后可变成人体所需的维生素 A,人体缺乏维生素 A,易患干眼病、夜盲证,易引起皮肤干燥,以及眼部、呼吸道、泌尿道、肠道粘膜的抗感染能力降低。儿童缺乏维生素 A,牙齿和骨骼发育还会受到影响。此外,人若每天服三次胡萝卜汁,可降低血压,并有抗肺癌作用。英国癌症研究会主席理多尔认为,吸烟者常吃些胡萝卜,癌症发病率比不吃胡萝卜者会明显下降。

胡萝卜虽然具有很高的保健作用和医疗价值,但美国食品专家却告诫人们:"胡萝卜下酒"的吃法是不利健康的。因为胡萝卜中丰富的胡萝卜素和酒精一同进入人体,就会在肝脏中产生毒素,引起肝病。所在,人们要改变"胡萝卜下酒"的传统吃法,胡萝卜不宜做下酒菜,饮酒时也不要服用胡萝卜素营养剂,特别是在饮用胡萝卜汁后不要马上饮酒,以免危害健康。

九忌吃生姜时饮酒。生姜能够发表散寒、止呕化痰,多用于治疗感冒、呕吐、腹泻、喘咳,由于能够解毒,所以几乎人人可以吃。但需要注意的是,吃生姜时不要饮酒,因为二者都是温、热之性,合用易助火生疮。

第二篇
宾主尽欢，千宴成功靠祝辞

　　自古至今，酒都与人们的日常生活密不可分。正所谓"无酒不成席"，人们在生活中不管是遇上迎宾送客、逢年过节、宾朋小聚，还是碰上故人结婚生子、乔迁新居，亦或者是在开业庆典、贸易洽谈等正式场合，人们都要把酒言欢。酒作为一种交际媒介，在迎宾送客，聚朋会友，传递友情方面，都发挥着十分独到的作用。然而不管是在哪一种场合的酒宴上，敬酒、祝酒、劝酒时往往都需要说一些合情应景的祝福话语——祝酒辞。祝酒辞的内容可以祝贺，也可以是叮嘱，还可以是欢迎或者壮行，乃至歌功颂德……且不拘一格，堪称是招待宾客的一种必知礼仪。一篇好的祝酒辞既可以是烘托酒宴气氛的必备武器，也可以是拉近你和他人拉近关系的秘密通道。如果你现在还不懂得如何写出一篇表达自己心意的祝酒致辞，那么就要多下一番苦功哦！

第一章 自古无酒不嫁女——婚宴酒致辞全攻略

酒之礼：婚宴酒礼仪

1. 宾客敬酒莫失礼

  每个人在接到幸福的婚宴请帖之后，都会以最快乐的心情去赴宴，并带给新人最真诚的祝福和最美好的祝愿。然而如果你对婚宴中应有的敬酒礼仪不够精通，那么就可能会在婚宴酒桌上闹笑话或是无意中做出一些失礼的举动，从而让新人和在场宾客觉得你是个"不雅之士"。而这一切仅仅只是因为你在参加婚宴之前，没有用心去学习一些婚宴席间宾客应有的礼仪而导致的。所以，在去参加他人的婚宴之前，不妨先虚心学习一下宾客在婚宴中应有的礼仪吧！

  通常，在婚宴开始一段时间之后，就会有宾客陆续向一对新人以敬酒的方式表达自己的祝贺之意，敬酒活动也会随此拉开帷幕，并在男傧相的安排之下，紧致有序地进行。敬酒环节不管是在排练晚餐会还是正式的婚宴上，都是极为重要且不可缺少的一个环节。而且敬酒时也如同种种历史久远的礼仪一般，有其应有的礼仪，作为宾客应该加以遵循。

  在婚宴敬酒环节，通常接受敬酒的人是不必喝酒的，只须坐在自己的座位上，微笑着面对敬酒者即可。但是接受新人敬酒的人，虽然不一定要喝酒，但一定要端起酒杯集体起立，并说一些祝福的话回敬新郎、新娘。如果婚宴的场面比较盛大，主办人通常都会准备麦克风，以便每一位向新人敬酒的宾客都能够有麦克风使用，那么也可以就着麦克风向新人回敬。

  而在主动敬酒时，如果席间的宾客有10位以上或者更多，则务必要站起身来，以示诚意。若在场在人数较少，或者在座的宾客之间彼此都十分熟识，则可以坐着相互敬酒。但为了引起他人注意，还需要先说几句开场白，比如"在座的各位来宾，现在我想向××先生（小姐）敬个酒"；或者也可以不必说得过于正式，只要声音比正常讲话时的音量稍大一点说"现在我想说一些话"等就可以了。但是，加入你选择以敲杯沿的方式来吸引他人的注意，千万不能太过用力，否则一旦用力过度，不慎把杯子给敲破，可能就会有损自身形象了！另外，作为宾客一般是不必跨席向不认识的人敬酒的，否则可能会有喧宾夺主，与新郎新娘"抢风头"之嫌。

敬酒不仅是联络感情的最佳方式，其中的学问也是不容小觑的。一般情况下，敬酒时应以年龄大小、职位高低、宾主身份为序，所以在敬酒前一定要把握好敬酒的顺序，分明主次。如果你恰巧有求于敬酒对象之中的某位客人，那么自然要对他备加恭敬。但如果在场有更高身份或年长的人，则不应只对能帮你忙的人毕恭毕敬，要先给尊者长者敬酒。即便是在一起喝酒的是不熟悉的人，也要事先打听一下对方的身份或是留意别人如何称呼，尽量避免出现次序失误而导致的尴尬或者伤感情的局面。

另外，当新郎、新娘在婚宴上挨桌敬酒时，有些宾客可能自觉和他们的关系较近，或为表示对新人的关心，会拉着新郎或新娘说很长时间的话，这是一种不礼貌的做法。婚宴上向新人敬酒的时间也有一定的限制，以每次不超过3分钟为佳，否则可能就会耽误其他宾客向新人敬酒。因此，应尽量避免东扯西拉、没完没了。向新人致意时，态度可以严肃，也可以机敏谐趣；话语中可以表达关怀、率真感人，也可以幽默风趣、适当戏谑，这些在婚宴上都是无伤大雅的。甚至还可以显示出你的才华、常识、修养和交际风度，给其他宾客人留下深刻的印象。但值得提醒的是，最好在事先进行一番演练，否则一旦弄巧成拙，就得不偿失了！

婚宴敬酒时还应该严格遵循劝酒适度，切莫强求的原则。一些人在婚宴桌上往往总喜欢把酒场当战场，想方设法劝别人多喝几杯。这种"以酒论英雄"的事，对酒量大的人还可以，但酒量小的人可就犯难了，有时过分地劝酒可能还会将原有的朋友感情完全破坏。所以，要想在婚宴酒桌上得到众宾客的赞赏，一定学会适可而止，千万谨记不要过分地向他人敬酒！

除了敬酒礼仪之外，婚宴来宾还有很多其他要注意的宴席礼仪。比如在宾客人数较多的婚宴上，作为来宾应该明白独乐乐不如众乐乐的道理，尽量多谈论一些大部分宾客能够接受或者参与近来的话题，争取得到多数人认同。千万不要因为选择的话题过于新颖或者另类，而落得无人搭理的下场。毕竟人和人的兴趣、爱好、知识面等多方面都存在不同的差异，应尽量选择一些符合大众口味的话题，避免唯我独尊、神侃无边，从而忽略了众人和他人感受的现象。

2. 新人敬酒礼仪

敬酒是婚礼上的重头戏，是新人与宾客互动的好时机，所以敬酒的礼仪是不可不知的。

在敬酒的时候，新人首先应该先了解宾客的背景，并且要注意敬酒的顺序。首先是主桌，先敬新人的父母，再敬其他的长辈，然后是次桌。不仅每桌要敬，而且每桌上的宾客也要敬到，不然会失礼的。在敬酒的时候还要注意时间，一般

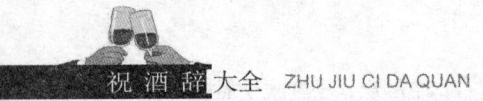

是在主桌吃完冷盘和头道菜之后，新人才开始逐桌敬酒。

在双方父母面前敬酒的时候，首先伴郎向新娘敬酒，然后新郎向新娘敬酒，新娘向新郎敬酒；新娘的父亲向两位新人敬酒，代表新娘的父母，鸣谢全体来宾莅临，宣告喜宴的开端。新娘向新郎的父母敬酒，新郎向新娘的父母敬酒；伴娘向两位新人敬酒；新郎的父亲向新娘敬酒，新娘的母亲向两位新人敬酒。

然后双方父母敬完酒之后要向其他人敬酒，首先应该从长辈开始，然后是亲戚和父母的同事、朋友，最后是与新人同辈的朋友、同学、同事。这样可以避免各类与两位新人有关系的人有意见，也可以避免遗漏。要把每桌的每个人都敬到，以免没能留下难忘的影像。

在新人敬酒时，新人要亲手为客人的酒杯倒满，双手为客人端起，但不要强求客人一饮而尽，等客人放下酒杯之后，新郎和新娘要说声"谢谢"，并且要再次把宾客的酒杯添满，才可以再向下一个宾客敬酒。在敬酒的过程中，伴郎与伴娘要捧酒或饮料随行，随时斟倒。若需要代酒的时候，伴郎与伴娘也是义不容辞的。

在新人敬酒的时候也是有技巧的。如果没有准备假酒，喝真酒的时候在主桌和长辈面前可以少喝但不可以不喝，因为长辈是不会灌孩子的，留下肚量到年轻人的桌上喝，因为他们是不会放过新人的。如果新郎感到再喝就要醉了，就不要再喝了，因为婚宴上新郎喝醉酒是很不礼貌的，而且婚宴结束之后新郎还有很多事情要去做。

婚宴开始时新郎和新娘要针对酒席桌数安排及时敬酒，如果桌数多，每桌敬酒、点烟、剥糖时间要缩短，但是不可以不做。可先紧后松，如全敬完，有些桌可以再次敬酒、再次沟通；一定不要先松后紧，前几桌敬很长时间的话后面几桌的来宾可能吃的差不多就走了。

在敬酒的过程中语言要得当，诙谐幽默。敬酒的时候肯定都要说说笑笑的，而且这也可以显示出一个人才华、常识、修养和交际风度，有时一句诙谐幽默的语言会给人留下很深刻的印象，使人无形中会对你产生好感。所以敬酒的时候说话也是一项很重要的过程。

当你在向长辈敬酒的时候，敬酒不能一杯敬好多人，只能敬一个人。当你和宾客敬酒的时候，宾客随意时，你一定要比宾客喝的多。在敬酒的时候要上身挺直，双腿站稳，以双手举起酒杯，待宾客饮酒的时候，再跟着饮，敬酒的态度要热情大方。再敬自己的领导时，最好是走到领导的面前，不管领导要你喝多少时一定要先干为敬，而且要双手，杯子要低。

3. 伴郎巧说祝酒辞

在婚礼当天，新郎通常都会请几位好友跟随车队前往迎娶新娘，以壮声势并且让新娘家人觉得风光、有面子。由于结婚宴客当天，多以男方为主人，伴郎的任务实则是不轻，所以伴郎堪称是一个婚礼工作组中不可或缺的重要人物。伴郎的人数通常与伴娘的人数是成对的，也就是说如果伴娘加姊妹共有六人的话，新郎也必需要找六个男性的好友，一同开车前往迎娶新娘；伴郎不仅要在婚礼当天随时替新郎整理仪容、安抚新郎的心情、替新郎拿东西、开车门，还要担任在会场门口做招待的工作，引导来宾顺利入室，所以除了新郎的同窗好友之外，伴郎团中最好还要有一些公司的同事以及和新娘共同的友人一起担任，才不会在不经意间，怠慢了任何一方。虽然伴郎和伴娘在婚礼中的责任相同，但任务却有很大不同的，因为伴郎除了要帮助新郎处理一切临时突发状况外，还要在迎娶时，替新郎和新娘的姐妹团们交战，以便新郎能够顺利抱得美人归。

除了以上的责任之外，伴郎还有一个比较特殊的功能，那就是要主动替新郎挡酒；不管是多猛、多烈的酒，亦或者是加了特殊调料的酒，在新郎浅尝表意之后，要快步当前，代新郎先饮为敬。否则新郎苦候已久的新婚之夜可能就要因此而泡汤了！而挡酒不可能说夺过来就喝，祝酒辞还是要有的。

酒辞到底应该是把宴会上所有人都赞扬一番呢，还是穿着礼服，一本正经地谈与新郎的友谊。如果为了活跃气氛，讲一些新郎如何放肆、如何享乐，那会惹新郎父母甚至新娘不开心。那么伴郎的祝酒辞究竟应该怎么说呢？

伴郎是一般都是新郎最熟悉的人，所以伴郎对新郎也是很了解的。结婚的时候伴郎的角色是很重要的。敬酒是结婚典礼的重要一项，而伴郎就是要把场上的气氛搞出来。

作为朋友的伴郎，在婚礼中最重要的任务就是告诉新娘以及新娘的亲戚朋友们，新郎的优秀之处，以证实新娘没有选错人，将来一定会拥有一个体贴、大度的好丈夫，拥有幸福美好的婚姻生活。最好在表达的时候在加入一些动情的回忆，也可以适时的开一些无伤大雅的小玩笑。

所以，伴郎敬酒辞的第一件事是进行简短地自我介绍，之后告诉宾客你和新郎认识了多久以及你对他的了解，但一定要让所有人都听出是你们的友谊让新郎选你当他的伴郎。如果你们从孩提时期起就是朋友，那么可以多讲一些你们小时候的事，好让宾客明白你和新郎的友情之深。说明了你和新郎的关系之后，就可以趁机搞些幽默、扮扮洋相，讲讲你和新郎一起干过的坏事——当然，不是真的让你说什么坏事，而是你们在一起时的一些有趣的插曲，比如第一次做什么惊险的事、认错人的事之类的搞笑故事。但切记应该短而有趣，自始至终都要体现你和朋友的深厚友谊，并且要保证不会有损新郎的面子。你可以把你的祝福话语当作是专为朋友而写的电影剧本，朋友当然是男主角，其中还可以适当穿插一些新郎、新娘简短而精彩的表演……

在婚礼当中，伴郎还要负责嬉闹。一旦说明了和新郎的关系之后，就可以趁机搞些幽默、扮扮洋相，讲讲和新郎以前的趣事，一起做过什么，新郎是怎么追新娘的等等，总之一定要让大家知道你们是多么好的朋友，而且主要就是要把婚礼的气氛搞得非常有趣、热闹。

当然祝福是不可以缺少的。最后，伴郎一定要再次以新郎最要好的朋友的身份告诉新娘，她作出了一个多么明智的选择。如果你恰巧和新娘很熟的话，那就可以说新郎、新娘的结合是如何地完美无缺、羡煞旁人。也可以适当列举一些新郎、新娘的共同爱好，如音乐、艺术、文学爱好等。总之，一定要翘拇指称赞他们的结合，最后千万别忘记加上你非常希望能继续和新郎、新娘保持友谊的美好希望。这点不仅能更吸引听众，也能保证你和新郎往后的友谊更加紧密。

总而言之，就是把祝酒辞看成是专门为新郎量身打造的剧本，新郎是主角，其中还有新娘简短而精彩的表演，新娘是不可以冷落的。你的剧本不仅要情节丰富，还要有些罗曼蒂克，结尾要给人留下无限遐想。

4. 新郎挡酒真经

结婚是个喜庆的日子，新郎新娘肯定少不了要给很多人敬酒，亲朋好友都是关系很好的人，遇到有让陪着喝的也不好意思拉下面子不喝，一来二去，不免会喝多喝醉，如果新郎喝的大醉，那夜晚浪漫的初夜可就不那么舒服了。

喜宴挡酒，解酒妙招是每个新郎必须要掌握的婚前课程之一，如果想拥有浓情旖旎的浪漫初夜，请准新郎熟读以下法则才能保持最佳状态：

第一条：宴前，先吃一些油性大一点儿的食品，如蹄髈等，最忌空腹喝酒，因为胃壁空空，很空易将酒精吸收进体内，造成醉酒，如果事先吃一些油的东西，胃壁上附了一层油脂，酒精隔着油，没有那么容易进入体内了。

第二条：寻找一个能说会道，并且酒量很好的伴郎，他可是你的挡酒师啊，可以在你的几个要好的朋友中选一选，事前一定要先了解好他们的酒量，并且肯为你两肋插刀；如果没有一个可以独当一面的伴郎，请安排大家帮忙，轮流上场。

第三条：不要相信咖啡、茶能解酒，他们的功效最多只能醒酒；解酒和醒酒是两个概念，咖啡和茶，只能使原先有些麻痹的神经系统兴奋起来，其作用如同强心针，不能从根本上解决酒精造成的问题，它们的功效最多只能醒酒而不是解酒，所以不要以为多喝没事的，反正有茶和咖啡；也不要依赖解酒药物，最好运用自然食物解酒。

第四条：事先要让人在你自己喝的那一瓶酒里掺上白开水，而这瓶酒一定是总拿在自己人的手中（伴郎或伴娘），敬酒时，趁乱在自己的酒杯里迅速倒上一杯，一口喝下，咽的时候，一定要装得像咽得很困难的样子（浓酒辣口啊），汽水或苏打水绝对不能掺入酒中，酒中冒泡，会弄巧成拙。

第五条：喝酒时，多吃乳酪、蛋、肉类等蛋白质食物，有助酒精的挥发；已喝酒过量，不妨多运用热汤或大量饮用开水，以冲淡酒精的浓度，另外，多吃一些水果、喝蜂蜜也为解酒上品。

第六条：总而言之，适量喝酒不过量是婚宴当天的精神法则，至于不可不喝之酒，则有赖于新郎、新娘用心打点才不影响新婚之夜的重大任务。

酒之辞：婚宴酒致辞范文

5. 主婚人祝酒辞范文

主婚人分为实质上的主婚人和形式上的主婚人两种。实质上的主婚人是指能够确定新人婚姻成立与否的人，在封建社会时期一般是由父母或者其他尊亲主定婚姻。而形式上的主婚人则是指婚礼仪式上的主持人，旧时多由新郎的父亲或新娘的父亲或其他男性尊长担任，在现代则是找一位双方都尊敬的人来担任。在众多的婚礼嘉宾中，主婚人是最不能缺少的一个重要角色。

常言道"无宴不成婚，无酒不嫁女"，酒是婚宴的兴奋剂，而这种作用是通过祝酒辞来实现的。而主婚人的祝酒辞需要起到拉开婚礼帷幕的作用，不仅要庄重、雅正，象征着婚姻的神圣不可侵犯，又要充满激情，使宾客能够迅速进入状态。为了满足那些对婚礼中主婚人致辞不甚了解的读者朋友的需求，这里精心准备了几则不同风格的主婚人致辞，供读者朋友参考借阅！

最饱含赞美的主婚人祝酒辞
尊敬的各位来宾、各位亲友、各位大朋友、小朋友：

大家好！

今天是个春光明媚、春暖花开、欢声笑语、天降祥瑞的美好日子，也是即将要结为夫妻的新郎××先生与新娘××小姐喜结良缘、新婚之喜的大好日子！我能够在这个神圣而又庄严的婚礼上，为这对珠联璧合、佳偶天成的新人主婚，感到十分的荣幸。首先，我谨代表两位新人以及他们的父母，向各位到场的来宾表示热烈的欢迎和衷心的感谢。在这里，也希望大家能够允许我代表各位来宾祝两位新人新婚愉快、白头偕老，从此天长地久、幸福一生！

新郎××是一位外表英俊潇洒、性情温和善良、为人忠厚老实、工作积极上进的帅小伙；新娘××不仅长得美丽大方、端庄秀丽、且深具东方知识女性的内在美，而且知情达理、心灵纯洁、热情能干、勤奋好学、品质高贵，是一位既温柔可爱，又能当家理财的好姑娘。相信他们彼此也正是因此才深深为对方而倾倒。他们二人心有灵犀一点通，缘分让他们相识、相知、相爱，并且经过了重重的考验，才携手并肩走上这庄严而又神圣的婚礼殿堂，他们的结合，真是才子配佳人，仙女配董郎，相依花好月圆，相伴地久天长！相信他们今后也一定能建立一个幸福美满的家庭。从此开始他们美好幸福的人生！

在此，我祝愿你们二人能够在未来的人生旅程中，永远心心相印、互尊互爱、孝顺父母、尊老爱幼、白头偕老、幸福美满，并且用你们的聪明才智和勤劳的双手，共同创造出一个更加美好的未来！也祝愿所有到场的嘉宾阖家欢乐、幸福安康、万事如意、事业发达、多粘喜气，喜事连连。

最后，让我们共同举杯，向一对新人表达我们最真挚的祝福！谢谢！

主婚人：×××

最包含鼓励的主婚人祝酒辞

尊敬的各位来宾、各位朋友：

大家好！

今天是新郎××先生与新娘××小姐这对新人步入婚姻殿堂的新婚大典，作为这样一对璧人主婚，我感到十分的荣幸和高兴！在此，我谨代表双方新人的家长向各位来宾领导的到来，表示衷心的感谢和热烈的欢迎！

婚姻既是一段甜蜜爱情的结果，又是爱情和生活相融之后的新开始；婚姻既是两个相爱的人相伴一生的约定，更是两个人对彼此永恒的责任。希望新郎和新娘今天相携手之后，能够在今后的人生旅途中互敬互爱、互学互让，事业上做比翼鸟、生活上做连理枝，共同创造美好幸福的生活，实现事业家庭的双丰收！也希望两位新人能饮水思源，用拳拳赤子之心，报答父母和长辈的养育之恩；以出色的工作来回报社会、领导以及朋友的关怀和支持。

在此良辰美景，让我们大家共同举起酒杯，向一对新人表示最真挚的祝福！祝福你们，新郎、新娘，祝贺你们的美满结合！

主婚人：×××

最饱含期待的主婚人祝酒辞

尊敬的各位来宾、各位亲朋好友：大家好！

在这秋高气爽，收获希望的美好时节，新郎××先生与新娘××小姐这对儿金童玉女，在历经了××年的激情相恋之后，终于也收获了爱情的硕果，花开并蒂，合二为一。他们二人从相识到相恋，再到今日的喜结良缘，经历了人生中最美好的时光。你们的爱情是纯洁的、真挚的，堪称是千里姻缘、天作之合。你们在对理想和事业追求中建立的这个新家庭，也是你们谱写美妙爱情交响曲的延伸。祝福你们！新郎新娘，祝贺你们新婚快乐！祝福你们！新郎新娘，祝贺你们爱情之树常青！愿你们从此相亲相敬、恩恩爱爱、和和睦睦、白头偕老；愿你们今后尊敬父母，孝心甘情永不变，不仅要做个好儿子、好女儿，这要当个好女婿、好媳妇；愿你们今后不管是在生活中还是工作上，都能够步步称心、年年如意！衷心地祝福正沉浸在新婚欢愉中的你们，能够一生都幸福美满、心想事成！

在这里，请允许我代表新郎新娘的所有亲朋好友和各位来宾，向他们表达我们心中最美好的祝福，祝福他们夫妻恩爱如胶漆，美满幸福享吉祥！情切切，意绵绵，鸾歌凤舞纵情欢，夜以继日抓生产，早生贵子香火传。天苍苍，地煌煌，海枯石烂天地荒，富贵贫贱不两样，风雨同舟万年长。

最后，让我们共同举杯，祝愿二位新人新婚愉快！也祝各位来宾在新的一年里：身体健康、工作顺利、爱情甜美、家庭幸福！谢谢大家！

主婚人：×××

6. 证婚人祝酒辞范文

证婚人，亦称证婚。是举行结婚仪式时男女双方请来做结婚证明的人。一般请双方信赖、尊敬或德高望重的人担任。请一人或两人均可。

证婚祝酒辞顾名思义是在婚礼上证明这对新人的结合而讲的话，其内容多半是恭维男女双方的家声、品行及一些颂扬之词，还要同时对新人加以劝勉、祝福和期望。这一过程使得婚礼变得神圣而庄重，因此证婚人多半由德高望重之人或对新郎新娘十分了解的长辈担当。证婚人的希望和劝勉对于新人来说特别重要，所以证婚辞一定要进行反复推敲，做到完美。

最中规中矩的证婚人祝酒辞

尊敬的各位来宾、各位亲友：

大家上午好！

今天，我受新郎××先生与新娘××小姐的重托，担任他们结婚仪式的证婚人，能够在这个神圣而又庄严的婚礼仪式上，为这对珠联璧合、佳偶天成的新人见证他们的爱情开花结果，我感到非常的荣幸！

首先，我要隆重地向大家介绍一下我们的新郎、新娘！

新郎××先生今年26岁，现在××单位，从事××工作，担任××职务。新郎不仅英俊潇洒，而且心地善良、才华出众；

新娘××小姐今年24岁，现在××单位，从事××工作，担任××职务。新娘不仅长得美丽动人，而且温文而雅、气质非凡。

古语有云："心有灵犀一点通。"是情是缘还是爱，在冥冥之中早已注定，今生的缘分使他们相遇、相知、相爱，一直到今日携手踏上婚姻的红地毯，从此之后将美满地生活在一起！相信上天不仅会让这对新人永远相亲相爱，更会让他们早日喜得贵子，一家人永远地幸福下去！

新郎××先生与新娘××小姐在今日结为恩爱夫妻，从今以后，不管是贫富、疾病、环境恶劣还是生死存亡，你们二人都要一生一心一意、忠贞不渝地爱护对方、照顾对方，在人生的旅程中永远心心相印、白头偕老、美满幸福！

也请大家和我一起举杯,欢饮美酒,见证这对新人的真挚感情!祝福他们从此钟爱一生,同心永结!谢谢大家!

证婚人:×××

最具说教意味的证婚人祝酒辞

各位来宾、女士们、先生们:

大家上午好!

在春风和煦、春日融融的今天,很高兴我能有幸和各位来宾一起共同见证了新郎××先生与新娘××小姐的美满姻缘!

我们中国有句老话:"百年修得同船渡,千年修得共枕眠。"所以,今天两位新人××先生与××小姐能够喜结良缘、美满婚姻,可以说是他们俩经过了前世千年的磨难与修炼,是千年等一回的一世情缘!

作为两位新人的见证者,我想告诉你们:婚姻不只是"共枕眠"这样简单,而且还意味着家庭责任感。今天的婚礼是你们结束漫长的恋爱,步入夫妻家庭生活的新开始,此刻,你们除了喜悦之外,更要意识到彼此已责任在肩,未来的人生路任重而道远!新娘要孝敬公婆、相夫教子,做一位人人称赞的贤媳良妻;新郎要为妻子撑起能遮风挡雨的保护伞,做妻子雷打不动的坚固靠山。希望新郎和新娘从今以后,能够无怨无悔、相依相偎、风雨兼程、牵手一生!

新郎、新娘,你们即将走上漫漫的婚姻旅途,在此我祝福你们:祝你们爱情甜蜜永驻、婚姻美满永固!愿你们事业互帮互助、家庭和谐幸福!借此机会,我也向今天在场的每一位来宾人献上一份诚挚而美好春天祝福:祝所有的男士们性情开朗、永远健康阳刚!愿所有的女士们心情阳光、永远年轻漂亮!谢谢大家!

证婚人:×××

7. 介绍人祝酒辞范文

介绍人在中国的婚姻嫁娶中起着牵线搭桥的作用。中国古时的婚姻讲究明媒正娶,因此,若结婚不经媒人从中牵线,就会于礼不合,虽然有两情相悦的,也会假以介绍人之口登门说媒,父母之命,媒妁之言,方才会行结婚大礼。介绍人会自提亲起,到订婚、促成结婚都会起着中间人的作用,在男女双方间作跑腿、联络、协调、细节调解,搞气氛,说吉祥说话,祝福新人幸福美满,直至婚礼结束。

由此看来,介绍人在婚礼中的作用也是不容忽视的,那么,作为介绍人,婚礼中应该说些什么祝酒辞呢?

介绍人在婚宴上的祝酒辞,一般不需要太啰嗦,但一定要注意语言的感染力,要起到调动整个婚宴气氛的关键作用哦!

最谦虚的介绍人祝酒辞

新郎、新娘、证婚人、主婚人、以及各位的到场的来宾：

大家上午好！

今天是××先生和××小姐缔结良缘，百年好合的大喜日子。作为他们的介绍人，受邀参加这个隆重而又盛大的新婚典礼，我感到非常的荣幸。同时，我也感到十分惭愧，因为我这个介绍人只做了一分钟的介绍工作，仅仅就是介绍新郎、新娘认识而已，自从他们一见定情之后，其余的通信、约会、花前月下的卿卿我我等，都是由他们自己自觉完成的。不过他们的这段姻缘也是注定的，你们看新娘这么端庄秀丽，新郎这么英俊潇洒，的确是郎才女貌，天作之合！

今天，是他们永结同心的大好日子里，让我们一起举杯，衷心地祝福这一对新人情切切、意绵绵、白头偕老，永浴爱河！干杯！

介绍人：×××

最热情洋溢的介绍人祝酒辞

各位来宾、女士们、先生们：

大家好！

清风拂面流淌着醉人的甜蜜，流云飞扬传递着诚挚的祝福。今天，是个特别吉祥的日子，天上人间最幸福的一对新人新郎××先生与新娘××小姐即将在这个良辰佳日喜结连理、共续良缘！作为他们的介绍人，我很荣幸能够与二位新人以及各位亲朋贵友共享这个喜庆的时光。新郎××先生是一位仪表潇洒、气质儒雅、才华横溢的好青年；新娘××小姐是一个温柔贤淑，通情明礼、秀外慧中的好姑娘。他们两个人俊男靓女，郎才女貌，各自家庭幸福和谐，至善至美。他们的结合堪称是：才子佳人世间两美，金童玉女耀眼双星！

在这个高朋满座、美乐轻扬、欢声笑语、天降吉祥的美好日子里，天上人间共同舞起了美丽的霓裳。今夜，必将星光璀璨，多情的夜晚又将增添两颗耀眼的新星。新郎和新娘情牵一线，手挽着手、踏上鲜红的地毯，共同走进幸福的婚姻殿堂。从此，他们将相互依偎，徜徉在爱的海洋。这正是："红妆带绾同心结，碧沼花开并蒂莲。"

新郎××先生和新娘××小姐，是我作为介绍人的第一篇习作，开头竟是如此出乎意料的完美，在深感得意的同时，我还要特别地祝愿二位新人，一定要将你们今后的人生续写得更加精彩、动人！我以介绍人的名义，以长辈的姿态，希望你们结婚之后，能够在生活上互相照顾、工作上相互鼓励、事业上齐头并进；遇到困难要相濡以沫、同舟共济；出现矛盾要多理智少激动、多理解少猜疑；要情之所钟，爱之所系，倾心如故，白首如新。

最后，让我们共同举杯，再次祝福新郎××先生、新娘××小姐：今后把恋爱时期的浪漫和激情，一直延续到永远。做到：白首齐眉鸳鸯戏水，青阳启瑞桃李同心。海枯石烂心永远，地阔天高比翼飞！

介绍人：×××

8. 新人亲戚祝酒辞范文

新人结婚，作为他们的亲朋好友，自然是免不了要前去祝贺一番的！红包自然是不能少的，但是亲人的美好祝愿对新人来说，才是最好的结婚礼物。所以，作为新郎、新娘的家人，祝酒辞时一定要说的！而且还要说的让在场宾客都动之以情，声泪俱下，才能昭示出人家小夫妻伉俪情深呐！

适合新人长辈的祝酒辞

各位来宾、各位亲朋好友：

今天是两位新人的大喜之日，作为新郎××（新娘）的姑姑（阿姨），我代表在座的各位亲朋好友向新娘和新郎表示衷心的祝福，同时也受到新娘、新郎的委托，向到场的各位来宾表示衷心的感谢和热烈的欢迎！

在这个人生最喜庆的时刻，我衷心祝福他们这对小夫妻，在今后的生活中能够互相信任、互相扶持。在这个令人羡慕的日子里，所有的亲友都为你们的结合先上了最美好的祝福，你们一定不能辜负大家对你们的期望，要永远幸福、快乐地生活在一起！

在这里，作为两位新人的长辈，我还想告诉他们一件事——生活不是童话。即便是王子和公主，在结婚之后也必须要面对很多现实的问题，所以我希望你们能够有个心理准备，也希望你们能相互包容，在今后的生活中相互磨合、相互宽容、相互谅解，把生活过得像童话一样美好！

最后，我提议大家共同举杯，为了祝福两位新人今后能生活得更加幸福，为了你们双方父母的身体安康，也为在座诸位嘉宾的有缘相聚，干杯！

新郎（新娘）的姑姑（阿姨）：×××

适合新人同辈的祝酒辞

各位亲朋、各位来宾、女士们、先生们：

大家好！

今天是我哥哥（姐姐、弟弟、妹妹）××先生（小姐）和新娘（新郎）××小姐（先生）喜结良缘的大喜日子，首先，我谨代表男女双方的亲属在此致辞。对各位远道而来的嘉宾，表示最热烈的欢迎和衷心的感谢！

佛说：前世的五百次回眸方能换来今生的擦肩而过，那么又有多少次回眸方能换来两个陌生的年轻人牵手一生一世！新郎和新娘在经历了无数次的回眸相望之后，最终能够幸福地走在一起并不容易。这三四年来，他们在情感上相互信任，生活上互相关怀，工作上共同提高，才终于在这样一个美丽的季节，这样一个美好的日子，到达了爱的彼岸，安全登陆并胜利会师了，这真是：有情人终成眷属，相爱者喜结良缘。我们应该为他们的真挚感情表示祝福！

作为新郎（新娘）的哥哥（姐姐、弟弟、妹妹），在这样一个将刻在你们心中的重要节日里，我还想代表父母想说上几句：第一句是副老对联：一等人忠臣孝子，两件事读书耕田。做对国家有用的人，做对家庭有责任的人。好读书能受用一生，认真工作就一辈子有饭吃；第二句是句老诗：谁言寸草心，报得三春晖。你们今天所拥有的离不开父母的养育，亲友的帮助，领导的提携和彼此的关爱，所以在任何时候都要常怀感恩之心，回报亲朋，回报社会；第三句是句老话：知足常乐。财富的多少永远决定不了人生的幸福。希望你们在纷繁的世界里保留内心的宁静和淡然，一生追求属于自己的美好！

最后我衷心地祝福弟弟、弟媳（妹妹、妹夫……），今后的生活像蜜一样甘甜，爱情像钻石那般永恒，事业像黄金一样灿烂。让我们共同举杯：祝一对新人白头偕老、永结同心、早生贵子、相爱一生！同时，也祝愿所有到场的嘉宾一帆风顺、两全其美、三阳开泰、四季平安、五福临门、六六大顺、七星高照、八面聚财、九九安康、十全十美、百事可乐、千事吉祥、万事如意！

新郎（新娘）的哥哥（姐姐）：×××

9. 新人父母祝酒辞范文

父母的祝福是新人最希望得到的礼物。作为新人的父母，在他们的结婚典礼上怎么能不说两句话，表达一下自己的激动之情以及对宾客的感谢呢？新人父母的致辞没有什么严格的要求，只要情深意长就已经足够！

最饱含谢意的新郎父亲祝酒辞
各位领导、各位来宾、各位亲朋：

大家好！

今天，是我儿子××与美丽的儿媳××小姐结百年之缘的大喜日子。大家能够在百忙之中抽空前来喝酒，前来捧场，实在是给足了我面子！在这里，我要代表我的全家向各位来宾表示衷心的感谢！

首先，我要先向大家声明：我不是个能说会道的人，也从没有在这样的场合讲过话，但是按照婚礼的要求，我今天必须要讲几句，那我就讲几句。如果讲得不好，请大家千万不要介意！

今天，我只想讲三句话。

我的第一句话是要祝福这一对新人！作为一个男人，我有一个这么优秀的儿子，我感到十分的骄傲！作为父亲，我和我爱人一起把这个孩子从小养大，供他完成大学学业，可以说吃了很多苦，但我们毫无怨言，因为这是我们的责任。现在，儿子长大成人了，也找到了自己的新娘，要成家立业了，我心里真是万分的高兴。因为，我们老俩终于完成了人生的一件大事，了却了我们今生最大的心愿！所以，今天我非常高兴，我想把我们全家人的祝福都一起送给这两个即将要建立小家庭的孩子：希望你们今后要好好过日子！早日圆了我的第二个梦！至于我的第二个梦，自然是天下所有父母的心愿——抱孙子！

我的第二句话是要感谢我的两位老亲家！因为结婚是两个人的事，就算我儿子再好，他一个人也注定成不了新郎，必须要有一个人肯嫁给他才行，而这个人就是今晚的新娘子。我对我儿子给我挑的这个儿媳是非常的满意，而且我们全家上下都非常喜欢这个新媳妇！我们全家都热烈地欢迎她加入我们家，成为我们家的一员。今天，新娘的爸爸、妈妈也特地从××赶到婚礼现场，亲自参加他们俩的结婚典礼，在这里我要向您们二位说一声："谢谢！你们辛苦了！"作为父母，我深知你们老俩含辛茹苦地把女儿扶养大有多么不易，你们也一定在女儿的身上寄予了很多的希望。我想，你们一定非常舍不得，但请你们一定放心，你们的孩子今后就是我们的孩子，她在我们家既是媳妇也是女儿，我们一定会像对待亲女儿一样对待她。当然，我也相信这两个孩子都有许多优秀的品质，而且都受过良好的教育，他们不仅会相亲相爱，也完全有能力凭自己的勤劳和智慧，创造出美满、幸福的生活。

最后，我的第三句话是要对所有的来宾说的！俗话说："一个篱笆三个桩，一个好汉三个帮。"我今年××多岁了，成功也好，不成功也罢，但是我唯一的一条切身体会就是，人生一定要靠朋友。今天到场的除了我的家人，都是我的朋友、我儿子媳妇的朋友！你们能到这里来喝这场喜酒，是看得起我，看得起我的儿子、媳妇，我在这里再次向你们表示感谢！同时，我也想在这里也拜托诸位，希望你们能在今后的生活中多多帮助、多多扶助这对新人！他们今天虽然已经成家，但无论在事业上还是生活上，都还有很多地方需要加强和完善，需要各位朋友的引领和帮助。我也向大家保证我们家的人绝对是懂得知恩图报的，将来他们如果成功了，我们一定不会忘记大家的！

同时也希望所有的来宾在这里都吃好、喝好！来！让我们共同举杯，祝大家身体健康、合家幸福，干杯！

谢谢大家！

新郎的父亲：×××

最饱含希望的新郎母亲祝酒辞

尊敬的各位领导、各位长辈，女生们、先生们：

大家好！

今天是我的儿子××与贤惠的儿媳××小姐喜结良缘的大好日子。在这隆重而又热烈的婚礼上，我怀着万分激动的心情，谨代表两位亲人的双方家长和亲友，在这里向大家致辞。

首先，我们要热烈地欢迎大家的到来，也衷心地感谢各位嘉宾能够从百忙中安排出时间，来参加我们子女的结婚仪式。是你们的到来为我们的仪式增添了许多亮丽的色彩，为此我们感到十分的荣幸！

光阴如箭、岁月流逝、人生苦短，恍惚中我还觉得自己的婚事就在昨天，现在一眨眼竟然就到了我们的子女要成家立业的时候了！回顾过去的二十多年，我们的孩子在成长的过程中，受到了在场的各位诸多方面的关心、爱护和帮助，才得以健康成长，才有今天的工作和生活，才得以顺利地走进婚姻殿堂。借此机会，我代表两家人在这里向支持、帮助我们的各位长辈、领导、好友们致以最衷心的感谢和最真诚的敬意！

其次，我们要对今天的一对新人们说：结婚，是人生旅程中的一块里程碑，它不仅是你们相恋的结果，更是你们人生的一个重大转折。希望你们俩能够以此为新的人生起点，在今后的生活中永远地相亲相爱、互敬互助，始终像热恋中那样心心相印，忠贞于自己的爱人，共同以双手建设幸福美满的小家庭。并发扬我们××家、××家、××家、××家四个家庭中在对待婚姻问题上的优良传统，将夫妻恩爱、家庭和睦、尊老爱幼的家庭美德继续传承下去！同时，也希望你们能怀着一颗感恩的心，在各自的工作岗位上，努力工作、积极进取，做出成绩来回报所有关注、关心、关爱着你们的领导和亲朋好友！

最后，也希望大家在欢声笑语中开怀畅饮，在这里度过一个愉快的夜晚。让我们共同举杯！干杯！

新郎的母亲：×××

考虑最周全的新娘父亲祝酒辞

尊敬的各位来宾、各位亲朋：

大家好！

今天是我的女儿××和英俊潇洒的女婿××喜结良缘的大喜日子。此时此刻，我们全家人最应该做的第一件事就是感谢前来为他们送上祝福的贵宾和亲朋好友！也非常感谢积极筹办这场婚礼的同学和同事们！非常感谢你们在工作上给予我女儿××的帮助，以及成就她这段美好姻缘的××经理！另外也非常感谢为举办这场婚礼而操劳的两位亲家，以及给我们带来快乐，幸福的女儿，女婿！

孩提时代的女儿，是那么聪颖、健康、可爱，而很多儿时的优点也都和她一起成长，一直被她带入了成年时代。在女儿成长的过程中，她用非凡的智慧取得了一次又一次的成功，让我感到自己是个多么值得骄傲的父亲！而其中最让我觉得骄傲的一件事，还是她学会了爱！今天，虽然我就要亲手送走最疼爱的女儿，难免心中会有些失落，但失落的同时更多的却还是快乐，因为我发现女儿从来没有像今天这么快乐过！当她挽起一个好男孩的手臂，是那么的优雅迷人。而我在第一次见到女婿××的时候,我的直觉就告诉我他是个好男人,而且绝不会辜负我女儿的纯真之爱。既然仁慈的上帝赐予你天下最美丽的新娘,那么我相信你也一定会善待我女儿一生,好好珍爱她直到永远!

现在我还要对亲爱的女儿、女婿交代几句话:

第一,你们今后的生活中产生矛盾都是在所难免的,所以不要一味地相互指责,要学会宽容和及时化解矛盾。生活上也不要只贪图享受,更不能只依靠父母、光指望着天上掉馅饼,一定要充分发挥你们的聪明才智,凭借自己的双手和辛勤劳动来创造美好的生活,搭建幸福的爱巢,建立一个幸福美满的小家庭!

第二,今后你们不管是在生活中还是工作中,都要更加勤恳、尽职尽责、任劳任怨,千万不要惧怕困难,要有知难而进、勇于在艰苦的环境中磨练自己的决心!

第三,父母把一生的心血都倾注在你们身上,现在你们已经成家立业了,今后应该加倍孝敬父母,常回家看望父母,照顾好父母晚年的生活,你们的付出必定得到父母更大的回报。

第四,你们的结合是有感情基础的,今后在感情上也要继续相互扶持、相互敬爱、相互信任、相互尊重。从现在起要让你们之间的感情基础更加坚实,使爱情之花永远绽放世界上最真挚的情感,就是把自己的一生交付给一个自己至深爱恋的人。因为一个优秀男孩的来临,使我的女儿找到了生命的价值和意义,每当看到爱情带给她欢乐和自信,我就由衷地喜欢他,并深信他就是世界上最合适我女儿的那个人!我衷心地感谢上帝、感谢命运将我的好女婿送到了我女儿的身边!我也要感谢今天到场所有的来宾,因为你们的出席使他们的婚礼更加精彩!希望在座的嘉宾在分享一对新人喜悦的同时,也接受我和我的夫人献上美好的祝福和谢意!

亲爱的宝贝女儿、女婿,你们是爸爸杯中的喜酒,酒中之甘露,在这最幸福的时刻,爸爸祝你们白头到老、恩爱永远!现在我请大家和我一起举杯,把我们共同的美好祝福,送给这一对可爱的孩子!祝他们永远幸福!谢谢!

新娘的父亲:×××

最有品位的新娘母亲祝酒辞

尊敬的各位嘉宾、各位亲朋:

大家好!

今天是我生命中最特别、也最有意义的一天!因为我女儿、女婿两个人在今天就要就开始"独立经营"他们的小家庭了!看到他们如此的甜蜜幸福,我不仅非常高兴和欣慰,也感到十分的荣幸!高兴的是女儿和女婿终于等到了爱情花开的这一刻,携手步入婚礼的殿堂,开始他们新的人生;荣幸的是今天有××位嘉宾亲临婚礼现场,共同见证他们爱情和甜蜜,为他们小两口送上真挚而厚实的祝福，也使今天的婚礼格外热闹、蓬荜生辉。在此，我谨向这对新人献上由衷祝福，也向多年来关心、支持、培养他们俩的各位领导、同事、朋友致以最衷心、诚挚的谢意！

作为一个母亲，看到自己养育了二十多年的女儿就要离开自己的怀抱，我既不舍又高兴。面对你们俩这对夫妻，妈妈还是要唠叨几句。

首先，我希望你们以后要珍惜缘分，做一个对婚姻尽忠、尽责的人。因为缘分让你们俩与身边许多更为优秀的男女擦肩而过，从相识、相知、相爱到今天能结为夫妻，并不是一件容易的事。所以，你们更应该在珍爱对方优点、亮点的同时，学会接受和包容对方的缺点和弱点，是你们两个人的脾气、性格得到互补，聪明智慧得到叠加。更要一生一世、一心一意地忠诚与你们的爱情、心心相印、白首偕老！

其次，我也希望你们能学会珍惜人生，做个对家庭尽心尽力的人。你们俩在今后的人生路途中，一定要同心同德、同甘共苦、同舟共济，共同经营好属于你们俩的小家庭。作为丈夫的要以宽厚、大度的气质包容、宠爱自己的妻子，作为妻子的则要以更加温柔、细腻的情感关爱、照顾自己的丈夫。你们要创造性地培养、磨合、维护并不断完善你们的人生！

第三，希望你们组合成家庭之后，不要因为开心而忽略掉自己的家人、朋友和事业。要学会心怀感恩，感恩朋友关爱的友情、感恩长辈温馨的亲情、感恩社会给予你们的机会！你们要在温馨而又平凡的家庭生活中用心品味"相逢是首悠扬的歌、相识是杯醇香的酒、相处是那南飞的雁、相知是根古老的藤"这深刻而有哲理爱情词语的含义。你们将来在事业上也要相互支持、相互勉励、不断进取、勤奋工作！一定要加倍努力，做个对国家尽职、尽忠的人！

最后，愿各位嘉宾今天吃好喝好、尽情尽兴，愿今天能够给大家留下一个醇香、美好的记忆，再次感谢大家的到来！

新娘的母亲：×××

10. 新人单位领导祝酒辞范文

一对新人即将步入婚姻殿堂，与他们同单位的领导和同事怎么能缺席呢？然而去喝喜酒绝不是上了红包、喝喝酒就够了，这喝酒总要有祝酒辞助兴的吧？你如果连这点能力都没有，不明摆着让新人们丢脸吗？为了不让人家以后记恨你，还是赶快抱抱佛脚，学两句祝酒辞吧！

新郎单位领导的祝酒辞范文
各位来宾、朋友们：
大家好！
金秋送喜，喜上加喜。在今天这个风和日丽的好日子里，我们××公司的员工××先生和××小姐终于结束了他们长达七年的恋爱马拉松,建立他们幸福的小家庭!××先生在我们××单位是一位工作勤恳、业务突出的精英人才,××女士温柔美丽、贤惠大方,他们两个人的结合可谓是缘分天注定!今天,在他们俩新婚大喜的好日子里,作为××先生的公司领导,我谨代表××单位和××单位的全体员工衷心地祝福这对新人:新婚幸福、美满一生!愿你们百年恩爱双心结,千里姻缘一线牵;海枯石烂同心永结,地阔天高比翼齐飞;相亲相爱幸福永,同德同心幸福长!希望两位新人在今后的生活中能够互敬互爱、孝敬父母,共同创造美好的未来!

今天,我和在座的各位嘉宾以及新人的亲朋好友,共同见证并分享了这一最幸福的时刻!希望两位新人跟随金秋的脚步,踏上幸福的红地毯,从此开始携手走进你们崭新的生活!新郎、新娘,我们为你们祝福、为你们欢笑,因为在今天,我们的内心也跟你们一样的快乐!正所谓千里姻缘一线牵,我祝愿你们这对有情人在今后的日子里,百年好合,生活美满,恩爱到白头!

最后,请大家和我一起举起酒杯,开怀畅饮,将今天的欢乐和喜庆都倒进杯里、装进肚里,然后带到家里,让我们的亲朋好友以及家人也能够尽享这欢乐、美好的时刻!

××单位:×××

新娘单位领导的祝酒辞范文

各位来宾、各位领导、女士们、先生们:

你们好!

阳光明媚、歌声飞扬;欢声笑语、天降吉祥!在这个阳光明媚的美好日子里,我们××公司的员工××小姐就要和他的佳婿一起走进婚姻的殿堂!作为新娘××女士的单位领导,我很荣幸能够在此向大家致辞。在此我代表××公司的全体领导和员工,忠心地祝愿你们:今后在工作中相互鼓励、在学习上相互帮助、在事业上齐头并进、在生活上互敬互爱、在困难面前同舟共济、在矛盾面前多多理解!

据我的观察和了解,新郎××先生,不仅是一位仪表堂堂的帅小伙,而且他的思想进步、工作积极、勤奋好学也是大家都有目共睹的,堪称是个不可多得的人才。也正是因为他的出类拔萃和非凡实力,才敲开了一位美丽、善良的姑娘爱情的心扉。而这位幸运的姑娘就是我们今天的女主角——我们××单位的××小姐。新娘××不仅温柔可爱、美丽大方,而且为人友善、博学多才,绝对是一个典型东方现代女性的光辉代表。××先生和××小姐能够突破重重考验走进婚姻殿堂,真可谓是天生的一对,地造的一双!

××年××月××日,这个特别吉祥的日子,天上人间最幸福的一对将在今天喜结良缘。新郎和新娘,情牵一线,踏着鲜红的地毯,携手走进幸福的婚姻殿堂,从此,他们将相互依偎着航行在爱的海洋。作为新娘的领导与同事,我此时也为他们真挚的爱情激动不已、欢喜异常!希望你们把恋爱时期的浪漫和激情,在婚姻的现实和物质生活中,一直保留到永远!新娘要孝敬公婆、相夫教子;新郎要爱老婆如爱自己,但不要演变成怕老婆!

最后,让我们共同举杯,再次深深的祝福新郎××先生和新娘××小姐:从此永结同心、白头到老,在今后的生活中相亲相爱,幸福一生!谢谢!

××单位:×××

11. 伴郎伴娘祝酒辞范文

伴郎伴娘负责在婚宴上说祝酒辞。祝酒辞是活跃婚宴气氛的其中一环,传统祝酒辞的基本内容:介绍新郎(娘)在遇上新娘(郎)之前是一个怎样的人,两人经历的动情的事,以及开一些适时的玩笑。简短说明自己和新郎、新娘的关系。最后是对新人的祝福。

在整个婚宴上,伴郎和伴娘都是调节婚礼气氛的关键所在。那么在祝酒贺辞环节,伴郎和伴娘更不能落后啦!朋友的祝酒辞妙趣横生,预示着婚姻生活充满乐趣。所以,伴郎和伴娘的祝酒辞不必循规蹈矩,反而可以以幽默、风趣的风格为主!至于究竟怎样才能发挥最好的作用,还是赶快来学习一下吧!

幽默的伴郎祝酒辞范文

尊敬的各位来宾、朋友们:

大家好!

今天是我的老同学、好哥们××先生与他美丽的新娘新婚大喜的日子。作为他的伴郎,我感到十分开心,万分的荣幸!

我与新郎××同窗十载,岁月的年轮记载着许多我们美好的回忆。曾经,我们在上课时以笔为语、以纸为言,谈论着感兴趣的话题;曾经,我们在宿舍内把酒问天、挥斥方遒,尽情地胡吹乱侃;曾经,我们一起"逃课"去吃早饭、溜出去玩游戏,回来时在讲师严厉的目光下相视一笑、正襟危坐。但不管我们多么"不努力",最后却总能在考试中名列前茅!

有一次我和他闲聊的时候,他说他要追我们班的班花××同学,当时我对他嗤之以鼻!但当收到他的婚礼请柬时,我才发现他竟然成功了!看到自己的好哥们终于如愿以偿地娶到了当初美丽而温婉的班花××,我和全班的所有同学都由衷地为你感到自豪和高兴!

"名花已然袖中藏,满城春光无颜色。"结婚不仅是一种幸福,也是一种责任,更是一种更深的爱之开始!希望你们能够将这份幸福和爱永远地延续下去,直到天涯海角、海枯石烂,直到白发苍苍、牙齿掉光!

今晚,调皮、璀璨的灯光将为你们作证;今晚,羞涩地躲在云朵后的月老也将为你们作证;今晚,在座的两百多位捧着一颗真诚祝福之心的亲朋好友们也将为你们共同作证!

最后,让我们举起手中的酒杯,祝愿这对璧人从此美满幸福,永结同心!谢谢!

新郎的好友:×××

俏皮的伴娘祝酒辞范文

尊敬的各位来宾、朋友们:

大家好!

今天是我的好姐妹××披上白纱,与爱人携步走上红地毯的好日子。我与新娘××做了四年的大学同学,四年的相处让我们成为了无话不谈的挚友、姐妹。虽然我们毕业之后天各一方,但时间与空间的隔离,并不影响我们之间的纯真友谊。当我知道自己的好姐妹××就要踏上幸福的婚姻旅途,并邀请我做她的伴娘时,心中的激动和喜悦不言而喻!

在我们所有的同学中,××不仅人长得美丽大方,而且性情和品德在同学和朋友中也是有口皆碑、深受欢迎。今天,看到这么优秀的××终于找到了和她十分般配的如意郎君,将自己的今生托付给与她相知相爱的那个人,作为他的好姐妹,我真是既为她开心,又羡慕不已!

今天,我来到这座城市,参加××的婚礼,为的就是能向两位新人送上我最美好的祝福!祝愿你们的爱情如莲子般坚贞,可逾千年万载不变;祝愿你们在未来的岁月里甘苦与共,笑对人生;祝愿你们婚后能互爱互敬、互怜互谅,岁月愈久,感情愈深;祝愿你们的未来生活多姿多彩,儿女聪颖美丽,永远幸福!

最后,请各位来宾和我共同举杯,共同祝福这对新人从此永结同心、执手白头!

新娘的好友:×××

12. 来宾祝酒辞范文

婚宴上之所以喝酒、敬酒,都是为了庆祝一对新人的婚姻美满、永结同心,也是为了图个热闹,所以这个时候的干杯可谓是意味深长!一般情况下,比较特殊的宾客都要说一番客套的祝福语以表自己的祝福之意。如果你不是一个能说会道的人,又要面对一桌的客人现场敬酒,如果说不出几句漂亮话,那就万分尴尬了!下面特意整理了一些常用的婚宴宾客祝酒辞,希望能够让那些对婚宴上需要发言,却又没有能言善道本领的读者不再为了婚宴祝酒辞而烦恼!

最幽默风趣的来宾祝酒辞

尊敬的各位嘉宾、各位朋友：

大家好！

今天，大家在这里欢聚一堂，是为了共同庆祝新郎××先生与新娘××小姐的结婚典礼。能够有幸作为嘉宾代表向一对新人献上最美好的祝福，我感到无比的荣幸和由衷的喜悦！首先，请允许我代表今天到场的所有嘉宾，祝新郎、新娘新婚快乐、白头偕老！

新郎××先生与新娘××小姐初识于美丽的大学校园。他们，一位是风度翩翩、稳重有加、气质高雅的帅小伙；一位是美丽大方、风姿绰约、端庄贤淑的俏佳人。在紧张的学习之中，共同的课余爱好和志趣使他们相互吸引，并走到了一起。他们曾沐浴在阳光下，漫步在校园中，一同携手踏上了爱之方舟，一起徜徉在甜蜜的爱河里。在爱的旅程中，新郎和新娘你追我赶、配合默契，突破重重阻碍，才能够在这个美丽的季节，这样美好的日子里，到达爱的彼岸，安全登陆并胜利会师了。他们动人的爱情故事让我们深深地陶醉其中，所以，我们有什么理由不为这样一对才子佳人的结合而由衷地喝彩呢？在此，我还要向大家声明一下，如果有好奇的朋友想知道关于新郎、新娘的详细爱情故事，可参看新郎和新娘的新作《浪漫之旅——我们的爱情小故事》一书，等会儿大家可以让新郎、新娘作详细的介绍！

新郎新娘，从今天开始，你们就拥有了自己的小家庭。可以在你们爱的小巢里，尽情享受生命所赋予你们的幸福权利以及生活所带来的美好和希望。希望你们在今后的共同生活中互相帮助、共同进步，做到真正的恩恩爱爱、甜甜蜜蜜！

在这里，我还有一副特殊的对联想送给新郎、新娘，

上联是：同学又同心，才子佳人喜结良缘；

下联是：同志又同德，事业家庭两全其美。

横联是：同心同德！

朋友们，让我们共同举起手中的美酒，为新郎和新娘能够同心同德、喜结良缘的幸福而干杯！谢谢大家！

最具才情的来宾祝酒辞

尊敬的各位来宾、女士们、先生们、朋友们：

你们好！

今天是一个大喜的日子，一个温馨的日子。在这幸福的时刻，我无比地激动。因为××先生与××小姐在今天将喜结良缘，并在这里举行隆重、热烈的结婚庆典。在这神圣庄严的婚礼仪式上，我代表所有亲朋好友向这对幸福甜蜜的新人，表示最热烈的祝贺和美好的祝福，并向养育他们成长成才的双方父母、亲眷

和前来贺喜的各位来宾、好友表示真挚的谢意与问候！

新郎、新娘，我想告诉你们，婚姻不仅是一份承诺，更是一份责任，愿两位新人今后能够互敬互爱、谦让包容，像光一样彼此照耀，像火一样去温暖对方！但也希望你们在幸福生活的同时，也肩负起神圣的家庭责任，孝敬父母、善待亲友，彼此信任与支持！

十年修得同船渡，百年修得共枕眠。无数的偶然堆积而成的必然，怎能不是三生石上精心镌刻的结果呢？衷心祝福这对郎才女貌、佳偶天成的璧人，希望你们用真心呵护这份缘，珍惜这来之不易的幸福。祝福你们能够永远相爱、白头偕老，祝愿你们今后的生活多姿多彩，共同创造美满幸福的家庭！

最后，让我们共同见证并分享这个幸福而又美好的时刻，共同祝愿新郎、新娘健康快乐、鸾凤和鸣、白头偕老！我也要替二位新人祝所有来宾身体健康、幸福美满，谢谢大家的光临！干杯！

最具期望值的来宾祝酒辞

尊敬的各位女士、先生们、各位来宾：

大家好！

秦岭起舞，紫燕喜翔黄道日；碧水欢笑，鸳鸯佳偶美景时。在这春风荡漾、生机勃发、大吉大利的日子里，是一对新人××先生与××小姐缔结百年之好的大喜日子！各位宾友喜酒相逢、欢聚一起，共同为他们祝福、庆贺。首先，我要向两位新人表示最热烈的祝贺，向各位来宾表示最衷心的感谢！

今天，在这个大喜的日子里，一对新人就要喜结连理，一个家庭就要开始远航。从此比翼双飞，携手共进。希望两位新人不要忘记父母的养育之恩、领导的栽培，感悟并珍惜这来之不易的幸福！希望你们在今后的婚姻生活中，一要相敬如宾、互相帮助，真正做到恩恩爱爱、甜甜蜜蜜、心心相印、永结同心；二要孝敬双方的父母，团结家庭中的兄弟姐妹，营造一个温馨的大家庭！

最后，我还要以"六心"相赠：希望新郎、新娘把忠心献给祖国、把孝心献给父母、把爱心献给社会、把诚心献给朋友、把痴心献给事业、把信心留给自己。衷心地祝福你们婚后能够夫妻相互包容、家庭和睦美满、生活万事如意、工作勇创佳绩！愿你们用岩石般坚定的旋律，浪潮般澎湃的激情，大海般深远的爱意，共同书写未来的美好诗篇！

请大家共同举杯，和我一起见证这一隆重的时刻，也祝愿所有的来宾在未来的生活中万事如意、事业顺利、宏图大展、天伦永驻。谢谢！

13. 新人祝酒辞范文

完成一段精彩绝伦的婚礼祝酒辞并非难事，只要提前练习、选择合适的时机、简单明了地表达你的感情，或者将你们的恋爱情书也搬到其中，就能够使你的祝酒辞生动而出彩。也许你平时不善于在公众场合演讲，一握起麦克风就会紧张发抖，但是要想着这可是你人生当中最重要的时刻，因此你必须要勇敢起来，克服自己的紧张情绪。祝酒辞是你表达自己内心情绪的最好途径，但它并不能取代你在宾客桌前和入场门厅前的一一致谢。

婚礼前把你想要说的祝酒辞写下来。记住，只要你努力去准备，就一定可以做的很好。关键是练习、练习、再练习。在婚礼当天致祝酒辞前，喝酒不要超过两杯，要尽量保持清醒的头脑，才能有逻辑地完成整个祝酒任务。

致祝酒辞的最佳时机是在切婚礼蛋糕的时候。如果婚礼当天由于你心里一直念念不忘将要进行的演讲，而导致你总是心不在焉的话，那么你最好在婚礼开始时就完成祝酒辞。有一些新娘把丢捧花的旧传统改良成致祝酒辞，然后在一番演讲之后把捧花献给一位特殊的来宾，比如说你们夫妻俩的介绍人，或是大家庭中一位值得尊敬的亲戚，并解释为什么。你的祝酒辞最长不能超过两分钟。语速要慢一些，演讲时与宾客之间要有眼神交流。如果突然间说错了不要慌乱，开个小玩笑解释一下，譬如："我现在知道奥斯卡获奖者的心情了，呵呵。"便化解了尴尬。你也可以在一张提词卡上写下一些关键词提醒自己。

在祝酒辞中要感谢你的父母、对方的父母，和那些远道而来或是百忙之中抽时间专程赶来的朋友，而不要总是单独感谢帮你忙前忙后的密友们。相对来讲，婚礼前的彩排是一个更适宜用来高度赞扬他们热情帮助的场合。

最讨人喜欢的新郎祝酒辞

尊敬的各位领导、各位来宾、各位亲朋好友：

大家好！

人生最难忘、最幸福的时刻实属不多，而今天却是我最幸福、最永生难忘的一天！因为今天是我和我梦寐以求的恋人××小姐永结同心的好日子！所以我内心里的激动和幸福无以言表！

首先，我要感谢今天在百忙之中抽出空余，远道而来参加我们的婚礼庆典的长辈、领导以及亲朋好友们。谢谢你们给我今天的婚礼带来了欢乐、带来了喜悦、带来了真诚的祝福！真心地感谢领导们的关心，感谢朋友们的

祝福！

借此机会，我也想向我的父母说一声谢谢！谢谢你们把我养育成人！我还要深深地感谢我的岳父岳母，感谢您二老对××的养育之恩，也感谢您们对我的信任，愿意把你们唯一的一颗掌上明珠托付于我！在这里我向你们保证，我以后绝对不会辜负您二老对我的信任和期望。也许我这辈子没有办法让您们的女儿成为世界上最富有的女人，但我一定会用我的全部生命去爱她、呵护她，使她成为世界上最幸福的女人！

在这里，我也想对我的新娘衷心地说一声谢谢！谢谢你愿意把你的一生托付给我！有专家曾统计过，现在世界上的男性人口已经超过了三十亿，而我能够在这三十亿分之一的机会中赢得她的青睐，有幸与她共度一生实在是我人生最大的成功！我觉得今生能和××在一起，实在是一件比中500万元的彩票还要幸福的事！

最后，也祝所有到场的来宾阖家欢乐、万事如意！请大家和我一起共同举杯，与我们一起分享这幸福快乐的时刻！谢谢！

新郎：×××

最煽情的新郎祝酒辞

尊敬的各位领导、各位来宾：

大家好！

今天是我和我的新娘××正式举行婚礼仪式的大好日子！看到众位长辈、领导、亲友、同学……不远千里抽时间来参加我们的婚礼，给我们送上最美好的祝福，我真是十分感动！在这里，我要衷心地对你们说一声谢谢！感谢特意前来为我和××的爱情做一个重要的见证，没有你们，也就没有这场让我和我妻子终生难忘的婚礼！

我能有今天，最应该感谢的人是我的岳父、岳母，我想对您二老说："爸，妈！你们辛苦了！谢谢你们二十多年来对××含辛茹苦的养育之恩！也谢谢您们的信任，您二老能把您们手上唯一的一颗掌上明珠交付给我，我打心眼里对你们表示感谢！也请你们相信，我今后绝对不会辜负您们的信任，一辈子对××好！

其次，我还要感谢现在站在我身边这位，在我看来是世界上最美丽的公主！老婆，谢谢你，谢谢你答应嫁给我这个初出茅庐、没车、没存款的毛头小子。也许我现在无法给你十分富足的生活，但是我一定会用我的一生去照顾你、爱你，绝不辜负你对我的信任！此时此刻，我心里却有一丝深深的愧疚之心，因为一直以来，我都向你隐瞒了一件事，那就是在认识你之前和认识你之后，我心里都一直住着另一个女人，而且即使我们结婚了，也无法阻挡我日夜对她的思念！那个女人今天也在我们的婚礼现场，她就是为我们忙前忙后、操办一切的妈妈！

妈妈，谢谢您！谢谢您舍弃靓丽的青春和婀娜的身姿，把我带到了这个世界上。二十多年来，您让我学知识，教我学做人，是您给了我一个世界上最温暖的家，让我体会到了世界上最无私的爱！虽然我常惹祸，总惹您生气，让您为我挂肚牵肠。但是现在，我想说：妈妈，您辛苦了！儿子已经长大，今天也要结婚了，以后又多了一个女人帮您监督我，您可以放心了！

最后，再次感谢各位嘉宾的光临！不忘一句老话，粗茶淡饭，吃好喝好。如有招待不周敬请大家包容、原谅。谢谢大家！

新郎：×××

优雅、含蓄的新娘祝酒辞

尊敬的各位领导，亲爱的各位亲朋：

大家好！

首先，我要感谢长辈们、领导们、亲朋好友们能在百忙之中远道而来参加我和××的婚礼庆典，并为我们今天的婚礼带来了这么多的欢乐、喜悦以及真诚的祝福！

接着，我要和××一起，向我的爸爸、妈妈说一声谢谢！爸爸、妈妈，谢谢你们二十多年来的养育之恩，也谢谢你们尊重我的选择，成全我和××的一段婚姻。我向你们保证，以后一定不再任性，不让你们担心，常带着你们的女婿回家看你们！

今天，我还要特别感谢我的公公、婆婆，谢谢你们教育出了一个这么出色的儿子，也谢谢你们信任我、接纳我！请你们相信，我以后一定会努力学做一个合格的好妻子，做一个合格的好儿媳！用我的双手，和××一起创造美满、幸福的小家庭！

最后，我也要感谢这个一直默默站在我身边，给我呵护、给我温暖的男人！老公，谢谢你愿意包容我、疼惜我、娶我！我以后一定不再任性，不再乱发脾气惹你生气，争取做个让你省心的好老婆！

在这个让我永生难忘的没好日子里，请大家共同举杯，与我们一起分享幸福和快乐的时刻！谢谢！

新娘：×××

14. 军人婚礼祝酒辞范文

婚礼致辞是婚礼上不可缺少的一部分，还在为婚礼致辞苦恼吗？婚礼上每个人担任的角色不同，同样致词的内容也不同。由于军人这个职业有一定的特殊性，所以军人的婚礼仪式通常也会比一般人要特殊些。所以在参加军人的婚礼时，祝酒辞就一定要写的有水平，否则很容易闹笑话的哦！

最慷慨激昂的军人婚礼祝酒辞

各位来宾、领导、女士们、先生们：

你们好！

今天是一个喜庆的日子，我们欢聚一堂，为这一对新人举行军婚。在此，我对各位来宾、领导们的到来表示衷心的感谢和热烈的欢迎。

经过了春的孕育、夏的热恋，一对新人终于等到了收获果实的绚丽金秋！爆竹声声、喜字对对，我们帅气的新郎××先生和美丽的新娘××小姐今天就要在这美好的日子里，缔结一桩美好姻缘，组成一个幸福的小家庭。在此，让我们一起举起醇香的美酒，送上一片深深的祝福：祝成双鸾凤海阔天空双比翼，贺一对鸳鸯花好月圆两知心。

新婚新起点，喜事喜开端。今天，两位新人的终身大事已经画上了圆满的句号，而你们的百年事业才刚刚起步。成家当思创业苦，举步莫恋蜜月甜。希望新郎今后莫要沉醉在温柔乡中，忘记了自己的事业；也希望新娘能够深明大度，全力支持丈夫的事业！

在这里，我还要特意向今天美丽的新娘致以最崇高的敬意！因为我们帅气的新郎××先生是一位肩负保家卫国责任的军人！新娘能够"慧眼识珠"选择新郎作为终生伴侣，堪称是勇气可嘉！但我也想提醒新娘，和军人在一起生活多是相聚时少别时多，当你在今后的生活中尝到两地相思之苦时，希望你能够想到一人辛苦方能万人甜；当你感到离别之苦时，要想到一家不圆才能万家圆！年年有别离，岁岁难相聚，今后新娘不仅要忍受离别的寂寞，更要独自挑起沉重的家务，伺候老人、抚育弱子，所有这一切，都要新娘用柔弱的双肩去承担！勇敢的新娘，谢谢你！感谢你愿意选择一位军人做你的新郎！

"两情若是久长时，又岂在朝朝暮暮"，只要两人情真意切，月缺月圆便常圆；只要两人心心相印，山远水远都不算远；只要相亲相爱，千难万难也不觉难！最后，我代表大家送上三重祝愿：一愿你们夫妻恩爱，白头偕老。情有自由爱有属，愿你们一朝结下千种爱，百岁不移半寸心。在漫漫人生路上相依相伴，相濡以沫，休戚与共，风雨同舟。二愿你们比翼双飞，事业有成。愿你们做一对事业伴侣，互相学习，互相支持，互相勉励，在各自的岗位上都做出优异的成绩，像荷花并蒂相映美，如海燕双飞试比高。三愿你们优生优育，只生一个孩子，今日银河初渡，愿他年玉树连枝。

千里姻缘，天作之合。祝福你们，新郎、新娘，祝贺你们的美满结合，愿你们相亲相敬，恩恩爱爱，和和睦睦，白头偕老；祝贺你们新婚快乐！愿你们良宵花烛更明亮，新婚更甜蜜；祝你们爱情之树常青。愿你们尊敬父母，孝心甘情愿不变，依然是个好儿子、好女儿，这要当个好女婿、好媳妇；愿你们工作、学习和生活，步步称心，年年如意。你们在对理想和事业追求中建立的新家，也是你们谱写美妙爱情交响曲的延伸。真诚祝愿你们永远共浴爱河，尝遍人生欢愉和甘甜！

欢歌笑语，喜气洋洋。在此良辰美景，让我们共同举杯，向新人们表示真诚的祝福。衷心地祝福一对新人沉浸在新婚的欢愉中，一生幸福美满、心想事成！谢谢大家！

酒之韵：婚宴酒祝辞佳篇

15. 婚庆祝酒佳词、佳句

婚礼前，对于新人的祝辞可用：
爱海无际、情天万里、志同道合、喜结良缘、永浴爱河、恩意如岳、比翼高飞、连枝相依、珠联璧合、心心相印、白头偕老、百年好合、天长地久、永结同心、知音百年、爱心永恒、婚姻美满、幸福长存。

婚礼日，对新人的祝辞可用：
恭贺新婚、婚礼吉祥、新婚大禧、结婚嘉庆、新婚快乐、龙凤呈祥、喜结伉俪、佳偶天成、琴瑟和鸣、鸳鸯福禄、丝萝春秋、花好月圆、并蒂荣华、幸福美满、吉日良辰、相敬如宾、早生贵子。

适合对新郎父母说的祝词：
令郎婚禧、家璧生辉、恭贺子婚、祝福早孙、贺子纳媳、增子添丁。

适合对新娘的父母说的祝词：
令爱婚禧、福得佳婿、恭贺女嫁、于归志喜。

适合对双方父母共贺的祝词：
恭贺秦晋、贺继朱陈、联姻嘉庆、结亲兼福。

红包等签封等最佳用词：
（1）谢媒包封签子用语
柯仪：巧谐连理、义和秦晋。
桥仪：月老之敬、巧系红线、丝罗之敬。
冰仪：执柯之敬、恩铭二姓。
（2）贺嫁包封签子用语：
于归之敬、出阁之敬。
脂仪：出闺之敬、宜室宜家。
（3）贺定婚包封签子用语：
订盟之敬、文定之敬、订婚之敬、秦晋之敬。
（4）贺结婚包封签子用语：
喜仪：百年好合、百世其昌、鸾凤和鸣。
扇仪：新婚之喜、永结同心、荣谐伉俪。
婕仪：枝谐连理、鸾凤呈祥。
（5）贺娶媳包封签子用语：

新翁之喜、萱堂之喜。

（6）贺续娶包封签子用语：

续弦之敬。

（7）贺复婚包封签子用语：

重圆之敬、二度梅开。

（8）贺二婚包封签子用语：

箫仪：易弦之敬。

（9）给新娘的作揖包封签子用语：

桂林一枝、香车之敬。

（10）给新婿回门的作揖包封签子用语：

玉趾初旋、旋吉之敬。

（11）谢账房包封签子用语：

笔仪：润笔之敬。

（12）谢傧相包封签子用语：

礼仪：赞礼之敬。

（13）谢择日包封签子用语：

择仪：择日之敬。

（14）谢厨师包封签子用语：

芬香之仪、调和鼎鼐。

最有诗意的祝福语：

海阔天高双飞翼，月圆花好两心知。

仟僖年结千年缘，百年身伴百年眠。天生才子佳人配，只羡鸳鸯不羡仙。

相亲相爱好伴侣，同德同心美姻缘。花烛笑迎比翼鸟，洞房喜开并头梅。

莲花并蒂开，情心相印；梧枝连理栽，灵犀互通！祝你们百年好合，比翼双飞！

于茫茫人海中相遇，分明是千年前的一段缘。真爱的你们，用心去呵护这份缘吧！

金屋笙歌偕彩凤，洞房花烛喜乘龙。祝你们永结同心，百年好合！新婚愉快，甜甜蜜蜜！

真诚的祝福语：

在这春暖花开，群芳吐艳的日子里，你俩永结同心，正所谓天生一对，地造一双！祝愿你俩恩恩爱爱，白头偕老！

花儿披起灿烂缤纷的衣裳，雍容而愉快地舞着，微风柔柔地吟着，唱出委婉动人的婚礼进行曲——敬祝百年好合，永结同心！

伸出爱的手，接住盈盈的祝福，让幸福绽放灿烂的花朵，迎向你们未来的日子。祝你俩恩恩爱爱，意笃情深，此生爱情永恒，爱心与日俱增！

祝福新婚愉快！

恭喜你找到好的归宿！愿爱洋溢在你甜蜜的生活中，让以后的每一个日子，都像今日这般辉煌喜悦！

你们本就是天生一对，地造一双，而今共偕连理，今后更需彼此宽容、互相照顾，祝福你们！

在你新婚喜庆的日子，没能当面表达我的祝福，特表歉意。祝你和夫人家庭和睦、幸福美满！

愿快乐的歌声永远伴你们同行，愿你们婚后的生活洋溢着喜悦与欢快，永浴于无穷的快乐年华。谨祝新婚快乐！

美丽的新娘好比玫瑰红酒，新郎就是那酒杯，就这样二者慢慢品，恭喜你！酒与杯从此形影不离！祝福你！酒与杯恩恩爱爱！那融合的滋味恭喜你！

托清风捎去衷心的祝福，让流云奉上真挚的情意；今夕何夕，空气里都充满了醉人的甜蜜。谨祝我最亲爱的朋友，从今后，爱河永浴！

愿你们的爱情，比美酒更美；比膏油更加馨香；比蜂房下滴的蜜更甜；且比极贵的珍宝更加宝贵！

两情相悦的最高境界是相对两无厌，祝福一对新人真心相爱，相约永久！恭贺新婚之禧！

愿你们真诚的相爱之火，如初升的太阳，越久越旺；让众水也不能熄灭，大水也不能淹没！

俏皮的祝福语：

神仙何足慕，只是羡鸳鸯。祝两位新婚快乐，永寿偕老！

婚姻是爱情的坟墓，不过别难过，每个人最终都会走进坟墓，放心去吧，阿门！

喂！老兄。这么快就"婚"了。我有事不能来了。不过我还是要衷心祝福你新婚快乐！多句嘴，要小心身体哦！

我擦了擦阿拉丁的神灯，灯神出来了，于是我对灯神说：请让我哥和我嫂永世恩恩爱爱，永浴爱河！白头偕老！

由相知而相爱，由相爱而更加相知。人们常说的神仙眷侣就是你们了！祝相爱年年岁岁，相知岁岁年年！

适合基督教徒的祝福语：

愿你们的家园如同伊甸园般地美好和谐，在地如同在天！

愿耶和华从至圣所赐福于你，愿你们一生一世都看见圣城耶路撒冷的好处！

愿你们的家庭，成为教会复兴的一大力量；也成为社会、国家的一大贡献！

今天，我带着喜乐、感恩的心灵，代表教会向你们致以衷心的祝愿：主作之合永恒情，情投意合爱不息；愿上帝祝福你们的爱比高天更高更长，你们的情比深海更深更广！

愿你们的爱情生活，如同无花果树的果子渐渐成熟；又如葡萄树开花放香，作基督馨香的见证，与诸天苍穹一同地每日每夜述说着神的作为与荣耀！

在这喜庆祝福的时刻，愿神引导你们的婚姻，如河水流归大海，成为一体，并且奔腾不已，生生不息！

婚姻是神所设立的，美满的婚姻是神所赐恩的；愿我们的神将天上所有的福,地里所藏的福,都赐给你们和你们的家庭!

愿你们的后裔敬虔有加!愿你们对后裔的教导,乃照着主的训戒;你们自己也要如此,遵行主的旨意!

愿我的弟兄如同以撒,诚实勇敢、信靠顺服,如展翅飞腾的鹰;愿我的姊妹如同利百加,温柔善良、勤劳才德,如多结果子的葡萄树!最后,我要加上一句勉励的话:"耶稣基督爱你们,你们要努力向着标杆直跑,因为最好的还在前头!"

愿你们二人和睦同居,好比那贵重的油浇在亚伦的头上,流到全身;又好比黑门的甘露降在锡安山;彼此相爱、相顾、互相体谅、理解、共同努力、向前,建造幸福的基督之家!

愿你们一生听从圣经,孝敬上辈,友爱邻舍;好使你们在世得福百倍,将来大得赏赐!愿你们的人生,像《诗篇》般的优美,像《箴言书》般的智慧,像《传道书》般的虔诚,像《雅歌书》般的和睦!

祝愿你们无论到何处、遇何境、做何工,一举一动都有新生的样式,不从恶人的计谋,不站罪人的道路,不坐亵慢人的座位,昼夜思想耶和华的律法;好像一棵栽在溪水旁的果树,按时候结果子,叶子也不枯干;凡你们所做的尽都顺利!

致二婚者的祝福语:

辛劳了半辈子,贡献了几十年,在这春暖花开的日子,恭贺您再婚之喜,正所谓"夕阳无限好、萱草晚来香"!

恭喜,恭喜,恭喜你!恭喜你荣升!尽管这是迟来的爱,但我仍然万分地为你高兴,并以饱满的热情等候你请我们撮一顿。

16. 婚庆祝酒辞写作要点

结婚是人生中的头等大事,婚礼则是见证一对新人相结合的隆重庆典,是非常典型的特殊场合,非寻常之日所能比拟。所以,婚礼上的嘉宾或嘉宾代表在新婚典礼上所发表的祝贺之辞,也不是一般意义上的演讲或者祝贺,而是扮演着把整个婚礼的喜庆气氛推向高潮的重要角色。婚礼祝辞既要能充分地表达出热切的祝贺之意,其中的特殊意义也需要有所表露。所以,想要写好婚礼祝酒辞并不是一件容易的事情。那么,究竟怎样才能写好这种特殊场合的特殊祝辞呢?

要写好婚礼祝酒辞,有三个十分关键的点。首先需要突出一个"赞"字,再则还要写出一个"趣"字,最后一点则是多用一些"喜"字。

(1) 如何在婚礼祝酒辞中突出"赞"字

一篇婚礼祝酒辞中最常见到的就是祝贺的话语,婚礼祝辞中的"赞"所指的其实就是用主要的篇幅来赞美新郎、新娘以及他们"有情""有意"的恋爱、姻缘美满的祝福话语。然而祝贺的话语无非就是互敬互爱、白头偕老、比翼双飞、美满幸福……这些都是人们经常说的祝福话。而这几句话所放的位置不同,所起到的效果也是不同的。一般都放在结尾处,赞美他们恋爱、婚姻的志同道合。而中心的段落则要用一些类似温良敦厚、风姿绰约、端庄娴美、才貌出众、气质高雅、稳重有加、积极向上、鱼水和谐等来赞美新郎、新娘的美好品德。这样才能使这篇祝辞言之有物，也很好地表达了祝贺之意，并更有效地把祝贺的情感表达得热烈真切、充实饱满、富有感染力。

（2）"趣"字在婚礼祝酒辞中的妙用

婚礼祝酒辞不同于其他的祝辞，应该是使众人都感到快乐的演讲，成功的婚礼祝辞应该使新郎、新娘快乐，使到场来宾快乐，从而使大家在欢声笑语中度过这段吉庆的时光，留下一段美好的回忆。正所谓趣能生乐，所以"趣"字在婚礼祝辞是绝对不能缺少的一个关键要素，婚礼祝辞就是要写得妙趣横生、趣味无穷才算成功。比如有的婚礼祝辞中这样写道："刚才我已经检查了新郎、新娘的结婚证，并且证实了他们的结婚证真的是民政局领回来的，绝不是假冒的，所以我向各位宣布，他们小两口现在已经是合法夫妻了！"话虽这么说，作为一个嘉宾是绝不可能去检查新娘、新郎的结婚证的，而且结婚证自然也不可能是做假的，之所以会这么写，最终就是为了要突出祝辞的幽默、风趣。而且很多婚礼上的祝辞也都在追求这种诙谐幽默的效果，比如在写新娘和新郎的相爱、结合时，用一句："新娘和新郎在爱的旅程中你追我赶、配合默契，现在终于在这样一个美丽的季节，这样一个美好的日子，到达了爱的彼岸，安全登陆并胜利会师了。"这种活用词语和术语等比喻手法和别具一格的语言形式，不仅把新郎和新娘相爱的旅程写得特别富有意趣，而且令人耳目一新，情趣无限。总之，想要在婚庆祝辞中写出一个"趣"字，就要从不同的婚礼特点着手去寻找趣点，并调动一切有效的艺术手法，把祝辞写出喜剧效果来。当然，千万不要涉及那种故作滑稽、低俗、庸俗的意思，否则只会适得其反的效果！

（3）为什么婚礼祝词要多用一些"喜"字

"喜"字堪称是婚礼上最应该突出的特点之一，因为通常的婚礼上到处都是披红挂绿，张贴着大红"喜喜"字，所以应该尽可能地多用一些喜庆的字词，才能更突出喜庆的气氛。试想在高朋满座、谈笑风生、喜气盈门的时刻，当新郎、新娘双双步入殿堂，掌声四起的时候，送上一篇喜气洋溢的婚礼致辞，肯定会使整个婚礼喜上加喜、高潮迭起。

想要在一篇简短的婚礼祝辞中营造出浓烈的喜庆气氛，肯定就要多用些诸如喜、良、吉、佳、红、新、美等喜庆的字词，这样才能与热烈的祝贺之意相辅相成、相得益彰。除此之外，还可以多用一些"欢聚"、"喜悦"、"新婚"、"济济一堂"、"喜气洋洋"、"幸福美满"、"喜结良缘"等喜庆的词语。尽管喜语连篇难免会有些繁琐，但是用在婚宴祝辞中却是不厌其多的。婚礼祝辞就是应该多使用这些喜词去创造喜庆气氛，为热闹、喜庆的婚礼推波助澜！

第二章 祝君岁岁有今朝——生日酒致辞全攻略

酒之礼：生日酒礼仪

1. 生日宴会宴请来宾的礼仪

人们在社交过程中，经常会提出邀请朋友、同事、同学参加自己的生日宴会，或者自己也被人邀请，这已是很普遍的行为了。在生日宴会上，三五知己，相邀一起；或亲朋好友，久别重逢；或家人团聚，大家共享美味佳肴，畅想美好生活，真是人生一桩乐事。

（1）真诚发出邀请

宴会使朋友们聚在一起，使参加宴会的人沟通情感，传达美意，增进友谊。在生日这个特别的日子里，邀请朋友或者同事来参加宴会，首先要考虑对方的接受程度，喜欢不喜欢，有没有兴趣。这都要有一个大致的了解，以免造成在宴会上不必要的尴尬。

宴会地点应尽可能选择干净、舒适、安静的，能使人感到心情舒畅、便于交流的地点，或者是自己和朋友第一次认识或共餐的地方，这样会让对方有安全感，从而产生亲和力，使宴会变得轻松。同时，宴会菜肴的确定要注意考虑朋友及客人的爱好和禁忌。

如果发请柬，通常在一至二周前发出，以便被邀请者及早安排，有些还需用电话联系，以确认是否收到请柬及能否出席。

宴请的同事或朋友，应该同自己有良好的关系，同学和朋友之间也要有大致相同的情趣，以便宴会气氛和谐。注意不要同时邀请两位感情不和的朋友，在宴会上互不搭理，大家都会不愉快。出席人数保持偶数为宜，就某一席而言，可使每个人至少有一个谈话对象。

宴会开始前，要为提前到达的同事和朋友接风和表示欢迎，马上安排入座，再给不相识的同事、朋友作介绍，不要冷落了任何一个客人。

（2）营造和谐的宴会气氛

举行宴会，组织该宴会的东道主应提前到达宴会地点，在一切安排就绪后，站在门口准备迎接同事和朋友。到达时，应热情相迎、问候、握手，寒暄几句以示欢迎，并指引同事和朋友到事先指定的位置坐好。在引人入座时，东道主应将椅子从桌子下面拉出来，扶好后请朋友落座。

全部应邀人员落座后，便可叫服务上菜，最好主动参与宴会其间，为朋友们张罗。上菜是从女士开始的。上菜一般从左边上，饮料从右边上。新上的菜要先放在朋友们的面前，并介绍名称。如果上全鸡、全鱼这些菜时，应将其头部对准主宾或主人。宴会即将开始时，为所有的来宾斟酒或倒饮料。

宴会正式开始后，应致祝酒辞，接着是全体干杯，祝酒辞主要以欢迎大家赏光，表达友谊之情等内容为主。入座后，即开始进餐。进餐时，不可将餐巾挂在胸前。进餐时应将大餐巾折起平铺腿上，若是小餐巾则可以打开直接放在腿上。取菜时不要一下盛得过多，不够吃可再取。如遇到自己不爱吃的菜肴，又是朋友给自己的夹菜，一定不要拒绝或显露出难堪的表情，可取少量放在盘内，并回答："谢谢，足够了！"

吃东西时举止要文雅，讲究礼仪。既不要抢着吃，也不要狼吞虎咽，应该细嚼慢咽，并不时夸耀菜的味道很合口味。喝汤时不能出声响，吃剩下的鱼刺、骨头不要直接外吐，可用餐巾掩嘴，用手或筷子取出。吃剩的菜，用过的餐具、牙签等都应放在盘内，不要胡乱放在桌上。正在吃东西时，尽量不要说话。

作为宴会组织者，有给客人敬酒（饮料）、敬菜、协调宴席气氛的任务。第一道菜上桌后，要先向朋友们敬酒（饮料），致简短的欢迎辞。每上一道菜，也要举杯相邀，请大家用菜。当客人们出现相互谦让、不肯下箸的情况，东道主应主动站立起来，用公筷或公匙为客人分菜。分菜时，要注意分菜的量大致相等。席间，要根据气氛随时调整谈话内容，使所有来客都能加入愉快的谈话，加深彼此感情和友谊。

（3）生日宴请注意事项

生日宴请，可以在家中举办，也可以安排在公园或郊外田野中进行。在室外举行生日庆祝活动时，要注意已邀请的亲戚朋友中是否有年长者。如果有年龄高、身体欠佳的客人，应改变计划，安排在家中室内举行。

在家里举办生日宴请之前，东道主首先应把住处打扫干净。如有可能，还可在墙上适当悬挂一些装饰品，以增加宴请的气氛。同时，要在事前把生日蜡烛和生日蛋糕准备好，免得临时措手不及。

当朋友全部到齐后，首先要把插着表示年龄蜡烛的蛋糕放在餐桌的中央，并点燃生日蜡烛。此时，不妨打开录音机，播出准备好的《祝你生日快乐》。在热烈的气氛中，"寿星"把蛋糕移到面前，试一试能否一口气将蜡烛全部吹熄。然后，按出席的人数把蛋糕切成若干份，分送给每人一块。当菜肴和寿面上桌后，应热情招呼朋友们用菜。

宴请结束，"寿星"要送每位朋友出门，再次向大家表示感谢，并对亲朋赠送生日礼物表示诚挚谢意。

（4）设生日家宴怎样请陪客

当你与朋友选定生日宴会的地点后，就要考虑邀请适当的陪客。有了陪客可使宴席的气氛更热烈，也是对朋友尊重的表现。那么应如何请陪客呢？

陪客不宜有高于朋友地位者，以免"喧宾夺主"，自己更不好招待。如果宴请外宾朋友，可请比外宾地位稍高的本国人作陪客，这样表示对外宾的尊重。

请陪客多少，可依宴会条件而定，但不宜过多。如果朋友是一个，可请1~2名陪客。陪客不宜是朋友时常见面的人。

陪客不宜和朋友是同一爱好的人。这样会使话题更广泛、更多一些。

2. 满月祝酒辞范文

喜得贵子，喜添千金，人逢喜事精神爽，邀请亲友来参加满月酒，宴席上的祝酒辞是必不可少的了！无论是初为父母的主人，还是前来道贺的客人，或者是宴席的主持人，得体的祝酒辞往往能锦上添花。

儿子满月祝酒辞

各位领导，各位亲朋好友：

大家好！

首先对大家今天光临我儿子的满月酒表示最热烈的欢迎和最诚意的致谢！此时此刻，此时此景，我站在这里，心里很激动，面对这么多的亲朋好友为我儿子满月庆祝，我感慨颇多。

为人父母，才知辛苦。在过去的30天里，我和妻子尝到了初为人母、初为人父的幸福感和自豪感，但同时也真正体会到了养育儿女健康成长的无比辛苦。今天在座的有我和妻子的父母，对于他们的养育之恩，我们无以回报。今天借这个机会，向四位老人深情的说声：谢谢了，并衷心的祝愿他们健康长寿。

助我者朋友也。这些年来，在座的各位朋友曾给予我们许许多多无私的帮助，让我们感到无比温暖，人们常说"亲戚是命中注定的，朋友是可以自己选择的。""财富不是朋友，而朋友是财富。"今天，我和妻子为有这样的一笔财富而感到骄傲和自豪。在此，我代表我们一家三口向各位亲朋好友表示万分的感谢。

今天以我儿子满月酒的名义相邀各位亲朋好友欢聚一堂，菜虽不佳，但是我们的一片真情，酒随清淡，但是我们的一份热心，若有不周之处，还望各位包涵。

祝各位身体健康、万事如意！干杯！

父亲：×××

女儿满月祝酒辞

各位朋友、各位来宾：

今天是我的女儿××满月的大好日子，感谢各位的厚爱，感谢各位的光临！

宝宝××诞生于爱，也将成长于爱。爸爸妈妈爷爷奶奶外公外婆以及今天在座的所有亲戚朋友共同祝愿小××健康成长、幸福快乐！

作为一个还不够成熟的爸爸，我想在这个特别的日子，送给小××一份礼物，我想送的是一副对联——"一等人忠臣孝子，两件事读书耕田"。要做对国家有用的人，要做对家庭负责任的人。

对今天从四面八方赶来参加满月酒的亲戚朋友们，我万分地感激，感谢你们对小××的关爱，你们是我和孩子值得崇敬和铭记的人。希望你们在以后的岁月里关照、爱护、提携我的孩子，我拜托大家，向大家鞠躬！

祝愿各位朋友有一个愉快的夜晚。干杯！

父亲：×××

3. 百天祝酒辞范文

孩子出生满一百天时，主家请接生者吃饭。一般吃鸡蛋，寓有"圆满"之意；或吃面条，寓有"长寿"之意，这种活动俗称过"百天"。现在随着生活水平的提高，给小孩过"百天"现在也比过去普遍了。过去只是姥娘姥爷给予小外孙送首饰和银钱儿、银锁，现在一般亲朋好友也在百天馈赠送这类东西。锁上有"长命百岁"、"连生贵子"、"麒麟送子"等吉祥物品。此日，多给婴孩照相，以作百日纪念。

母亲的百天祝酒辞

尊敬的各位领导、各位朋友：

大家中午好！

今天是我儿子×××的百天，各位亲朋好友能够在百忙之中抽出时间为我们庆贺，首先我代表我的家人向各位的到来表示最衷心的感谢！感谢你们的光临！更感谢你们对×××成长的关心和祝福！

明天就是元宵节了，我在这祝大家：合家团圆、生活甜蜜！身体健康！工作顺利！

今天各位一定要吃好喝好，最后，让我们为了大家共同拥有更加健康快乐、幸福和谐的生活，举杯！

母亲：×××

父亲的百天祝酒辞

迎新春，喜得犬子，薄酒一杯同乐！

敬诸位，行运×年，如意万事共度！

尊敬的各位领导、来宾，亲爱的朋友们，感谢你们远道而来的祝福！

今天，能邀请到各位参加我儿的百天聚会，我备感荣幸和喜悦。

初为人父，欢喜之情难于言表，看儿子的笑脸是一种享受，听儿子的哭声是一种享受，而此时我要感谢给我带来这些享受的妻子——是她用十月怀胎的辛苦孕育了这个健康可爱的孩子，在此我对我的妻子说一声：谢谢你，你辛苦了，我爱你！

同时，我也要感谢在座的各位领导、长辈和我的朋友们，是你们给了我工作上的支持，生活上的照顾和我追求成功的希望，在你们身上我学到了为人的真诚，做事的踏实，我会用这些优良品质去教育我的孩子，让他成为一个诚信、乐观、向上、健康的人。

再一次感谢各位的到来，尽管只有薄酒素菜，但礼轻情意重，希望大家吃好喝好。也祝福各位——身体健康，事业有成，家庭幸福，心情愉快！

父亲：×××

来宾的百天祝酒辞

各位来宾、朋友们：

大家中午好！

今天是×××和×××千金的百天庆祝日。在此，请允许我代表这个幸福的三口之家，向在座的长辈以及亲朋好友致以诚挚的问候和谢意，感谢你们在百忙之中，带着美好的祝愿来参加这个盛宴。

我本人也非常荣幸，受×××之托替他们夫妻二人说几句话，表达一下他们的心意。××，在生活中是我的好朋友、好姐妹，在工作中是我的好同事，同时也是××单位的中坚力量。

可以说，我们在座的每一位都是他们幸福生活的见证者，美丽大方的她于×××年××月××日和英俊潇洒的×××喜结良缘，手牵手走进了婚姻的殿堂，时隔一年多，幸福的二人世界变成了美满的三口之家，她们有了爱情的结晶，这就是她们的千金——我们健康、可爱、漂亮，集父母优点于一身的××小宝贝，在她百天的日子里，我们祝她健康快乐，百事呈祥，幸福永远与她相伴。快乐永远与她相随。

同时，在今天这个宴会上，我要代表她们一家答谢各位长辈和亲朋好友，因为这个幸福美满的家庭一路走来，离不开亲人的呵护，朋友的照顾和贵人的相助，所以我倡议，大家共同举起酒杯，为她们一家，为我们自己的幸福生活，干杯！祝大家身体健康，工作顺利，生意兴隆，事业美满！

4. 一周岁生日祝酒辞范文

看着宝宝一天天的成长起来是天下做父母的最高兴的事情,孩子一周岁了,父母都会请上亲朋好友庆祝一下,这个时候,一篇温馨的祝酒辞便成了渲染喜庆气氛的最佳选择。

父亲的周岁祝酒辞
各位领导、各位亲友:

年年岁岁花相似,岁岁年年人不同。感谢诸位的光临,在我宝贝儿子周岁生日之际,有这么多的朋友前来祝贺,我深表感谢!其次我要感谢儿子的妈妈,辛苦孕育10个月,冒着生命危险为我生了个活泼可爱的小××,他就是个快乐小天使,为我们全家带来了欢乐。

在过去的日子里,在座的各位朋友曾给予我们许许多多无私的帮助,让我感到无比的温暖。在此,请允许我代表我们一家三口向在座的各位亲朋好友表示十二分的感激!现在和未来的时光里,我们仍奢望各位亲朋好友进行善意的批评教导。

今天以我儿子一周岁生日的名义相邀各位亲朋欢聚一堂,菜虽不丰,但是我们的一片真情,酒纵清淡,但是我们的一份热心。若有不周之处,还盼各位海涵。让我们共同举杯,祝各位工作顺利、万事如意!谢谢大家!

父亲:×××

来宾的周岁祝酒辞
各位来宾、各位朋友:

佳节方过,喜事又临。今天是我们×××先生的千金周岁的大喜日子,在此,我代表来宾朋友们,向×××先生表示真挚的祝福。

在过去的时光中,当我们感悟着生活带给我们的一切时,我们越来越清楚人生最重要的东西莫过于生命。×××先生在工作中,是一个勘谨、奋进、优秀的人,相信他创造的新生命奉献给这美丽的人生,则一定是无比美妙的歌声。

让我们祝愿这个新的生命、祝愿×××先生的千金,也祝愿各位朋友的下一代,在这个祥和的社会中茁壮成长,成为国家栋梁之才!也顺祝大家身体健康,快乐连连,全家幸福,万事圆满。

5. 十八岁生日祝酒辞范文

十八岁对于每个人来说,都是一个人生的转折,都是孩子面临成年的开始,生活或喜或悲，感情或浓或淡。十八岁的生日永远是最难忘，每个家长都会给自己孩子，十八岁的孩子一个难以忘怀的成年礼和一篇难忘的成年礼祝酒辞。

老师对全体同学的十八岁成人礼祝酒辞

尊敬的各位家长、各位教员，亲爱的全体同学：

你们好！

今天是高三全体同学十八岁的生日，首先，我代表全体教师为你们祝福，向你们表示衷心的祝贺！

今天，你们将带着所有亲人的热切期盼，在今天的成人礼上，迈出成人第一步，踏上人生新征途。

十八岁，这是何等青春、何等令人恋慕的年纪！这是一个何等斑斓而又神圣的字眼。它意味着从此往后，你们将承担更强大的责任和使命，思虑更深的事理，背负更多期盼的目光。

十八岁，这是你们人生一个新的里程碑，是人生的一个重大转折，也是人生旅途上一个新的起点。

十八岁的含义是"责任"。是的，十八岁意味着对自己的责任——从今天起，你们将告别任性，告别依赖，挑起自己命运的重担而独立前行；十八岁意味着对他人的责任——昔日所承受的关怀呵护，今后将化做你们对别人爱的真诚回报。

同学们，在未来的岁月里，我们希望看到那时的你们都羽翼丰满，勇敢执拗！我们希望你们始终能够老老实实做人、勤勤恳恳做事，一步一个脚印，带着勇气、常识、信念、追求去搏击长空，缔造自己的新人生！我们也祝福你们在以后的人生道路上，一路拼搏，一路出色！

为了风华正茂的十八岁，干杯！

父亲对女儿的十八岁生日祝酒辞

各位领导、各位来宾、亲爱的朋友们：大家晚上好！

今天是我的女儿×××十八岁生日的大好日子，非常高兴能有这么多的亲朋好友前来捧场，至此，我代表我们全家对各位的盛情光临表示最衷心的感谢！

十八岁是一个人生最美好的年龄，是人生旅途中的第一个里程碑，在此我祝愿我的女儿生日快乐，学习进步，健康、愉快地成长。我更希望她能成长为一个有知识、有能力、人人喜欢的人，愿爸爸、妈妈的条条皱纹、缕缕白发化作你如花的年华、锦绣的前程。

你未来的壮丽人生才刚刚拉开序幕，无数种可能都会在你眼前展开，但不管时代的潮流和社会风尚怎样，人总可以凭着自己高贵的品质，超脱时代和社会走自己正确的路。现在，大家都为了电冰箱、汽车、房子而奔波、追逐、竞争，这是我们这个时代的特征了。但是，也还有不少人，他们不追求这些物质的东西，他们追求理想和真理,得到了内心的自由和安宁。愿你也能在心灵深处筑起一道坚不可摧的精神防线。携着高尚,带着智慧,伴着充实,幸福一生!

同时,×××的成长也有劳于各位长辈的关心和厚爱,希望大家能一如既往地给她鼓励和支持,这些都会给她的人生带来更多的动力和活力。

父亲:×××

6. 六十大寿祝酒辞范文

有福称寿星,六十正辉煌。六十岁是一个人生辉煌阶段的开始,是一种阅历的标志,是一个从容的年龄。经过几十年风风雨雨的磨炼,几十年曲曲折折的经历,几十年兢兢业业的实践,人的生命正进入一个崭新的阶段。把六十岁当做人生的转折,干自己想干的事,圆自己未圆的梦,享受人生,享受生活。

而父母对孩子的养育之恩,是每个孩子都应该牢记的,当父母六十大寿的时候,每个孩子都应该举起手中的酒杯,真心的为父母祝福。

儿子对父亲六十大寿的祝酒辞

各位领导,各位来宾,各位亲朋好友:

大家好!

在这阳光灿烂的日子里,在这充满和谐美好的生活里,我们高兴地迎来了父亲的六十大寿。

今天,我们欢聚一堂,举行父亲六十华诞庆典。在此,我代表我们兄弟姐妹及我们的子女,向所有光临参加我父亲花甲寿礼的各位亲朋好友,表示热烈的欢迎和衷心的感谢。

我们的父亲几十年含辛茹苦、勤俭持家,把我们一个个拉扯长大成人。常年的辛勤劳作,他们的脸上留下了岁月刻画的年轮,头上镶嵌了春秋打造的霜花。所以,在今天这个喜庆的日子里,我们首先要说的就是,衷心感谢父亲的养育之恩!

我们相信,在我们弟兄姐妹的共同努力下,我们的家业一定会蒸蒸日上,兴盛繁荣!我们的父母一定会健康长寿,老有所养,老有所乐!

最后,再次感谢各位领导、长辈、亲朋好友的光临!

再次祝愿父亲晚年幸福,身体健康,长寿无疆!干杯!

儿子:×××

来宾对寿星的祝酒辞

尊敬的各位领导,各位来宾,各位亲朋好友:

大家晚上好!春秋迭易,岁月轮回,当新春迈着轻盈的脚步向我们款款走来的时候，我们欢聚一堂，为我们尊敬的老先生共祝六十华诞。在这里，请允许我代表所有来宾给老先生送上最真诚、最温馨的祝福，祝您福如东海，寿比南山，笑口常开，益寿延年！

六十个日月星辰，六十个春夏秋冬，六十年的风雨兼程，我们的老先生已从一个青年才俊变成了一位慈祥的花甲老人，默默地为他的事业奉献了自己最宝贵的金色年华。他的六十年质朴、平凡而又伟大，他为人正直刚毅、待人真诚宽厚，工作兢兢业业，任劳任怨。在同事眼里，他是优秀的伙伴；在部下眼里，他是出色的领导，在子女眼里，他是伟大的父亲。他是良师，他是益友，他是我们做人的楷模。

朋友们，今天是一个吉祥的日子；此时是一个醉人的时刻。在这大吉大利大喜大庆的吉日良辰里，让我们一起点燃生日蜡烛，唱起生日之歌，再一次祝愿我们的老镇长身体健康，硬硬朗朗，合家欢乐，福禄绵长！同时祝在座的各位来宾×年大吉，×运高照，×年更牛。

风雨人生数十载，岁月悠悠几度秋。六十岁是人生旅途中的一个里程碑，六十岁是幸福晚年的开始。朋友们，让我们期待着三十年、四十年、五十年后，再次欢聚一堂，共同庆贺老先生的生日。最后，请大家频频举杯，吃好喝好，共同渡过这美好的时光。

谢谢大家！

7. 七十大寿祝酒辞范文

七十大寿被称为喜寿，也正说明了这是一个极为喜庆的日子。在这一天，远方的儿女都会千里迢迢赶回来，邀请亲朋好友，为父母祝寿。

外孙祝酒辞

尊敬的外公、外婆，各位长辈，各位来宾：大家好！

今天是我敬爱的外公七十大寿的好日子。在此，请允许我代表我的家人，向外公、外婆送上最真诚、最温馨的祝福！向在座大家的到来致以衷心的感谢和无限的敬意！

外公、外婆几十年的人生历程，同甘共苦，相濡以沫，品足了生活的酸甜，在他们共同的生活中，结下了累累硕果，积累了无数珍贵的人生智慧，那就是他们勤俭朴实的精神品格，真诚待人的处世之道，相敬、相爱、永相厮守的真挚情感。

外公、外婆是普通的，但在我们晚辈的心中永远是神圣的、伟大的！我们的幸福来自于外公、外婆的支持和鼓励，我们的快乐来自于外公、外婆的呵护和疼爱，我们的团结和睦来自于外公、外婆的殷殷嘱咐和谆谆教诲！在此，我作为代表向外公、外婆表示：我们一定要牢记你们的教导，承继你们的精神，团结和睦，积极进取，在学业、事业上都取得丰收！同时一定要孝敬你们，让你们安度晚年，百年到老。

让我们共同举杯，祝二老福如东海，寿比南山，身体健康，永远快乐！

外孙：×××

儿子祝酒辞

尊敬的各位来宾、各位长辈、各位亲朋好友、女士们、先生们：

首先我代表我们全家向各位的到来表示热烈的欢迎和由衷的感谢！

今天是公元×××年××月××日，农历××，是我父亲的七十寿辰，回顾我父亲七十年的生活经历，在这里我可以非常自豪地说：我的父亲虽然是一位普普通通的农民，但他的一生却是不平凡的一生。他的胸怀宽阔而博大，性格开朗，克己奉公，严于律己。他平易近人，为人厚道，他孝敬父母，关怀姐妹，呵护儿女，他热爱家庭，更热爱事业。俗话说："人生七十古来稀"，七十年的风风雨雨，七十载生活沧桑，我们的老人已经是白发苍苍，但他的精神焕发，笑口颜开，使我们兄弟十分高兴，也十分激动，是老人那种艰苦朴素的精神养育了我们，那种严格管教使我们读书成人，从而奠定了我们人生的起点，是老人永不气馁的鼓励和高标准的要求激励我们开拓事业，造就了我们的今天。他一生的苦，一生的累，对我们的爱，我们将终身难以报答。他对亲戚老乡更是无微不至的关怀，问寒问暖，用实际行动鼓励他们在××开创事业，在他的激励和鼓励下，我们的老乡和亲戚朋友在××生活的都不错，过上了好日子。虽然他是一位普通的农民，但他的一生却是创业的一生、不平凡的一生，在我们子女心中是神圣的一生、伟大的一生！

之所以我们今天四世同堂，各位亲朋好友能在××宾馆欢聚一堂，这一切都是老人的培养给了我与大家共挽人生的机会。

我的父亲虽然没有踏进过一天的校门，但他的思想却胜过读书人，超出常人，我们做儿女的之所以能有今天都与他平时的教导、支持和鼓励是分不开的，我们的成功就是他们的希望，就是他们的成功。在此，我代表您的儿女向您表示：我们要牢记你们的教导，承继你们的精神，忠孝传代，遗风子孙，团结和睦，刚毅进取，事业有建树，生活更富庶。使×氏家族蒸蒸日上。我代表我们兄妹向您鞠躬了！

最后让我们共同祝愿老人；福如东海，寿比南山，天天有今日，岁岁有今朝。

再次感谢各位亲朋好友的到来，诚望诸位：金樽满豪情，玉箸擎日月，开怀且畅饮，和我天伦享。并祝大家能够在这里度过美好的一天，欢快的一天。

谢谢大家！

儿子：×××

七十寿宴寿星祝酒辞

各位亲友、来宾：

今天，亲友们百忙之中专程前来，欢聚一堂为我祝寿，我本人，并代表家庭子女对诸位表示热烈的欢迎和衷心的感谢！

子女、亲友为我筹办这次寿宴，我的心里非常高兴，使我感受到亲友的关怀和温暖，也体会了子女孝敬老人的深情，使我能够尽享天伦之乐！

当年，我和父亲在农村，曾经度过一段困苦的日子。一晃，几十年过去了。我走过了多半并不平坦的人生之路，历经磨难自强不息，在亲友的鼓励帮助下，随着国家的安定、社会的进步，终于走出困境，直到荣归故里颐养天年。

我觉得，懂得乐观、不屈、感恩，一个人就有幸福。生活中处处有快乐和幸福，它需要我们去不停地追求。

最后，祝各位亲友万事如意，前程似锦干杯！

8. 八十大寿祝酒辞范文

中国寿文化的重要内容是尊老、敬老。常体现在为寿星做寿上。于是，做寿也成了寿文化的亮丽风景。特别是八十大寿，儿女一般会为自己的父母做一次大寿，那么在寿宴上不管是东道主还是来宾最好都要准备一份祝寿用的祝酒辞，以渲染热闹的气氛。

主持人祝酒辞

尊敬的各位来宾、各位亲朋好友：

春秋迭易，岁月轮回，我们欢聚在这里，为×××先生的母亲——我们尊敬的×妈妈共祝八十大寿。

在这里，我首先代表所有老同学、所有亲朋好友向×妈妈送上最真诚、最温馨的祝福，祝×妈妈福如东海，寿比南山，健康如意，福乐绵绵，笑口常开，益寿延年！

风风雨雨八十年，×妈妈阅尽人间沧桑，她一生积蓄的最大财富是她那勤劳、善良的人生品格，她那严爱有加的朴实家风。这一切，伴随她经历了坎坷的岁月，更伴随她迎来了晚年生活的幸福。

而最让×妈妈高兴的是，这笔宝贵的财富已经被她的爱子×××先生所继承。多年来，他叱咤商海，以过人的胆识和诚信的品质获得了巨大成功。

让我们共同举杯，祝福老人家生活之树常绿，生命之水长流，寿诞快乐！

祝福在座的所有来宾身体健康、工作顺利、万事如意！

谢谢大家！

儿子祝酒辞

尊敬的各位来宾，各位亲朋好友：

大家好！今天是××××年××月××日，我们欢聚在这里，为我的母亲共同庆祝八十岁华诞。值此举家欢庆之际，承蒙各位嘉宾前来为家母祝寿，在此我谨代表我全家及姐姐全家向在座的各位亲朋好友表示最热烈的欢迎并致以最衷心的感谢！

我母亲是一个平凡的人，却又有着不平凡的经历。忆往昔家母含辛茹苦，将我们姐弟培养成人。在八十个春秋寒暑中，她经历离乱沉浮，阅尽世道沧桑，尝遍人间苦辣酸甜。幸遇伟大的中国共产党领导人民建立了新中国，才使得她老人家欣逢太平盛世，安度幸福晚年！没有共产党就没有新中国，没有改革开放就没有母亲幸福的晚年生活。

慈母给予我们的爱无以言表，她那勤劳善良的朴素品格，她那宽厚待人的处世之道，她那严爱有加的朴实家风无不潜移默化地影响着我们；母亲的谆谆教导和殷切希望，无时无刻不在鞭策和鼓励着我们。没有母亲也就没有我们的今天，母亲的爱恩重如山，我们为母亲感到骄傲和自豪。

明月有恒，纪年合献八如颂；长春不老，添闰当称百岁人。

今天，这里高朋满座，让这阴冷透凉的天气有了春天般的温暖。谁言寸草心，报得三春晖。最后让我们在这里向母亲送上最真诚、最温馨的祝福：祝妈妈福如东海，寿比南山，健康如意，福乐绵绵，笑口常开，益寿延年！

同时也祝福在座的所有来宾身体健康、工作顺利、合家欢乐、万事如意！

为庆贺我母亲的八十华诞，为加深彼此的亲情友情，让我们共同举杯长寿酒，喜进长乐餐。

谢谢大家！

儿子：×××

9. 领导生日祝酒辞范文

领导就是提溜着我们饭碗的人，在参加领导生日宴会的时候，一篇热情洋溢的祝酒辞肯定是必不可少的，那么，祝酒辞要怎样说，才能既恭维了领导，让领导开心，又让别人觉得自己是真诚的发自内心的祝福，而不是在拍马屁呢？

来宾代表祝酒辞

各位朋友、各位来宾：你们好！

今天是×××先生的生日庆典，受邀参加这一盛会并讲话，我深感荣幸。在此，请允许我代表×××并以我个人名义，向×××先生致以最衷心的祝福！

×××先生是我们××公司的重要领导核心之一。他对本公司的无私奉献我们已有目共睹,他那份"有了小家不忘大家"的真诚与热情,更是多次打动过我们的心弦。

他对事业的执著令同龄人为之感叹,他的事业有成更令同龄人为之骄傲。一个人的成就,在于日积月累;一个人的成功,在于坚忍不拔。时光飞逝,春秋交替,今日的×总,无论在事业上还是在精神状态上,仍风采依旧,在同龄人中仍是当之无愧的佼佼者。再次,我们祝愿×总的心态与他的容颜一样,我们祝愿他青春常在,永远年轻!更希望看到他在步入金秋之后,仍将傲霜斗雪,流香溢彩!

在此,请大家举杯,让我们共同为×××先生的××华诞而干杯!

员工代表祝酒辞

尊敬的各位领导和企业家们,亲爱的伙伴们,大家晚上好!

在这美丽的夜晚,在这欢聚的时刻,迎来亲爱的×总的生日。首先请允许我代表×总和××的全体员工对大家的到来表示热烈的欢迎和衷心的感谢,同时要对今天的寿星——×总表示深深的祝福。

青春的树越长越葱茏,生命的花越开越艳丽,在您生日的这一天,请接受我们对你的深深祝福。愿您在美好的日子里,充满绿色的畅想,金色的梦幻……

今天我们大家一起庆祝×总的生日,就让我们一起来分享生日的甜蜜和快乐,分享生命绽放的美丽!祝愿×总年年详和平安,永远年轻,开心永恒!祝愿×总在事业和生活上一帆风顺,前景美好,好运连连!相信今晚我们大家的歌声和笑语,将伴随您度过一个难忘的生日之夜!

10. 朋友生日祝酒辞范文

朋友在一起过生日可以随意些,一些普通的话语足以让朋友感动。朋友间的情谊最重要,所以祝酒辞里要饱含真情,体现出朋友的情深谊长。

最具情感的祝酒辞

各位来宾、各位亲爱的朋友:

晚上好!

今天,非常荣幸能与大家欢聚在一起,共同庆祝××先生的生日宴会,我也非常高兴,能代表亲朋站在这里发表××先生的生日宴会致辞。首先,请允许我代表所有的亲朋与来宾们,向××先生致以最衷心的祝福,祝××先生永远健康,家庭永远幸福!

友谊,是人类最纯洁的感情,是天空中两颗星的邂逅,即使匆匆擦身而过,也会闪出明亮的光华;友谊,是心海中两叶小舟的偶遇,虽不会永远相伴,却能彼此留下难忘的印象。真正的友谊是互相帮助,互相关心,人生如戏,所谓真心付出，换来的是一份欣喜的收获，一份付出，换来一份真诚的回报！友谊万岁！

人海苍茫，我们只是沧海一粟，由陌路到朋友，由相遇到相知，谁说这不是缘分？路漫漫，岁悠悠，世上不可能还有什么比这更珍贵。对于与××先生的友谊，我们将永久的珍藏，无论何时无论何地，我们的友谊都将天长地久。在我的生日宴会致辞最后，让我们共同举杯，为庆祝××先生的生日而干杯！

最简洁豪迈的祝酒辞

各位来宾、各位亲爱的朋友：

亲爱的××，在你生日这个特殊的日子，我先祝你生活愉快，事业有成。

我谨代表兄弟（或姐妹）们为你送上一段祝酒歌望笑纳：一首好诗众人吟，一杯好酒诸人喝，一番真情凭心度，一介兄弟（或姐妹）伴君歌。阅历使人成熟，现在你正为大家演绎着的是人生的辉煌。年年岁岁花芬芳，岁岁年年人更靓，人生当歌，兄弟（或姐妹）情深尽酒中；芳华无限，重逢梦醉阑珊处。

今日你为大，大酒大喝，来，兄弟们，一杯酒，一辈子，为这一辈子，干杯！

酒之韵：生日酒祝辞佳篇

11. 生日宴祝酒佳句

温馨的生日祝酒佳句

让阳光普照你所有的日子，让花朵开满你人生的旅途。岁月的年轮像那正在旋转着的黑色唱片，在我们每一个人的内心深处，播放着那美丽的旧日情曲。愿你××岁后的人生依然充满着欢愉和成功！

今天，是你走向成熟的第一步，祝你走得踏实，走得沉稳，走出一条鲜花满途的大道。愿你在以后的日子里，写出一部充满诗情画意的人生故事，走出一条充满七色阳光的路。

烛光辉映着我们的笑脸，歌声荡漾着我们的心潮。跟着金色的阳光，伴着优美的旋律，我们迎来了××先生的生日，在这里我祝××先生生日快乐，幸福永远！

看到这样欢声笑语的生日聚会，我感到特别的高兴。现在正值秋天，窗外枫叶红遍，屋里欢声笑语。愿我们的友谊与血肉之情，永远像今天大厅里的气氛一样，炽热、真诚；愿我们愉快的心情，永远像今天窗外的枫叶一样，鲜艳、晶莹。

难忘的是你我纯洁的友情！可贵的是永远不变的真情！高兴的是能认识你！献上我最爱的康乃馨，祝你生日快乐！酒越久越醇，朋友相交越久越真；水越流越清，世间沧桑越流越淡。祝你生日快乐，时时好心情！

祝我快乐的、漂亮的、热情奔放的、健康自信的、充满活力的朋友，生日快乐！愿你用你的欢声笑语，热诚地感染你的伙伴们！这是人生旅程的又一个起点，愿你能够坚持不懈地跑下去，迎接你的必将是那美好的充满无穷魅力的未来！生日快乐！

一年一度，生命与轮回狭路相逢，我满载祝福千里奔赴，一路向流星倾诉，愿你今天怀里堆满礼物，耳里充满祝福，心里溢满温度，生日过得最酷！

祝福加祝福是很多个祝福，祝福减祝福是祝福的起点，祝福乘祝福是无限个祝福，祝福除祝福是唯一的祝福，祝福你生日快乐！

愿你的生日充满无穷的快乐，愿你今天的回忆温馨，愿你今天的梦想甜美，愿你这一年称心如意！

但愿我寄予您的祝福是最新鲜最令你百读不厌的，祝福您生日快乐，开心快活！

用我满怀的爱，祝你生日快乐，是你使我的生活有了意义，我对你的心情无法用言语表达，想与你共度生命每一天。

愿您在这只属于您的日子里能幸福地享受一下轻松，弥补您这一年的辛劳。

祝你生日快乐，你的善良使这个世界变得更加美好，愿这完全属于你的一天带给你快乐，愿未来的日子锦上添花！

愿祝福萦绕着你，在你缤纷的人生之旅，在你永远与春天接壤的梦幻里。祝你：心想事成、幸福快乐！生日快乐！

最搞笑的生日祝酒佳句

寿星佬，我祝你所有的希望都能如愿，所有的梦想都能实现，所有的等候都能出现，所有的付出都能兑现。在你生日来临之即，祝你百事可乐，万事芬达，天天娃哈哈，月月乐百氏，年年高乐高，心情似雪碧，永远都醒目！

大海啊全他妈是水，蜘蛛啊全他妈是腿，辣椒啊真他妈辣嘴，认识你啊真他妈不后悔。祝你生日快乐，天天开怀合不拢嘴。

悠悠的云里有淡淡的诗，淡淡的诗里有绵绵的喜悦，绵绵的喜悦里有我轻轻的祝福，生日快乐！

当我把神灯擦三下后，灯神问我想许什么愿？我说：我想你帮我保佑一个正在看短信的人，希望那人生日快乐，永远幸福！我要送他一份100%纯情奶糖：成分＝真心＋思念＋快乐，有效期＝一生，营养＝温馨＋幸福＋感动！

送你一杯我精心特调的果汁，里面包含100cc的心想事成，200cc的天天开心，300cc的活力十足，祝你生日快乐！

有句话一直没敢对你说，可是在你生日的时候再不说就没机会了：你真的好讨厌——讨人喜欢，百看不厌！

世态炎凉时年丑啊！能活到这年头很不容易啊！谁不是这样死皮赖脸地活下去？千万不要有啥想法，活下去吧！祝你生日快乐！

第三章 每逢佳节必思酒——节庆酒致辞全攻略

酒之礼：节庆酒礼仪

1. 节日酒宴上的失礼陷阱

节日和宴会是生活中经常遇到和参与的事情，每当此时，会有很多人聚在一起。那么，给别人留一个好的印象，保持自己的风度就至关重要。这影响着自己在别人心中的位置。节日和宴会上有很多容易让人失礼的陷阱，我们要去了解和避免做出失礼的事情。

（1）把握到场时间

无论是何种级别的品酒活动，参加者都应该提前准备，以期提早到达品酒地点。没有人能在气喘吁吁、大汗淋漓地匆忙赶到之后，马上进入气定神宜的欣赏状态，其对优雅从容的品酒气氛也是一种明显的打扰。

（2）品酒会的吐酒

顾名思义，品酒会就是让人品尝酒的聚会，而不是让你去牛饮的。尤其在这种大型品酒会上，切记每种酒都只能浅尝辄止，否则后果难料。专业的品酒者不会把所有的酒都喝到肚中，事实上，在所有配有座位的专业酒会上，每个人的桌上都会备有一个冰桶或者塑料壶作为吐酒器。

大师杰西丝·罗宾逊（Jancis Robinson）曾说，在大众面前吐酒是每一个葡萄酒品尝家必须学习的第一件事情。

正确的吐酒姿势应该是撅起嘴唇，让酒液呈现柱状吐出。在家中对着镜子练习，对于形成正确而优雅的吐酒姿势很有帮助。按先后次序使用吐酒器是一种社交礼仪，伸长脖子横过另一个品酒者来吐酒是一种不礼貌的行为，而追问一位口中满含葡萄酒正细细品味的人也是不得体的行为。

（3）保持风度

酒会是一个优雅庄重的场合，要时刻保持自己的风度，这样才不会被人讨厌。品酒的时候，无论是望、摇、闻还是尝，都要尽量保持最小幅度的动作，这些细节也是需要注意的。

(4) 避免空腹参加酒会

酒会一般都没有太丰富的食品，只是准备一些面包、饼干、奶酪及各式小点心，所以出发前最好能吃一点东西。空腹喝一点葡萄酒后，确实会有想吃东西的强烈欲望，这种效果与开胃酒有异曲同工之处；但另一方面，过于饥饿的感觉会钝化对美酒的欣赏，再就是酒精在空腹中吸收较快，将使您过早地感到不胜酒力。

(5) 不要吃刺激性食物

无论出发前是否吃过东西，在品酒前两小时内应刷牙，随后不再吃任何辛辣的食物、巧克力、薄荷糖或抽烟等。因为口腔中留存的味道会影响对葡萄酒的欣赏与判断。一些食品及调料，如大蒜，即使吃后刷牙仍然会弥漫出强烈的味道，所以，生的葱、姜、蒜等最好在品酒或赴宴的前一餐就注意避免食用。

(6) 不要使用浓烈的香水

许多人喜欢喷洒香水，参加社交活动时更是如此，但品酒活动时应该例外。品酒过程中需要仔细分辨和感受葡萄酒散发出的各种花香与果香味，香水的遮盖作用相当明显，没准哪位绅士所感受到的葡萄酒中玫瑰花般的芬芳，实际上恰恰来自于他身边的某位女士。与此类似，品酒前应尽可能不使用各种浓香气味的护肤品、美发品或气味遮盖剂。

酒之辞：节庆酒致辞范文

2. 元旦祝酒辞范文

元旦，是每个新的一年的第一天。"元"有始之意，"旦"指天明的时间，也通指白天。元旦，是一年开始的第一天。"元旦"一词，最早出自南朝梁人世间萧子云《介雅》诗："四气新元旦，万寿初今朝。"元旦之际，人们告别了过往，迎接新的气象，总结经验，答谢朋友，客户等等。

元旦答谢客户祝酒辞

尊敬的各位来宾、女士们、先生们：

新的一年即将到来，我们满怀激情充满期待。在此之际，我们以最真诚的感谢、最真挚的祝福在这里举办迎元旦答谢客户酒会。首先我代表公司向一直给予我们支持和厚爱的新老客户朋友们表示谢意，并祝您们在新的一年里身体健康、工作顺利、生意兴隆、万事如意！过去的一年是公司快速发展的一年，我们在公司的领导下、在各位客户公司老总的支持下，经过我们全体员工的共同努力取得了一定的成绩：顺利通过国家建设部关于国家级示范大厦的复检，保持着物业管理最高荣誉；全面启动了ISO9001质量管理体系试运行，全面强化了基础管理工作；荣获了市物业管理先进单位和××市公安局经保系统先进单位等光荣称号。××××年客户对××各项服务满意率又有新的上升，各项服务水平又有新的提高。

成功在于永不止步，我们回首过去，更要展望未来。在新的一年里我们将继续努力，不断取得新的突破，来回报广大客户的厚爱。为您事业的成功尽我们微薄之力。我们将以百倍的努力和良好的服务以及崭新的精神风貌服务于您，我相信经过我们相互支持、友好合作，我们一定能实现双赢的目标。让我们携手奔向美好的明天！

再次祝福客户及各公司员工新年快乐、万事如意，祝各位事业辉煌、如日中天！祝各单位百业俱兴！宏业大展、前程无限、吉年大发！

最后，为共度一个愉快的夜晚，为员工们、同志们的身体健康请大家举杯，干杯！

元旦庆祝交通事业祝酒辞

各位女士、各位来宾、领导、同志们：

在元旦即将到来之际，我谨代表中共××县交通局委员会、××县交通局向在座的各位，并通过你们向关心、支持××交通工作的社会各界人士，向默默耕耘、无私奉献在一线的系统干部职工拜年，衷心感谢过去一年你们对我局工作的关心和支持，真诚祝福你们全家在新的一年里身体健康、工作顺利、合家欢乐、万事如意！

刚刚过去的××年是我县交通工作突出中心、服务大局、知难而进的一年。一年来，全局上下以与时俱进、奋发有为的精神风貌，齐心协力、扎实工作，战胜了各种矛盾和困难，交通建设、行业管理、企业经营等各项工作都取得了较为理想的成绩。

在此，让我们共同举杯，为我县的辉煌明天，干杯！

元旦答谢员工祝酒辞

员工们、同志们：

新年好！大家一年来辛苦了！在这元旦到来之际，我们作为企业的大家庭，大家欢聚一堂，共进新春年夜饭。在这里我首先代表公司党政工领导班子再次向各位员工同志们以及你们的家庭拜个早年，同时，也感谢大家对已经过去的一年中，在各自岗位上所作出的辛勤努力。刚刚过去的××年是我们克服困难战胜困难的一年，也是不平凡的一年，在新的一年里，我相信，有我们大家的继续努力和付出，有大家对企业的忠诚和关心，××的明天会更加美好。

此时此刻，再多的语言已经无法表达我们的热情，就让我们一起举起酒杯，

为更美好的明天，干杯！

3. 春节祝酒辞范文

中国农历年的岁首称为春节。是中国人民最隆重的传统节日，也象征团结、兴旺，对未来寄托新的希望的佳节。春节时间延续长、地域跨度广，节日活动丰富，是我国最重要、最隆重，也是历史最悠久、最热闹的传统节日。

展望未来的公司祝酒辞

女士们、先生们、同志们、朋友们：

大家晚上好！

又是一年一度的春节，在这大好时光里，我们相约在此，相聚在辞旧迎新的美好时刻，畅所欲言，为公司波澜壮阔的改革发展事业谏言献策，我们心潮澎湃，百感交集。荣耀与责任赋予了我们新的使命，未雨绸缪，我们又要踏上新的征程。用智慧创造价值是我们一贯的宗旨，更高、更快、更强是我们永恒的追求，打造国际型工程公司，完善法人治理结构，我们任重道远。贯彻以人为本的管理理念，推行以能为本的管理机制，创造最佳业绩，促进和谐氛围，我们责无旁贷。我相信，我们的明天会更加美好，我也相信，全体同仁会在新的一年里再接再厉，再创佳绩，再上台阶，再谱新篇。

辉煌的明天再等待着我们，公司的史册也将见证我们的宣言，公司的丰碑会铭刻我们的烙印。千言万语已经不足以表达我的感受，再次，我提议，为了我们公司更加灿烂的明天，干杯！

同学的聚会祝酒辞

同志们：

革命不是请客吃饭！大家辛苦了。

转眼又是一年，这一年不管好也罢，坏也罢，都已经过去。我们要做的是展望未来。现在呢，我要做一个检查，查什么？查查酒杯里的酒是不是都满了。

我们一起来，为美好的今天和美好的明天干杯——再干杯！

十七年的时光，足以让人体味人生百味。在我们中间，有的早已改行另谋发展，现在已是事业有成，业绩颇丰；有的已经买断工龄，下海经商挣大钱；有的已经内退，安享天伦之乐。但更多的同学依然坚守在教育第一线，无私奉献，辛勤耕耘，成为各学校的中坚力量。但无论人生浮沉与贫富贵贱如何变化，同学间的友情始终是纯朴真挚的，而且就像我们桌上的美酒一样，越久就越香越浓。

现在，请大家举杯，为我们的同学，为了美好的明天，干杯！

为教育事业努力的祝酒辞

各位教职员工、女士们、先生们、同志们、朋友们：

大家好！一元复始、万象更新，春节不知不觉又到来了。

在这辞旧迎新之际，我代表××市××中学、××财贸学校校党总支、校委会向全体教职员并通过你们向各位家属、向支持关心我校建设与发展各界人士致以节日的祝贺和亲切的问候。祝愿你们身体健康、生活愉快、事业有成、家庭幸福、新年大吉、合家欢乐、万事如意！

过去的一年，通过全体教职员工共同努力，我们高举"平民教育"大旗、努力实现"低进高出"的构想，以加快学校建设发展步伐为己任，默默耕耘，甘于奉献。广大教师依法执教、敬业爱岗、严谨治学、团结协作、勇于创新，在教书育人上取得了丰硕成果。广大干部职工紧紧围绕教学这个中心工作，努力提高管理水平和服务质量，充分发挥了管理育人、服务育人的作用。学校明确办学思想、大胆教学改革、规范学生管理，在教育教学、教研教改、后勤服务各个方面都取得了较大成绩，已形成了自己鲜明的特色，整体水平不断提高，在此对战斗在教育、教学、管理、服务第一线的教育工作者表示衷心的感谢！

下一年我们将进一步解放思想，实事求是，抓住机遇，深化改革，加快发展，更新教育观念，确立"德育为先，育人为本"的办学理念，坚持以学科建设为龙头，以人才培养为根本，以教学教研为中心，整体提高水平，局部创优势的办学方针，坚持走以内涵发展为主，外延发展为辅的发展道路，坚持规模、结构、质量、效益协调统一的发展模式，与时俱进，全面提高我校的综合实力与办学水平。这对教育工作者提出了更新、更高的要求，广大教职工要进一步加强学习，提高思想素质和业务水平。进一步加强师德建设。"桃李不言，下自成蹊"，要在思想政治上、道德品质上、学识学风上，以身作则，自觉垂范，用高尚的人格力量感染学生，促进校风、教风、学风建设，从而全面提高学校的教育质量。

当前，学校的发展面临着前所未有的机遇与挑战，我们必须继续坚持"以人为本"的办学理念，紧紧依靠广大教职员工，充分发挥教职工的智慧和力量，求真务实，开拓创新，全面推进素质教育，切实提高办学质量和办学效益，进一步加快学校建设发展步伐，努力实现学校三步跨越的宏伟目标！

再一次向为学校的发展而忘我工作的教职员工们致以崇高的敬意和新春祝福！

最后，我提议大家为我校的前进，干杯！

4. "三八"妇女节祝酒辞范文

三八妇女节是全世界女性的节日，这一天，全世界都为女性朋友们庆祝。世界也因女性的诞生而显得分外美丽。我们应该去感谢所有的女性，向她们祝贺，给予她们关爱。

庆祝妇女的辉煌业绩祝酒辞

尊敬的各位领导、各位来宾、姐妹们、同志们：

一年一度的三八妇女节到来了，让我们一起欢庆这激动人心的时刻。

今天，市领导和我市的"三八红旗手"，巾帼建功模范和先进妇女代表在"三八"节到来之时，欢聚一堂，共同庆祝"三八"国际妇女节。首先，让我们向各位先进妇女代表，向巾帼建功模范和"三八红旗手"，向各界妇女姐妹们表示节日的祝贺！

姐妹们，我们唱着"向前进"的歌声，欢度自己的节日。我们可以自豪地说，不仅巾帼英雄、"三八"红旗手是我们的光荣，而且男士在事业上的成功，也是我们的光荣。因为每一个成功的男人背后，必然有一位伟大的女性。

因为我们懂得，青春属于光阴，容貌属于父母，只有百折不挠的意志，锲而不舍的精神属于自己！因为我们知道，女人不是月亮，我们有自己的闪光，有自己的追求；正是因为我们以自己的奋斗和骄人的业绩，向世人展示了自己开朗、热情、自信、坚毅，在创业中找到自己的位置，在拼搏中实现自己的价值，在进取中塑造自身的形象。

正是因为我们既是人妻又是人母，用柔弱的肩膀，在扛起事业的同时还要扛起家庭，要付出比男人多一倍的代价，每得到一分，就要耗费几分的艰辛。所以姐妹们，我们要更加投入地做个潇洒的女人，自信的女人，以自爱的深刻，情爱的丰富，母爱的无私，博爱的平和，去扎自己的根，开自己的花，去收获、去创造新的辉煌！

让我们共同举杯，为祝贺"三八"妇女节，为祝福每一位女同志健康幸福快乐，干杯！

温馨的三八妇女节祝酒辞

女士们、先生们：

晚上好！

三八妇女节，这是一个充满激情，充满活力的节日。

在一片生机盎然的氛围里，全世界人民共同庆祝第××个三八国际劳动妇女节。教育局党委根据实际，安排全体女职工携你们的爱人一起欢聚一堂，共同庆祝佳节，共话教育大计。借此机会，我代表教育局领导班子以及全体男同胞们，向广大女职工表示衷心的祝贺和诚挚的慰问：祝你们潇洒靓丽、婀娜多姿、青春永驻，愿你们开心快乐、幸福相伴、安康永远！

感谢各位女同志，你们是真正的万里挑一的知识女性，自尊、自信、自立、自爱、自强，多重角色让你们在生活工作中受累了。作为母亲、女儿，你们把自己的力量和爱心献给了家人；作为职工、干部，你们把自己的勤奋和智慧献给了教育事业。曾几何时，为了教育事业的发展你们起早贪黑，身体累瘦了，头发累白了。曾几何时，既要照顾好双方老人，又要做一个贤妻良母。沉重的工作、家庭负担压在肩上，你们都能以博大的胸怀勇敢的挑起来。这一切的一切充分证明女同胞在社会、家庭中的重要地位。在教育局机关你们的重要性显得尤为突出，你们占了全体职工近半的比例，是你们的付出铸就了教育事业的更大辉煌。说实在话：你们在承担着比男同志更多负担和压力的同时，仍然能够以主人翁的精神积极投身于各项工作，爱岗敬业、埋头苦干、求真务实，为全县的教育事业做出积极的贡献，用实际行动塑造了"半边天"，赢得了男同志的佩服和尊重。你们永远是我们局机关的骄傲，更是我们局机关的一道靓丽风景，为你们祝贺，为你们自豪，再次谢谢你们，在座的全体女同胞们！

感谢在座的男同志，××的教育事业所取得的每一个成绩，每一点进步，是全体教职工辛勤劳动的结果，包含你们的爱人的辛勤付出和汗水，这和你们的理解与大力支持分不开的，教育工作的成绩有我们的一半，更有您的一半。长期以来，你们身兼"数职"：对外，你们是领导，主持工作，千头万绪。对内，你们是家长，顶门立户，里里外外。做知识女性的爱人更体现你的博大胸怀和最大宽容，既要忙工作，忙孩子，还要忙亲情，是你们用宽广的胸怀、勤劳的双手撑起了家庭生活的"整个天"，全身心地理解、支持爱人的工作，为全县教育事业的发展做出了无私的奉献。在此，我代表教育战线的广大师生向您表示衷心地感谢和崇高的敬意！

××年，全县教育工作将认真贯彻落实科学发展观，按照"高点定位谋发展，争先进位创一流"的目标要求，以"升年"为载体，以"全面提升育人质量"为核心，深化"改革"，实施"工程"，努力促进全县教育事业健康快速科学发展，为建设经济文化强县提供智力支持和人才保障。这需要全县各级领导、各行各业、社会各界的大支持，局机关全体同志更是排头兵，带头人。前世的缘分让我们相遇相识在同一个战壕，今生的相遇让我们相互理解和支持着同一项事业，工作一阵子感情一辈子，深信有你们的支持，我们一定会携手共进再创佳绩！

现在，我提议：

为了女同胞笑口常开、青春永驻、家庭幸福；

为了男同胞身心愉悦、事业发达、家庭美满；

为了××的教育事业科学发展、率先发展、跨越式发展，干杯！

5. "五一"劳动节祝酒辞范文

劳动是人类文明进步的源泉，尊重劳动、倡导劳动、保护劳动，是社会主义社会的显著标志。而五一劳动节是所有劳动者的节日，国家也有相应的五一假期。每到五一，我们就会放下手中的工作，尽情庆祝，去游玩或者好好休息，有时也会举行宴会，表彰劳动模范等等。

××企业在劳动节的祝酒辞

各位领导、各位同事：大家晚上好！

值此五一劳动节即将来临之际，我们大家有幸聚在了一起，回顾走过的风风雨雨，我们感慨万千。

××成立至今所取得的各种成绩都是××上下每一位员工辛勤劳动的结晶，因此我赞美劳动，赞美劳动者，劳动者是最光荣的！

记得上小学时，老师教会了一首《劳动最光荣》的歌曲，最喜欢其中的那句"幸福的生活在哪里？要靠劳动来创造"。那时候只把劳动简单地理解为"劳作"，局限于每周一次的劳动课。多年以后，成长为了千万劳动者中的一员，才深深体会到生活的多味，劳动的艰辛。劳动是汗水，是欢笑；是苦涩，是甜蜜；是给予，更是幸福。有一分劳动，就有一份收获。你给生活付出了多少耕耘，生活就会回报你多少果实，你就会拥有多少快乐与幸福，对于企业也是如此。

××××年××月××日，××事业部的第一个分公司——××有限责任公司启动。随着公司拓宽国际、国内市场力度的不断加大，公司以依托当地资源优势迅速将资源优势变为经济优势的发展思路，××××年在××市设××有限公司，××××年在××地区新建××有限责任公司，××××年在××县新建年加工万吨果脯厂，目前××公司的杏浆、杏脯已经在国际上形成一定的影响。

××一年一个台阶，每年都有进步，从而形成了今天的风貌，这些是××各级管理者、基层员工的汗水所铸就而成的。大家都还可以记得在尘土飞扬的五月，为了使ISO9000体系和HACCP体系在公司顺利运行，各部门体系管理人员召开会议修订文件，基层员工学习培训，填写记录，多少人为此忙得心力交瘁。设备技改的六月，为了使设备更适合生产加工，各位工程师前后论证，研究方案，技改人员为了不误产期，争分夺秒地进行装机调试。烈日炎炎的七月，电机24小时不停地轰鸣着，车间里蒸汽腾腾，但是各位操作人员仍然监守自己的岗位，原料人员不停奔波，为了保证均衡供料而日夜不眠；化验人员认真细致，争取在最短的时间里，反馈准确的检验结果，以便于操作人员及时调整参数，保证产品的质量；叉车也在场区内马不停蹄的运转，大家都为生产合格杏浆而作出各自的努力。收获季节的八月，查验发货人员冒着烈日，在场区内检查成品包装，以确保每一桶发出的产品都是合格的。正是有了这么一批优秀的劳动者在奉献，××才能走到现在。只要我们××全体员工共同努力，自助者天助也，我们必定可以勇往直前！双手是用来劳动的，劳动帮我们创造幸福的生活。有很多人们默默无闻的靠自己全部的力量去拼搏、去进取、去创造，虽然没有轰轰烈烈的壮举，没有声名显赫的地位，他们同样享受着劳动带来的快乐和幸福，甚至还有充实，因为幸福不仅仅只与物质有关!

各位来宾,让我们举起手中的酒杯,共同祝福我们财源广进、合家欢乐!祝各位来宾,财运亨通,四季康宁!

6. "五四"青年节祝酒辞范文

五四青年节是一个充满热情充满激情的节日,因为它属于有朝气有活力的青年人。青年是一个国家的中流砥柱,是一个国家的未来。红色的五月,火红的青春,当然也是一个值得庆祝的节日。

最有激情的五四祝酒辞
尊敬的各位领导、同志们:

转眼又是一年一度的五四青年节,我们欢聚在一起,共同庆祝。

五四运动的历史画面每年都会不断闪现,当年的热血和当年的激情没有随着时代的前进而被人遗忘。时光荏苒,犹如白驹过隙。一转眼,又一个激情迸发的五月踏着欢快的脚步向我们走来。五月是全国各族各界青年的节日,更是我们曾经工作在共青团工作岗位和正在共青团工作岗位上辛勤耕耘的新老团干部的节日,为此,团县委在五四运动××周年来临之际,在此举办全县新老团干部茶话会,各位从各条为民战线上热切而来,欢聚一堂,回首过去,憧憬未来,祝福明天。我的心情和大家一样兴奋,一样激动,这是我到××工作以来度过的第一个激动人心的夜晚。在此,我代表县委向全县新老团干部致以五月的良好祝愿,衷心祝愿大家身体健康,生活愉快!向关心、支持共青团工作的各位领导和同志们表示衷心的感谢!

这一次相聚,我们的脸上荡漾着新的喜悦;这一次离别,也必将带给我们崭新的希望。今天这份欢乐,来自于全体新老团干部辛勤汗水换,同时也饱含着我们对各位在××改革发展再建新功的深切祝福,这是每一位新老团干部此时此刻所有兴奋与激动的源泉。

就让我们共同举起酒杯,殷红的葡萄酒里闪耀着我们的红色希望,我们将希望一饮而尽,新的征程一定会尝到美的滋味;让我们共同举起酒杯,金黄色的啤酒里溢流着我们的金色梦想,我们将梦想互相碰撞,新的征程一定会撞出新的火花;让我们共同举起酒杯,银白色的佳酿里散发着我们的白色感恩,我们将感谢撒在地上,新的征程一定会灌溉出肥沃的良田。所有的酒杯里,都盛满了祝酒,祝福是五颜六色的,正如我们五彩缤纷的梦想。让我们共同举起相聚的酒杯,不需要祝福挂口,只需要我们敞开胸怀,为了我们长久的友谊,更为了开辟共青团事业的新天地,干杯!

谢谢大家!

为了祖国的繁荣祝酒辞

尊敬的各位同志们：

岁月如梭，时光如白驹过隙，中国共产主义青年团走过了××年的风雨征程。五四运动至今，一代代优秀青年为民族复兴作出了卓越的贡献；循火红足迹，经坎坷征程，一代代优秀青年紧跟共产党，始终站在时代的峰顶浪尖！

20世纪中国的历史，写下了中国共青团和中国青年的光荣，21世纪期待我们创造新的青春辉煌。青年昭示着未来，胡锦涛总书记在庆祝中国共产党××周年大会上向青年一代发出号召。全国各族青年，代表着我们祖国和民族的未来，代表着我们事业兴旺发达的希望。社会主义现代化的宏伟事业需要你们去建设，中华民族的伟大复兴将在你们手中实现。党在召唤，时代在召唤，只要我们以"崇高的理想、创新的意识、无畏的勇气"发挥青年的智慧、风采和力量，就能乘风破浪、与时俱进！青年朋友们，让我们团结一致，永远跟党走！

在此，为我们祖国的繁荣昌盛，干杯！

7. 母亲节祝酒辞范文

母亲节，是一个感恩母亲的节日。当然，母亲的生日也是母亲节。母亲是这个世界上对我们最好的女性，从小到大，都是母亲含辛茹苦的拉扯。不管是母亲节还是母亲的生日，我们都该为母亲好好的庆祝，感谢母亲，报答母亲。

最感人的母亲节祝酒辞

各位亲朋好友、女士、先生：大家好！

今天是母亲节，是一个让人期待万分的节日，此刻，我最想说的一句话是：祝妈妈节日快乐！

试问人这一生之中所遇到的最伟大的女人是谁，自然是我们的母亲。作为母亲之子的我们，从读书阶段开始，直到自己功成名就的同时，有多少个母亲的日日夜夜操劳，如果没有母亲在后面的默默支持，我们又何以能屡次得奖并且骄傲地踏入梦寐以求的大学。母亲为我们付出的是巨大的，我们难以回报，在这特殊的日子里，我要祝福天下的母亲都幸福快乐安康！

现在我们长大了，工作了，为了个人的将来和家庭的幸福，一直以来都在外拼搏，很少陪伴在家孤单的母亲。当我们在酒吧庆祝助兴的时候，母亲就很可能正对着家里冰冷的电视。

有多少个例子，都道出了母亲的伟大事迹，但作为子女的我们又有多少真正地关心过母亲，哪怕只是天天的思念，可能很多人都做不到。慈母手中线，游子身上衣。我们应该铭记。母亲不会陪我们一辈子，在有生之年，我们一定要好好陪伴我们的母亲，好好报答我们的母亲。这样才对得起母亲，对得起自己。

各位来宾，各位亲友，在这里，我们是喜酒相逢，笑逐颜开。在这喜庆的时刻，我再一次代表全家感谢各位的光临，并祝大家生意兴隆，财源广进。同时，我提议，让我们共同举杯，祝天下的母亲身体健康，笑口常开，永远快乐。

干杯！

8. 父亲节祝酒辞范文

如母亲节一样，父亲节是感恩我们的父亲的节日。父亲是我们从小所依靠的最坚实的屏障。他保护着我们，关爱着我们。为我们遮风挡雨，支撑着我们的家。父爱无边，我们要好好的孝敬我们的父亲。不管是父亲节还是父亲生辰，报答父亲，为父亲庆祝都是做儿女必须做的事情。

最感人的父亲节祝酒辞

尊敬的父母姐妹，各位来宾：

大家好！

今天是个值得纪念的日子，是一年一度的父亲节！我们在这里聚会，为我们的父亲、母亲祝福，祝爸爸妈妈幸福安康，福寿无边！

母爱深似海，父爱重如山。据说，选定6月过父亲节是因为6月的阳光是一年之中最炽热的，象征了父亲给予子女的那份火热的爱。父爱如山，高大而巍峨；父爱如天，粗犷而深远；父爱是深邃的、伟大的、纯洁而不求回报的。父亲像是一棵树，总是不言不语，却让他枝叶繁茂的坚实臂膀为树下的我们遮风挡雨、制造荫凉。不知不觉间我们已长大，而树却渐渐老去，甚至新发的树叶都不再充满生机。每年6月的第三个星期日是父亲的节日，让我们由衷地说一声：爸爸，我爱你！

每一个父亲节，我都想祝您永远保留着年轻时的激情，年轻时的斗志！那么，即使您白发日渐增多，步履日渐蹒跚，我也会拥有一个永远年轻的父亲！

让我们共同举杯，为父亲、母亲健康长寿，干杯！

最具有感染力的父亲节祝酒辞：

各位来宾、亲友们：

大家好！

今天是父亲的节日，各位来此，呈现一派喜庆风光，欢迎来自四面八方的朋友们。

今日高堂寿星的儿女们聊备薄酒，一祝今日的主角——我的父亲为之奋斗一生的中华民族,国运昌盛,人民生活康乐!一祝父亲为之忠诚信仰的中国共产党朝气蓬勃,继往开来!二祝父亲老当益壮,意志更坚,祝陪伴父亲几十年,一路风风雨雨,同舟共济,相扶相携的母亲,身心康泰,笑傲春秋时光!三祝各位宾客,和衷共济,财运亨通,幸福绵长!

今借大家喜庆之际,团聚一堂之时,当儿女的我们,回顾父亲80年来所走过的风雨历程,对父亲的人生,向各位作一个简洁的评述,以回忆思念那些父亲求生立志,争战风云,发奋图强的艰苦岁月,以激励我们后辈的坚忍意志,以父亲的品格和为人,树立为人生的楷模和行为的标杆,使我辈受益终身!

也许是因为爷爷奶奶刚烈顽强品格的传承,父亲在血与火煎熬的黑暗岁月里,在孤儿寡母无所依盼的日子中,父亲没有任人宰割,没有放弃生存求索。

有道是,穷人孩子早当家,有谁知,失去父亲的穷孩子,在漫漫人生长途中,要求生、要技能、要安身立命、更要设法创业立家。由此十多岁的父亲,在那封闭的年代,便与奶奶天各一方,独闯天涯!

在万县纱厂学徒的年月,心智早熟的父亲,懂得了什么叫勤奋学习、什么叫与人为善、什么叫真诚相报,为了搭救师父的性命,父亲与全厂工人,团结一致地抵制了资本家。

一唱雄鸡天下白,万县穷人见红日。年仅19岁的父亲,便被推举当上了农会主任,由此,父亲便开始了此后的革命征程。

由此,父亲成为新中国新区革命的马前卒、先锋队,由此带领民众,进行土地改革、清匪反霸、加入共产党、创建供销社。为了经济大变革,为了改变新解放区的一穷二白,父亲突破重重困难,呕心沥血,才二十三四岁的父亲,由于工作成绩卓著,数度当选为先进工作者,并当选上了××区供销社的副主任,27岁便被调派到××瓷厂担任党支部书记,一年后,该厂的产品质量被评为全省第二名。在这些战斗的岁月中,父亲在万县的大地上,记录了他踏遍青山的足迹,每一件产品中,融入了父亲的心血和辛劳。

历史的征程遇到关隘,党的事业进入胡同,在反右倾的年代,在您领导下的单位里,一批有志的革命青年,抒发对党和人民事业的真诚抱负,却被小人诬陷。您以实事求是的准则维护他们的尊严而受到牵连,黑白被颠倒了,真理被愚昧所强奸。

父亲,您以时代所检验的人格,在此间受到了无畏的灵魂升华,在文化大革命的非常时期,您敢于保护无辜的革命群众,甚至是自己派别的对立面,使之免于遭受酷刑与屠杀,从而置自己政治前途于不顾,甚至不惜自己的生命遭到威胁。

由此,您救下了对立派别二十来条人的性命;由此,您质疑造反派的所作所为而遭到造反派的追杀;由此,您也得到了被您所救之人,又救您性命于危亡的人性回报。

在那混乱不堪、是非难辨的年月里,您能坚持不参战、不武斗,永做有益于人民的事情为宗旨,说明您的理智高度清醒,说明你的革命修养高人一筹!

青山作证,大地为书,父亲的一生是非凡的一生,是英雄的一生,更是难能可贵的一生!父亲的一生,也是母亲相帮相扶的一生,正是由于母亲的拖家带口,任劳任怨,解决了父亲的后顾之忧,才使得父亲一如既往的革命热情得到极致发挥!

父亲的一生,也是受在座的领导、同事信任、支持的一生,也是×氏家族的亲人和朋友们同船共渡,同舟共济的一生,正是由于大家的帮衬、周济和关照,才有了×氏家族兴旺发达的今天。

在此,我提议:为敬爱的父亲的节日,为他老人家的健康快乐,寿比松鹤,为母亲的健康长寿,干杯!

为了我们家族更加繁荣昌盛,同时也衷心祝愿在座的领导、长辈们和各位亲朋好友的健康、快乐、长寿,干杯!

谢谢大家!

9. "八一"建军节祝酒辞范文

每年的八月一日是中国人民解放军建军纪念日,因此也叫"八一"建军节。解放军是国家的中流砥柱,保护我们的安全,坚守在国防的各个方位。他们不畏艰险,不怕风吹日晒,是祖国的英雄。

慰问解放军的祝酒辞

各位领导、同志们:

今天,我们欢聚一堂,热烈庆祝中国人民解放军建军××周年。首先,我代表××县委、县人大、县政府、县政协,向人民解放军××部队全体指战员、武警官兵、预备役军人和广大民兵,致以节日的祝贺!向离退休军人、革命伤残军人、转业复退军人以及英烈军属,表示诚挚的慰问!

在人民解放军驻××部队和武警官兵的大力支持和帮助下,全县上下紧紧围绕加快发展这一主题,以科学发展观为指导,经济社会发展呈现出逐渐加快的良好势头,各方面工作全面进步,社会安定,军政军民团结更加巩固,拥军优属、拥政爱民工作再上新台阶。这些成绩和进步都包含着你们的辛勤汗水和无私奉献。在此,我代表全县百万人民向你们表示衷心的感谢!

驻××部队和武警中队高举邓小平理论伟大旗帜,以三个代表重要思想和新时期军队建设思想为指导,按照"政治合格、军事过硬、作风优良、纪律严明、保障有力"的要求,全面加强部队建设并取得了新的成绩;你们牢记全心全意为人民服务的宗旨,发扬拥政爱民的光荣传统,与全县人民同呼吸共命运、心连心,在圆满完成各项军事任务的同时,积极支援地方经济建设,主动承担急难险重任务，奋力抢险救灾，为保护国家和人民生命财产安全，维护社会稳定，促进经济发展和社会进步作出了巨大的贡献。

今后，我们将始终不渝地做好拥军优属工作，巩固和发展新型的军政军民关系；继续加强国防教育，努力提高全民的国防观念；切实加强民兵和预备役工作，为建设强大的国防后备力量作出新的努力。也希望××部队和武警中队进一步发扬自身的优势，把驻地当故乡，视人民为亲人，一如既往地支持地方搞好三个文明建设，努力促进驻地经济社会发展。

"军民团结如一人，试看天下谁能敌。"让我们高举邓小平理论伟大旗帜，更加紧密地团结在以胡锦涛同志为总书记的党中央周围，认真学习贯彻"三个代表"重要思想，全面推进三个文明建设，进一步加强军政军民团结，同心同德、开拓进取，为加快建设全面小康社会而努力奋斗！

现在，我提议：

为了××的美好明天，为了各位的健康和幸福，干杯！

富有激情的建军节祝酒辞

尊敬的部队首长、各位同志们：

一年一度的建军节到来了，在伟大的中国人民解放军建军××周年之际，请允许我代表慰问团的全体成员，代表县委、县人大、县政府、县政协和全县××万人民，向你们——伟大的中国人民解放军，向部队的全体指战员表示亲切的问候和崇高的敬意！

在战火纷飞的年代，你们"八一"军旗红天下，万千肝胆壮山河；在和平年代，你们光荣传统光荣路，钢铁长城钢铁兵；积极支持地方的经济建设，同心协力卫国志，军民团结铸长城；你们视驻地为家乡，为我县的经济建设和发展做出了重大贡献。正是有你们"马不离鞍身不解甲待旦枕弋因卫国，气可吞虎势可排山靖边守土为保家"，才保证了祖国的安宁。在此，我请大家共同举杯，

为向驻军将士表达全县人民的深切慰问；

为军民一心坚如磐石，骨肉一体固若金汤；

为我们的国家铜墙铁壁千里固，绿水青山万年春，干杯！

10. 教师节祝酒辞范文

金秋九月是收获的季节，田野里农民在收获金灿灿的粮食，果园里果农在收获香喷喷的水果，身为园丁的教师也在收获着桃李满天下的喜悦，收获着来自学生发自肺腑的一声谢谢，收获着来自社会各界最真挚的赞美和认可。教师是我们汲取知识的源泉，是我们的良师益友。

为教育事业发展的祝酒辞

各位领导、各位来宾、同志们：

大家好！

秋风送爽，丹桂飘香，在这个喜庆丰收的美好时节，我们又欢聚一堂，共同迎来了这个教师节。在此，我谨代表××学校党总支、学校行政向耕耘在教学一线的全体教师和教育工作者致以节日的祝贺和诚挚的问候！向今天在座的各位退休老同志表示亲切的慰问！

百年大计、教育为本。任何一个国家、一个民族都不能没有教育，更不能没有教育的承担者……广大教师都肩负着培养数以亿计的"祖国花朵"的重任。

在过去的几年里，我们逐步发展，不断壮大，取得了十分显著的成绩，这些成绩的取得与广大教职工的辛勤工作是分不开的。你们在平凡的工作岗位上做出了不平凡的业绩。是你们兢兢业业，埋头苦干，默默无闻，无私奉献；是你们肩负着工作和家庭的双重压力，但无怨无悔，从不叫苦叫累；是你们对待工作精益求精，一丝不苟；你们所做出的贡献是无法替代的。因此你们赢得了赞誉，也赢得了尊重。

回顾过去，××学校因有你们而倍感欣慰；展望未来，我们因重任在肩而倍受激励。新的一学年，将给学校带来良好的发展机遇，也将接受更严峻的挑战。新的起点、新的目标，需要新思维，新奋斗和新创新，希望教师要适应时代的要求，努力加强学习，不断提高自身素质，继续发扬敬业、创业精神，开拓进取、与时俱进，为××学校教育的发展和壮大贡献自己的智慧和力量。

老师们！社会发展对教育提出了更高更新的要求，我们要不断更新教育观念，树立先进的教育观、全面的质量观、正确的人才观。要自觉加强道德修养和业务学习，不断提高教育教学水平，以高度负责的精神，爱岗敬业、教书育人、诲人不倦、为人师表，无愧于人民教师的光荣称号，以高尚的师德，精湛的业务，扎实的工作，丰硕的成果回报社会，让家长更放心，让学生更满意！

民族振兴的希望在教育，教育发展的希望在教师。教师是人类灵魂的工程师，你们肩上担负着传播科学文化知识、建设精神文明、培养人才和塑造新人的神圣使命。教师是太阳底下最光辉的职业。作为教育工作者，你们肩负着党和人民的重托和历史使命，你们要以"人民教师"的称号而自豪，始终牢记自己的神圣职责，新学年、新学期，要坚持以发展为主题，以人才培养质量为根本，以教学为中心，以专业学科建设为主线，在改革中求稳定，在稳定中求发展，在发展中求质量，在质量中求特色，不断改善办学条件，重视人才队伍建设，稳步提高教学质量。希望大家在师教育局和团党委的正确领导下，同心同德，开拓创新，为把学校建设成为具有浓郁人文特色、和谐平安、现代气息的全师一流学校而努力奋斗！

下面，我提议：

为庆祝属于你们自己的节日
为大家的健康和幸福
为谱写教育发展的新篇章——干杯畅饮！

为教职工庆祝祝酒

各位老师、各位职工家属：

晚上好！

在这金秋时节，我们全体××教师欢聚一堂，热烈庆祝第××个教师节。在此，我谨代表学校党、政、工，向曾经为学校发展做出贡献的离职退休教职工和正在辛勤工作的全体教职员工及其你们的家人致以亲切的问候和崇高的敬意！

××中自×××年成立至今，已经整整××年了。××年风雨兼程，××年春华秋实，我们××中已由×××年前的几间瓦房、两个教学班的简易学校，发展成为拥有××个教学班的环境优美、设备先进、质量过硬的享有良好社会声誉的现代化初级中学。××中的今天离不开老一辈××教师的卧薪尝胆、艰苦奋斗，也离不开新一代××教师的与时俱进、勇于创新，正是因为有了几代人的共同努力，才铸就了××中今天的辉煌。这种自强不息、开拓奋进的精神已经成了××中宝贵的精神财富，成了推动××中可持续发展的不竭动力。回顾历史，我们豪情满怀，展望未来，我们信心百倍。

今天在座的既有八十高龄的老人，也有二十出头的青年。群雁振翅，才可翱翔蓝天；沧海横流，方显英雄本色。让我们全体××教师继续发扬卧薪尝胆、艰苦奋斗、与时俱进、勇于创新的精神，为××中的发展和繁荣努力拼搏，让我们全体××教师用自己的勤劳和智慧继续谱写××中新的华章！

最后，祝老师们节日愉快，身体健康，阖家欢乐！

现在，请大家举起酒杯，为了我们××中更加美好的明天，干杯！

谢谢大家！

最具有感染力的教师节祝酒辞

尊敬的各位老师：

晚上好！

一年一度秋风劲，不似春光，胜似春光。伴随着新学年的钟声，我们迎来了第××个教师节。在此，谨让我代表学校行政和党支部向老师们致以节日的问候和衷心的祝愿！祝你们节日快乐，身体健康，工作顺利！

记得1962年诺贝尔生理学和医学奖的获得者克雷克说过这样一句话："生活的秘密就在于喜欢做自己不喜欢做的事情。"我们每个人都要面对着繁重的学习和工作的任务，要从不喜欢到喜欢，就需要有强烈的超越精神。幸福是自定义的，有一位国际著名的整容外科医生，十分成功地替许多人做了面部整容手术，但他发现,有80%面容变得姣好的人照样不快乐,照样不幸福。因此,他认为面部整容无法修复人格上的缺陷。而这一人格缺陷使他们无法摆脱世俗功利、生理冲动、狭隘偏见、恶劣情绪等方面的困扰。只有具备了良好的人格素质,才能超越这一切羁绊,才能变得轻松、洒脱,充满自信,焕发青春活力。

这些年我们是不是有这样的感受:社会对教育的要求越来越高,孩子的接受能力越来越强,各位的活动越来越多,我们的工作越来越有挑战与压力了。在过去的一年中,我们勤奋工作,努力学习,取得了优异的成绩,涌现了像××、××等一大批优秀教师和优秀班主任老师。历史机遇在鼓舞着我们,先进人物在激励着我们。如果我们能确立明确的目标,实现对世俗功利的超越、对个人局限的超越,那么我们将会在新的学年中取得更为辉煌的成绩。

在过去的一年中,我们始终坚持"办学以教师为本,教学以学生为本,向教师的幸福负责,对学生的成长负责"的理念,着力打造一所民主意识强,人文素养高,学习氛围浓,富有创新精神的省一流示范小学。过去的一年是收获的一年,所取得的成绩也是为大家所瞩目,而这些成绩饱含了全体教职工在过去的一年中的辛勤劳动和不懈努力,饱含了全体师生的聪明与才智,也体现了我们每一位师生在学习、工作、生活中不断创新,努力进取,顽强拼搏的良好风貌。我们要继续提倡和发扬与时俱进,开拓创新,奋发有为的创业精神,要有谋大事、创大业的志向和魄力,以学校发展、教育事业的进步为己任,善于发现、及时解决学校改革发展中的重大问题,抢抓机遇,乘势而上,实现××学校跨越式发展。

最后,我代表学校向各位的辛勤付出表示由衷的感谢!再次祝大家节日快乐,身体健康,生活幸福!让我们为了健康,为了快乐,干杯!

11. 中秋节祝酒辞范文

喜迎中秋庆团圆,欢乐笑语万里传。
桂枝明月祝福贺,音好花开成佳缘。
中秋节是我国重要的传统节日之一,在这个节日里,人们走亲访友,互相祝贺。晚上举杯邀月,品尝月饼,与家人团圆,其乐融融,是一个温馨浪漫的节日。

中秋为老同志祝酒辞
尊敬的各位老同志:
大家好!
时值中秋佳节,秋高气爽,月圆花香。大家能莅临学校,欢聚一堂,畅所欲言,共商学校发展大业,我们非常荣幸。在此,我代表××学校行政及全体师生,谨向你们致以亲切的问候和崇高的敬意!祝福你们中秋佳节快乐,月圆人圆事事圆满。

秋风吹不尽，总是玉关情。你们虽然退离岗位，但仍然老有所乐，老有所为，心情舒畅，在发挥着余热，在关注着学校。真诚希望各位呵护××中学，为她的发展出谋划策，当好参谋！

半夜二更半，中秋八月中。

朋友们！我提议：为各位的身体健康、为今晚的良宵美景——干杯！谢谢大家。

中秋为母校祝酒辞

尊敬的母校各位领导、老师，亲爱的同学们：

大家好！

明月几时有，把酒问青天。

今天不问青天，只问我们的领导、老师和同学们！

春风秋月、地北天南，时间的长河流过了九曲十八弯，在阔别了××年后的今天，友谊的飞船，又把我们载到母校的港湾，使我们这些漂泊在各地的小船重新登岸，来分享师生聚会、学友重逢的这令人激动又令人难以忘怀的宝贵时间！

让我们珍惜这难逢的机会，举杯畅饮、彼此祝愿："人生得意须尽欢，莫使金樽空对月。"祝愿你，祝愿我，祝愿他。祝愿恩师事业辉煌，生活美满，桃李满天下，英风不减当年；祝愿学友百尺竿头，更进一步，是雄鹰就凌云振翅，是蛟龙就潜水腾渊，飞黄腾达，前途辽远！

今日举杯共祝愿："好人一生平安"。

明月本无价，高山皆有情。千里试问平安？且把思念遥寄。路遥千里，难断相思。

干杯！

为母校祝酒辞

尊敬的老师，亲爱的校友们：

大家好！

敢问天上宫阙，今夕是何年？遍邀诸君好友，共享良辰美景，惬意不胜言。美景加杜康，沉醉在人间！

把金樽，赏圆月，论古今。只因有爱，世间处处满真情。古有桃园结义，今有网上神交，二者皆难得。但愿人长久，千里共婵娟。

明月无价，高山有情，愿你的生活就像这中秋的明月：圆圆满满。

茫茫人海独自走，有缘才能相聚首；人生知己最难求，愿将千金换美酒；人逢知己千杯少，情投意合忘烦忧；不管多少春与秋，今生永远是朋友。

尊敬的老师，亲爱的校友们！我现在友好、温馨地提议：为我们的欢乐相聚、健康快乐、更好的明天——干杯！

中秋活动的祝酒辞

各位领导、文艺界各位名人名家、新闻媒体的朋友们、来宾们:

晚上好!

经过一天的舟车劳顿,大家辛苦了,在此,我代表××的各族人民对前来××采风的百位名家、百家媒体的朋友们表示感谢,对各位朋友的一路辛劳表示歉意,在这里我们略备了一杯薄酒为远道而来的尊贵客人表达心意,沟通感情,望各位嘉宾笑纳。

叫月杜鹃喉舌冷;宿花蝴蝶梦魂香。

各位嘉宾、朋友们,让我们举杯同欢,开怀畅饮,愉快地度过这美好的夜晚。

中天一轮满,秋野万里香。

现在,我提议,请大家举杯:为××的经济发展与社会繁荣,为在座的来宾们、朋友们的健康,为本次采风活动圆满成功——干杯。

12. 国庆节祝酒辞范文

每年的十月一日,是我们伟大的祖国生日,是一年一度的国庆日。举国欢腾,为庆祝祖国的生日上至国家领导,下至平民百姓都为此欢歌。回顾那艰难的岁月,我们感慨万千。展望未来,我们又充满了雄心壮志。相信我们的祖国会越来越繁荣昌盛。

国庆献给坚持在岗位上的劳动者的祝酒辞

各位来宾,同志们:

大家好。

一年一度的国庆节到来了,我们心情澎湃。

城市中鲜花怒放四溢飘香,田野上硕果累累挂满枝头。

欢笑和着舞步,佳期伴着美酒,为了祖国的生日,举杯吧朋友。

我愿再借一杯酒,敬献给仍然坚持在平凡岗位上的劳动者。

是他们用智慧和执着谱写了祖国的辉煌篇章,迎来了祖国新的春天。

愿他们高举邓小平理论的伟大旗帜,实践"三个代表"和科学发展观的重要思想,构建和谐社会,继续开创祖国更加美好灿烂的明天。

干杯!

国庆慰问祝酒辞

各位领导、各位来宾、同志们:

大家好!

值此共和国的第××个生日到来之际，在这里，我代表厂党委、厂行政向各位来宾、全体演员、全厂和××公司的全体员工及家属表示节日的祝贺和诚挚的问候！

回首我厂今年走过的×个月，经过全厂上下一心、卓有成效的工作，我厂各项工作都取得了丰硕的成果。不仅实现了原油稳产和天然气的持续增长，而且企业的综合管理水平和地位都得到了全面提升，今年上半年我厂业绩考核指标名列油田公司第×名，员工收入也得到了大幅度提高。

成绩的取得来之不易，归根结底是我们目标明确，思路清晰，措施得力有效，狠抓落实的结果；是我厂各级管理干部和广大员工顽强拼搏、锐意创新、开拓进取的结果；是我们与××公司两家携手共进、互惠互利、共同发展的结果；同时也是地方政府、兄弟单位鼎力支持的结果。在这里，我再次代表厂行政、厂党委向地方政府、兄弟单位、全厂和服务公司的全体员工及一直默默支持我们工作的家属们表示最衷心的感谢！

展望今后的工作，我们要以创新为动力，以维护稳定为前提，以减少亏损、改善员工生产生活条件、提高员工收入为目标，同××公司携手共进，再铸前大采油厂新的历史篇章，为党的××大胜利召开献上一份厚礼。同时，也真心祝愿我们的友邻地方政府的经济更加繁荣，人们生活更加富裕。

最后，预祝晚会圆满成功，祝大家渡过一个轻松、愉快的国庆节！

国庆节向客户朋友的祝酒辞

尊敬的客户、社会各界朋友：

今年10月1日是中华人民共和国成立××周年纪念日。我们相聚在一起，共同庆祝这一刻。

××年弹指一挥间，××××年中华大地沧桑巨变，中国巨龙重新屹立于世界东方！在举国上下庆祝祖国××华诞和欢度中秋佳节之时，××全体员工祝关心、支持公司发展的新老客户、各界朋友，国庆快乐，全家幸福，身体健康，万事如意！

回顾公司多年来走过的不平凡历程，我们要特别感谢你们！××产品被越来越多的消费者信赖接受，千千万万用户享受着××产品送去的健康和幸福，源自于客户对××产品的情分和对健康的追求。情牵万里，关爱一生，在欢度国庆中秋之际，我们要特别感谢您们，感谢你们与公司的诚挚合作！感谢您们一如既往的信任和支持！

展望未来，我们肩负着将××产品健康事业向更高、更广、更深层次拓展的重任。好日子盼望有好身体，我们将永远信守对广大××客户的诚信承诺，把为人民健康服务的事业做得更好，为提高人们的健康水平和生命质量做出更大贡献！

在这普天同庆的日子里，送给你最真挚的祝福，祝全国客户、各界朋友家庭幸福！身体健康！万事顺意！干杯！

13. 重阳节祝酒辞范文

独在异乡为异客，每逢佳节倍思亲。

遥知兄弟登高处，遍插茱萸少一人。

这一首应该是流传最广的一首关于重阳节的诗了，也充分说明了重阳节在中国人的心目中的重要性。农历九月九日，日月并阳，两九相重，故而叫重阳，也叫重九，古人认为是个值得庆贺的吉利日子，并且从很早就开始过此节日。

最有诚意的重阳祝酒辞

尊敬的各位老领导，同志们：

岁岁重阳，今又重阳。今天，我们欢聚一堂，共庆我国传统节日重阳佳节，感到由衷的高兴。在此，我代表××办公室全体职工向你们表示节日的问候，并致以崇高的敬意！

我虽然有多年在××办公室工作的经历，但对××办公室的工作，较为陌生，可以说还是一名新兵。我也深知，××办公室所取得的每一点成绩和进步，都离不开各位老领导的关心、理解和支持。在这里，我也希望各位老领导、老同志一如既往地关注××办公室，为我们工作把关定向。我们一定以各位老领导为榜样，继续保持和发扬党的优良传统和作风，不断推进××办公室工作。

尊重老同志就是尊重党的历史，爱护老同志就是爱护党的财富。在你们面前，我们永远是晚辈，永远是学生。在××办公室这个大家庭里，我们是你们的子女和亲人。记得有位哲人曾经说过这样一句话，不尊重老人的人，不可能是一个真诚的人，也不可能是一个值得信赖的人。因此，尊重和孝顺老人，是做人做事的起码要求。我们××办公室历来就有尊老爱老的优良传统，我们一定会团结全体干部职工，继续更加重视老干部工作，喜老同志之所喜，忧老同志之所忧，更富有成效地做好老同志工作，在政治上关心老同志，在生活上照顾好老同志，确保老同志待遇，真心诚意解决好各种实际困难，努力把为老同志服务的工作做得更细、更实、更好。我们衷心祝愿各位老领导、老同志晚年幸福，老有所乐，老有所为，继续为建设富裕文明、和谐安康的新社会发挥余热，献计献策，作出新的贡献。

最后，受××副书记委托，我代表××办公室全体干部职工，向各位老领导、老同志敬上一杯薄酒。

现在，我提议，为各位老领导、老同志生活幸福、健康长寿，干杯！

最富感激之心的重阳节祝酒辞

尊敬的各位老领导、老干部、老同志们：

大家下午好！

在这秋高气爽、丹桂飘香的日子里，我们即将迎来一年一度的"九九重阳节"。今天下午，城区党委、政府在这里举办老同志重阳节座谈会，通报城区经济社会建设情况，听取老同志对城区经济社会建设的意见、建议。借此机会，我代表城区党委、人大、政府、政协四家班子领导向在座的各位老年朋友并通过你们向广大的离职退休老干部、老同志们致以节日的祝贺和亲切的问候！

今年以来，在市委、市政府的正确领导下，城区党委、政府坚持以"三个代表"重要思想和科学发展观为指导，以建设富裕、文明、和谐城市为目标，以开展"创新年"活动为各项工作的总抓手，以实施"城乡清洁工程"和机关行政效能建设为契机，按照"大力发展现代服务业，巩固提升传统服务业"的工作思路，在着力打造区域性国际金融、会展、交通、信息中心的同时，全面推进各项工作，取得了较好的成效。目前，城区经济社会发展形势良好，招商引资成效明显，新农村建设扎实有效，为民办实事进展顺利，辖区社会形势稳定，人民群众安居乐业，干部队伍思想稳定，激情工作、创新工作已成为××区的主旋律。这些成绩的取得，是市委、市政府正确领导的结果，是全城区各族人民、全体干部职工共同努力的结果，也是城区广大离退休老干部、老同志们关心和支持的结果，在此，我谨代表城区党委、政府向关心和支持城区经济社会建设并为之作出贡献的老干部、老同志们表示衷心的感谢和致以崇高的敬意！

过去，你们在岗位上以满腔热血为城区的经济社会发展奉献了自己的青春、力量和汗水，建立了光辉的业绩。今天，虽然你们离开了工作岗位，但仍然"老骥伏枥，壮心不已"，继续保持一个健康向上的心态、乐观积极的精神，对城区党委、政府的工作十分支持，从不提过分要求，从不添点滴麻烦，表现出极高的政治素质和大局意识，表现出老干部、老共产党员的高风亮节，并积极通过各种方式继续为城区的改革、发展、稳定献计献策，发挥了应有的作用，谱写了新的篇章。可以说，老干部、老同志是我们的宝贵财富。对于你们的历史功绩，我们永远不会忘记。你们为党的事业艰苦奋斗的献身精神，你们丰富的知识和工作经验，你们崇高的威望和广泛的影响依然在我们的工作中发挥着重要的作用，你们是我们学习的榜样，是取之不尽、用之不竭的精神财富。

城区党委、政府高度重视老干部工作，强化服务意识和创新意识，认真落实老干部的政治待遇和生活待遇；坚决从大处着眼，从小处着手，带着真情实感，送温暖、做好事、办实事，帮弱济困，奉献爱心，真正做到尊老、敬老、爱老、帮老、助老。同时，我们将主动为老同志的学习和活动创造良好条件，经常组织开展丰富多彩、健康有益的文体活动，给老同志创造老有所学，老有所为，老有所乐的环境，为老干部发挥余热提供舞台，让老同志晚年生活更加丰富多彩！

当然，我们希望能够继续得到广大离退休老干部、老同志的热情关怀和悉心指导。我们相信，有市委、市政府的正确领导，有各位老领导、老干部、老同志们一如既往的关心和支持，我们一定能够迈出更加坚实的步伐，建设富裕、文明、和谐新城市的目标一定能够实现！

最后，祝愿在座的老领导、老前辈、老朋友们身体健康，家庭和睦。

干杯！

14. 记者节祝酒辞范文

每年的11月8日是中国记者节。记者节像护士节、教师节一样，是中国仅有的三个行业性节日之一。按照国务院的规定，记者节是一个不放假的工作节日。新中国确立"记者节"的意义，表明党和国家对新闻界和广大新闻工作者的关怀和重视，既在确认新闻从业者的社会地位，更在鼓舞和激励新闻工作者继承优良传统，为正义事业呼吁，做好党和人民的耳目喉舌。

慰问记者的祝酒辞

各位领导、同志们、记者朋友们：

大家好！

在这秋色阑珊的美好季节，我们迎来了新闻工作者自己的节日——第××个记者节，值此喜庆之际，我谨代表市委、市人大、市政府、市政协向辛勤工作在新闻战线上的同志们致以节日的问候和诚挚的祝贺！

彩笔绘蓝图，丰收喜悦多。一年来，全市新闻工作者牢记职责，不辱使命，在市委、市政府的正确领导下，以科学发展观为指导，以极大的工作热情和忘我的奉献精神投身全市经济建设和改革发展的伟大实践，积极宣传中国特色社会主义理论，宣传党的路线、方针、政策，宣传我市经济建设和社会发展的丰硕成果；真实反映全市人民艰苦创业的精神风貌，真实记载我市经济社会发展的历史进程，坚持党性，贯彻"三贴近"原则，淡泊名利、不计得失，无论严寒酷暑，不分黑夜白昼，奔波在现场，奋笔于案头，以出色的工作和骄人的业绩圆满完成了各项宣传工作任务，赢得了社会各界的赞许；用辛勤的耕耘和无私的奉献抒写了人生最为辉煌灿烂的篇章，诠释了"无冕之王"的深刻内涵，为全市经济社会的科学发展、率先发展、转型发展提供了强有力的舆论支持。

新闻是舆论的先导，新闻战线是党的宣传工作的主阵地。新闻工作者是舆论的引导者，是正义的守望者，是人民群众的代言者，是思想教育的先行者，担负着传播科学理论，宣扬先进文化，反映百姓心声，匡扶人间正义，讴歌时代精神的崇高职责；担负着为改革造势，为发展鼓劲，为稳定减压的光荣使命。新闻职业，是最具创造性、挑战性和社会责任的职业，记者，是这个时代最可爱、可敬、可亲的人之一。

今天，站在建国××周年的新起点上展望未来，新闻工作任重道远，大家一定要一如既往、再接再厉，与互联网技术、信息技术的新进步赛跑，与人民信息需求的新变化赛跑，与媒体融合的新速度赛跑，不断提高自身素质，努力把自己锻炼成政治坚定、作风踏实、爱岗敬业、业务精通、党和人民满意的优秀新闻工作者。要进一步继承优良传统，弘扬朴实作风，继续坚持党的基本路线，坚持新闻工作原则，紧跟时代步伐，全力履行职责，始终高举旗帜，围绕大局，服务人民，改革创新，充分发挥喉舌作用，为全面开创我市新闻工作新局面，为××经济社会又好又快发展作出新的更大的贡献。

现在，我提议，为同志们身体健康、事业有成、家庭幸福，为××新闻事业的发展进步，干杯！

记者共同欢乐的祝酒辞

各位职工，各位新闻工作者：

大家好！

我们迎来了属于我们记者的节日，大家尽情欢腾吧。

今天是个好日子，我们大家都非常高兴，繁忙的工作让我们无法经常相聚，今天我们好不容易聚在一起，让我们高高兴兴地喝上几杯，共同庆祝我们的节日，共同祝愿我们今后的工作更加顺利，更加出色，更加辉煌。

现在我们局的领导班子共同敬大家一杯酒：

首先，祝贺我们全局职工今天的聚会！

其次，让我们祝贺今天受到表彰的同志们，祝贺他们取得好成绩！

最后，祝所有新闻工作者节日快乐，祝全局职工身体健康，万事如意，家庭幸福！

让我们共同干一杯！

15. 圣诞节祝酒辞范文

圣诞节虽然不是我国的法定节日，却在世界各地非常的流行。圣诞节是一个宗教节日，世人把它当作耶稣的诞辰庆祝，因而又名耶诞节。这一天，世界所有的基督教会都举行礼拜仪式。但是有很多圣诞节的欢庆活动和宗教并无半点关联。又有人说耶稣诞生是在夏末秋初，并非圣诞之日。然而，圣诞节究竟是否耶稣诞辰之日对于现代人来说已经不那么重要，它就像我们的春节一样，大家相聚一堂，交换礼物，寄圣诞卡，吃火鸡大餐，圣诞节是一个普天同庆的日子。

圣诞节公司祝酒辞

各位同仁，各位朋友，同志们：

大家晚上好！

今天是圣诞节，一个令人非常愉快的日子，今晚，我们有机会在一起欢聚，我感到很高兴。在这里，我们感受到的不仅是圣诞节喜庆的气氛，更是体味到我们公司发展壮大的幸福和快乐。

时间如流水，不知不觉就过去了。这一年来，大家在××的带领下，团结奋斗，勤奋进取，开拓创新，走过艰辛，迎得了辉煌，你们的付出让我们感动，你们的精神让我们自豪，你们的成绩让我们骄傲，在此，我代表分公司党委、总经理室，也代表××个人向你们表示祝贺！向你们表示诚挚的谢意！希望你们继往开来，与时俱进，百倍地珍惜过去的荣誉和成就，把它变成前进的巨大动力，奋勇拼搏、不懈努力，力争百尺竿头，更进一步，现在公司的领导班子有一些变动，希望大家以后像支持××一样支持我的工作，为实现公司做大做强的战略目标奋勇前进。

今天的圣诞晚会给了我们相聚的机会，也将给我们一个愉快的夜晚。

最后，请大家举杯，为我们分公司的昨天、今天和明天，也为大家的幸福和健康，干杯！

祝大家圣诞快乐！

最有诚意的圣诞节祝酒辞

女士们、先生们、小朋友们：

大家晚上好！

圣诞佳节喜相逢，平安之夜欢乐多！今天我们在圣诞之际，相约在此，一是相会旧友，二来结识新朋。在这一刻，让我们把祝福珍藏在心中，感受圣诞给您带来的这非同凡响的一刻。因为相聚，让我们分享这快乐的时光，因为浪漫的圣诞让我们承载无尽的祝福，亲爱的朋友们，在这里请允许我代表××公司对您的光临表示热烈的欢迎和衷心的感谢，愿圣诞老人把我们今晚许下的所有心愿一一实现。愿大家在新的一年里，一而再、再而三，事事如意、五福临门、六六大顺、七彩生活、八面玲珑、久盛不衰、十全十美、事业步步高、平安万家乐！祝愿大家吃得好、住得好、睡得好、工作好、财运好、小朋友学习好、老人家身体好、夫妻感情万里长城永不倒、大家生活更美好。

此时，再多的话语已经无法表达我的心情，为了大家生活的幸福快乐，干杯！

酒之韵：节庆酒祝辞佳篇

16. 春节祝酒佳句

对待长辈的祝辞可用：

身体健康、寿比南山、长命百岁、天天开心、笑口长开、万事如意、福如东海、团团源源、大展宏图；

对待年轻男人的祝辞可用：

事业有成、前途无量、兴旺发达、多财多福、马到成功、青春永驻、青春常在、朝气蓬勃、雄心壮志、鹤发童颜、黄发垂髫、精神矍铄、年少气盛、神采奕奕、一帆风顺、顺理成章、章月句星、步步高升、财源广进；

对待年轻女人的祝辞可用：

明眸皓齿、花枝招展、玉润珠圆、珠圆玉润、国色天姿、国色天香、惜香怜玉、羞花闭月、闭月羞花、皓齿明眸、亭亭玉立、秀外慧中、才貌双全、玉骨冰肌、如花似玉、衣香鬓影、眉清目秀、气质清纯、容颜秀美、温文尔雅、空谷幽兰、兰心蕙质、风华绝代；

对待父母的祝辞可用：

生我者父母，人生在世"安安乐乐就是福，平平淡淡才是真"，恭祝父母在新的一年里身体安康，福寿双全。

爸爸，献上我的谢意，为了这么多年来您对我付出的耐心和爱心！愿我的祝福，如一缕灿烂的阳光，在您的眼里流淌。新年快乐！

母亲的爱是火热的，父亲的爱是深沉的，只有拥有这全部的爱，才是真正的幸福，祝你们新年快乐！

火总有熄灭的时候，人总有垂暮之年，满头花发是母亲操劳的见证，微弯的脊背是母亲辛苦的身影。祝福年年有，祝福年年深！

对待老师的祝辞可用：

感谢老师多年来对我的谆谆教诲，我将不辜负老师们对我的期望，努力让自己各方面都更上一层楼。

祝年轻的男老师身体健康，永远英俊潇洒，并越来越成熟稳重。

祝年轻的女老师身体健康，万事如意，青春永驻。

祝所有的老师永远开心、如意，桃李满天下。

对待朋友的祝辞可用：

新春好，好事全来了！朋友微微笑，喜气围你绕！在欢庆的节日里，生活美满又如意！喜气！喜气！一生平安如意！

在我们相聚的日子里，有着最珍惜的情谊；在我们年轻的岁月中，有着最真挚的相知。这份缘值得我们珍惜！

祝你在新的一年里：事业正当午，身体壮如虎，金钱不胜数，干活不辛苦，悠闲像老鼠，浪漫似乐谱，幸福——非你莫属。

新年的钟声里，我举起杯，任一弯晶莹的思绪，在杯底悄悄沉淀，深深地祝福你快乐！

温馨的新年祝福佳句：

漫天雪花飘飘，迎来了新年，让久违的心灵相聚吧，新年快乐！愿我的祝福能融化寒冬，温暖你的心灵。

送走旧年的时候，也送走一年的阴郁，迎来新春的时候，也迎来新的希望。给您拜年啦！

春风洋溢你；家人关心你；爱情滋润你；朋友忠于你；我这儿祝福你；幸运之星永远照着你。衷心祝福你：新春快乐！

岁末福至，福气东来，鸿运通天。否极泰来时重申鲲鹏之志，惜时勤业中，展军无限风采。祝新年吉祥！

新春的钟声不停地敲，我的祝福不停地送。千言祝福一句话：新春快乐，祥瑞新年！

新年好！给您拜年了！过去的一年我们合作得都很愉快，谢谢您的关照，祝您春节快乐！吉祥如意！心想事成！

真心祝您在新的一年里平安快乐、身体健康，愿您所有的梦想都能在新年得以实现。

又是一年春来到，祝福满天飘，飘到你、也飘到我，恭贺新禧！新春愉快！万事如意！心想事成！

又是一年美好的开始，又是一段幸福的时光，又一次真诚地祝福你：过年好！

新年、新事、新开始、新起点、定有新的收获，祝朋友们事事如意，岁岁平安，精神愉快，春节好。

新年好，新年到，好事全到了！祝您及您全家新年快乐！身体健康！工作顺利！吉祥如意！

祝新年行大运！仕途步步高升、万事得意！麻雀得心应手、财源广进！身体棒、吃饭香、睡觉安，合家幸福，恭喜发财！

天增岁月人增寿，春满乾坤福满门。三羊开泰送吉祥，五福临门财源茂。恭祝新春快乐，幸福安康！

新年辞旧岁，祝你在新的一年里，有新的开始，有新的收获，新年快乐，万事如意！

祝你新的一年致富踏上万宝路，事业登上红塔山，情人塞过阿诗玛，财源遍

布大中华。

新春快乐！万事大吉！合家欢乐！财源广进！吉祥如意！花开富贵！金玉满堂！福禄寿禧！恭喜发财！

新年幽默俏皮祝酒佳句：

新的一年里您将会遇到金钱雨、幸运风、友情雾、爱情露、健康霞、幸福云、顺利霜、美满雷、安全雹、开心闪，注意它们将会缠绕你一年！

祝你在新的一年里：生活扬眉吐气、工作洋洋得意、前程阳关大道、烦恼扬长而去、心里暖洋洋、天天喜羊羊、羊年发羊财、越来越洋气！

衷心祝愿你在新的一年里，所有的期待都能出现，所有的梦想都能实现，所有的希望都能如愿，所有的努力都能成功！

新年到，向你问个好：办事处处顺、生活步步高、彩票期期中、好运天天交、打牌场场胜、口味顿顿好、越活越年轻、越长越俊俏、家里出黄金、墙上长钞票！

新年恭祝你：大财、小财、意外财，财源滚滚；亲情、友情、爱情，情情如意；官运、财运、桃花运，运运亨通；爱人、亲人、友人，人人平安。

新年恭喜你：一帆风顺、二龙腾飞、三羊开泰、四季平安、五福临门、六六大顺、七星高照、八方来财、九九同心、十全十美、百事亨通、千事吉祥、万事如意。

在新的一年里，愿所有的好梦依偎着你，入睡甜甜、醒来成真；愿所有的财运笼罩着你，日出遇贵、日落见财，愿所有的吉星呵护着你，时时吉祥、岁岁平安。

17."三八"妇女节祝酒佳句

妇女节藏头诗：

祝福殷殷情万千，三月春光最流连，八方来贺欢颜展，妇女当顶半边天，女中巾帼豪情灿，节操高洁动心弦，快意人生佳侣伴，乐享幸福度华年。

温馨搞笑的妇女节祝酒佳句：

因为身旁的你彻底占有我的心，爱像自投罗网般不能自已，不后悔疯狂爱你，不顾一切只为你，因为早已准备好说："我愿意"。

用一缕春风两滴夏雨三片秋叶四朵冬雪，做成五颜六色的礼盒，打开七彩八飘的丝带，用九分真诚十分热情装进365个祝福，祝你天天开心愉快。

一丝真诚胜过千两黄金，一丝温暖能抵万里寒霜，一丝问候送来温馨甜蜜，一条短信捎去我万般心意，忙碌的日子好好关照自己。

一个贤淑的女人是尘世的天堂。

一年一度春风暖，旧梦总在旧时圆，三八宏图展，九州春意浓。

一千朵玫瑰给你，要你好好爱自己；一千只纸鹤给你，让烦恼远离你！一千颗幸运星给你，让好运围绕着你！

一个安详的、镇定的、端庄的、美丽的少妇，那就是你，我的老婆。祝你节日快乐！

一个美丽的女人是一颗钻石，一个好的女人是一个宝库。三八妇女节快乐！

一个温柔的女人能唤醒一座麻木沉睡的宫殿。

三八节期间，全国女性放假一天，全国男性加班一天。

祝福所有的女同胞们节日快乐！永远美丽幸福！

祝明媚伶俐天下无双，人见人爱花见花开，打遍天下无敌手，情场杀得鬼见愁，沉鱼落雁闭月羞花，晕倒一片迷死一帮的你，三八节快乐，万事如意。

在这个给女性的日子里，我有一句话想对你说，这是我一直想要告诉你的，那就是我有两次生命：一次是出生，一次是遇见了你！

正派的男人会欣赏纯静的女人，女人的纯静是饰物、是美德、不是服装。

有你的日子，一切都是那么美好，风和日丽，鲜花遍地。祝你妇女节快乐！

愿你分分秒秒平平安安，朝朝暮暮健健康康，岁岁年年潇潇洒洒，永永远远快快乐乐，时时刻刻风风光光！

今天我看到一颗流星从天空划过，我赶紧闭上眼睛，合起双手祈祷。你想知道我许的什么愿吗？告诉你吧：妇女节快乐！

也许我的肩膀不够宽广，但足以为你遮挡风雨；也许我的胳膊不够有力，但还能为你撑起一片蓝天。妇女节快乐！

想送束花给你，却怕你误会我的意思；想写一首诗给你，却发现别人已经写过好多，我只能真诚对你说句：妇女节快乐！

今天是妇女节，女同胞们，让我们共同摆脱烦恼，走出家门，尽情地潇洒一回吧！三八妇女节快乐！

我知道你很忙，我也知道你很刻苦劳累，可是你一定要知道：你今天的任务是很重要的，因为今天是妇女节，你答应过要做饭给我吃的。

亲爱的，在这三八节，为了要你节日快乐，我做了你最爱吃的菜……

天如此晴朗，我的心情比风还愉快，老婆我爱你！三八妇女节愉快！

今天是你的节日，在你我的世界里你一直是老大，抓革命，搞生产，咱们的事情你说了算！亲爱的，妇女节快乐！

哎！天上下雨地下流。喂！老婆，今天是三八妇女节，是你的大节日！在这个时刻，我要送给你千万个祝愿与问候，这是最值钱的"寒酸"！

劳动人民是最美丽的。你是勤劳的，世界因你而美丽，我却不能没有你！节日快乐！

你我世界里的三月八号到了。巾帼英雄，今儿个该歇歇了吧，有事我顶着。

美丽的你，今天是你的节日，有你的日子你是一切，没你的日子一切是你！

今天是你的节日，伟大的老婆，今天想干什么呀？

我们的节日,我们唯一的季节。工作狂,今天是咱们的节日,快给自己请个假吧!

没有太阳,花朵不会开;没有爱,幸福不会来;没有妇女,也就没有爱;没有你我不知道什么叫未来,祝福你,妇女节快乐。

送你一盘鸭,吃了会想家;有一碟菜天天有人爱;配上一碗汤一生永健康;再来一杯酒爱情会长久;加上一碗饭爱情永相伴!节日快乐!

三八妇女节日快乐,美丽健康幸福愉快。

18. "五一"劳动节祝酒佳句

温馨的"五一"劳动节祝酒佳句:

天宇间穿行,红色的云。黑色的夜,时空里诉说苦乐,绿色的草,土地上美好,又一年五一劳动节,祝亲家的家人劳动节快乐。

休息要好好轻松,劳动节日不劳动。沐浴春光沐春风,快乐生活乐无穷,思念之情潮水涌,祝福之意别样浓,祝我所有亲人劳动节愉快。

忙忙碌碌要停歇,春风吹来劳动节。生活就要开心些,给你思念不枯竭,祝福拥有新世界,快乐伴你不换届,幸福陪你永不谢。

白云飘荡风的记忆,鲜花绽春的艳丽。沙滩记录浪的痕迹,短信传送心的信息,节日遥送情的惦记,我永远都最亲爱的家人,祝五一劳动节快乐。

五一劳动节放假乐悠悠,和风吹动河边柳。给你一杯问候酒,愿你快乐握在手,艳阳照亮心里头,五一劳动节休息很难求,祝愿好运跟你走。

春风喜迎劳动节,舒展眉头度五一。繁忙工作终得歇,劳累之余开心些。出外走走散散心,在家休息换心情。我用短信祝福你,天天快乐好心情!

五一节来了,请点击快乐的音符,让它为你下载亲情,传输爱情,顺便将我的友情另存于你心灵的最深处,让你五一假期开开心心,将烦恼永久删除!

五一送你玫瑰花,传情达意依靠它。送你一只大桃花,时来运转全靠它。送你一扎百合花,百年好和指望它。送你一碗豆腐花,吃完之后笑哈哈。五一快乐!

一丝真诚胜过千两黄金,一丝温暖能抵万里寒霜,一丝问候送来温馨甜蜜,一条短信捎去我万般心意,五一长假记得好好放松心情、关照自己!

五一送你红苹果,祝你想念有结果!萝卜黄瓜大白菜,愿你天天惹人爱!可乐清茶白开水,望你夜夜都好睡!饼干牛奶大蛋糕,祝你薪水年年高!

我要将这世界上最美丽的五一祝福,播撒给我最可爱的朋友,像蒲公英飞满在你周围的世界,让世界上最幸运的事都降落在你的身边!祝你五一快乐!

祝酒的辞儿暖心暖肺,劳动的酒越喝越有味儿,让我们继续手握着手,心挨着心,豪情勃发,劲儿百倍,为了未来更美好,来,再痛痛快快干一杯!醉了这一回，醒了这一岁，齐心协力把我们大家共同的家园建设好。

所谓幸福是有一颗感恩的心，一个健康的身体，一份称心的工作，一位深爱你的爱人，一帮信赖的朋友。当你收到此信息一切随即拥有！五一快乐！

五一劳动节经典语录：

凡是有阳光照耀的地方，就有我真挚的祝福；凡是有月亮照耀的地方，就有我深深的思念，我衷心地祝福你。五一劳动节快乐！

风是透明的，雨是滴答的，云是流动的，歌是自由的，爱是用心的，恋是疯狂的，天是永恒的，你是难忘的朋友，五一劳动节快乐！

无论天涯海角，我都与你紧紧相随；无论海枯石烂，我都与你时时相伴。我要大声喊出一句话让全世界知道：劳动节快乐！再送四个字，不用客气！

祝你理想，幻想，梦想，心想事成；公事，私事，心事，事事称心；财路，运路，人生路，路路畅通；晴天，阴天，风雨天，天天好心情！祝你劳动节快乐！

让我们的情义踏过绵绵白沙，越过巍巍碧峰，穿过团团紫云，在肥沃的蓝田中播种，用甘甜的青溪水浇灌，在温暖的丹阳，成长苍天翠柏。祝五一快乐！

月亮是诗，星空是画，愿幸福伴随你；问候是春，关心是夏，愿朋友真心待你；温柔是秋，浪漫是冬，愿快乐跟随你。劳动节快乐。

以粗茶淡饭养养胃，用清新空气洗肺，让灿烂阳光晒背，找群朋友喝个小醉，像猫咪那样得睡，忘却辗转尘世的累。劳动节快乐！

不是每朵浪花都为海滩而来，不是每颗星星都为夜幕而来，不是每次细雨都为麦苗而来，只有我的信息为祝福你而来，劳动节快乐。

劳动节幽默俏皮祝福佳句：

五一又到眼面前，包包饺子吃点面；找点感觉甜一甜，猛夸老婆胜从前；两情相悦心相连，这节过得多省钱！

劳工（老公），劳动节希望你愿意为我打扫房间，把身体好好锻炼，经常为我买早点。

五一，不妨出去走走，不妨放松呼吸，走向绚丽阳光，把发黄的心事交给流水，向远去的雾霭行个注目礼。

你劳动节不劳动，是无视国家法令！不是我威胁你，赶快请我吃饭！要不然我把你手机号贴大街上：××热线！而且管饭。

五一快乐祝你：追求一段真情，寻找一个挚友，实现一个梦想，呵护一个家庭，请我吃一顿大餐。

祝"五一"快乐：奖金多多再翻一倍，事业发达再进一步，人气直升再火一点，身体安康再棒一点，人见人爱身边美女再多一群！

19. 母亲节祝酒佳句

温馨的母亲节祝福佳句：

母亲您给了我生命，而我则成了您永远的牵挂。在我无法陪伴左右的日子里，愿妈妈您每一天都平安快乐。

我刚刚邮寄了一份礼物。希望它能赶上母亲节到您手上。祝您有一个很快乐的母亲节。我希望能在那边与您一起分享。

向天下所有妈妈们、准妈妈们致敬，你们辛苦了！

亲爱的妈妈：您是我的骄傲！祝愿您身体健康，笑口常开！

祝母亲：一笑忧愁跑；二笑烦恼消；三笑心情好；四笑心不老；五笑兴致高；六笑身体好；七笑快乐到；八笑皱纹少；九笑步步高；十笑乐逍遥！

在这个特殊节日，我送你三个朋友（一个陪你终生，一个伴你左右，另一个留你心中）！她们的名字分别叫"健康"、"平安"和"快乐"，请妈妈笑纳！

妈妈，您辛苦了，我希望我能使您晚年生活更幸福。

您善意的叮嘱，我不懂珍惜，一旦您不在我身边，我才晓得您对我的可贵。妈妈，希望您大人不记小人过，平安快乐每一天。

祝妈妈工作顺利，身体健康，心情愉快，赚钱多多。

祝妈妈节日快乐，幸福安康，青春长驻心中。

思念是一季的花香，漫过山谷，笼罩您我；而祝福是无边的关注，溢出眼睛，直到心底。

有人说，世界上没有永恒的爱；我说不对！母亲永恒，她是一颗永远照亮我的星。

感人的母亲节祝福佳句：

dear 妈妈：这十几年来您辛苦了！希望在这特别的日子送上我特别的问候！祝：母亲节快乐！妈妈我永远爱您！

在这个特殊的节日里我衷心祝福我的妈妈节日快乐！道一声您辛苦了！

妈妈我感谢您赐给了我生命，是您教会了我做人的道理，无论将来怎么样，我永远爱您！

岁月的流逝能使皮肤逐日布满道道皱纹，我心目中的您，是永远年轻的妈妈。

祝福是份真心意，不用千言，不用万语，默默地唱首心曲。愿您岁岁平安，如意！

妈妈，如今我也做了母亲，您的辛苦，您的爱，我也体会更深。祝您母亲节快乐！

妈妈，您永远在我心中最柔软、最温暖的地方，我愿意用自己的一生去爱您，祝您母亲节快乐！

妈妈：祝您健康长寿！永远年轻！天天快乐！

妈妈，这世上永远那么温柔的，只有您。感谢您，妈妈！

工作，常常让我流连；爱情，时时让我留恋。纵然想念不相见，对母亲始终有亏欠。就让风带去我的挂念，就让云捎去我的祝愿：祝亲爱的妈妈永远快乐！

我好比一只小鸟，每根羽毛上有着您的深情抚爱和谆谆教导，让我在外面的天地间自由飞翔，您的臂膀好比大树，永远是我温暖的家。

您的爱是崇高的爱，只是给予，不求索取，不溯既往，不讨恩情。

妈妈，我曾是您身边的一只备受关怀的小鸟，今天它为您衔来了一束芬芳的鲜花。

妈妈，不论您在哪儿，那里就是我们最快乐和向往的地方。

妈妈，您的怀抱最温暖！无论我走多远，心中永远眷恋您。

妈妈，今天是母亲节我想对你说："妈妈，我爱您。"

妈妈，您在哪儿，哪儿就是最快乐的地方！

妈妈，您生我、养我、育我……在这个节日里，儿子向您问好，希望您身体健康、万事如意！

走遍千山万水，看过潮起潮落，历经风吹雨打，尝尽酸甜苦辣，始终觉得您的怀抱最温暖！不论我走多远，心中永远眷恋。祝妈妈母亲节快乐！

我若是大款，您就是大款的妈妈。我若是总统，您就是总统的妈妈。不管我将来人生的路将是怎样，我都会永远爱您，妈妈！

希望今天，所有的母亲都会从心里微笑，为了儿女，为了所有，只要妈妈快乐，我们就快乐！

妈妈你的女儿长大了我也懂事了你放心吧！没有我的日子你要更加保重你自己！

妈妈：祝您健康长寿！永远年轻！天天快乐！

世间没有一种爱能超越您的爱，没有一种花能比您美丽，没有一种面容比您的慈祥，您还有一个世界上最最好听的名字：妈妈！

想送您康乃馨，您总说太浪费；想请您吃大餐，您说在外面没家里吃的香；想送您礼物，您总说家里什么都有。但有个礼物我一定要送：妈妈，我永远爱你！

今天是母亲节，愿你永远健康，美丽；一切事情都顺心如意。没有鲜花，没有礼物，只有我深深的祝福！

希望能在这样节日里对母亲说声：妈妈，你辛苦了，儿子在有生之年，会孝顺你老的，母亲节快乐！

外边风吹雨打折磨着我，屋内和煦的阳光温暖着我，因为屋内有您，我爱您妈妈，永远永远！

20. 父亲节祝酒佳句

温馨的父亲节祝酒佳句：

您的坚忍不拔和铮铮硬骨是我永远的榜样，我从您那儿汲取到奋发的力量，走过挫折，迈向成功，爸爸，您是我的榜样，我爱您！

爸爸，您是最棒的！

爸爸，请再拥抱我一次！

爸爸，你在我心里最最伟大！

愿天下所有的父亲都能够真正的珍爱天下所有的母亲，成为她们相互支撑的一个臂膀。

爸爸，感谢您为我做的一切，我一定会加倍努力工作学习来报答您的养育，我爱您。今天是父亲节，我深深的祝福您节日快乐！

爸爸的教诲像一盏灯，为我照亮前程；爸爸的关怀像一把伞，为我遮挡风雨。祝您父亲节快乐！

老爸，你在我心中永远是最有型，最棒的父亲，祝您父亲节快乐！！

祝我多才多艺的爸爸节日快乐，你永远是我心中的偶像——就是明星那样的人物！

亲爱的爸爸，很怀念儿时你常带我去公园游玩，那时你的手掌好大，好有力，谢谢你对我的培养，祝父亲节快乐！

约一缕清风求上天保佑你的父亲健康、快乐！是他的辛劳才有了现在的你，也得以让我因有你而感到世界的美好。

父亲时时都有许多方法逗我开心，父亲总是最关心我的一个，父亲我爱你！祝父亲快乐！

每当想起你我就无比的自豪，是你时刻在激励我不断奋进。在这个特殊的节日里我祝福你！

您的付出、您的祈盼，只为我们的成长。谢谢您，爸爸。

一年一度您的日子，在没有我在身边的时候希望也能快快乐乐过每一分每一秒。老爸，辛苦了！

轻轻一声问安，将我心中的祝福化作阳光般的温暖，永恒地留在您眼中、您心中。

永远我都会记得，在我肩上的双手，风起的时候，有多么温热；永远我都会记得，伴我成长的背影，用你的岁月换成我无忧的快乐！祝福爸爸节日快乐！

多少座山的崔嵬也不能勾勒出您的伟岸；多少个超凡的岁月也不能刻画出您面容的风霜，爸爸，谢谢您为我做的一切。父亲节快乐！

爸爸，是您让我拥有了更广阔的天空，是您让我看得更高、更远。

把无数的思念化做心中无限的祝福，默默地为你祈祷，祝你健康快乐！

您是一棵大树，春天倚着您幻想，夏天倚着你繁茂，秋天倚着您成熟，冬天倚着您沉思。

老爸，我给你找来你喜欢听的那首曲子了，祝老爸开心！

女儿对父亲的感激是无法言语的，谢谢你，爸爸！

我的脉搏流淌着您的血；我的性格烙着您的印记；我的思想继承着您的智慧……我的钱包，可不可以多几张您的钞票？老爸，父亲节快乐！

感人的父亲节祝酒佳句：

父爱，伟岸如青山；圣洁如冰雪；温暖如骄阳；宽广如江海！老爸，父亲节快乐！永远爱您的女儿！

欢乐就是健康。如果我的祝福能为您带来健康的源泉，我愿日夜为您祈祷。

我要向所有人大声宣布：爸爸，我爱你！

爸：为了儿子的人生您辛苦了大半辈子！今天是您的节日，儿想对您说：谢谢您，我最亲最爱的爸！

爸爸，在这特殊的日子里，所有的祝福都带着我们的爱，挤在您的酒杯里，红红深深的，直到心底。父亲节快乐！

敬爱的爸爸，祝福您岁岁愉快，年年如意。

只一句"父亲节快乐"当然算不了什么，但是在喜庆吉日里对您格外亲切的祝福，包含多少温馨的情义都出自我的内心深处。

爸爸，今天是父亲节，节日快乐哦。虽然，你有时很凶，但是我知道你是爱我的，是吗？在这里祝你快乐，健康！

敬爱的爸爸，父亲节快乐，祝福您岁岁愉快，年年如意。

每当想起您我就无比的自豪，是您时刻在激励我不断奋进。在这个特殊的节日里我祝福您，父亲节快乐！

您常给我理解的注视，您常说快乐是孩子的礼物。所以今天，我送上一个笑，温暖您的心。爸爸，祝父亲节快乐！

父亲给了我一片蓝天，给了我一方沃土，父亲是我生命里永远的太阳，祝父亲节快乐！

昨天遇到天使在淋雨，我便把伞借给了她，她问我是要荣华还是要富贵，我说什么都不要，只要爸爸身体健康，晚年生活幸福，祝父亲节快乐！

年少的青春，无尽的旅程，是父亲带着我们勇敢地看人生；无悔的关怀，无怨的真爱，而我们又能还给父亲几分。祝父亲永远开心，父亲节快乐。

献给父亲无限的感激和温馨的祝愿，还有那许多回忆和深情的思念。因为父亲慈祥无比，难以言表，祝所有的父亲，节日快乐！

删除昨天的烦恼！确定今天的快乐！设置明天的幸福！储存永远的爱心！粘贴美丽的心情！复制醉人的风景！打印你迷人的笑容！祝父亲节好运！

其实天很蓝，阴云总要散，其实海不宽，此岸到彼岸，其实梦很浅，万物皆自然，其实泪也甜，祝你心如愿，我的想法很简单，只要你快乐！祝父亲节开心！

我送你一棵忘忧草，再为你逮只幸福鸟，当幸福鸟含着忘忧草向你飞来时，请把你的心整理好，那是我对你最好的祈祷：希望你快乐到老！祝父亲节好运！

跳动的音符已响起，悸动的心雀跃不已，心有千万个祝福，借着和缓的风，飘送围绕在你身旁。只愿你人生无烦恼，快乐永相伴！祝父亲节快乐！

父亲节送父亲一件外套，前面是平安，后面是幸福，吉祥是领子，如意是袖子，快乐是扣子，让它伴父亲每一天，祝父亲节日快乐。

秋天给人深深的思索，父亲就像秋天般凝香，留给我们的瑰宝是哲人的深思明辨，还有那从容处世的信条，在父亲节来临之际，祝所有的父亲节日快乐。

走过山山水水，脚下高高低低；经历风风雨雨，还要寻寻觅觅；生活忙忙碌碌，获得多多少少，失去点点滴滴，重要的是开开心心！祝父亲节快乐！

天使说只要站在用心画的九十九朵郁金香前许愿，上帝就会听到。我把花画满整个房间，终于上帝对我说：许愿吧。我说：要父亲永远地快乐！

白云从不向天空承诺去留，却朝夕相伴；风景从不向眼睛说出永恒，却始终美丽；我没有常同你联系，却永远牵挂，祝父亲节快乐。

如果，父亲是一棵沧桑的老树，那么，我愿是那会唱歌的百灵，日夜栖在父亲的枝头鸣叫，换回父亲的年轻，让父亲永远青翠。父亲节到了，祝父亲节日快乐！

掌心留存父亲的温暖，血管流淌父亲的激情，脸庞再现父亲的青春，眼神继承父亲的刚毅，父亲节到了，祝所有的父亲身体健康，节日快乐。

父亲是雄鹰，我是小鸟；父亲是大树，我是小草；父亲是我老爸，我是父亲那个调皮的孩子，今天父亲节，祝所有的父亲开心快乐，节日愉快。

21. "八一"建军节祝酒佳句

温馨的建军节祝酒佳句：

掉过皮、掉过肉，只为比武争上游；流过血、淌过汗，不做掉泪男子汉；爬过冰、卧过雪，心里还是一团火；战过寒、斗过暑，默默奉献情永驻。

抗洪抢险需要你，扑灭山火辛苦你，扶弱济困也有你，除暴安良还是你，守疆戍边只有你，保家卫国不能没有你，家中老母念着你，心中情人想着你，祖国人民不会忘记你。

无私奉献是你们恪守的原则，报效祖国是你们实践的理想，值此"八一"到来之际，让我向你们学习、致敬。

我要把最美丽的鲜花送给你，我要用最美丽的诗行来赞美你，因为你是——新时期最可爱的人……

"八一"到,辛苦了,全国人民问你好,你是祖国的铜墙,你是母亲的骄傲。

"八一"祝福:一马当先行军路,一鼓作气进攻路,一路高歌得胜路,一气呵成事业路,一心一意爱情路,一呼百应友谊路,一帆风顺人生路,一马平川身前路。嘿!庆功的时候,可不能一毛不拔哟!

风铃的浪漫在于勾起人们对美好生活的向往,驼铃的深沉在于激起人们对锦绣前程的憧憬,手机的铃声让你知道有人还在惦记你,见不到你的日子里依然想着你……"八一"快乐!

嘿!傻傻的兵哥哥,我把"八一"的祝福挂在哨所前面的那棵树枝上了,"八一"可别忘了早点起床捡祝福哟!

有一种追求,叫精忠报国;有一种日子,叫与星相守;有一种情愫,叫思家念亲;有一个佳节,叫"八一"建军。祝福战友!

阳光是我的祝福,月光是我的祈祷,轻风是我的呢喃,细雨是我的期望——流星划过的刹那,我许下心愿:祝正在摸爬滚打的战友,事事皆好!

流星划过天空,我错过了许愿;浪花溅上岩石,我错过了祝福;故事讲了一遍,我错过了聆听;人生只有一回,我却结识了你这个好战友,"八一"邀你共快乐!

装满一装甲车祝福,让平安为你开道;卸下一步战车厚礼,让快乐与你拥抱;空投一战斗机真情,让幸福把你围绕;我们的节日已到,让健康对我们的亲人关照,祝全体军人阖家幸福。

军人用理想充实头脑,用意志铸造信念,用绿色装点青春,用生命抒写忠诚,把情感思念打入背囊,把责任荣誉刻入心田。

东海有大海晨曦,南国有椰海蕉林;北方有长风骏马,西域有牧歌苍鹰。我站在高高的哨所,向火红的军旗敬礼!

22. 教师节祝酒佳句

温馨的教师节祝酒佳句:

师恩重如山,学生不敢忘,在踏入大学校门的时候,祝福您身体健康,万事如意,桃李满园!

即使当我面对众人的惊慕与赞许,也不敢沾沾自喜,因为我永远是站在您的肩膀上的。

经历了风雨,才知道您的可贵;走上了成功,才知道您的伟大;谢谢您我尊敬的老师!

当我们采摘丰收果实的时候,您留给自己的却是被粉笔灰染白的两鬓白发。向您致敬,敬爱的老师,节日快乐!

一个个日子升起又降落,一届届学生走来又走过,不变的是您深沉的爱和灿烂的笑容。敬爱的老师，并不是只在今天才想起您，而是今天特别想念您！让我借短信送上教师节祝福：健康快乐！

一支粉笔写就您人生的轨迹；两鬓染霜谱成您人生绚丽的乐章；三尺讲台留下您人生的灿烂和辉煌！祝天下老师幸福开心，节日快乐！

轻轻一声问候，不想惊扰您，只想真切知道您一切是否安好。身体安康是学生们最大的安慰。谢谢您付出的一切！

老师，您的每根白发里都有一个顽皮孩子的故事。愿我们的祝福能让您的笑容多一丝欣慰。

虽然我不是您最出色的学生，但您却是我心目中最出色的老师！亲爱的老师，祝您：节日快乐！

学而不厌，诲人不倦，桃李芬芳，其乐亦融融。祝福您，亲爱的老师，教师节快乐！

老师，在阳光下，您给我们雨露。老师，在大地上您给我阳光。您是伟大的，你是无私的，祝老师节日快乐！

老师就像航海的指标，引领着我们向前进！祝老师们教师节快乐！

恩师掬取天池水，洒向人间育新苗！恩师！你因我们而老，我们因你而傲！这深情的称呼："恩师"，是我们真诚的谢语。

离开学校很多年了，每当遇到困难，每当面临压力，但是只要回想起你抓我补考的情景，我想：这有什么呀？离开校园已经六年多了，每每回到学校，总想起那些求学的日子。给我知识，教我做人，老师，感谢您！

老师真希望还能坐在您的课堂上，再听一次您讲的课！老师有什么要我们帮您办的事情吗？有的话快说吧，千万别客气哟，其实这对我们来说是一种安慰呢，真的！

老师我永远记得您对我的教诲，正是您让我明白了做人的道理。老师我已不再顽皮，已在自己的事业中茁壮发展。那清脆的下课铃声都已成为往事。唯一没变的是学生对您的思念。

老师，感谢您用自己的生命之光，照亮了我人生的旅途，对您我满怀感谢之情。

没有人比您更值得如此深厚的谢意。仅这一天远不足以表达对您的感激之情。

因为有了你，世界才会如此美丽，因为有了你，我的生命才会如此多彩！医生治愈人类肉体的伤痕，您，孕育了人的灵魂！

祝您教师节快乐！祝您的花园里鲜花灿烂，果园里硕果累累，愿您堆满灿烂的笑容，丰收累累的满足。爱您的每个人都想看到您笑！

重复着你的故事，我才明白你的昨天。老师，你还好吗？衷心地祝福老师您：身体健康，佳节快乐！

曾经有一位好老师在我的面前,我没有珍惜,如果再给我一次机会,我会说:"我要好好学习!"曾经有一份真诚的关怀放在我的面前,我却没有珍惜,如果上天能够再给我一次机会,我会对您说:老师,谢谢您!

曾经老师很认真的教导,我没有珍惜!如果能让我重来一次,我会再做您的学生!如果要加一个期限,我希望是一万年!曾经的我们现在也成桃李。不管怎么样我们也记得你!祝您节日快乐!万事大顺!

在这个特别的日子里,我想对老师您说声:老师节日快乐!愿您在今后的日子里更加健康快乐!在这个特别的日子里,请允许我送上最诚挚地祝福,祝福老师,节日快乐!

在特殊的日子,献给我的爱人:桃李天下漫花雨,幸福常在你心底!在所有的主任中,班主任的职位最低,但是在所有的主任中,班主任对社会贡献最大。老师,我们永远感激您!

在人生的旅途上,是您为我点燃希望的光芒,给我插上理想的翅膀,翱翔在知识的海洋上。感谢您,老师!在您关注的目光之下,给予了我无尽的信心和勇气!衷心祝您节日快乐!

在笔和纸的摩擦间,你度过了你神圣的一生。祝福你,老师!再也听不到你的教诲,对我来说,真是遗憾。对于你为我付出的辛劳,我无以为报,我说一声"老师,你好!"

23. 中秋节祝酒佳句

温馨的中秋节祝酒佳句:

送你一个月饼,第一层是体贴、第二层是关怀、第三层是浪漫、第四层是温馨、中间加层甜蜜。祝大家有开心的一刻、快乐的一天、平安的一年、幸福的一生。

八月十五将至送你一只月饼,含量:100%关心,配料:甜蜜+快乐+开心+宽容+忠诚=幸福,保质期:一辈子,保存方法:珍惜!

世有渊明,菊花无憾也;世有白石,梅花无憾也;世有嵇康,琴瑟无憾也;世有伯牙,子期无憾也;吾有汝为友,此生亦无憾也!

传统的节日里,我们总会有那种很传统的愿望:花常开、月常圆、人常在……中秋节快乐。

以真诚为半径,用尊重为圆心,送你一圆圆的祝福,愿爱你人更爱你,你爱的人更懂你!好事圆圆!祝中秋节快乐,月圆人更圆!

送一个圆圆的饼,献一颗圆圆的心,寄一份圆圆的情,圆一个圆圆的梦。中秋节快乐!

月有阴晴圆缺,人有悲欢离合。希望从今天起月亮永远是圆的,你永远是快乐的!祝你中秋节愉快!

在此中秋佳节来临之际，愿你心情如秋高气爽！笑脸如鲜花常开！愿望个个如愿！中秋快乐！

千里试问平安否？且把思念遥相寄。绵绵爱意与关怀，浓浓情意与祝福，中秋快乐！

月到中秋分外明，又是一年团圆日，祝你节日愉快，身体安康。

送上香甜的月饼，连同一颗祝福的心，愿你过的每一天都像十五的月亮一样成功！

又是一年月圆夜，月下为你许三愿：一愿美梦好似月儿圆，二愿日子更比月饼甜，三愿美貌犹如月中仙。

月是中秋分外明，我把问候遥相寄；皓月当空洒清辉，中秋良宵念挚心；祝愿佳节多好运，月圆人圆事事圆！

千好万好事事好，月圆情圆人团圆，祝：中秋节快乐，万事如意，心想事成！

举杯仰天遥祝：月圆人圆花好，事顺业顺家兴。

我们的距离虽然远，但是你永远挂在我心中，就如八月十五这一天，希望永远记得我，中秋节快乐。

春江潮水连海平，海上明月共潮生，花好月圆人团聚，祝福声声伴你行。朋友：中秋快乐！

中秋月圆圆，月饼甜又甜。平安的馅，幸福的皮，人民币的盒子，铂金的绳。交给祝福当快递，附个名片是团圆。

明月清风寄相思！让月儿捎上我的祝福传递给你；让思念化作一缕轻风，柔柔地吻过你的脸！

月缺时我想你，月圆时我念你，无论月圆月缺，我的心如那亘古不变的月光默默地为你祝福。祝中秋节快乐。

明月，一闪一闪，挂天边；思念，一丝一丝，连成线；回忆，一幕一幕，在眼前；但愿，一年一年，人圆全。

月到中秋分外明，节日喜气伴你行。人逢喜事精神爽，人团家圆事业旺。节日愉快身体硬，心想事成您准赢。

搞笑的中秋节祝酒佳句：

精灵说：原本有心爱相随，付出寸心尔相对，两人无缘难相配，牛过独木是为谁，无言难评是与非，宝玉是为女儿醉！每句打一字，再加上"幸福"就是我对你最美好的祝愿！祝中秋节快乐！稍候公布谜底！

在人月两团圆，普天同庆的日子里愿你：有泡不完的帅哥！"吊"不完的凯子。随心所欲（遇）！花好月圆人更"圆"！

明月几时有，把饼问青天，不知饼中何馅，今日是莲蓉，我欲乘舟观月，又恐飞船太慢，远处不胜寒。

我正着手筹备公司生产月饼。用浪漫做皮；用温馨做馅；幸福做蛋王；懂得品味的人不需要多，最好只有你一个！

嗨，嫦娥让我给你带个话，今年中秋给她留点月饼渣，她明年会给你送个大金月饼。祝中秋节快乐！

24. 国庆节祝酒佳句

国庆节家宴祝酒佳句：

淡照霜飞的是一丝银菊，书写秋空的是一片月华，温润心田的是一抹恩爱，缘系今生的是一世情缘。国庆佳节，与你相聚！祝福大家财源滚滚，步步高升。

祝福你爸爸，祝福你妈妈！没有国，哪有家；没有家，哪有你我。让我们共同祝愿国圆家圆，家和国兴！

举国欢庆齐欢畅，在这个国家的节日里！国庆中秋双双庆，在这个特别、美好、难忘的日子里，让我们全部的华夏子孙共祝愿祖国盛！家团圆！人幸福！

国庆节祝福国家祝酒辞：

神州大地繁花似锦，祖国长空乐曲如潮。在这美好日子里，我们最真诚地祝福：祖国繁荣昌盛！

祖国是我们心中的灯塔，照亮我们前进的步伐；祖国是我们自信的源头，赋予我们无穷的力量。

我在祖国怀里成长，祖国在我心中扎根。

祖国强，我强；祖国富，我富，我和祖国血肉相连。

中国是东方的明珠，是亚洲腾飞的巨龙，是地平线上初升的太阳；祖国在你心中，在我心中，在每一个中国人的心中。

我以我心爱祖国，我以我行报祖国。

祝福伟大的祖国更加强盛，祝福祖国的人民天天向上！祝福你我口袋日见膨胀，祝福我们的爱人健康漂亮！

祝福我们的国家繁荣富强，祝福我们的生活步入小康，祝福毛主席他老人家还有我们伟大的党，国庆节快乐！

共祝愿更加美好，欢腾喜庆的中秋国庆两节，那是不同寻常的好日子，让我们共同祝愿……

不同的民族，同一个祖国。母亲的生日，同喜同喜。

年年国庆，庆祝新胜利；处处笙歌，歌唱大丰收。让我们龙的子孙，共同欢庆伟大祖国的节日！

欣望江山千里秀，欢颂祖国万年春。愿我们的祖国拥有更加灿烂、美好的明天！

国庆节祝福朋友祝酒佳句：

有一种关心不请自来；有一种默契无可取代；有一种思念因你存在；有一种孤单叫做等待；有一种沉默不是遗忘；有一种朋友永远对你关怀！祝国庆快乐！

阳光是明媚的，溪水是清澈的；牛奶是甜的，蛋糕是香的；年轻是幸福的，日子是甜蜜的……我的祝福是真诚的，希望国庆你是开心的!

不管天多高，海多深，钢多硬，风多大，尺多长，河多宽，酒多烈，冰多冷，火多热……我只想告诉你，这些都不关你的事! 十一快乐!

按您的生辰八字，国庆定能发横财。吹个爆炸发型，穿件补丁衣裳，右手拿木棍，左手拿碗，沿街而行，嘴里念念有词: 行行好吧!

行至水穷处，坐看云起时，才发觉人生其实最重要的是: 找一些吃的东西，找一些喝的东西，找一个爱你的人，还有找到一些可以在国庆佳节给你祝福的朋友!

自己活得开开心心就是幸福，让别人过得开开心心也是幸福。幸福是丰富多彩的，只你用心去体会，就会感觉到幸福! 祝国庆快乐!

送给你最美好的祝福，愿你: 国庆、家庆、普天同庆，官源、财源、左右逢源，人缘、福缘、缘缘不断。

秋已至，天气凉，鸿雁正南翔; 红花谢，寒气涨，冷时添件厚衣裳; 有惆怅，看菊黄，霜重色浓更清香! 送如意，送吉祥，天道酬勤祝安康! 国庆快乐!

十一到了，愿你: 一笑烦恼跑，二笑忧愁消，三笑心情好，四笑不变老，五笑兴致高，六笑幸福绕，七笑快乐到，八笑收入好，九笑步步高，十全十美乐逍遥。

生命中的快乐，有谁愿意拒绝，有谁傻傻放弃，幸福其实就在手心，只要轻轻握紧，生活的阳光此生将如影随形! 祝国庆快乐、假期愉快!

国庆节快到了，买辆奔驰送你，太贵; 请你出国旅游，浪费; 约你海吃一顿，伤胃; 送你一枝玫瑰，误会; 给你一个热吻，不对; 只好用心祝你快乐，实惠!

月很圆，花更香，保重身体要健康; 鱼在游，鸟在叫，愿你天天哈哈笑; 手中书，杯中酒，祝你好运天天有! 欢乐多，忧愁少，祝国庆节快乐!

把酝酿已久的创意交给秋风，任其去演绎相思的旋律; 让企盼团聚的心跃上太空，在月宫桂树下再续永恒的主题。国庆节来临之际，愿你心情如秋高气爽，笑脸如鲜花常开。

珍藏滴滴真情，在这个举国欢庆的日子里，让我们一同心醉!

钟声是我的问候，歌声是我的祝福，雪花是我的贺卡，美酒是我的飞吻，清风是我的拥抱，快乐是我的礼物! 祝你国庆节快乐!

真挚的友情如同美酒，浓浓如醇、芳香似溢，秋色的美景带给美的享受，美的流连忘返。朋友，在这幸福的时光里，让快乐和美好永远陪伴着你! 国庆快乐!

愿你在国庆假期天天都有好心情，夜夜都做甜蜜梦，让你时时有人关心、处处受人呵护! 美梦成真，幸福快乐!

25. 重阳节祝酒佳句

对待老人的祝辞可用:

老有所养、老有所乐、幸福安康、长命百岁、身体健康、笑口常开、吉祥如意、福如东海、寿比南山、平平安安、子女孝顺。

温馨的重阳节祝酒佳句：

愿所有的老人平安健康。

祝天底下老人晚年幸福，安康！

祝愿所有的老人开心快乐！

我用彩云编织缱绻的梦境，收集心中每一份感动，许下星空每一个祝愿，交织成一首美丽的乐章，在这重阳节的日子祝愿天下的老人幸福安康。

祝中国的所有老人身体健康，长命百岁。

祝天下所有老人身体健康，平平安安，子女孝顺，长命百岁！

祝福老年人身体健康，过的幸福。

日出＋日落＝平平安安，月亮＋星星＝无限思念，风花＋雪月＝幸福一生，流星＋心语＝祝福万千！祝愿所有老人重阳节快乐！

步步登高开视野，年年重九胜春光。重阳节快乐！

您生命的秋天，是枫叶一般的色彩，不是春光胜似春光，时值霜天季节，却格外显得神采奕奕。祝您老重阳节快乐，健康长寿！

一根扁担挑两筐，三秋雁阵四五行，六六大顺七八项，九九重阳十月忙。农民可亲，丰收喜悦，一起祝福重阳节！

重阳节：我国古代以"六"为阴数，九"为阳数，九月九日正好是两个阳数相重，所以叫重阳"，也叫"重九"，你知道吗？重阳节快乐！

重阳节到了，秋高气爽，愿与你赏菊饮酒，登高遥望，祝你健康…

古枫吐艳，晚菊傲霜。在这丰收的季节里，祝你事业有成，身体健康，心情愉快！

三三令节春时松更高九九芳辰重阳鹤添寿，愿秋风捎去我的思念和祝福，祝你越活越精神，越活越年轻！

老人和彗星之所以受到崇敬都是出于同一个原因：他们都蓄有长胡须，都自称能够预料事变，祝重阳节快乐。

最有诗意的重阳祝酒佳句：

昨日登高罢，今朝再举觞。菊花何太苦，遭此两重阳。

人生易老天难老，岁岁重阳，今又重阳，战地黄花分外香。

江涵秋影雁初飞，与客携壶上翠微。尘世难逢开口笑，菊花须插满头归。

但将酩酊酬佳节，不作登临恨落晖。古往今来只如此，牛山何必独沾衣。

九月九日眺山川，归心望积风烟。他乡共酌金花酒，万里同悲鸿雁天。

九月九日望乡台，他席他乡送客杯。人情已厌南中苦，鸿雁那从北地来。

黄花紫菊傍篱落，摘菊泛酒爱芳新。不堪今日望乡意，强插茱萸随众人。

第四章 万语千言杯中化——答谢酒致辞全攻略

酒之礼：答谢酒礼仪

1. 答谢酒辞写作要点

答谢辞是对所得到的帮助、受到的礼遇、获得的授受表示感谢的一种礼仪文书。

答谢辞的适用范围比较广。就工作礼仪活动来说，主要有：

答谢款待：一般在主人接待宴会上，对受到的热情接待和宴请表示感谢。

答谢迎送：在欢迎、欢送仪式上，欢迎、欢送方负责人致欢迎辞、欢送辞，受到欢迎、欢送的一方代表就要致答谢辞。

答谢帮助：对帮助解决困难、接受捐赠的感谢。一般在捐赠仪式上，接受方负责人或代表要致答谢辞，表达感激之情。

答谢道贺：单位之间有些庆祝活动、庆贺仪式，为了感谢兄弟单位前来参加活动、仪式或其他形式的祝贺，需要在一定的场合表示感谢。

答谢授受：单位团体或个人在受奖、受衔仪式上用致答谢辞表示感激之情。答谢辞一般是在公共礼仪场合，对别人的帮助、招待或欢迎表示谢意时的致辞。答谢辞写作重点在于表达出对对方的殷勤好客的诚挚感谢之情。

答谢辞的写作格式及注意事项：

标题：写"答谢辞"或"在××××上的答谢辞"，有些还可以写上致辞人，如"×××在××××上的答谢辞"。

称谓：写主人和主办单位负责人的姓名、职务和尊称，如"尊敬的×××总理阁下"、"尊敬的×××市长"等。通常在突出答谢主要对象后，再使用泛称以感谢其他人，如"远道而来的朋友们"、"女士们、先生们"等。

正文：是答谢辞的主体，基本内容一般表示感谢、阐明意义和致以祝愿。例如，迎送答谢，写出受到盛情接待的情况、表示衷心的感谢；阐明此行的重要意义和影响；表达今后加强合作、交流的意愿以及良好的祝愿。答谢授受，写出接受奖励、馈赠的心情、意义，并表达授受的态度。

结语：再次表示感谢、祝愿。答谢辞因不同的场合，写法可以不同，有些可以写得活泼些，有些则要庄重些。篇幅不宜过长，要求语言生动、简洁、得体。

注意事项：

（1）客套话与真情。在礼仪场合，必要的客套话是不能省略的，比如"感谢"、"致敬"之类热情洋溢、充满真情的词语。

（2）尊重对方习惯。在异地做客，要了解当地的民情、风俗、尊重对方的习惯。

（3）注意照应欢迎辞。主人已经致辞在前，作为客人不能"充耳不闻"。答谢辞要注意与欢迎辞的某些内容照应。这是对主人的尊重。即使预先准备了答谢辞，也要在现场紧急修改补充，或因情因境临场应变发挥。

（4）篇幅力求简短。欢迎辞、答谢辞都是应酬性讲话，而且往往是在一次公关礼仪活动刚开始时发表的，下面还有一系列的活动等着进行。因此篇幅要力求简短，不宜冗长拖沓，以免令人生烦，主人或主办单位致欢迎辞、欢送辞，客人则要致答谢辞；一方道贺、慰问，另一方就要答谢。答谢辞的写法，结构如下。

专家代表团的答谢辞

女士们，先生们：

我荣幸地代表来自世界各地21个不同国家的科学家，在这里答谢刘市长刚才热情洋溢的欢迎辞。

我感到特别荣幸的是我能代表所有参加此次国际会议的全体"外宾"讲话，因为这是我们第一次有幸在中国参加这一学术会议。

我感谢大会组织委员会对我们的邀请，感谢他们为这次会议的准备工作所付出的辛勤劳动和心血。我们刚到武汉不久，但大会的计划组织工作已给我们留下了深刻的印象。我们同时也感谢中国主人对我们的盛情厚谊。

科学是不分国界的，科学使我们走到一起。我希望今后几天的接触交流将使我们大家都感到满意。看到这样盛大的国际聚会，我感到愉快，我向参加今天会议的所有人员表示祝贺。我相信他们的研究工作达到了本领域的高水平。

刘市长，谢谢你热情的欢迎辞，此外，我们还要感谢武汉市政府和人民，因他们为了我们在这里过得愉快和留下深刻的印象已经做了并且还在做大量的工作。

谢谢！

这是一篇外宾在国际会议上的答谢辞。答谢辞写得比较活泼。写了四层意思，首先说明致辞人的身份和缘由，介绍代表范围和答谢内容，特别说明是"第一次有幸在中国参加"学术会议，言词恳切，富于感染力。其次对大会表示感谢，表述对受到邀请、大会所作的准备及深情厚谊的谢意。然后表达期望，希望会议取得成果。最后再次对主办城市表示感谢！

酒之辞：答谢酒致辞范文

2. 答谢合作方祝酒辞范文

合作一般都是为了双方得共同利益而为的。合作方是投资办学的企业、事业单位、社会团体或个人，也可以是其他有合作能力的机构。一个公司的提升，合作方同样起着主导性的作用。

迎新春答谢合作方酒会祝酒辞

尊敬的××××：

您好！××××、××××与×××合作举办培育计划以来，在各方面都得到了贵校的高度关注和大力支持，对××项目发展起到了重要的推动作用，值此新春佳节来临之际对您的指导和支持表示衷心的感谢！

此次×××新人培育计划在×××年××月份正式启动，是以××青年政治学院优秀的人才资源为基础，以××××与×××创新合作为平台，三强联手，为打造金融界一支"高品质、高素质、高绩效"的专业理财队伍，拓展全新营销模式，共同开发客户资源而启动的优秀毕业生实习培训计划。××月××日举办"广泰新星班"，××月××日在×××网点客户经理和×××项目经理的带领下，××名优秀的实习生正式进驻×××网点进行实习作业。物换星移，转眼到了×××年，通过一个月的实习，学生们已经熟悉了环境、褪去了迷茫，逐步明确了工作职责，从紧张焦虑到自信淡定，从被安排到主动寻求资源，从不敢开口到主动营销，他们已经知道了要做什么，如何去做。在大家的共同努力下，共有××人签下××××"薪加薪"产品新契约的辉煌业绩，又一次展现了××××人"实事求是、朝气蓬勃"的优良传统，大家都快乐而充实的感受着每天的实习生活，品味着成长中的五味杂陈，心智、心境和社会阅历也有了很大的提升……

×××作为中国共青团、国家提前批次录取的重点大学，××××自年成立以来，为社会输送了一大批年轻有为、朝气蓬勃优秀毕业生，成为社会各界的骨干，此次合作实习项目×××学生一如既往的表现了×××人适应环境快、工作能力强的鲜明风格，获得×××和×××各级经理和行长的普遍赞誉。

经过此次合作，××××与××××结下了深厚友谊，我们殷切的希望能够吸引从××××这样优秀人才的摇篮中培养出来的毕业生加盟××××，充实到我们的理财、运营、培训、企划的队伍中来，通过努力将来成为中国寿险行业的栋梁之才；同时，我们还希望在未来××××的党建工作能够得到×××坚实而厚重的师资力量的有力支持。面向未来，相信××××一定能够携手并进、共创辉煌！

最后再一次衷心地祝福您和您的家人在新的一年里身体健康、合家幸福、万事如意！

××××公司
××××年××月××日

3. 升学宴答谢祝酒辞范文

随着一张张火红的高校录取通知书的到来，"升学宴"和"谢师宴"高峰也开始悄然到来。12 年的寒窗苦读，莘莘学子们终于挤过了"独木桥"，马上就要进入梦寐以求的"象牙塔"；录取通知书拿到手了，家长们心里一颗悬着的石头落地，多年的心血终于见到了回报。孩子就要远行，家长不舍；孩子上大学，家长脸上又添光。

不管是家长还是孩子，都应在升学宴上准备好对老师和亲朋好友的祝酒辞，以表达对他们的谢意。

升学宴学子答谢祝酒辞

尊敬的老师、各位亲朋好友们：

大家好！

金秋八月，乡里我家喜迎八方宾朋；秋风送爽，众亲好友齐贺金榜佳话。

今天是个非常喜悦的日子，感谢大家百忙之中抽空来参加今日的宴会，感谢大家前来祝贺我考上大学，今天的宴会大厅因为你们的光临而蓬荜生辉，我和我们全家因您们的如约而至激动不已，在此，我们对各位专程远道而来表示最热烈地欢迎和最衷心地感谢！

今天，我很荣幸请来我的老师，是他们的悉心教育，授业解惑，才会使我有今天的成绩。名师出高徒。尽管我不是高徒，但他们却是名师。因此，师恩难以言尽，千言万语汇成一个字——敬。敬是真情，是感激，永藏在心底。我要把内心最忠诚的谢意送给你们！

今天，我还要特别感谢在我的成长中悉心呵护和照料我的父母，这份深情使我铭记于心。天下没有父母不疼爱自己的孩子，虽然他们平时都很忙，但是他们都在背后默默的支持着我，关心着我，鼓励着我，无论他们的爱是鼓励还是批评，我的父母无时无刻不让我感受到他们是我身后最坚实的后盾，在这里我想说一声"爸爸妈妈，你们辛苦了！""我永远地爱你们！"

今天,有父母的亲朋好友同聚,衷心感谢你们的关心和爱护,你们的到来是我和我父母的骄傲。朋友就是财富,朋友就是力量,我为我父母有你们这些朋友而自豪,谢谢你们的到来。

今天,在座的还有我很多同学,一日同学,百日朋友,那是割不断的情,那是分不开的缘。让我们的青春友情就像钻石一样永恒久远。

今天,我要感谢的人还有很多,虽然我不能一一言谢,但我会对所有的亲情,所有的友情,所有的关心和帮助,所有的鼓励与期待都会念念不忘,我的父母也会念念不忘。

学海无涯,知识无边。我会以大学生活为新的人生起点,勤奋学习,刻苦钻研,争取早日成为国家建设的栋梁之才,以此来回报老师和同学、各位亲朋好友对我和我全家的关爱。最后,祝大家身体健康,万事如意。谢谢大家,干杯!

升学宴家长答谢祝酒辞

尊敬的各位先生、各位女士、各位亲朋好友:

大家好!

首先,请允许我代表我的爱女×××和养育她成人成才的母亲×××女士,真诚地感谢你们的光临!

在我国的源远流长的优秀传统文化中,有广为流传的著名的"四大喜",所谓:"久旱逢甘霖,他乡遇故知,洞房花烛夜,金榜题名时。"近日,喜雨不断,家乡的旱情已解;今天,在我爱女×××的升学宴上,老友亲朋相聚,把酒言欢;刚才,我们又满怀着祝福,目送走一对踏入新婚殿堂的新人。所以,今天到场的诸位亲朋好友,称得上是难得的"四喜"俱全。

今天,我想对我的女儿说,要有一颗感恩的心,感谢你的母亲!感谢你的老师!感谢所有关爱你的亲友!感谢命运!迈进了大学校门,并不等于成才。革命尚未成功,同志应须努力。

今天,我还要祝愿所有的长辈,健康长寿;祝愿所有的来宾,财神、福神、寿星老,相伴到老,一个都不少!

最后,祝大家吃得愉快、喝得痛快、聊得爽快!

谢谢大家!

4. 答谢员工祝酒辞范文

企业和员工的关系,是一种长期固定的关系。员工为企业勤勤恳恳地工作,为企业的发展贡献一份力量。从这个角度说,企业应该感谢员工。员工是企业最重要的合作伙伴,没有了员工的忠诚,企业要想发展壮大,其可能性不言而喻,所以一个企业能否诚信于员工、是否感谢员工是它发展壮大的重要因素。员工的幸福是企业的诚信,作为企业理当感谢在企业发展中做出点滴贡献的所有员工!

那么,公司领导要怎么在公司聚会上自然而然地感谢员工呢?那就不妨说一篇祝酒辞。

公司上市答谢员工祝酒辞

各位亲爱的员工:

在这个对我们有着特殊意义的日子,我谨代表公司真诚感谢您在本职岗位上的辛勤付出与卓越贡献。因为有你们的风雨同舟、荣辱与共,让公司的前行更有力量;因为有你们的辛勤耕耘、恪尽职守,让公司的增长更有质量,让我们得以分享这前所未有的成绩。为此,我们在今天举行员工答谢会,以表达公司对全体员工的感谢之情!

公司的成功上市,将我们的公司推向公众视野,也推动公司驶入企业成长的快车道。由于员工数量的快速增长,我们的目光无法关注到每一位员工,尤其是战斗在一线的基层员工;由于管理平台或制度的不完善,我们的双手很难及时、有效地为每一位员工提供支持;这些,或许让您对我们、对公司、对未来曾经产生怀疑和迷惘。在此深表歉意,并感谢您的理解与包容。但请相信我们对员工始终不渝的关爱,我们也正在通过实际行动将这种关爱落实到您的工作和生活中去。

上市后,我们承担着更多的责任和使命,更需要每一位公司员工务必谦虚谨慎,正视到工作中的不足之处,努力改善和提升自我,深耕笃行,再接再厉,共同成就大美梦想。

最后,让我们共同举起手中的酒杯,为了全体员工的身体健康,万事如意,干杯!

××公司董事总裁新年答谢员工祝酒辞

尊敬的各位来宾、公司的全体干部员工:

晚上好!

就要告别精彩而难忘的××××年,今天我们全体人又欢聚一堂,以无比兴奋的心情,满怀着对来年的希望,在这充满喜庆祥和气氛的新年晚会,让我们一起共同迎接更加美好的新的一年的到来。

值此新年到来的前夕,我首先代表公司向莅临今天晚会的各位来宾和全体员工致以新年祝福!恭祝各位身体健康,万事如意,祝公司宏图大展兴旺发达!并请允许我代表公司,以公司和我本人的名义,向全体员工致以崇高的敬意,大家辛苦了!感谢大家一直以来为公司付出的辛勤劳动和做出的卓越贡献,更加感谢你们的父母,辛苦将你们抚养大,送到公司来和我们一起工作、一起生活,公司的发展离不开他们的功劳。

在这欢庆的时刻，我们不禁回想起令每个人都难以忘怀的一年，公司自从×××年××月份扩大生产以来，在我们不断地努力奋斗下进步成长，使××××年发生了天翻地覆的变化，而这所有的改善都体现了我们员工的智慧。在这一年里，我们接待了许许多多外来企业的参观，也充分说明了我们的成绩，我们为蓬勃发展充满信心，为公司的腾飞感到无比的自信！另外，这一年又是××行业经历急风暴雨洗礼的一年，市场竞争迫使××行业进入优胜劣汰的整合，××××年的下半年又经受了前所未有的国际经济危机风波的冲击。经过这一连串大浪淘沙式的筛选，许多生产企业纷纷倒下，而我们公司在全体人的共同努力下，克服了重重困难，我们走过来了！用事实证明了我们公司是优秀的；我们公司每一位员工都是优秀的。在此我再次以公司的名义向和公司一起走过不平凡的××××年的全体职员工表示感谢！

今天我们满怀信心迎接充满挑战与机遇的××××年，展望新的一年，我们深感任重而道远，面对这更广阔的发展空间和更加激烈的竞争环境，在这希望与困难同在的新形势下，我们企业要继续生存和发展，今年要取得更大的成就，必须全方位地提升我们的品质和管理水平，创造出更好的效益继而回馈广大员工更多的福利待遇。在新的一年里让我们全体人团结一心，克服一切困难，为把公司打造成一个"打工挣钱的理想场所、学习进步的课堂、努力成才的摇篮、成就个人事业的平台"而努力奋斗！

祝大家今晚开心愉快！谢谢大家！

5. 开业典礼答谢祝酒辞范文

开业庆典具有热烈、欢快而隆重的特色，倘若商务人员有幸在开业庆典中发言，则必须谨记以下四个重要的问题：

一是上下场时要沉着冷静。走向讲坛时，应不慌不忙，不要急奔过去，或是慢吞吞地"起驾"。在开口讲话前，应平心静气，不要气喘吁吁，面红耳赤、满脸是汗、急得讲不出话来。

二是要讲究礼貌。在发言开始，勿忘说一句"大家好"或"各位好"。在提及感谢对象时，应目视对方。在表示感谢时，应郑重地欠身施礼。对于大家的鼓掌，则应以自己的掌声来回礼。在讲话末，应当说一声"谢谢大家"。

三是发言一定要在规定的时间内结束，而且宁短勿长，不要随意发挥，信口开河。

四是应当少做手势。含义不明的手势，尤其在发言时坚决不用。

酒店开业庆典答谢祝酒辞

尊敬的各位领导、各位来宾、朋友们：

金秋时节，清风送爽，丹桂飘香。十分感谢大家在百忙之中参加××大酒店开业庆典仪式。我谨代表××大酒店向莅临今天盛会的各位领导、各位嘉宾表示热烈的欢迎和衷心的感谢!向为酒店建设付出心血和汗水的全体施工管理者和工程建设者表示亲切的问候!

千秋伟业千秋景,万里江山万里美。按四星级标准投资建设的××大酒店于××××年××月破土动工以来,全体建设管理者和工程建设者克服地质复杂、施工难度大、资金紧缺等方面的困难,经过两年多的奋力拼搏,保证了酒店顺利开业。建成后的××大酒店,设计新颖、风格别致、功能齐全,无论是主体建筑,还是装饰装修,都构思宏伟、气势恢宏、手笔大气。××大酒店的建设和开业,是我市实现房产经济由管理型效益向经营管理型效益转变的重大举措,对提升整个××市旧城区的档次,打造旅游名市,增添了流光溢彩新的一页。

"有朋自远方来,不亦乐乎"。酒店开业之后,我们期待各位领导、四方来宾、各界朋友予以更多的支持、关心、重视和理解。同时也希望酒店管理公司和全体职员要强化管理,规范运作,热忱服务,爱岗敬业,尽心尽力把××大酒店做成××市乃至全国有品位、有档次、有影响、有效益的一流酒店。

今天,我们略备薄酒,向为项目建设的各位领导、各位来宾及社会各界人士表示衷心的感谢和诚挚的敬意。现在,让我们共同举杯,为××酒店开业,为各位领导、各位来宾事业兴旺、全家幸福、万事如意干杯!

6. 答谢客户祝酒辞范文

任何一个企业都必须依赖客户,客户是企业生存和发展的最重要的资源。客户满意的程度决定了企业赢利的程度,决定了企业发展的思路。企业的落脚点也应该在于使顾客满意,只有掌握了"客户满意"这个原动力,企业才能得到长足的发展。

因此,大多数聪明的公司都会特意举办答谢客户的酒会,以感谢客户们的支持,那么公司领导准备一篇好的祝酒辞肯定是在所难免的。

公司答谢客户祝酒辞

尊敬的各位领导、各位朋友:

××公司于××××年成立。公司组建之初,还是一个不起眼的小公司,而今天我们已发展成一个集产品自主研发设计、生产与工程施工的综合性工程服务公司,成功地成为多家世界五百强企业的长期工程服务供应商。同时,××公司集软、硬件自主研发科技,高质量工程实施能力与高品质设备维护保养服务为一体的核心竞争力正在逐步形成并走向成熟。与此同时,我们的销售业绩也同样保持了快速的增长,在××行业已经享有了相当的美誉度。

这些年来,由于你们的大力支持,我们才共同创下了这可喜可贺的业绩。这些业绩是你们的关心、支持所致，也凝聚了我们公司所有员工的心血与汗水。对于××公司来说，我们积累下来的最大财富不是我们在××行业已经创下的业绩，而是我们拥有了一支能面对困难和挑战，不断进取，不断成长的团队和通过精诚合作与你们建立的良好合作伙伴关系。

过去是难忘而精彩的，未来也必将迎来更多的精彩和挑战。未来五年，××公司将会全力打造以高质量产品、高品质服务为核心的专业团队，更好地为您们提供优质、满意的服务。

在此公司成立××周年之际，我代表××公司全体股东和员工向关心和支持××公司发展的各位领导和朋友们表示最衷心的感谢！并诚挚地希望我们的新老朋友能一如既往地关心、支持××公司的未来发展。现在，让我们共同举杯，为××公司开业干杯！

酒店答谢客户祝酒辞

尊敬的各位领导、各位来宾：

晚上好！

在举国欢庆的元旦佳节，××大酒店迎来了开业×周年华诞。在此，我代表××大酒店向关心支持酒店发展的各位领导及新老客户表示最衷心的感谢，向前来祝贺的各位来宾表示热烈的欢迎。

×年来，××大酒店在上级主管部门及社会各界的鼎力支持和关怀下，始终如一地贯彻"提升品牌、兼顾效益、把××打造成本市一流酒店"的指导思想，以提升品牌为根本，创新营销，大力实施品牌战略，全方位地提高酒店的舒适度和客人的满意度，呈现出经营业绩稳步攀升，品牌形象和美誉度与日俱增的良好发展势头。特别是近两年，面对地震、金融危机等恶劣的外部环境，酒店采取积极有效的应对措施，逆势而上，取得了开业以来最好的经营业绩，实现了跨越式发展。

客户是上帝，是酒店的衣食父母。今天我们隆重地举行开业×周年庆典及客户答谢会，就是为了真诚答谢、密切关系、增进友谊、倾听意见、改善服务。领导的关怀和支持是酒店发展的坚强后盾，宾客的建议是酒店进步的阶梯，忠诚的客户是××赖以生存和发展的基础。××的成绩归功于各级领导的亲切关怀；××的发展应感恩于广大客户的信赖和厚爱。

成绩属于过去，服务永无止境，酒店的软硬件水准与客人要求相比还有差距，我们期待各级领导和广大客户一如既往地关心和支持××的发展，多提宝贵意见，我们珍视每一位客户，关注每一条建议，我们将以×周年庆典为契机，放飞思想、放眼行业、放眼未来，大力弘扬企业文化，以客人的满意为酒店经营的终极目标，把××打造成本市品牌最优、业绩最佳的酒店。

时光酿出欢聚的美酒，合作架起共赢的桥梁，现在我提议，为我们的健康和友谊干杯！

酒之韵：答谢酒祝辞佳篇

7. 答谢祝酒佳句

答谢员工祝酒佳句

今年以来，公司业务保持持续健康较快发展，管理严格规范，服务高效快捷，得到了上级和客户的充分肯定。这一切佳绩的获得，是全司员工上下一心、勤勉敬业和顽强拼搏的汗水结晶！值此新年佳节到来之际，总经理室向你们并通过你们向关心和支持公司发展的家属朋友们深表感谢！并衷心地祝愿大家新春快乐！合家幸福！

龙马素有千里志，不待扬鞭自奋蹄。放心满意创一流，迎接挑战写辉煌！衷心感谢大家的辛勤耕耘和无悔付出！是你们用智慧和汗水浇开了公司强盛之花！值此佳节之际，诚挚地祝福大家吉利相伴！工作顺利！广得财源！幸福梦圆！

在过去的岁月里，通过你们的戮力同心，拼搏进取，实现了让上级放心、让客户满意的工作目标。值此佳节到来之际，公司总经理办公室向全体员工送上深深地新春祝福，祝大家：春节快乐！团圆幸福！

"人心齐泰山移"！今年以来，通过全体员工的团结拼搏，奋发图强，公司创造了一个又一个销售佳绩，从开门红战役大捷到双过半折桂，这里面都饱含着全司员工的心血和汗水，值此新春佳节到来之际，公司总经理室谨向大家深表谢意，并送上诚挚地节日问候。祝大家：新年快乐！月梦同圆！

放心是船，满意为帆。团结是皮，奋进是馅。衷心地感谢全体员工的励精图治和全情付出！祝大家：新春万福！吉利相伴！心想事成！

衷心地感谢全体员工竭忠尽智，恪守职位，践行了"满意在公司，敬业在岗位"的入职誓言，创造了一个又一个佳绩！只有员工的满意，才会带来满意的客户，才能开创公司的多赢局面。祝大家合家团圆、幸福、快乐！

多年来，公司全体员工不论阴晴昼夜，不论寒冬酷暑，心中始终揣着客户，牢记公司发展使命，为公司赢得了美誉，赢得了客户，赢得了市场！值此新春佳节到来之际，谨向全体员工致谢！祈福！衷心地祝愿大家春节快乐！万事如意！

今年以来，全体员工凭着对保险事业的忠贞不渝，披星戴月，风雨兼程，用青春和汗水谱写了一曲曲动人心魄的创业者之歌！值此新春佳节到来之际，公司总经理办公室向你们致以崇高的敬意，并表示衷心的感谢！同时送上美好的祝愿。祝大家：节日快乐！幸福永驻！

答谢客户祝酒佳句

我们希望我们的每个店铺,都能成为顾客交友的平台,在这里,您的朋友遍天下,您的友谊地久天长;都能成为顾客商务活动的平台,借助这个平台,您的事业蒸蒸日上,您的业绩更加辉煌;都能成为顾客家庭团聚的平台,在这里,您的家庭更加和睦温馨,您的家人更加幸福、美满。

今天我们在这里举办这次客户答谢会,一是为了感谢各位一直以来对我们企业的关注,是你们的支持使我们的销售业绩一直名列前茅,我在这里负责任地讲,我们一定会用最好的产品质量来回报各位客户的厚爱,请大家拭目以待。

昨天,我们相识、相知。今天,我们相逢、相遇在××××的天空里,既是一种缘分、又是一种契机、还是一种福气。最后衷心祝福各位嘉宾、各位朋友:家庭幸福!事业成功!安享一生!

升学宴答谢祝酒佳句

一分耕耘一分收获,回首十年寒窗苦读,我已经通过努力迈出了人生道路上坚实的第一步。当然,我能够勇敢地迈出这一步,离不开我的老师和同学们长期以来的鼓励和支持,更离不开我的父母和长辈们的悉心哺育和呕心栽培。在此,我由衷的感谢各位多年来的关心和照顾。最后,我衷心地恭祝各位来宾:事业蒸蒸日上!家庭美满幸福!身体健康!万事如意!

几多师恩几多情,首先,在此,要感谢老师们,是你们无尽的关爱和默默无求的耕耘,我才有了跻身更高学府读书的机会。其次,要感谢各位亲戚、各位朋友。挫折的时候,是你们的鼓励给了孩子前行的力量;进步的时候,是你们的关爱让我们如沐春风、焕发生机!

第五章 乔迁之喜共欢庆——乔迁酒致辞全攻略

酒之礼：乔迁酒礼仪

1. 乔迁酒，妙语暖人心

乔迁一词，出自：出于幽谷，迁于乔木《诗经·小雅·伐木》，"乔迁"即"迁乔"、"迁居"，乔木，高大的树木，意思是说鸟儿飞离深谷，迁到高大的树木上去。在现代常用于祝贺用语，贺人迁居或贺人官职升迁之辞。

迁居，是指举家从原宅迁入新宅（即新房子、装修一新的房子）。家，对每一个人来说都很重要，无论是王侯将相，还是贫民百姓，每一个人都有自己的家！走的再远，都离不开自己的家！家和万事兴！乔迁搬家之喜，更是从古至今被极其重视的事情。人们居住条件有了改善，生活幸福美好，自然是大喜临门，必须进行庆贺，从古至今皆然。所以中国人对乔迁之喜自然很重视。

乔迁对一个家庭来说是一件极为重要的事情，乔迁是另一个新的开始，因此，中国历来讲究搬家时选择良辰吉日，挑个好日子，在古代这叫做"黄道吉日"，古代人迷信，认为一些未知的力量能够对人产生影响，有好的也有坏的。他们认为在天上存在着一些神灵，排班值日，当一些神灵值日的时候，会庇佑人间，就适合干很多事情。比如我们熟悉的"左青龙，右白虎"里的"青龙"，本来是古代神话传说中的东方之神，后来就被人们视为吉神之一，主财喜；再比如"司命造化"里的"司命"，是掌管人的生命的神。这两个神"值班"的日子，就是所谓的"黄道吉日"。现代人搬家，也会去翻一下黄历，要么找个先生选个适合搬家的吉日，希望乔迁会给家人带来平安幸福和好的运气。

乔迁虽然是件高兴的事，但也是一件比较繁琐的事情。人们常说"麻雀虽小，五脏俱全"，更何况对于一个家来呢，需要搬运的东西实在是太多了，因此，一定要提前做好准备，免得临场手忙脚乱。首先要安排好时间。一次搬家一般需要2~4小时不等。若距离远、堵车、或搬运的物品多，则可能时间更长。其次要提前同搬家公司预约车辆，让其按时到达，按时开始搬家。如果物品较多，一车拉不完，最好同时预约多辆车，一次将物品拉走，可以节省时间。另外遇到雨、雪天，最好选择有篷的汽车，以免将物品弄湿。再次要提前收拾好东西。体积较大的箱、柜里的物品要事先取出以免搬家工人抬不动；鞋子等零碎物品最好用纸箱装起来，以免遗失；现金、首饰等贵重的小件物品要随身携带；餐具、茶具等易碎物品要单独包装、单独搬运，以免弄碎。只要事先做好充分的准备，您的搬家一定会非常顺利的。当然，如果你比较注重风水的话，也可以请一个风水先生，来给你指点如何搬家。

不管是旧时还是当代，乔迁当天，主人都会摆上一桌筵席邀请亲朋好友共同庆祝这一个美好的日子。乔迁之礼多在亲朋好友之间举行，有时也会邀上新邻居和装修团队等前来参加，亲友们都会带着礼物登门祝贺，主人摆酒款待，表示感谢。在酒宴上，主人致祝酒辞是必不可少的，来宾为了表示祝贺，也会选择代表向主人致祝酒辞。

主人祝酒的主要目的是感谢前来参加酒宴的亲朋好友，感谢亲朋好友对自己的帮助和支持，感谢装修团队为新房装修所付出的汗水，感谢大家美好的祝愿，并希望大家能与自己一起分享此刻的喜悦。

来宾祝酒有两个目的：一要表达对主人乔迁之喜的祝贺，二要表达对主人盛情款待的谢意。祝贺时要颂扬新房的种种优点，比如房屋地理位置之佳、装饰文雅、宽敞明亮、布局合理等等。

一般家庭乔迁酒宴的祝酒辞，从内容到表达方式都比较自由，但要表现出真挚的情感，真正做到情由心生。诚则真，挚则切，情真意切是礼的灵魂，真诚才能使对方感受到以礼相待的情谊，从而使人与人之间的关系亲密起来，使宴会的气氛更加融洽。

2. 乔迁赠佳礼

所谓安居立业，迁入新居是人生中的一桩大事，所以作为朋友的你，理应要送一份独特礼物庆贺一下，道个喜，送上你真心的祝福。乔迁送礼主要是为了给友人的新房增加喜气和人气，所以，乔迁送的礼物一定要有吉利的含义，才能让主人满意。那么应该如何送礼，送什么样的礼物，才能表达自己的情意，而且有寓意又实惠，又能给人惊喜，让人爱不释手呢？下面将为您提供一些送礼方案和礼物选择，将您对亲朋好友的真诚祝福，在礼品的传递下，一并送入他们的新居，送到他们心里！

推荐礼物之一——花卉，绿植。如君子兰、发财树、滴水观音、富贵龙、绿萝、荷兰铁等常绿植物。一般来讲，新居都是新装修而成，往往经过油漆的刷涂，会产生一些室内环境污染，那么假如能送一些既可以改善家庭新居污染的花卉，又包含财源广进的绿植，那是再好不过的了，一举两得。尤其是一盆能吸附装修产生的有害物质、改善新居环境的绿色植物无论是送给朋友，还是商务乔迁，都将是恭贺乔迁之喜的最好的礼物。

推荐礼物之二——鱼缸。没有人会不喜欢这样的礼物，尤其是一些对风水比较在意的家庭和领导。在中国文化中，送鱼缸具有非常丰富的意义，一则"水"即"财"的意思，缸内有水，水聚财，鱼则通余的意思，寓意深刻；从古至今就有官宦商贾之家在厅堂放置大缸的习惯，养一盆的金鱼、锦鲤，不仅显示其气派豪华，净化干燥的空气，同时寓意"金玉满盆""年年有余"，无限风光。二则摆放适宜，缸内鱼儿游弋，生动至极，观赏感俱佳；三则现代许多家庭都非常注重家庭隔断的作用，而鱼缸则是其完美的替身。鱼缸的样式有隔断式、壁挂式、靠墙式，可根据房间的布局随意的变化其摆放位置。

推荐礼物之三——装饰壁画。壁画是一种具有强烈的艺术冲击力的艺术作品，以其画面梦幻美、造型独特，内涵丰富，格调高雅，赢得了众多人的青睐。所以，壁画一直是家居装饰的重要组成部分，现在的壁画一般有几大分类，古典的、现代的、抽象的、浮雕等等，壁画的主要作用是体现装饰风格，定义主人的个性和艺术喜好。因此，在选择壁画装饰的时候，要结合个人要求，比如主人是成熟稳重型的，一般就应该选择庄重一点、浓一些的油画或者中式国画、题字等；假如主人是年轻时尚的话，壁画的选择就应该往浅色调，抽象、时尚、个性这方面靠拢，可以选择一些无边框油画，现代意识流的作品。如果能根据主人的喜好，送他一幅壁画，他一定会满心欢喜的。

推荐礼物之四——字画。比较儒雅，且不俗气，挂在家里能显出领导的风雅之姿。另一方面，中国人历来讲究涵养，不管是豪门子弟还是暴发户。最愿意听的就是——涵养这两个字！送字画有两方面好处：（1）自己有面子、有品位！（2）本身真正懂字画的人不多，所以钱财方面花的可以比较隐蔽！所以字画适应各个层次的人。字画可以是匾额质地的，也可以是纸质的，但注意内容，可以是一首诗词，也可以是一句名言，绝对不要是字配画，或者画配字，一则显不出主题；二则让人有眼花缭乱的错觉，达不到明心静性的效果。公司乔迁可以用书法：马到成功、一帆风顺、生意兴隆、风鹏正举等。家庭可用：室雅兰香、淡泊明志、宁静致远等。

推荐礼物之五——日用品。如果是一般性的家庭乔迁，可选择一些较实用的日常用品，如家电、被褥、餐具、桌椅、沙发、柜橱等家具和日用品，也可选择巴洛克蜡烛套装、门前踏步垫、花园用具、伞架、野餐用具、花香杯碟套装、门铃、戏梦枕套、烹饪书籍等家庭必需品而主人又没有买的物品。另外，送厨房配件也是不错的选择，这里要特别推荐 GIFTOUR 的祖传大师傅围裙，可调节的颈部系带、舒适的纯棉布料，更加上做旧的视觉效果和风趣的图案设计，送给乔迁的年轻人绝对大受欢迎。

推荐礼物之六——酒与食品。庆祝乔迁新居，食物和酒也是价廉物美的礼物。送酒可选择葡萄酒或玫瑰酒、香槟酒等。食品的选择范围较宽，任何食品都会深受主人喜爱，你可以给主人送上火腿、橄榄油、核桃油、番茄果脯之类的食品。不过，送礼的时候也要注意送礼禁忌，如果朋友是回族的话，你可就不能送火腿了。

推荐礼物之七——特别的乔迁品。

鲜花：庆祝亲友乔迁新居，鲜花是最中性的礼物，既不失品位又能为主人家增添喜气。选择鲜花时，宜送适合阳台养植的盆花，最好是多年生花卉。预先送花，花朵就能在就餐时摆在客厅或餐桌上，增加喜宴的欢乐气氛。

十字绣：不要那种很华丽的，要根据对方装修的风格以及对方的喜好来选择，那样比较相容，否则会显得很突兀。

礼金：如果你实在想不起来送什么礼品好，那就送个红包好了。礼金一定要装在红封包里，并在封包的封套上写上祝贺语和签名。

贺函：不能前去新居祝贺时，以此表达祝贺之情。贺函可长可短，不拘形式，闻讯即发，以免错过时日。

洗衣篮：内盛一些洗衣用品及清洁用品，还可以装待洗的衣物。

酒之辞：乔迁酒致辞范文

3. 家庭乔迁祝酒辞范文

主人祝酒辞范文

女士们、先生们：

晚上好！

首先，我要代表我的家人，对各位的光临表示由衷的谢意！谢谢、谢谢你们。俗话说，人逢喜事精神爽。目前我本人就沉浸在这乔迁之喜中。

以前，由于心居寒舍，身处陋室，实在是不敢言酒，更不敢邀朋友以畅饮。因那寒舍太寒酸了，怕朋友们误解主人待客不诚；那陋室太简陋了，真怕委屈了尊贵的嘉宾。

今天不同了，因为今天我已经有了一个能真正称得上是"家"的家了。这个家虽然谈不上富丽堂皇，但它不失恬静、明亮，且不失舒适与温馨。更重要的是，这个家洋溢着、充满着爱！有了这样一个恬静、明亮、舒适、温馨的家，能不高兴吗，心情能不舒畅吗？

所以，特意备下这席美酒，就是要把我乔迁的喜气分享给大家，更要借这席美酒为同事、朋友对我乔迁的祝贺表示最真诚的谢意，还要借这席美酒，祝各位生活美满、工作顺利、前程似锦！各位请举杯。

来宾祝酒辞范文

各位来宾、女士们、先生们：

大家中午好！

今天是××夫妇乔迁新居的日子，择此良辰大吉之日，我们在这里欢聚一堂，共同祝贺××夫妇乔迁新居之庆，承蒙各位来宾的深情厚意，我们的朋友——××夫妇全家迎来了他（她）们人生的美好时光。

乔迁新居迎宾朋，憧憬未来展宏图，居室纳百川，厅堂进人杰。幽雅宜人的明珠花园，喇叭声声，鞭炮齐鸣，添进幸福美丽人家，真是新新新来处处新，喜喜喜来人更喜。首先，让我代表我们今天的东道主——××夫妇全家对各位朋友的大驾光临表示最热烈地欢迎！

乔迁新居，欢天喜地，张灯结彩，主人欣喜若狂，激动异常。大家看：郎君只是抿嘴笑，女儿天真乐呵呵，女郎心中美滋滋，心的倾诉，情的流露，难以诉说的感情，全部的表达就在这盛宴一瞬间，这里，让我们大家对主人一家精心安排的这场乔迁贺宴表示最衷心的感谢！

各位来宾，让我们举起酒杯，共同祝福××一家一帆风顺、二龙腾飞、三羊开泰、四季平安、五福临门、六六大顺、七星高照、八方来财、九九同心、十全十美！祝各位来宾，财运亨通，四季康宁。现在，我宣布：鸣炮，开席。

领导祝酒辞范文

尊敬的各位来宾、各位亲朋好友、女士们、先生们：

金秋十月，丹桂飘香。在这个收获的季节里，今天，我们欢聚一堂，共同祝贺××乔迁新居之庆。

常言道，人逢喜事精神爽。提到喜事，我们中国人日常生活中，有许多值得祝贺喜事。从传统的角度来讲：久旱逢甘霖，他乡遇故知；洞房花烛夜，金榜题名时，是人生的四件大事。而在今天对于生活在都市的现代人来说，解决住房，装饰一个温馨舒适的家，已成为家庭的头等大事。

俗话说，安居才能乐业。因此购房拥有新的房产是人生当中大事、好事、喜事！××先生一家人，工作上，诚诚恳恳，奋发进取；生活上，务实低调，勤俭持家！因此他们家庭兴旺、事业有成是在意料之中的！他们能有今天的成就是全家人多年来共同努力的结果，值得庆贺；"良辰安宅，吉日迁居"，幸福的生活靠勤劳的双手创造！

作为××先生所在职的××公司领导，我代表我们公司全体员工对××先生乔迁新居表示热烈的祝贺！

并祝××先生家庭："楼舍落成增如意，新居进住呈吉祥"；吉日迁居万事如意，良辰安宅百年遂心；

让我们共享喜悦，举起酒杯，祝所有来宾工作顺利，合家幸福，万事如意。

4. 企业乔迁祝酒辞范文

公司乔迁是指因公司业务发展迅速、经营规模的不断扩大及办公场地拆迁，原有厂房和办公场地已经满足不了公司进一步发展而迁到别处或者是公司因业务发展乔迁到更有利于公司发展的地方等。所以，公司乔迁，对公司里的每一位员工来说，这都是一件值得庆贺的事情。一份精心撰写的公司乔迁贺辞，不但能够表达对公司乔迁最诚挚美好的祝福，还能让它优雅穿梭在这温润的美好时光中。那么，下面就为你精心准备了几篇公司乔迁贺辞的范文，让你温情脉脉的送上自己的祝福。

领导代表致辞

尊敬的各位领导、各位来宾、同志们：

大家好！

今天是一个特殊而又美好日子，在金秋十月，我们携手欢庆，简单而隆重地举行××公司办公大楼的乔迁庆典。首先，我谨代表公司领导和公司全体干部职工，向百忙之中抽空前来庆贺的集团公司老领导、集团公司副总经理、各兄弟单位领导、公司老领导和老同志以及到会的公司各基层单位的代表们表示热烈的欢迎，并致以诚挚的谢意和美好的祝福。

××公司成立于××××年，从最初开始几个人到现在近千人。初期公司经营产品并不固定，客户群少，为此公司一方面加强内部管理，一方面积极探索研发，投入人力、物力，研究新技术，提高产品质量，一步一个脚印扎扎实实地走过来了。

可以说，公司机关的乔迁是××公司发展史上具有里程碑意义的一件大事，也是××公司全体职工的骄傲。公司机关办公大楼——××大厦筹建于××××年，总建筑面积××平方米，尽管期间经历了风风雨雨，坎坎坷坷，但通过全体员工的不懈努力，这栋大楼还是屹立了起来。这是××公司全体干部职工用心血、智慧和汗水构筑了××大厦的基业。借此机会，我再次向始终关心和支持公司发展的集团公司老领导、集团公司领导、兄弟单位领导、向公司老领导和老同志，向公司全体干部职工及默默支持、无私奉献的家属同志们表示衷心的感谢！

"进华堂勤奋依旧，迁新居气象更新"。新办公大楼的落成乔迁，不仅改善了公司机关的办公条件和办公环境，更预示着公司未来美好光辉的发展前景。在新的工作环境中，公司领导和公司机关一定要用高度的使命感和责任感，担负起集团公司领导和全体职工赋予我们的重任，在新的环境和新的起点，以崭新的姿态和更高的要求，扎实苦干，开拓创新，用一流素质，树一流形象，创一流业绩，为××公司的又好又快发展做出更新更大的成绩。

我相信，在地方各级政府和社会各界同仁的支持下，在全体员工的共同努力下，开拓创新，扎实工作，我们一定能抓住机遇，迎接挑战，创出新的业绩，创造更大的辉煌！

最后，祝各位领导、各位来宾和同志们身体健康、工作顺利、万事胜意！

员工代表致辞

尊敬的各位领导、各位嘉宾、同志们、朋友们：

经过×个月的紧张施工建设，新的××公司总部终于落成，这是我们××公司发展中的一件大事。在此，我代表××公司全体员工，向今天前来参加剪彩仪式的市领导、各位嘉宾和朋友们表示热烈欢迎！向一直以来关心、支持和帮助大野公司发展壮大的建设、工商、税务、金融系统及各界同仁表示诚挚的感谢！

××公司从小到大经历了××年的风雨历程，××中我们既经历了坎坷、挫折和逆境，更获得了关心、支持和爱护。××年的发展历程见证了这样的道理：企业的发展壮大需要强有力的外援，依赖广大员工的集体劳动和智慧。

在这××年中，我们最大的收获不是获得了多高的利润，而是赢得了众多"志同道合"的朋友，我们最大的财富是拥有了一大批"以企为家"的员工队伍。没有各界朋友的鼎力支持、仗义相助，就不会有××公司的繁荣壮大；没有广大员工的辛勤汗水和无私奉献，就不会有××公司的崭新局面。借此机会，请允许我再次向各位来宾表示感谢！向公司全体员工表示感谢！

在今后的日子里，××公司将在更大领域与各界宾朋共同偕手、共谋发展。公司内部将继续秉承"以人为本"的发展理念，彰显人文关怀，进一步弘扬"企兴我荣、企衰我辱"的优良传统，将××公司不断做大做强！

下面，让我们共同举杯，为××公司的美好前景干杯！

酒之韵：乔迁酒祝辞佳篇

5. 乔迁宴祝酒佳词佳句

乔迁新居是人生中的大事，当然要好好的庆祝一下，根据习俗搬家是要邀请亲朋好友到家里来做客，感受新居的喜悦。如果你的亲朋好友正好邀请了你，你要送给好友一份什么样的礼物和祝福语来祝贺他/她的乔迁之喜呢？下面就为您提供一系列贺辞（不管是个人搬家还是办公室搬迁）让你在祝贺送礼的同时，能有更多的好的祝福语。

乔迁通用对联祝福语

春风堂上新来燕，香雨庭前初种花。

平安福地，紫微指栋；吉庆人家，春风架梁。
乔木阴浓迁徙莺谷，琼楼秋爽高向蟾宫。
近水楼台先得月，向阳花木早逢春。
春风杨柳鸣金屋，晴雪梅花照玉堂。
择里仁为美安居德有邻，燕喜开新第莺迁转上林。
喜到门前，清风明月；福临宅地，积玉堆金。
春风丽日开画栋，绿柳红花掩门庭。
三阳日照平安宅，五福星临吉庆门。
宏图大展兴隆宅，泰云长临富裕家。
庭树花开莺声送喜，阶兰秀茁燕翼贻谋。
婉转莺歌金谷晓，呢喃燕语玉堂春。
喜延明月长登户，自有春风奉扫门。
五云蟠吉地三瑞映华门，旭日辉仁里祥云护德门。
乔宅喜，天地人共喜；新居荣，福禄寿全荣。
德贤万事顺富吉百年昌，出谷莺声旧来仪凤羽新。

新屋落成逢新岁，春风送暖发春华。
门前绿水声声笑，屋后青山步步春。
里有仁风春日永，家馀德泽福星明。
祥云环绕新门第，红日光临喜人家。
小楼上下皆春意，新第旁围多睦邻。
莺迁仁里燕贺德邻，平安传二字和乐在三春。
花香入室春风霭，瑞气盈门淑景新。
屋满春风春满屋，门盈喜气喜盈门。
燕筑新巢春正暖，莺迁乔木日初长。
移取春风门栽桃李，蔚成大器材备栋梁。
燕贺新巢双栖画栋，莺迁乔木百啭上林。
良辰安宅吉日迁居，安居乐业丰衣足食。
出谷来仁里迁乔入德门，室有迁莺瑞门多吐凤才。
树雄心创伟业为江山添色，立壮志写春秋与日月增光。

乔迁常用祝福短信

蜜蜂筑了新巢，酿了一罐甜甜的蜂蜜；燕子垒了新窝，孵了一群可爱的小燕；蚂蚁挖了新洞，备了一仓过冬的粮食；你也搬新居了，一定能够赚取大把的钞票。

搬新家，好运到，入金窝，福星照，事事顺，心情好，人平安，成天笑，日子美，少烦恼，体健康，乐逍遥，朋友情，忘不了，祝福你，幸福绕。

乔迁新居喜庆事，明媚天气锦上花；新屋新居新景象，处处洋溢美满景；全家齐聚乐一堂，欢欢喜喜来庆祝；家美人乐事事顺，工作事业蒸蒸上！

搬家的时候有些东西一定要带走，比如：幸福，快乐，健康等贵重物品。有些破烂是一定要扔掉的：忧伤，烦恼，无奈！

喜迁新居乐陶陶，吉星高照福满堂。客厅平安齐到，卧室健康齐罩，厨房美好齐降，阳台好运齐伴，就连卫生间，也是财气逼人。恭贺乔迁新居！

掠过过一缕金色的光芒，把你的新家照亮，让幸福弥漫。剪下一片七色的云朵，把你的新家装扮，让美丽永远。撑开一把平安的大伞，让健康和你相伴！

乔迁新居心情乐，旧朋帮忙新邻助；和气一团新家驻，主人开怀客人乐；新房新邻新景象，好事开头接不断；工作顺利家庭美，家庭事业双丰收！

喜闻您乔迁新居，今日特发条短信表示祝贺，房子换新的啦，家具也可以换新的啊！但媳妇还是不要换新的了，因为糟糠之妻不下堂嘛！这个可是必须的！

鞭炮响，锣鼓闹，吉日良辰已来到；好朋友你搬家了，发条短信祝福到：新天新地新福绕，新宅新院新财罩，新邻新友新吉兆，欣欣向荣新面貌！

乔迁新居喜气洋，心爽情爽事事爽；发个短信道祝福，愿你搬家万事顺；喝酒庆祝朋友聚，勿忘邻里左右叫；处好邻里左右事，家庭事业皆美满！

房子换新的了，心情也变得更好，孩子学习成绩更高了，夫妻变的更恩爱，工作更加顺心，那就祝贺你万事随心意吧！

租一辆幸福的车，把快乐装上，让烦恼留下。走一条平安的路，让如意开道，将阴霾驱散。放一挂响亮的鞭炮，让喜庆弥漫。祝你搬到新家乐开怀！

将心情打扫，迎着灿烂的朝阳；将心绪打扫，把烦恼弃之荒凉；将心境打扫，展露兴奋的脸庞；将房间打扫，搬进迷人的新房；祝乔迁大吉，喜气洋洋！

新起点，大发展！乔迁之喜重张大吉，财源广进事业盛金！

开业和迁居都是值得祝福的，无论如何，这都是一个新的开始，用自己的真诚祝朋友迁居开业愉快！

阳光明媚，东风送情，喜迁新居，德昭邻壑，才震四方！祝贺你，又成功向前迈了一步。

乔迁常用祝福词语

新人新居，欢歌笑语；一门瑞气，万里和风；华厅集瑞，旭日临门；莺迁乔木，燕入高楼；吉日迁居，万事如意；笑语声声，共庆乔迁喜；玉荀呈祥、高第莺迁；鸣凤栖梧、燕贺德邻、室接青云、新居落成；堂构增辉、华厦开新、金玉满堂、乔迁志庆；新基鼎定、堂构更新、德必有邻、焕然一新；骏业日新、骏业崇隆、大展宏图、多财善贾；鸿犹大展、骏业肇兴、大展经纶、万商云集；货财恒足、陶朱妣美、鸿犹大展、骏业肇兴；平安福地、紫微指栋、吉庆人家、春风架梁；

第六章 人生得意须尽欢——就职酒致辞全攻略

1. 校长就职祝酒辞范文

尊敬的各位领导、各位老师：

大家好！

对我来说，今天是一个特别值得庆祝的日子，我非常荣幸地被大家选为××学校的校长。首先，我衷心地感谢教委、党委、政府对我的信任与培养，感谢各位老师对我的关爱和支持，尤其是前任校长，他这么多年的艰辛努力，为学校今后的发展奠定了坚实的基础。在此，我向各位领导、老师们以及我们前任校长再一次表示衷心的感谢！

作为××学校的校长，我深知自己的责任重大，在今后的工作当中，我一定努力把自己的政治素质、人文底蕴、学科知识、决策能力、服务精神进一步提高，让自己能够更胜任这一职责，更好地为学校，老师和学生们服务。我一定会通过自己的努力让我们的学校有更大的发展，让我们的教学质量继续提高。要做到这些，必须付出艰巨的努力，但是我不怕，我相信我有能力做得更好。

为了让学校在原有的基础上更好的发展，下一步我们要加强我们的宣传和招生工作，将我们的学校推向所有的学生和家长，让更多的学生和家长了解我们学校。但是，扩大招生不是盲目的招生。在招生过程中，要严禁我们的招生工作只看数量的错误做法，要严把质量关，让我们学校延续可持续的发展策略。与此同时，我们要加强对教学质量的掌控。成绩是硬道理，我们宣传得再好，拿不出好的成绩也是于事无补的，只能让人家说我们夸夸其谈，我们要拿出实际的东西来，让大家信服我们的工作。把更多的学生送入名牌学校，胜过我们千万次的宣传。

我还有很多欠缺和不足的地方，希望在今后的工作中能够得到各位领导、各位同事的大力支持，给我工作上多出些主意，多给些建议，让我们共同为了学校和学生作出自己的努力。更好地为我们教育事业服务，尽心尽力，为将我们的学校推向更高的层面而继续努力。前途是光明的，道路是坎坷的，希望大家能够与我一起克服各种各样的困难，携手创造美好的明天！

此时此刻，我想用一位先哲的诗来形容我的心情与愿望，那就是"智山慧海传真火，愿随前薪作后薪！"

最后，让我们大家一起举杯，为我们学校的美好未来而祝愿，干杯！

2. 学生会主席就职祝酒辞范文

尊敬的各位领导、老师，亲爱的同学们：

大家好！

金菊含笑、秋风送爽，在这个美好的季节，我院新一届学生会成立了。很高兴也很荣幸能被大家推举成为新一届学生会主席。学生会是服务广大同学的集体，是同学们的家，我们每一位学生会成员都是公仆，是志愿者。我非常珍惜老师和同学们为我们提供的这一机会，在此，请允许我代表新一届学生会向给予我们关怀和信任的领导老师表示衷心的感谢，向给予我们鼓励、寄予我们厚望的上一届学生会全体成员表示崇高的敬意，向给予我们支持和帮助的全体同学表示深深的谢意。

上一届学生会在院领导老师的指导下，在各位常委的带领下，在全体成员的共同努力下，成功地举办了丰富多彩的校园文化活动，并且取得了一系列优异的成绩。在丰富了校园文化的同时，也为新一届学生会举办各项活动提供了宝贵经验。为此，作为新一届学生会主席，我再一次代表新一届学生会向上一届学生会的学长学姐们表示崇高的敬意与深深的感谢。面对新一届的学生会，我很荣幸、也很忐忑。我们深知肩上的重任，在继承和发扬学生会优良传统的同时，更要在原来的基础上搭建新的舞台，开创新的局面，努力使我们学生会工作提升到一个新的水平，这对我们不仅仅是一种压力、更是一种动力！

作为学生会主席，在以后的日子中我将以身作则，在各项活动中率先做好。积极为学生会工作奉献自己的一份微薄但很坚实的力量。做个合格的学生干部，就应当以大局为重。这就要求我有高度的责任感和吃苦耐劳的精神！同时，我会不断地武装自己，努力在各方面充实自己，开拓创新，以便进一步地建设好学生会，从而更好地服务于同学们！俗话说："没有最好，只有更好。"相信在团总支老师的具体指导和帮助下，在"严谨、求是、务实、创新"的院风鼓舞下，在广大同学的支持下，只要我们精诚团结、相互合作、彼此鼓励、倡导奉献，矢志不移地面对压力和挑战，我们终会成就一番事业，开创一片天地，但愿明年的今天，当我们把学生会发展的接力棒交给下一届的时候，我们会说：我们是成功的。

无论是在生活中，还是在学习中，我经常用这样一句话来自勉："既然是花，我就要开放；既然是树，我就要成为栋梁；既然是石头，我就要铺成大路。"那么现在，既然我有幸成为一名学生会主席，我就要成为一名出色的领航员！

让我们为学生会一切事情的顺利进行，干杯！

3. 县长就职祝酒辞范文

尊敬的各位领导、各位朋友：

今天，我非常荣幸地被县人大代表选为××县人民政府县长，我深知，这一张张选票饱含着全县人民的支持和信赖，凝聚着全县人民的重托和希望。为此，我既深感荣幸，更感到责任重大。借此机会，我向各位代表、全县人民和所有支持我的朋友表示衷心的感谢！

两个月前，我奉市委之命，到××县任职。从到××县的第一天起，我就把××县当成自己的家，把自己融入××县人民之中，深入到基层去了解工作。虽然我来××县时间不长，但是勤劳智慧、淳朴善良的××县人民时时感动着我、激励着我、鞭策着我。当了短短两个月的代理县长，我深刻体会到：县长就是责任，就是使命，带领人民走上致富之路是我最大的职责。

多年来，××县的县委、县政府一任接着一任勤劳苦干，齐心协力谋发展，为××县的长远发展打下了较好的基础，××县人民永远不会忘记他们。在此，我要向历任和在任的××县县委、县人大、县政府、县政协领导班子成员表示由衷的敬意。

今后，我要在中共××县县委的坚强领导和县人大、县政协的监督支持下，团结带领县政府班子，恪尽职守，尽心尽责，苦干实干，努力推进我县跨越式发展，把××县建设得更加富裕、更加文明、更加和谐、更加美好！

各位代表，我将永远铭记今天，我将牢记人民重托，为了××县美好的明天和××县78万人民的福祉，我愿倾心尽力，鞠躬尽瘁。

最后，让我们举起酒杯，为××县的美好明天共同干杯！

4. 区长就职祝酒辞范文

范文一

尊敬的各位领导、同志们：

你们好！

非常感谢大家对我的信任，选举我为新一届××区人民政府区长，我深知这个选举结果的分量有多重，深知在你们选择的背后代表的是××区55万人民群众的厚爱和重托、支持和希望。我深感无尚光荣，备感使命崇高，更感责任重大。在此，我向各位代表和全区人民致以最诚挚的谢意！谢谢大家！

××区是一片热土，也是一方福地，这里人杰地灵，群贤辈出，底蕴深厚，历史悠久；这里区位优势明显，道路交通便捷，产业基础较好，社会事业繁荣，充满了无限生机和活力。尽管我来××区时间不长，但已深深感受到××区领导班子的团结有力,感受到××区人民群众的淳朴、勤劳和智慧,感受到××区巨大的发展潜力和条件,更加感受到全区上下共同努力振兴××区的强烈愿望。

作为新任区长,今天将是我人生的一个新的起点,今后,站在这个起点上,我一定恪尽职守,不辱使命,不负重托,在市委、市政府和区委的正确领导下,同心同德,开拓创新,励精图治,以实际行动和工作业绩向全区人民交上一份满意的答卷。我相信,有市委市政府和区委的坚强领导,有人大、政协的支持监督,有广大干部群众的共同努力,有历届领导班子打下的坚实基础,我们××区的明天一定会更加美好!

这一杯酒,我先干为敬,以示我的决心。最后祝大家万事如意、心想事成!

范文二
各位领导、同志们:
你们好!

非常感谢大家的信任,选举我为××区人民政府区长,我深深感受到了这一信任的分量,大家选举我担任区人民政府区长,不仅是对我个人的认可和接受,更凝聚着24万××区人民的期望和重托。

此时此刻,从同志们热烈的掌声中,我感受到了大家真切的鼓励和支持;从同志们信任的目光中,我体会到了大家殷切的期待;从同志们投票时的表决结果中,我掂量到了巨大的责任!作为××区新一届政府的区长,我将时刻牢记全心全意为人民服务的宗旨,心为民想,利为民谋,真心实意为人民群众办实事、办好事;我将以扎扎实实的工作作风,勤勤恳恳的工作态度,尽职尽责地干好每一项工作;我将自觉接受区委的领导和人大的监督,认真吸纳人民政协的诤言良策,听取各方面的意见和建议,维护几大班子之间的团结;我将进一步加强学习,不断提高自己驾驭经济工作和应对纷繁复杂局面的能力,以勤补拙,用全身心的投入来弥补自身能力上的不足。在此也恳切希望各位代表,能一如既往地关心支持并监督我和政府的工作,多提批评意见,以使我们能及时地发现问题,解决问题,找出工作中的不足和差距,采取积极有效的措施加以弥补和纠正。作为我个人,能够有机会为××区的建设和发展贡献自己的力量,我深感荣幸和自豪!时代赋予了我们机遇,历史给予了我们舞台,人民寄予了我们重托。我一定倍加珍惜,竭尽全力,不辱使命,把自己全部的心血和智慧,都倾注于我钟情的这片热土和我深爱的××区人民!

各位领导,同志们,党和人民将区长这一"接力棒"传递到我的手中,我虽然感到肩上的担子沉重,但是我对××区发展的前景充满信心。我坚信,有区人大、区政协的有效监督和大力支持,有政府一班人的团结协作,有全区人民的同心同德、开拓创新、励精图治,我将会以实际行动和工作业绩努力向全区人民交出一份满意的答卷。

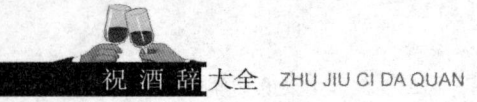

下面我宣布,酒宴正式开始,希望大家都能够尽兴!

5. 工会主席就职祝酒辞范文

范文一

各位领导、各位代表:

大家好!

首先我对与会各位领导对我的支持和信任,向关心和信任我的各位代表、同志们表示诚挚的谢意!承蒙大家的厚爱,选举我担任工会主席,这不仅是对我的一种认同与接受,更是对我的信任和重托,也是对我的鼓舞和鞭策,我为我能有机会为工会的工作尽一点绵薄之力而深感荣幸。在此,我向大家表示我最衷心的感谢!

多年来,我校工会工作在历届工会和全体教职工的共同努力下,已经打下了良好的基础。在今后的工作中,我将备加珍视以前形成的好传统、好经验、好做法,在认真总结经验的基础上,发扬光荣传统,积极开拓创新,在新时期进一步推进教育工会的工作。

虽然我有过在工会工作的经验,但我还有很多知识要向在座的各位领导和委员们学习,还有很多工作要向在座的各位领导和委员们请教,请大家一如既往地支持我、帮助我。我将全心全意依靠广大职工做好我们工会工作。关心、爱护职工、深入了解情况,倾听群众呼声,努力为职工排忧解难,维护职工的切身利益。我一定不断地学习,不断地进步,一心一意求发展,踏踏实实、勤勤恳恳的工作,绝不辜负各位代表和各位领导对我的期望。

各位领导、各位代表,工会工作对我来说是新的起点、新的开始,在今后的日子里,衷心希望大家对我的工作多指教、多帮助、多支持。让我们一起风雨兼程,一同迈向健康发展之路,把工会办成职工们最温馨的家。

再次感谢各位的到来,下面我宣布:宴会开席。

谢谢大家!

范文二

各位领导、各位代表、同志们:

大家好!

首先我要对各位来宾的支持和信任表示衷心的感谢!对关心和信任我的各位领导和全体干部职工表示诚挚的谢意!正是由于你们的举荐,我才能够当选为这一届的工会主席。既然大家这么信任我,我就一定不会辜负大家对我的信任,我会一直努力的工作,为我们每一个职工排忧解难,为我们公司的生产工作提供最大的便利，也确保我们每一个职工的利益都能得到保障。

工会是工人阶级的群众组织，维护他们的利益是工会组织义不容辞的责任，工会的四项职能就是维护、建设、参与、教育。即维护职工的合法权益和民主权利；组织职工参加建设和改革；组织职工参与民主管理；教育职工通过学习不断提高自身道德和业务技术素质。作为工会主席，和谐之本就是正确处理个人与集体、与自然与社会、与单位和他人的关系的核心；将关心职工生活、维护职工利益、保护职工的积极性作为工作的前提；将教育职工、凝聚职工、作好思想政治工作、增强工会的吸引力和凝聚力作为调动职工积极性的重要保证。虽然在以后的工作中会遇到很多的困难，但我一定会不断地学习，鞠躬尽瘁为工作，决不辜负各位代表和各位领导对我们的期望。同时也希望各位领导和同事们给予我们不懈的支持。

尊敬的各位领导、各位代表、同志们，请大家相信我，我会尽快进入角色，将我全部的热情投身到工作中。在今后的工作中，我一定会时刻以工作为第一，帮助工厂和职工取得更大的利益，我一定会为我们厂的发展做出自己最大的贡献。我相信：有局党组的正确领导，有全体会员的积极配合，新一届工会工作将会更上新台阶！

再次感谢各位能在百忙之中参加今天的晚宴，希望大家能够尽情畅饮。

谢谢大家！

6. 客运站站长就职祝酒辞范文

各位领导，各位同志：

大家好！

非常感谢局党组、局领导把客运站站长这个重担交给我，我在感到万分高兴的同时，也感觉到了身上的万分重担。责任大于名声，集体利益大于个人利益。作为一个单位的带头人，一个领导班子的班长，我深切地感受到了肩上的责任重大，在这里我代表我自己也代表我们车站这个新的领导班子，向上级领导表态，一定不会辜负领导对我们的信任和重用，尽自己的最大努力把车站的工作做好，让每一位乘客都满意而归，向上级领导交一份满意的答卷。

客运总站是交通局的一个窗口，更是××市的一个形象窗口。汽车站工作做的好坏直接影响着本市区的对外形象，直接影响着本市区的经济发展和外商投资。因此作为新的班子我们的责任与义务就是团结一心、共同拼搏，带领大家一起，努力工作积极奉献，把这个窗口形象做到完美。

十多年前，客运总站就已经成立了，在各级领导的支持下，在历任站领导的辛勤工作下，在各位站务员的努力配合下，各项工作均做得井井有条，各项制度也逐步健全，总站的各项工作曾经得到了省、市、局、处领导的肯定。作为新的一届领导班子，我们的工作目标就是让环境更加优美、让工作更加规范、让制度更加健全和完善、让服务质量更加提高、让我们的荣誉继续保持。

当然，刚刚接管这个重任，我对工作还有很多不太熟悉的地方，需要时间了解和掌握情况，需要熟悉工作环境。因此，还需要各位同志的大力支持和帮助。相信在上级领导的支持下，在我们的共同努力下，我们客运总站一定会成为本市区的形象工程。

让我们共同举杯，为车站的更好发展，干杯！

7. 建委主任就职祝酒辞范文

各位领导、各位主任：

大家好！

被上级领导任命为建委主任，我感到非常荣幸，对我来说，这是我人生中的一件大事。首先我要感谢各位领导对我的信任和支持。在这一刻，我感到责任重大。在此，我向大家郑重承诺：我一定会恪尽职守，不辱使命，完成重托。

从走上工作岗位到现在，我一直都是在基层工作。而今天，上级把我提拔到了一个新的位置，这对我来说，是一个新的测试，新的考验。

我知道，依我目前的知识，能力和水平，与组织的要求和人民的期望相比，还有一定差距，但我一定会不断的学习，集思广益，努力成为一个有所作为的建委主任。我相信有市委、市政府的正确领导，有市人大及其常委会的支持监督，有建设系统广大干部职工的协力同心，再加上我个人十年部队生活养成的干练作风，××年基层工作培养出的拼搏进取精神，我有决心更有信心按照市委、市政府确定的目标，按照市人大提出的要求，全力以赴抓好各项工作的落实，不断推动我市城市建设工作迈上新的台阶。

目前，××市正在全面建设小康社会，责任重大，任务繁重，而做好城市建设工作更是全面建设小康社会的重中之重。为此，我将团结和带领建设系统广大干部职工，与时俱进，开拓创新，克难制胜，以崭新的风貌、昂扬的斗志、求实的作风、进取的精神，按照"四新"的要求，开创出我市城市建设工作的崭新局面，为我市的经济建设、改革开放和社会各项事业的发展创造良好的条件，打下坚实的基础。

再次感谢各位领导对我的信任和重托，今天在此略备酒宴，以表心意。

8. 升职宴祝酒佳句

人生有三喜："金榜题名时，洞房花烛夜，他乡遇故知。"但我认为应再添一喜，就是"升迁晋升时"，恭贺晋升啦！

深深地祝福倾注我的真诚，清清的小酒融入我的祝愿，祝您：官运福运财运运运亨通，官缘福缘财缘愿愿遂心。

话不在多，一句就行；情不在深，一条就行。恭喜大哥高升啦！

人生需要奋斗，成功在于勤奋，每一份付出都将结出硕果，每一次努力都会离成功更近一步！恭喜兄弟又升啦！

恭祝你：今天比昨天好，一天比一天高！祝你高升，高升，再高升！

我认为您能获得这一职位是再自然不过的了，因为你有广泛的经验，工作勤奋，愿你升迁事事顺利，财源滚滚，身体健康！

听说你升职加薪当主管，汽车手机都新换。股票大涨往上蹿，美女个个围你转。哥们离你虽遥远，恭喜话儿得送全。事事顺心皆如愿，人生得意活得欢。

祝君升职加薪拿奖金，火旺人气交好运，平安健康美好临，快乐幸福吉祥品，万事如意皆开心！

寒天梅花一枝秀，祝君高升心依旧。

您今天所取得的成绩，是您实力的作证，祝贺您取得了又一次胜利，我期待着再次给您发这条短信。

祝君：事业成功身体好，来日更把凯歌奏！祝你的事业欣欣向荣，职位节节高升！

成功的时候有人与你分享快乐，失意的时候有人给你鼓励安慰，实乃人生一大喜事！我的朋友，在此真心的为你快乐，恭喜贺喜，节节高升！

年轻有为，少年得志！希望你再接再厉，勇攀高峰！哥们永远支持你！

其实小弟我会识面相，一直未透露给他人，有句话叫"天机不可泄露"，我早看出大哥要高升啦，在此就破例泄露一次，提前祝贺步步高升！

一份付出就有一分收获，一份能力就有一日出头，我的朋友，别忘记在你高升之时，我也为你感到快乐。

祝福鹏程得志，花盛续登高。顺风顺水，再展宏图。

升了官，可别忘了我们这些老朋友啊！祝你在官场上如鱼得水，步步高升！

祝贺老朋友高升，祝愿你在新的岗位上再创辉煌，节节高升！

福气东来，鸿运通天！否极泰来时重申鲲鹏之志，惜时勤业中展君无限风采，恭祝你步步高升。

祝您的事业欣欣向荣，节节高升！

祝您步步高升，一飞冲天！

芝麻开花节节高，一步一个脚印走下去，终可成大业！高升之时，切不可骄傲，应知道前面的路还很长，继续加油，笑到最后！

第七章 酒逢知己千杯少——聚会酒致辞全攻略

酒之礼：聚会酒礼仪

1. 以酒会友，寄兴寓情

生活百味，现实生活中总有太多的不如意。然而，有朋相聚，不亦乐乎。常言道：酒逢知己千杯少。和朋友一起，畅所欲言，一杯在手，顿感忧愁全无。

朋友就像醇香美酒，越品越有滋味；赏识朋友，令人回味无穷。有的谦逊平和，如甘冽清醇的葡萄酒；有的刚柔相济，如清新典雅的鸡尾酒；有的热情洋溢，如清爽可口的啤酒；有的含蓄深沉，如沁人心脾的果酒；有的坚强刚毅，如浓郁飘香的白酒。不同的性格和阅历，形成了不同的人生态度。不同口味的酒有它独特的品尝方法，与不同的朋友就像品不同的酒，含英咀华，品味人生。

朋友像酒，酒像朋友。友用品德区分，酒用品味辨质，品酒是感官的感觉，交友是感知的感受。人生百味，酒何尝不是百种味。白酒尽管辛辣可却真实热烈，黄酒虽然微苦可淳朴温和，红酒口感酸涩略甜更显得浪漫含蓄，啤酒清凉爽口表现着豁达和随意，香槟口感虽淡却热情似火，鸡尾酒只是默默让你用心去体味她的温柔和伤感。

其实，白酒真实的面目和它内在的滋味，必须在轻闻细品中才可以体会到。一杯白酒在手，你如果猛的入喉，就会感到既辣又冲。若是你先闻再浅饮，你就会感觉到它那特别的滋味直入你的心脾。让你品味到白酒的悠闲雅趣和怡情风韵。似白酒的朋友正直且热情，对你的所为会给予充分的肯定，尽管不是经常的相聚，但会关注你每一阶段的变化，对你的幸福，他会快乐着你的快乐，对你的失意，他也会痛苦着你的痛苦。对你的过失，他会直言不讳的指责，对你的犹豫，他会深思熟虑的劝导。似白酒的朋友尽管看似刻薄但却无比真诚，尽管有些固执但也包容豁达。他是你生活中必不可少的一道大菜，尽管不是每次都入席，可是保证品之有味，并让你回味无穷。

从表面上看，红酒给人的感觉非常浪漫含蓄，不过它却是大众喜爱的佳酿，它玛瑙般的红让人感知它火一般的热情，它水晶样的剔透又让人感到它是那么的幽雅。红酒入口尽管有些淡淡的苦涩，可是它的后味却回味无穷，它让你在苦涩后品味甘甜，在甘甜中得到满足。似红酒的朋友浪漫多情，他（她）是你生活中一道道亮丽的色彩。他会时常给予你些许温馨的陪伴，也会让你感受一些暧昧的尴尬和无奈。它让你总是在患得患失中徘徊，也让你在当机立断中获得满足。似红酒的朋友，其实也像红酒一样，存放时间越长，酒味越佳，喝着时，恋它，不喝时，想它。他使你的人生更加丰满，使你人生道路上多了一段段幸福的插曲，让你在回味中感受他快乐的含义。

　　说到啤酒，它在任何场合都是能够入座的，它既没有香槟酒那般挑剔，不甘于平凡，乐于追求华丽高贵，也不像鸡尾酒那般怀旧、伤感。它很平凡，从来不喧宾夺主，它朴实无华不矫揉造作。啤酒宜大口饮之，一杯猛入肚，满腹的郁闷即刻被埋没在了啤酒的泡沫里。让你顿感气顺神爽。似啤酒的朋友懂得关心和理解，让你在感受他平淡关怀的同时也能感觉他的热情，在繁琐中也能体会他的豁达。他会经常在你的身边出现，观察着你的点滴，他不会咄咄逼人，但他会给你好的建议。啤酒尽管没有白酒那般真实，但它平和且气度非凡，他没有黄酒的淳朴，可是它亲近每个人，称得上是酒中精品，精在它的随意，精在它的包容。他就像是你餐桌上一道开胃的小菜，让你没有办法不爱他。

　　我们平时喝酒，必须带着真挚的感情去品、去喝，才能真正体会到其中的快乐。名利场上和风花雪月间的喝酒，话语中尽管谦恭尊敬，大都是溢美之词，但酒杯后面的人无不是各怀鬼胎、居心叵测。只有和真朋友一起喝酒，才能放下一切，甚至光着膀子在路边摊豪饮，以酒会友，以心交心。与友喝酒，真的是人生中一大乐事。

　　以酒会友，其乐无穷。酒是人生中的一页页画面，朋友是生活中的一段段插曲。酒虽是杯中物，既能消忧解愁给你带来快乐，也能让你痛在杯中乾坤里，伤在醉生梦死中。以酒会友，一饮而尽。朋友就像是你地窖中尘封的一坛老酒，不用常常想起，但一直都会在你的心底。他是你心底最柔软的地方，在你高兴时，他和你一起微笑，在你忧伤时，他陪你一起把心醉透。

　　在生命的旅程中，我们会遇到各种类型的朋友，这些朋友点缀了我们生活的留白处，让我们平淡的生活增添了许多的内容，让我们不太灿烂的人生增加了丰富的色彩。使我们生活的每一段插曲都富有色彩。我们还在人生中不断行走，认真地品味那一杯美酒，珍惜身边的每一位朋友，在品酒中追求你人生更精彩的未来！

2. 欢聚一堂，无酒不席

　　"无酒不成席"，"无酒不成礼"，这已经成为了中国人的传统。

　　无论是拜访亲戚，还是与朋友聚会，席间总要喝酒，其理由就是这句"无酒不成席"的老话。

观察一下就不难发现,中国酿酒、喝酒的历史非常悠久,从考古发掘看,大概在五千年前的龙山文化早期,中国人就已开始用谷物酿酒。到商周,酿酒业已具有相当的规模,国家已有专门职掌酒业的官员酒正、酒人、郁人、浆水等。后人从商周古墓中发掘出了大量的贮酒器、盛酒器、取酒器和喝酒器等。汉代已出现了多种制酒用的酒曲,仅扬雄《方言》一书中就记载了地方名曲八种。西晋制出了可以治病的药酒。这些酒都非烈性酒,有用谷物酿制成的米酒,还有用果物制作的果酒。参照考古发掘来看,烈性白酒大约出现在宋金时代,酒精含量通常是在40度以上,南方和北方也有所不同,南方的多在40~60度之间,北方的多在50~60度之间,有少数高达67度。

由于我国酿酒历史长,酒的种类繁多,要想知道中国历史上共有多少种酒,恐怕是很难讲清的,据相关统计,历代诗歌、小说、县志、传奇、传记、正史等文献里提到过的酒的名字就达三百余种,还有很多现在只知其名,用什么酿制已不清楚,有一少部分酒的制作方法流传到今天。

到了近代,白酒的产量已经非常大了,曾经成为全国第一大酒,黄酒位居第二。但是在近四五十年,啤酒的产量突飞猛进,取代了白酒跃居第一,白酒落到第二位,第三名才是黄酒,接下来才轮到葡萄酒、果酒、药酒等等。

制作白酒的原料主要是粮食作物,有高粱、玉米、水稻、小麦等,通常以高粱为原料的最好。白酒中最著名的当属茅台酒,有一种与众不同的纯自然的酒香,因此有"风来隔壁千家醉,雨过开瓶十里芳"的美名。盛过茅台的空瓶子,香味能留好几天,被人们誉为"酒中明珠",享有"国酒"的美誉。曾在巴拿马国际博览会上夺得金奖。获此殊荣的还有五粮液、泸州特曲,都是白酒。五粮液因用高粱、大米、小麦、糯米、玉米五种粮食为原料而得名,酒液清澈透明,入口柔和甘美,没有强烈刺激性。泸州特曲有"浓香、醇和、味甜、回味长"四大特点。此外,中国名酒还有古井贡酒、董酒、汾酒、剑南春、洋河大曲等白酒品牌。

在古代,人们用"甘露"、"玉液"、"琼浆"称呼酒,用"酒龙"、"酒神"、"酒仙"等称呼会喝酒的人,可见人们对酒的喜爱程度。平日就餐喝酒,能够调节心理平衡;佳节良辰,亲朋相聚,欢宴共饮,可以交流思想,密切关系;亲朋远去,以酒饯行,可表依依深情;客自远方来,备酒接风洗尘,略表款款厚意;适逢知己,千杯恨少;将士出征,以酒壮行;凯旋归来,以酒庆功;喜事临门,以酒庆贺……总而言之,很多事情都离不开酒。

但是,造酒消耗粮食,喝酒过量总会出事,于是自周代开始,历朝历代都有酒禁。汉代法律定,三人以上无故相聚喝酒,罚金四两。元代初年规定"造酒者本身配役,财产女子没官"。尽管规定严格,但是执行未必如此。甚至有些统治者为了多收酒税,还暗中采取鼓励的政策,因此,造酒喝酒不但没被禁止,反倒是越禁越多。追根溯源，这和古代酒是人们就餐的唯一饮品有很大关系。

在中国这个"无酒不成席"且自古就讲究礼仪的国度里，喝酒一定会有喝酒的礼俗。喝酒的礼俗，重点表现在斟酒、敬酒、碰杯、干杯和劝酒等几方面。

斟酒需要把酒杯倒满，正所谓"酒满敬，茶满欺"，是说酒要倒满才是敬客之意，不能像倒茶水一样只倒半杯。同饮之人有长辈和晚辈时，斟酒应从长辈开始。敬酒一种是给在座的每人敬一杯，另一种是重点敬酒，重点人或是长辈或是主人，在座的人要轮流给其敬酒。第三种是同辈之间彼此敬酒，你敬我一杯，我敬你一杯。对于敬酒，通常是不能拒绝的，因为拒绝就代表对对方的不敬，不过如果实在不能喝时可以请人代喝。

碰杯的时候，要站起来用右手举杯，轻轻和对方的酒杯相碰，用力过大或过猛都是不雅观的。晚辈的酒杯必须要低于长辈的酒杯，以示对长辈尊敬之意。干杯是碰杯之后把杯中的酒一口气喝完，喝完后需把酒杯倒过来，让对方看看是否喝干，一次喝完往往被称赞为豪爽、够意思、真朋友。但需要了解的是，对于不能喝酒的，也别勉强，把事情事先讲清，取得对方原谅。劝酒的习俗从古代流传到今天，它的目的就是期望客人尽兴、喝好，这也从侧面表现了中国人的好客。

中国人聚会喝酒还有其他一些习惯，例如一个人自斟自饮的很少，认为一个人喝酒没意思。所以多是夫妻对饮、父子兄弟同饮、亲朋好友聚会干杯。就喝酒地点的选择而言，通常在家里，到饭馆、酒楼的很少，就是亲朋好友相聚，通常喜欢待在家里，这样喝酒、谈话都可以很随便。从情绪方面而言，但凡遇到高兴的事，多喜欢喝酒，以示庆贺，不过也不排除有借酒浇愁的。

和自己家里人一起喝酒多相互敬酒，很少劝酒，每个人喝多少都是随意。亲朋好友一起喝酒，则先敬酒，然后劝酒，气氛往往比较热烈。正式宴会则是不一样的，多是不认识不熟悉的人坐在一起，相对拘谨，气氛也会严肃一些。如果是遇有喜酒家宴，敬酒、劝酒频繁，气氛也能达到沸点。

在我国，各地对酒的喜好也各不相同，江浙一带以喝黄酒为主，北方人多喝白酒，其中北京人一般爱喝酒精含量高的二锅头。不同的酒宴上的酒不同，有的只上白酒，认为啤酒、葡萄酒不够有劲；有的先上白酒后上啤酒；有的则先上啤酒后上白酒；还有的各种酒一起上，任凭客人选用。

就全国各地来说，还有不同的喝酒、劝酒习俗。在安徽一些地方，酒宴上专设有执酒壶敬酒的人，俗称酒司令。客人落座后，酒司令（或是主人）按座位次序给客人斟酒，斟完，主人举杯请客人饮第一杯酒，酒过三巡，菜上两道，酒司令开始普遍敬酒，这叫"满堂红"，在座的每个人都要喝一二杯。有时要重点敬酒，就是找酒量大的，让他多喝几杯。有时让客人相互猜拳，以活跃酒宴的气氛。

在广东的连山县地区，酒宴开始的时候，主人先在地上洒一杯酒，表示驱邪。年纪大的客人用右手指蘸酒在桌子上划个圆圈，祝贺事事圆满，然后主人举杯请大家喝酒，不能喝酒的人可以不喝，却不可以把酒杯扣过来，扣置酒杯，是主人无酒之意，要罚酒三杯。深交的朋友相遇，要你喝我的酒，我喝你的酒，这叫"交手酒"。迟到的客人，要罚酒三杯后方可吃菜。酒喝到六七分时，猜码助兴劝酒，开猜前商定好枚数和酒量，然后由一个客人开猜，叫作"码引"。猜中长者，长者先饮，开猎者后饮。猜中的若是晚辈，不能先喝，待猜中长辈后，长辈喝完晚辈才能喝。码引结束，在座的人自由猜码。

在湖北西北部的一些地区，待客必备就是酒。这里不管男女老少，个个会劝酒。而且劝酒还有一套规矩，分别是推酒司令、门杯、敬杯、转杯、催杯、跳杯、赶麻雀、举手不落台等，这一套规矩下来常常使来客酩酊大醉。

到了宁夏，他们待客习俗有"客不躺倒，酒桌子不撤"的习惯，喝酒之时，主人要多次劝酒，如果自己酒量太差的，通常要请几位"海量"者陪客，通常是猜拳行令喝个通宵，直到客人喝醉才会停止。

在胶东人的喜庆聚会上，第一杯一定是喝红酒，接着喝白酒，宴席结束时，再喝一杯红酒，这叫"满堂红"，以示喜庆、吉利。喝酒时，希望客多饮。敬人酒时自己应先喝，这叫"先饮为敬"。有的地方一次要连喝两杯，称作"双杯吉利"。在鲁西南地方酒席上通常用大碗喝酒，逐次喝完一碗酒，叫推磨。酒喝好时，在酒中加入鱼汤，这个举动表示一醉方休，不然会被认为是"瞧不起哥们"。

常言说"无酒不成礼"，但凡遇到大事一定少不了酒，例如人生几件大事结婚、生育、寿辰、丧事等处处离不开酒。像结婚，从见面到举行婚礼，就有见面酒、定亲酒、婚宴酒席、夫妻交杯酒、回门酒等。生育子女有三朝酒、满月酒、周岁酒等。建房喝酒次数最多的大概要数江西，有的地方从垒墙基到建完乔迁喝六七次酒。总之，酒给聚会和宴席带来了欢乐，是欢聚少不了的饮品。

酒之辞：聚会酒致辞范文

3. 同学聚会祝酒辞范文

范文一

各位同学：

时光飞逝，岁月如梭。毕业18年后，今天在这里的相聚，圆了我们每一个人的梦，非常感谢发起这次聚会的同学！

回望过往的种种，同窗四年，情同手足，那感人的一幕一幕，仿佛就像发生在昨天的画面一样清晰。

此时此刻，让我们打开珍藏18年的记忆，敞开密封18年的心扉，尽情地说吧、聊吧，诉说18年的离情，畅谈当年的友情，也不妨坦白那花季少男少女心中朦朦胧胧的爱情，让我们激情地唱吧、跳吧，让时间倒流18年，让我们再回到中学时代，让我们每一个人都年轻18岁。

在这寒冷的冬天，窗外漫天飞雪，屋里却暖意融融。祝愿我们的同学之情永远像今天大厅里的气氛一样炽热真诚；祝愿我们的同学之情永远像今天窗外的白雪一样，洁白、晶莹。

就在这一刻，让我们一起举杯：

为了同学时代的情谊，为了18年的思念，为了今天的相聚，干杯！

范文二

亲爱的朋友们、同学们：

十八年前，我们怀揣着梦想和憧憬，怀着青年人的热血和激情，从全国各地相识相聚在××大学×班。在那三年里，我们学习在一起，吃住在一起，生活在一个温暖的大家庭里，度过了人生最纯洁最快乐的时光。让我们为18年前的"千里有缘来相会"干杯！

为了我们的健康成长，最终能够成为教育战线上的教学骨干，我们的班主任××老师为我们操碎了心。今天我们特意把他从百忙之中请来，参加我们的同学聚会，对他的到来我们表示热烈的欢迎。让我们为永生难忘的"师生深情"干杯！

时间过的飞快，从毕业那天起，转眼间十八个春秋过去了。当年十七八岁的青少年，而今步入了为人父、为人母的中年人行列。让我们为人生"角色的增加"干杯！

一起来快乐吧，同学们！让我们暂且放下各种心事，和我们的班主任一起，重拾当年的美好回忆，重温那段快乐时光，畅叙无尽的师生之情，同窗之谊吧！让我们为"地久天长"的友谊干杯！

4. 战友聚会祝酒辞范文

范文一

各位亲爱的老战友们：

你们好！

在今天这个欢聚时刻，我的心情异常激动，面对着一张张再熟悉不过而亲切的面孔，心潮起伏，感慨万千。

回望军旅时光，朝夕相处的美好时光怎能忘，那些苦乐与共的峥嵘岁月，凝结了你我情深意厚的战友之情。

数载难忘岁月，弹指一挥间。真挚的友情，紧紧相连，许多年以后，我们战友重遇，依然能表现的天真爽快，依然能够率直地应答对方，这种情景让人备加感动。

现在，虽然因为我们都忙于各自的工作，被家事所累，彼此联系少了，但绿色军营结成的友情，并没有随风而去，而是沉淀成酒，每每启封，总是回味无穷。此时此刻，我们从全国各地相聚在这里，畅谈友情，这样的快乐值得铭记一生。

以前，是革命前辈们用鲜血、青春浇铸着华夏大地，到了今天，早已过了几千个春秋，可是我相信，大家心中还有那份豪气冲天的激情。此时此刻，就为了这份永远不灭的激情，我们也应该举起手中的杯子，大家干杯！

而现在，无数新的子弟兵不断涌起，我相信，无论是现在还是过去或者将来，中国的军人身上永远都有着这样一种豪气，这样一种激情，这样一种信念。为了中国的军队，为了国家的富强，我们干杯！

在最后，我提议，让我们一起举杯，为我们的今天的相聚快乐，为我们的家庭幸福，为我们的友谊长存，干杯！

范文二

老战友们：

在这个吉祥的日子里，我们欢聚在一起，追忆军旅生涯，共叙战友情谊。"战友战友亲如兄弟"这是我们最喜欢唱的歌，什么是兄弟？在我们中国人的眼里那就是同甘共苦！是战友，就是不分你我老酒管够；是战友，就是生死之交风雨同舟；是战友，就是血脉相通兵心依旧。喊一声老战友，胸膛里涌起一阵滚烫的暖流；喊一声老战友，脑海里闪过一串难忘的镜头。战友情，就是支持和信任；战友情，就是理解和尊重；战友情，就是包容和接受。

战友杯碰杯，战友头碰头，功名利禄抛脑后；战友手拉手，知心的话儿说不够。说说过去的辛劳功劳，更多了几分豪情、少了一点烦忧；说说过去的趣闻轶事，更添了几分欢乐、减了一些悲愁。过去，我们说"遇到困难找战友"。现在我们更要说"人生有战友，到老手拉手"。让我们继续保持团结精神，互帮互助，把我们在事业中取得的成功经验，拿出来一起分享；把生活中遇到的挫折困惑，倒出来一起分担。难忘战友一场，在今后的人生路上，让我们一起携手并进、共创美好的未来！

为我们的战友情，干杯！

5. 知青聚会祝酒辞范文

尊敬的各位领导、各位来宾，××知青回访团的朋友们：

大家中午好！

在这里，我们热烈欢迎故人的到来。五年前的九月，曾经为××这片土地奉献出青春和热血的×××名知青朋友，带着×××名××知青的深情和重托，回到了久别的××，回到了曾经魂牵梦系的第二故乡。五年前知青朋友和××老乡重逢时激动人心的一幕幕，时至今日还深深地印记在我们彼此的心里。五年后的今天，我们又迎来了××知青朋友们的回访。这是一个值得铭记的日子，也是××区大喜的日子，深深眷恋着这片土地的知青们回家了，整个××大地再一次激情涌动，热烈沸腾。在这里，我代表××区四大班子以及全区各界群众，热烈欢迎各位知青朋友！欢迎你们常回家看看，也感谢你们多年来对××区父老乡亲的倾情关注！

回望20世纪那段难忘的岁月，五千多名满怀热情的青年，从繁华的大都市，告别父母、告别亲人，意气风发地踏上这片长满蒿草的黑土地，挥洒着他们的激情和汗水，开荒种地，铺路建房，为××的建设与发展献出了青春和热血。与此同时，知青们的到来，更为偏僻落后的边陲城乡带来了外面世界的新奇和渴盼的文明。另外，通过那段岁月的磨砺和锻炼，也使知青朋友们丰富了阅历，坚定了意志，增长了才干。几十年一晃而过，当年的知青都已经子孙绕膝，成为社会的中坚力量。可是你们依然难忘脚下这片神奇的土地。已经离开的，心还始终牵挂着几千里外的塞北；留下来的，依然在为××区的发展辛劳工作，默默奉献着。

有人这样形容，亲人情、战友情，就似一壶陈年的酒，分别时间越久。越能感受到这酒的醇香。此时此刻，彼此互相牵挂的心相聚了，久别的战友重逢了，相聚在我们共同热爱的××区这片土地上。今天的这里，已经发生了翻天覆地的变化。富饶的土地、广阔的草场、茂密的森林和肥壮的牛羊，还有充满生机的城乡村落和勤劳朴实的××人民，一切都凝聚着多年来知青们的热情支持和无私奉献，一切都证明着××区正在朝着强区升位的目标阔步迈进。我们绝对有理由相信，新世纪的××，将在党中央的指引下，在上级党委的正确领导下，在广大知青朋友和社会各界的热心支持和帮助下，必定会从胜利走向不断胜利，从而变得更加文明进步，更加繁荣富裕。

各位来宾，各位××知青朋友，请大家斟满杯中的酒，让我们为难忘的知青岁月，为××与××两地之间的真情永存，为××区的经济繁荣、社会进步和人民富足，干杯！

谢谢大家！

6. 朋友同事聚会祝酒辞范文

范文一
尊敬的女士们、先生们、朋友们：
大家晚上好！

在今天这个吉祥欢乐的日子里，迎来了我们好友同事的首次聚会，在这里我作为代表向大家致以节日的问候和良好的祝愿，对于各位的到来表达最真诚的谢意！

今天的这次相聚，对于我们来参加聚会的朋友而言，是非常有意义的，我们每个人都应该珍惜这次相聚，让我们利用这次机会在一起好好聊一聊、乐一乐吧，大家在一起叙旧话新，聊聊现在和未来，谈谈工作、事业和家庭，衷心的希望我们的聚会能进一步加深朋友之间的友谊，使我们在平时能互相帮助、互相鼓励，从而使自己今后的人生之路走得更加辉煌、更加幸福！

今天短暂的相聚，能一缓我们一时的惦念，却不能了却我们一生的思念，这就是深深的、天长地久的朋友情谊。让我们的聚会成为欢乐的节日，让我们的聚会成为一种永恒，记住这个金秋十月，可能它将永远定格在我们每个人人生的记忆里！人生短暂，但是我们的友情会像钻石一样恒久远……

从今以后，只要我们经常联系，心的距离就会贴的更近，每个人的生活都再不会寂寞。永恒的友情需要呵护，让我们像呵护生命、珍爱健康一样来珍惜我们的友情！

各位朋友，遗憾的是有很多朋友因各种各样的原因，不能来参加我们今天的聚会，在这里，希望我们的祝福能跨越时空的阻隔传到他们身边。最后祝愿全体朋友家庭幸福、事业成功、身体安康！

亲爱的朋友们，为我们永恒的友谊、为我们明天的再次相聚干杯！

7. 老乡聚会祝酒辞范文

各位老乡们，朋友们，亲人们：

大家好！

华灯初上，美酒佳肴。乡情相遇，乡音相知。

今天是一个非常高兴的日子，这次聚会，每个人都是放下手中的工作和家庭的负担才来到这里，此时此刻要衷心地感谢大家的到来，在这里向大家致敬，为我们能欢聚一堂而热烈鼓掌吧！

参天大树，必有其根；四海之水，必有其源。虽然每个人都在不同的地方，但是却时刻挂念着家乡，支持着家乡，家乡更由于你们的鼎力支持变的更加富裕美丽。

亲人们，让我们把自己的酒杯斟满，开怀畅饮，让身在异乡的我们一起在这里组建一个重大的家庭聚会，我们虽然客居他乡，但是我们心中无时无刻不在想念着家乡的一草一木。那故乡的云，那故乡的雨，那故乡的人，想来都是那么的美好，那么的向往。好想回去喝一口故乡的水，让那甜甜的清水沁透心脾。家乡是一首牧歌，美妙而悠扬；家乡是一本书，充实而沉重，家乡是一幅画，清秀而美丽，故土是永远魂牵梦绕的地方，多少个梦里回到那里，依偎在家乡的怀抱，温暖的睡去。

希望今天的聚会可以给大家搭建一座友谊的桥梁，大家从此就是兄弟姐妹。不论年龄，不论地位，不论来这里多久，不论认识还不认识，我们都可以互诉衷肠，传递真诚。在这异国他乡，我们来自同一片土地，受过那片土地的熏陶，让我们伸出温暖的手，握住相亲相爱的情谊。也希望在今后的生活中，各位兄弟姐妹能够互相帮助，有什么事情可以找这里的亲人帮忙！

今晚，同一片乡土拉近了我们，使这里成了家的世界，情的海洋；

今晚，同一句乡音融合了我们，使这里欢声阵阵，亲情荡漾；

今晚，同一份乡情凝聚了我们，使这里激情飞跃，豪情万丈！

现在我提议，请大家举起酒杯，让我们为了美好的未来而干杯吧！

8. 网友聚会祝酒辞范文

亲爱的女士们，先生们：

大家好！

非常高兴能在这样的一个日子里和大家在这里聚会，这也是我们××群自建群以来的首次聚会，很多人为了参加这次的聚会，调整了工作，安排了家里，才能来到这里，在这里衷心的感谢大家的光临，欢迎你们！

这次的聚会在我们××群的历史上，一定会成为值得铭记的一天，希望大家珍惜这样的相聚机会，尽情地聊天、放松的交流，使我们在现实生活中也一样能成为知心朋友。以前我们之间的交往只是停留在网上，现在见面了，可能你还不知道他/她的真实姓名，让我们彼此讲出自己的网名，好让大家一睹你的庐山真面目。让我们不只是网络上虚拟的朋友，而是在现实生活中也能成为好朋友。

现实中的我们，来自不同的城市，来自不同的环境，来自各行各业，可是网络中的我们来自同一个××群，是××群的一员，大家也可以说是一家人，衷心的希望通过这次的快乐聚会，能够增进彼此的了解，使得我们在生活中能够互相帮助、互相鼓励，让我们的生活变得更加美好，同时也使得我们的群更有凝聚力，更有价值。

这次网友聚会唯一的缺憾就是有几位网友，由于各种各样的原因，无法如约赶来和大家聚会，希望我们的快乐能够穿越时空传递给他们。

亲爱的朋友们，让我们共同举杯祝福，祝福大家工作辉煌、身体健康、家庭美满，祝福我们友谊永恒！干杯！

酒之韵：聚会酒祝辞佳篇

9. 朋友聚会祝酒佳句

相聚都是知心友，我先喝俩舒心酒。
路见不平一声吼，你不喝酒谁喝酒？——令打酒官司的人喝一杯
少小离家老大回，这杯我请小姐陪。——与在座小姐对饮一杯
若要人不知，除非你干杯。
天蓝蓝，海蓝蓝，一杯一杯往下传。
天上无云地下旱，刚才那杯不能算。
酒逢知己饮，诗向会人吟。
感情铁不铁？铁！那就不怕胃出血！
会喝一两的喝二两，这样朋友够豪爽！
会喝二两的喝五两，这样同志党培养！
会喝半斤的喝壹斤，这样哥们最贴心！
会喝壹斤的喝壹桶，回头提拔当副总！
会喝壹桶的喝壹缸，酒厂厂长让你当！
跟着感觉走，这次我喝酒。——咳，没办法，喝了吧
酒壮英雄胆，不服老婆管。
量小非君子，无毒不丈夫。
输了咱不喝，赢了咱倒赖，吃不完了兜回来。
酒是米做，不喝不行。
感情深，一口闷；
感情浅，舔一舔；
感情厚，喝不够；
感情薄，喝不着；
感情铁，喝出血。
一两二两漱漱口，
三两四两不算酒，
五两六两扶墙走，
七两八两还在吼。

10. 战友聚会祝酒佳句

峥嵘岁月里,我们共同走过了人生最美好的一段时光,凝结了情深意厚的战友之情。回首如烟的往事,军营生活成了我们挥之不去、永生难忘的美好记忆。

流年似水,弹指间三十年过去。昔日英姿俊朗的青年已是黑发间白发,脸上布满了岁月的皱纹。三十年来,我们迈着退伍军人的步伐,带着梦幻、带着期待走向社会,在不同的岗位、不同的环境中,以军人的气质,历尽艰辛,奋发进取,辛勤劳作,不同程度地取得了一定的成绩。三十年来,社会发生了翻天覆地的变化,环境、机遇和命运,也给我们造就了各不相同的结局。有的战友春风得意,有的战友举步艰难,但没有改变的是我们战友之间的浓情厚意。我们邂逅相遇时,依然能表现出难得的天真爽快,依然可以率真地互相交流。这种不加防范,不加掩饰,不带功利的交际,只有在战友的称谓下才能够无所顾忌。这充分说明我们在人生的黄金时期,生活的浪漫时期,社会的特殊需要时期结下的战友之情,像酒一样,时间越长,越是离开了部队,越醇厚、越珍贵。

在经济大潮冲击下的今天,各种思潮泛滥,所谓人情似纸张张薄,时事如棋局局新。难能可贵的是,战友这个坚贞的字眼,越发显得弥足珍贵,愈发散发出纯情的光彩。我们组织战友聚会,回味军旅历程;我们搭建互通互动平台,沟通战友信息;我们整合战友感情资源,共创共享未来。

我们已步入人生的多事之秋,在以后的日子里,我们应该团结起来,互相帮助,互相关心。如有困难,应多找找战友,哪怕是互相闲聊,互相倾诉,也是一种需要,一种安慰,一种精神寄托。我们还应该薪火相传,接力温暖,把我们魂牵梦绕的战友之情传续到我们的下一代。

战友们,三十年来,我们人在江湖,来去匆匆,偶有相见,很少聚会,今日相逢,千载难遇。让我们想三十年前,话三十年中,看三十年后。我们相聚在军队,我们重逢于这里。美酒带着我们青春的梦幻,追寻着我们过去的脚步;我们带着激动,咀嚼着现在,编织着美好的将来。战友们,情义能让时光倒流,还我青春年少,还我三十年前,还我军旅时光,让我们开怀畅饮,开心畅谈,共同享受人生这年少相交,老来重聚的美好时光。

我提议让我们举杯,为我们相聚快乐,为我们的战友之情长存而干杯!

11. 知青聚会祝酒佳句

友谊是人生旅途中寂寞心灵的良伴,知青之间的友谊更是陈年老酒,越久越是醇香甘甜。

××年前,我们正是十七八岁朝气勃勃、风华正茂的青年,在远离家乡的地方度过了一生中最难忘的岁月。转眼间，走过了××个春夏秋冬，今天的聚会实现了当初分手时的约定，我们重聚在一起，回味当年的青春意气，并咀嚼××年来的酸甜苦辣，真是让我感受至深！

非常感动，这次知青聚会有很多的朋友参加，大家平时工作都很忙，事情也多，但能来的都来了，这就说明大家还没有忘记彼此，心中依然怀着对知青朋友的一片深情，仍然还在思念和牵挂。一晃×年，确实是分别得太久太久，人的一生还有多少个×年啊！这重聚怎么能不叫人高兴万分、感慨万分呢！

知青朋友们，分别了×年，才盼来了这次的聚会，这对全体知青来讲是多么具有历史意义的一次盛会啊，我们应该珍惜这次相聚，就借着这次机会在一起好好聊一聊、乐一乐吧，谈谈过去，谈谈现在和未来，每个人都能从别人×年的经历中得到感悟和收获的话，那么这次知青聚会就是圆满的聚会！

愿知青聚会的举办能加深我们之间的情意，让我们互相扶持、互相鼓励，把今后的人生之路走得辉煌、美好！俗话说一辈子知青三辈子亲，知青之间的友谊就是割不断的情，分不开的缘。这次相聚，相信将永远定格在我们每个人的人生记忆里！

第八章 绝世佳酿赠英雄——庆功酒致辞全攻略

酒之礼：庆功酒礼仪

1. 庆功宴礼仪

庆功宴是一个单位为了总结前一段时间的工作经验和成绩，寻找不足，表彰、鼓励先进，为更好地开展下一步全面工作而进行的一项活动。庆功宴通常有三种形式：宴会、冷餐会和酒会。

宴会是公关活动中较为常见的宴请形式，有午宴和晚宴之分，以晚宴最为隆重和正规。庆功宴的规格应视宴请的人员的身份来确定，规格过低显得失礼，规格过高亦无必要。宴请的范围确定较为复杂，一般以"少"、"适"为原则，没有原则地泛泛而请，只会失去宴请的意义。特别是不考虑涉及公关活动的多边关系而盲目邀集宾客于同一次宴请的做法，很可能会使宴请本身成为公关活动最终失败的导火线。若有必要，还可邀请宾客的配偶出席宴请，不过应该首先明确宾客配偶的出席是仅仅出于礼仪的需要还是可能会对这次活动发生影响，弄清这一点至关重要。

（1）邀约礼仪

庆功宴会或酒会中，因为各种各样的实际需要，宴会的举办人员必须对一定的交往对象发出约请，邀请对方出席某项活动，或是前来我方做客。这类性质的活动，在礼仪中称之为邀约。

在民间，邀约有时还被称为邀请。站在交际这一角度看待邀约，它的实质乃是一种双向的约定行为。当一方邀请另一方或多方人士，前来自己的所在地或者其他某处地方出席某些活动时，主办方不能仅凭自己的一厢情愿行事，而是必须取得被邀请方的同意。作为邀请者，不能不自量力，邀请地位高不可及的人士，自寻烦恼，既麻烦别人，又自讨没趣。作为被邀请者，则需要及早地作出合乎自身利益与意愿的反应。不论是邀请者，还是被邀请者，都必须把邀约当作一种正规的约会来看待，对它绝对不可以掉以轻心，大而化之。

对邀请者而言，发出邀请不仅要求合乎礼仪，以期取得被邀者的良好回应，而且还必须使之符合双方各自的身份,以及双方之间关系的现状。

在一般情况下,邀约有正式与非正式之分。正式的邀约,有请柬邀约、书信邀约、传真邀约、便条邀约等等具体形式,它适用于正式的商务交往中。非正式的邀约,也有当面邀约、托人邀约以及打电话邀约等不同的形式。它多适用于商界人士非正式的接触之中。根据商务礼仪的规定,在比较正规的商务往来之中,必须以正式的邀约作为邀约的主要形式。因此,有必要对它作出较为详尽的介绍。

在正式邀约的诸多形式之中,档次最高,也最为商界人士常用的当属请柬邀约。凡精心安排、精心组织的大型活动与仪式,如宴会、舞会、纪念会、庆祝会、发布会、单位的开业仪式等等,只有采用请柬邀请嘉宾,才会被人视之为与其档次相称。

请柬又称请帖,它一般由正文与封套两部分组成。请柬正文的用纸大都比较考究。它多用厚纸对折而成。以横式请柬为例,对折后的左面外侧多为封面,右面内侧则为正文的行文之处。封面通常采用红色,并标有"请柬"二字。请柬内侧,可以同为红色,也可采用其他颜色。但民间忌讳用黄色与黑色,通常不可采用。在请柬上亲笔书写正文时,应采用钢笔或毛笔,并选择黑色、蓝色的墨水或墨汁。红色、紫色、绿色、黄色以及其他鲜艳的墨水,则不宜采用。

在请柬的行文中,通常必须包括活动形式、活动时间、活动地点、活动要求、联络方式以及邀请人等项内容。比如:

谨订于×××年××月××日下午一时于本市金马大酒店水晶厅举行××集团/公司成立六周年庆祝酒会,敬请届时光临。

联络电话:×××××××

备忘:

在请柬的左下方注有"备忘"二字,意在提醒被邀请者届时毋忘。在国际上,这是一种习惯的做法。西方人在注明"备忘"时,通常使用的是同一个意思的英文缩写"P.S."。

注意以上范文,你可能会发现其中邀请者的名称在行文时没有在最后落款,而是体现于正文之间。其实,把它落在最后,并标明发出请柬的日期,在商务交往中也是允许的。

另外,被邀请者的"尊姓大名"没有在正文中出现,这是因为姓名一般已在封套上写明白了。要是"不厌其烦"地在正文中再写一次,也是可以的。在正文中,"请柬"二字可以有,也可以没有。

附:被邀请者与邀请者名称单独分列的请柬正文示范一则

请柬

尊敬的×××先生:

××月××日下午××时为×××小姐饯行,席设本市×××××××,恭请光临。

联系电话：××××××××

×××谨定

在对外交往中使用的请柬，应采用英文书写。在行文中，全部字母均应大写，不分段，不用标点符号，并采用第三人称，这是习惯做法。

在请柬的封套上，被邀请者的姓名要写清楚，写端正。这是为了对对方示敬，也是为了确保它被准时送达。

以书信为形式对他人发出的邀请，叫做书信邀约。比之于请柬邀约，书信邀约显得要随便一些，故此它多用于熟人之间。用来邀请他人的书信，内容自当以邀约为主，但其措辞不必过于拘束。它的基本要求是言简意赅，说明问题，同时又不失友好之意。可能的话，它应当打印，并由邀请人亲笔签名。比较正规一些的邀请信，有时也叫邀请书或邀请函。

(2) 答复礼仪

受邀请而及时答复，是起码的礼节。复信要写得热情、诚恳、简洁。对正式邀请，通常用第三人称答复，不用签名，文字简短；对非正式邀请，作书面答复时，通常用第一人称，要签名，而且要有一个较大段落，或分成几小段。包括：感谢对方的邀请；愉快地接受对方的邀请；表示期待应邀赴约的心情。

如果你不想出席此次宴会，也要及时予以回复。婉拒邀请的书信总的要求是要写得简洁明了而婉转，不给人被拒绝的感觉。对于正式邀请的谢绝，一般用第三人称写，或由秘书代写，不必签字；对于非正式邀请的谢绝，一般由第一人称写，并要签名。其内容包括：首先感谢对方盛情邀请，并对不能应邀赴约表示遗憾；再简单陈述不能应邀的理由；最后表示相信今后一定会有机会见面，或向邀请人致以问候。

2. 庆功会如何开香槟

在庆祝胜利的宴会上常常会开香槟庆祝。当香槟被轻轻开启，伴随着软木塞滑落，金黄色的气泡从瓶底升腾，仿佛奏响了一曲欢快的赞歌。香槟不但拥有柔顺、清新、易于亲近的美好滋味，如珠串般不停冒升涌起的气泡，更随时令欢欣的庆功会气氛达到最高点。

用香槟来庆祝荣耀的传统源于法国。在1904年法国国庆的时候，法国人组织的探险队成功地抵达南极大陆，此时就是用香槟来庆祝的。如今，在各种形式的庆功宴会上"香槟塔"几乎成为保留节目。香槟塔通常是为了烘托气氛，祝福以后的事业前景节节高。好看的香槟塔并非只具有盛放香槟的作用，其本身就是一个美轮美奂的艺术品，倒了香槟之后，本来就晶莹剔透的杯塔再加上各种颜色的香槟映衬，更具有无以言表的美丽。一般细长形或郁金香形状的高脚香槟杯最能衬托出香槟的优雅，同时也有益于保持香槟的气泡与香气。

在庆功宴上，除非你是特意要制造喷射而出的泡沫，否则开香槟时一定要谨慎小心。如果不想让瓶塞迸射出去打碎吊灯，你必须掌握正确的方法：

（1）左手握住瓶颈下方，瓶口向外倾斜15°，右手将瓶口的包装纸揭去，并将铁丝网套锁口处的扭缠部分松开。

（2）在右手除去网套的同时，左手拇指需适时按住即将冲出的瓶塞；然后右手以餐巾替换左拇指，并用手掌按住瓶塞。

（3）在瓶塞冲出的瞬间，右手迅速将瓶塞向右侧揭开。

（4）如瓶内气压不够，瓶塞无力冲出，可用右手捏紧瓶塞不动，再以握瓶之左手将酒瓶左右旋转，直到瓶塞冲出为止。

（5）由于瓶内的压力比瓶外大，有时软木塞会弹出，所以要一直把手放在软木塞上，以免弹出伤人。

开香槟的另一种步骤：

（1）香槟需要在冰箱里冰镇到摄氏9度。

（2）当你把酒瓶拿出来时，用一条清洁的布把冷凝水擦干以免酒瓶从手中滑落。

（3）如果你是右撇子，记得要用右手托瓶底，轻轻地用左手除掉瓶口的封纸和铁丝网。

（4）因为气泡压力非常大，这时要特别小心，一定要用左手的拇指或者掌心按着瓶口。

（5）然后用托着瓶底的右手开始转动瓶子，左手依然牢固的按着瓶口，直到听到POP的一声，瓶中的气泡将木塞逼出瓶口。

（6）这时的香槟已经开瓶了，既简单又安全。

除了以上的方法，你常看到的是在婚礼或F1奖台上用手大力振动瓶子后用手指推出木塞。这种做法既浪费又危险。它的主要功能是营造气氛，所以瓶子一定要对着没人的方向才可进行。

最激情的开瓶法应该是用削的！如果你还没有试过，最好先用一两瓶便宜的气泡酒来练习。步骤如下：

（1）同样的，香槟需要冰镇到摄氏9度。最好是在你准备好的第一时间才把瓶子从冰箱拿出来。

（2）用一条清洁的布把冷凝水擦干以免酒瓶从手中滑落！

（3）当你拆开瓶口的封纸时，你会看到瓶子身上的折痕。它从瓶身延长至瓶嘴。香槟瓶的制作异于一般酒瓶。为了能安全保存香槟酒，瓶子是特别厚重的。因此，一个香槟瓶需要分成两半来制作，然后再融合到一起。这就是你看到的折痕来源。切记瓶颈上的折痕是整个瓶子最薄弱的地方。

（4）如果你是右撇子，用左手紧握香槟瓶，把瓶子朝向没有障碍物的方向。

然后，右手握着沙伯刀，倾斜45度往瓶颈一削！

（5）这时的瓶颈会往外飞出去，瓶子里的香槟也会被气压推出瓶外！

（6）现在你可以倒出第一杯的香槟，仔细查看可有玻璃碎片在里头。如果你的香槟是冰冷的（摄氏9度），玻璃碎片会被压制的气体逼出瓶子而不会残留在酒里。

不过这种自拿破仑时代起盛行于法国的剑削香槟开瓶法，可不是那么容易，而且还具有相当的危险性，不值得鼓励。倒是正规的香槟开瓶法是一定要学习的。开香槟对喜欢刺激的人来说是一种冒险尝试，非常有趣。但对于餐厅服务员尤其是女性而言，却是一件令人害怕而有心理压力的事情，其实这种害怕不是没有原因的，如果开瓶不慎，真的可能导致意外的发生。

电影中常看到男女主角在大型派对上砰地一声把香槟打开，白色泡沫随之喷流出来洒在四周欢乐脸庞上的镜头。香槟真是一种最奇妙的酒，没有人会在苦闷时喝它，但在婚宴喜庆快乐的时候总是少不了它。香槟不但伴随着欢乐，更代表了名贵与豪华，尤其是在高级宴会上，以数百个酒杯堆砌成高高的香槟金字塔，从最高处的一个酒杯中倒酒，使酒液顺流注满下层再下层的酒杯，直到所有的酒杯都注满了香槟酒，使豪华欢乐的气氛也达到了最高潮。

有人误以为开香槟时，木塞冲出时"砰"的声音越大越好，实际上，最优雅的开香槟动作是几乎没有声音的，仅仅发出微弱放气的"咝"声，而正是这种轻微的声音，被喻为"女人的叹息"。这个女人指的就是法国国王路易十六的妻子玛丽·安托瓦内特。

在法国香槟区一个叫沙隆的地方，有一扇美丽的圣克罗伊门，那是1770年专门为玛丽王后修建的。那时，她正带着无数香槟赶往巴黎，要去跟路易十六结婚——这个姑娘要当王后了！经过圣克罗伊门，看到欢送的人群，开心的玛丽"砰"的一声打开香槟，酒向欢乐的人群。然而，好景不长，1789年法国大革命爆发，玛丽王后仓皇出逃，当她逃到圣克罗伊门时，被革命党人抓住了。面对圣克罗伊门，玛丽王后触景生情，再次打开香槟，人们听到的却是玛丽王后的一声叹息。后来，为了纪念玛丽王后，从1789年至今的两百多年里，香槟区的酒农们除了盛大的庆典活动外，平时在开启香槟时，是不弄出声响的。当酒农们拧开瓶盖，酒瓶中传出"咝"的气声时，他们便会说这就是玛丽王后的叹息。

要注意的是香槟酒价不便宜，开瓶前如果剧烈摇动，酒瓶一开酒液就会喷流而出，不但浪费，而且酒液沾染到衣服也不好洗，所以除非一定要制造喷洒效果，否则开瓶前不要晃动它。香槟酒瓶内的压力很大，每平方英寸有九十磅的压力，相当于车胎内压力的三倍大，因此开瓶时木塞被冲出的力道很强，一定要用布按着比较安全。若是没有布而徒手开瓶，也一定不能对着人、玻璃窗或灯泡，以免造成意外伤害。香槟的最佳饮用温度是摄氏七到十度左右，因此喝以前要先冷藏冰过。但千万不要把香槟放在冰冻库内急速降温，因为酒瓶内的压力本已很大，冷冻使压力更增加，瓶身抵抗不了就会爆炸。快乐地饮用香槟，可别因小小不慎造成悲剧。

3. 庆功冷餐会饮酒礼仪

大型商务庆功宴常常以冷餐会的形式举办，会上提供葡萄酒，参加此类宴会要遵守饮用葡萄酒的相关礼仪：

（1）用三根手指轻握杯脚

酒类服务通常是由服务员负责将少量酒倒入酒杯中，让客人鉴别一下品质是否有误。只需把它当成一种形式，喝一小口并回答"Good"。接着，侍者会来倒酒，这时，不要动手去拿酒杯，而应把酒杯放在桌上由侍者去倒。正确的握杯姿势是用手指轻握杯脚。为避免手的温度使酒温增高，应用大拇指、中指和食指握住杯脚，小指放在杯子的底台固定。

（2）喝酒的方法

喝酒时绝对不能吸着喝，而是倾斜酒杯，让酒流入口中。可轻轻摇动酒杯让酒与空气接触以增加酒味的醇香，但不要猛烈地摇摆杯子。此外，一饮而尽、边喝边透过酒杯看人、拿着酒杯边说话边喝酒、吃东西时喝酒、口红印在酒杯沿上等行为都是失礼的。不要用手指擦杯沿上的口红印，用餐巾擦较好。

（3）敬酒的方法

西方各国的宴会敬酒一般选择在主菜吃完、甜品未上之时。敬酒时将杯子高举齐眼，并注视对方，且最少要喝一口酒，以示敬意。

酒之辞：庆功酒致辞范文

4. 学校庆功宴祝酒辞范文

学校庆功宴一般是指学校领导为了庆祝学校的学生的升学率提高或者整体取得乐观成绩所举行的一种宴会，主要是对全体教师的的工作进行总结，提出新的期待等。

最饱含表扬的校长祝酒辞：

（范文一）

［致辞人］校长

［致辞背景］在高考庆功宴上致祝酒辞

老师们、同志们：

今天，我们隆重举行我校高考庆功宴。在此，我代表学校党、政、工以及高三毕业班领导小组向我校全体同仁在今年高考中所创造的佳绩表示热烈的祝贺和诚挚的感谢！

虽然高考已落下了帷幕，虽然高考的硝烟在渐渐散去，但我校师生三年的奋斗历程却在我的脑海里打下了深深的烙印，挥之难去。新生入校第一天，我们就有了清晰的目标，大家围绕目标，夯实双基，拓展视野。进入高三，面对××级划时代的跨越，自加压力，高位起步，抛弃小我，挑战自我，一路前行。伴随高亢的《毕业歌》杀进高考的战场……苍天不负苦心人，我们的师生不愧是敢打硬仗能打胜仗的团队。你们践行了当初的诺言，未留乌江之憾；你们把胜利的旗帜插在××全市的巅峰，再创我校高考历史的辉煌；你们向父老乡亲交上了满意的答卷，进一步展示了我们的实力与魄力；你们用集体的智慧和辛勤的汗水又一次谱写了我校毕业班高考旋律上最美的乐章！

美酒敬英雄，佳肴谢战友，我提议：让我们高举酒杯，为自己喝彩、为学生喝彩，为我们的××中学喝彩。让我们共同祝愿××中学明天更美好！干杯！

（范文二）

［致辞人］校长

［致辞背景］在高考庆功宴上致祝酒辞

尊敬的教育局各位领导、全体教职员工：

"自古逢秋悲寂寥，我言秋日胜春朝。"今天，我们在这里隆重举行××中学××××年高考庆功宴。在此，我代表学校向长期以来给予我们正确领导和大力支持的教育局领导致以诚挚的谢意！向取得辉煌战绩的高三同学们表示祝贺并感谢！

××××年高考捷报频传，××中学学生意气风发。今年我校升重点人数首次突破两位数，升文科重点人数排名××区第一，成功实现进入××省学校20强的目标。辉煌战绩，可喜可贺！这其中包含着教育局及社会各界对我们的关心和支持，包含着学校领导的正确决策，更包含着全体高三老师的辛勤汗水和心血。××××级高三，出现了一个又一个教育教学的新名词：捆绑式评价，师生同场对决，高考策略研究……出现了一个又一个教育教学的先锋模范：×××、×××……出现了一个又一个感动的场景：领导彻夜研究，老师倾心辅导，学子挑灯夜读……所有的点点滴滴，铸就了365个日日夜夜后的辉煌！高三年级组不愧是敢打硬仗能打胜仗的团队，践行了你们的诺言，向上级领导和学生家长交了一份满意的答卷，用集体的智慧和汗水谱写了××中学历史上最壮丽的篇章！

在这里，请允许我代表学校再次向特别能奉献的高三全体班主任，向特别能工作的高三全体任课教师，向特别能吃苦的高三全体功臣表示衷心的感谢和崇高的敬礼！

最后，我提议：让我们斟满酒杯，为今年高考战役的全面胜利，为明年再创佳绩，干杯！

最饱含总结的校长祝酒辞

［致辞人］校长

［致辞背景］在高考庆功宴上的致祝酒辞

高三毕业班的老师们：

大家好！

今天，我的心情特别高兴、特别激动，因为这是一个喜庆的日子，这是一个值得我们×××全体师生员工欢庆的日子。高考成绩统计结果已经揭晓，我校×××年高考再创辉煌。

高三毕业班的老师们，我代表学校领导感谢你们，我代表学校感谢你们！感谢你们创造了××新的辉煌！××因为有你们而骄傲，××因你们而自豪。

我校在××年、××年高考取得优异成绩的基础上，××年高考再创造佳绩。××年高考应届二本以上分段上线率综合排名市区第一；应届二本以上一次上线率位居全市八县三区第二；有三名同学进入全市八县三区文理科前 10 名；有多名同学进入 600 分以上高考考生行列。

本届高三毕业班全体教师，脚踏实地，勤恳敬业，奋力拼搏，做了大量卓有成效的工作。用智慧和汗水书写了×××年高考的辉煌。高考成绩得到了教育行政部门的认可和主管市长的表扬。

值得一提的是，在高考备考的冲刺阶段，年级主任、级部主任、班主任每天坚持早 7 点到校督促学生学习，解答学生疑难问题。直到最后高考自由复习阶段，学生按时到校，老师解答问题，教学秩序井然。作为校长，让我向你们道一声：高三毕业班的全体老师们，你们辛苦了！三年来，你们放弃了节假日的休息时间，放弃了与家人的团聚，甚至放弃了作为一个父亲或者母亲的职责，与你们的学生一起摸爬滚打，拼搏三年，硕果累累。

把×××办成最受人尊敬的学校，让我们××走出更多的像×××、×××这样的优秀学生，让××成为优秀学生快速成才的摇篮，展望新学年，机遇与挑战同在，信心和困难同在！现在××正处在一个新的发展机遇期。我坚信，××这艘富有生机的航船，一定能承载我们的梦想，在教育的碧海中乘风破浪、扬帆远航！

借此机会，祝大家身体健康，家庭幸福，工作顺利，万事如意！祝愿学校事业兴旺，前程似锦！

现在，让我们共同举杯，为×××年高考取得今天的丰硕成果，为学校的美好未来，开怀畅饮，一醉方休！干杯！

5. 家庭升学宴祝酒辞范文

最饱含希望的亲人祝酒辞

（范文一）

［致辞人］学生父亲

［致辞背景］在女儿高考升学宴上致祝酒辞

各位亲朋好友，尊敬的领导、同事们，老师和同学们：

下午好！

感谢大家在百忙之中抽出时间来到××酒楼，为小女的升学捧场祝贺。

相聚皆是情做缘，祝福全因榜题名。

弹指一挥间，从小学到初高中，××年的学习生涯如白驹过隙般转瞬而逝。12年的寒窗苦读，留下的是知识的积累，忘不了老师们的谆谆教诲，同学们的相互帮助，亲朋好友的关心和呵护。是大家的鼓励和鞭策才使得小女在学业上不断地充实自己，把知识化作力量，才能在被誉为千军万马过独木桥的高考中有惊无险地闯过来。

金榜题名已不再是目标的终点，××大学将是小女的学习起点，在新的环境中认识新的同学，学习新的知识。今天亲朋好友为小女捧场祝贺，这样激动人心的场面将伴随小女一生，留下美好的回忆。

希望小女在未来的大学校园里努力学习，不辜负亲朋好友寄予的厚望，为社会的健康发展，为改善人们的健康生活水平，尽一份绵薄之力。

好，现在我宣布，小女的升学宴会正式开始！请大家斟满酒，共同举杯，把我们美好的祝福都浓缩在这杯美酒中，让我们共同品尝生活的美好！干杯！

最后祝大家一年开开心心、一生快快乐乐、一世平平安安、一家和和睦睦；祝愿大家天天喜气洋洋、月月身体健康、年年财源广进、代代金榜题名、家家喜事频传！谢谢！

（范文二）

［致辞人］学生父亲

［致辞背景］在儿子高考升学宴上致祝酒辞

各位亲朋、各位嘉宾：

大家晚上好！

今天是我儿子金榜题名、状元宴会的大好日子，此时我的心情也万分地紧张和激动，首先我想对爱子表示衷心的祝贺，同时也希望他以此为一个新的台阶，好好学习，不骄不躁，再接再厉，将来成为祖国的有用之才，与此同时我还要代表我们全家对各位亲朋和老师在百忙之中抽出时间前来捧场表示最衷心的感谢！

在此我想说的有很多，但千言万语化作一副对联送给大家：

上联是：吃，吃尽天下美味不要浪费；

下联是：喝，喝尽人间美酒不要喝醉。

横批是：吃好喝好。

最后，我提议：让我们一起干了今晚的第一杯酒，祝大家度过一个愉快的夜晚，干杯！

（范文三）

［致辞人］学生父亲

［致辞背景］在儿子中考升学宴上致祝酒辞

各位来宾、女士们、先生们：

大家好！

今天，我们一家三口诚挚地邀请大家相聚在××饭店，请大家分享我们的快乐。请允许我代表我们全家对百忙之中前来赴宴的来宾表示最热烈的欢迎和衷心的感谢！

中年是人生最繁忙、最劳累的季节，同时也是最美好、最灿烂的季节。我们在追求事业成功的同时，还要上敬老人、下育儿女，并且经常为同事、同学、战友、朋友操心费神。今天大家能够有机会欢聚在一起，是难得的机缘。常言道："十年树木，百年树人。"今天在座的同事、同学、战友、朋友都会有同样的感受和同样的心情。望子成龙可谓人之常情，应该给予充分的理解。但是，有时无休止地、过高地望下去，就会活得很累，并且让孩子活得更累。有人说"细节决定成败"，其实"心态也决定成败"。在中考之前，我们根据×××参加××市中考"一模"的成绩，参照班主任的建议，结合他平时的学习状态，我们进行了综合分析和评估，本着不盲目攀比、宁低勿高的原则，很客观地对省、市重点高中进行了填报。虽然他的成绩并不理想，但是一个对学习不十分投入的孩子，能考入××市第××中学，我和妻子已经很知足了。

有人说："机遇总是青睐有准备的人。"我儿子虽说没有更多的准备，但他对自己今后的前途很有信心。但愿我儿子在今后漫长的学习岁月里，能够取他人之长，补自己之短，不断地超越自己、完善自己。

现在我提议：请大家共同举杯，祝大家心想事成，笑口常开！

谢谢大家！

（范文四）

［致辞人］学生母亲

［致辞背景］在女儿的高考升学宴上致祝酒辞

尊敬的各位领导、亲爱的朋友们：

大家好！

今天的宴会大厅因为你们的光临而蓬荜生辉，在此，我首先代表全家人发自肺腑地说一句：感谢大家多年以来对我女儿的关心和帮助，欢迎大家的光临，谢谢你们!

这是一个秋高气爽、阳光灿烂的季节,这是一个捷报频传、收获喜讯的时刻。正是通过冬的储备、春的播种、夏的耕耘、秋的收获,才换来今天大家与我们全家人的同喜同乐。感谢老师!感谢亲朋好友!感谢所有的兄弟姐妹!愿友谊地久天长!

今天的酒宴,只是一点微不足道的谢意的体现。现在我邀请大家共同举杯,为今天的欢聚,为我的女儿考上理想的大学,为我们的友谊,还为在座各位和我们的家人的健康和快乐,干杯!

最饱含祝福的嘉宾祝酒辞:

(范文一)

[致辞人] 嘉宾

[致辞背景] 在朋友女儿的高考升学宴上致祝酒辞

各位嘉宾、各位朋友:

大家好!

金秋时节,秋高气爽,风轻云淡。在这迷人的季节,在这迷人的时刻,在这美丽的××酒店,我们大家欢聚一堂,共同祝贺×××同学以×××分的好成绩考入××大学。

大家知道:两天的高考,背后反映的是12载寒窗苦读的结果。我们大家常常把高考比喻成千军万马过独木桥。如果把高考比喻成一场战役的话,×××同学无疑在这场战役中抢占了有利地形,为日后攻城拔寨、取得成功奠定了坚实的基础。

大学生活是丰富多彩的,在那里不但可以结识新的朋友,也可以收获更多的知识。当然,也可以收获爱情。但我要告诉你:离开父母独立生活,一定要学会自己把握自己。把握了今天的自己,也就把握了自己日后的人生。

最后,祝大家一年开开心心、一生快快乐乐、一世平平安安、一家和和睦睦;天天喜气洋洋、月月身体健康、年年财源广进、代代喜事相传!

请大家共同举杯,把我们美好的祝福都浓缩在这美酒中,共同品尝生活的美好,共同分享×××同学成功的喜悦!干杯!

(范文二)

[致辞人] 嘉宾

[致辞背景] 在朋友儿子的高考升学宴上致祝酒辞

今天我们欢聚一堂,祝贺××同学升入××农学院,这是×家的喜事,这是××的骄傲,这是全体来宾的自豪!可以预言,今天的升学宴会将是一个新朋老友相聚的宴会,将是一个传递亲情的宴会,将是一个举杯庆功的宴会。

××同学十余载的寒窗苦读,凝聚着他本人十年磨一剑的辛苦足迹,凝聚着新民夫妇教子无悔的执着步履，凝聚着×氏家族和所有亲友的无尽期待。××同学不负众望，终于一朝花开，一考成金，一剑冲天。下面我荣幸地介绍参加今天升学宴贵宾和领导，他们是××区公安系统，××区教育界知名校长精英，××区酒业运输业餐饮业老板，××县委领导，××县国税稽查局领导，××县教育界知名校长，××镇政府领导××镇小街知名人士，以及×氏家族远在桦甸的亲朋好友。

下面请允许我代表新民夫妇向百忙之中参加今天升学宴会的各界朋友、来宾致以最诚挚的感谢！谢谢大家！

6. 公司庆功宴祝酒辞范文

大家一致认为，作为公司系统承上启下的管理人员，一定要认清身上肩负的责任，明确今后努力的方向，在该公司领导班子的团结和带领下，务实进取、开拓创新、加压争先，立足岗位、结合单位和部门实际，以出色的工作表现和优异的工作业绩回报领导的信任和员工的期待，这就是公司庆功宴的作用。

最饱含鼓励的领导人祝酒辞

［致辞人］ ××××建材科技有限公司总裁

［致辞背景］ 在国庆夜××公司庆功晚会上致祝酒辞

亲爱的各位××家人：

大家晚上好！

值此中华人民共和国成立××周年和中秋佳节来临之际，我们××××建材科技有限公司的全体家人，从天南海北齐聚总部济南，欢聚一堂，共庆祖国华诞，喜迎中秋佳节。此时此刻，我和大家一样，都是怀着激动的心情，共同祝愿祖国繁荣昌盛，祝愿我们每一个家庭欢乐和谐，祝愿每一位老人安详幸福，祝愿我们每一位××家人成长进步。

前两天，我们大家一起经历了一次难忘的"企业精英体验式研讨培训"，目的是想让在座的各位都能得到锻炼，成为精英和领袖。今晚，我们召开庆功晚会，庆祝××月份取得的好业绩，并启动××月份的工作。作为公司的负责人，我要感谢大家长期以来的辛勤和付出，感谢我们的家人给予的大力支持。

我们××公司目前正处于上升和发展时期，它和大家一样，充满活力，年轻而富有朝气。我们要努力让××成为一个和谐的大家庭，成为大家成长进步的加油站，成为大家共同的心灵家园。

今天上午我们集体观看了首都国庆大阅兵，大家用热烈的掌声为祖国的繁荣富强而骄傲、而自豪。作为曾经的一名老兵，我也有很多感慨，我想，只有祖国的强盛，军队的强大，才会有国家和社会的安定，才会有我们每个家庭的幸福，才会有每一个企业的兴旺发达。

　　社会上每一个家庭，每一个企业，都离不开祖国的繁荣富强。具体到一个公司的发展，同样要与祖国同呼吸、共命运，比如选择的项目要符合国家产业政策，要以报效国家和社会为企业的责任，同样还要有一批具有报效祖国崇高理想和远大胸怀的员工。一个人的理想和追求，只有融入到公司的理想和事业当中，才能和公司共同成长，才会创造个人和公司的辉煌。公司的发展需要全体同仁共同的理想追求和付出。让我们携起手来，为了××的明天，为了我们每一个××家人心中的理想而努力。让我们感谢、感恩于这个伟大的时代，让我们无愧于青春，无愧于这个时代。此时此刻，我们还有一些员工，因为工作原因不能到现场和我们共同度过这美好幸福的时刻，在此，公司向他们表示衷心的感谢和节日的问候。同时也向在座的各位表示节日的问候，祝愿大家合家欢乐，万事如意。

　　让我们举起杯来，共同祝愿我们强大的祖国繁荣昌盛，共同祝愿我们的××明天更美好，共同祝愿我们的人生更精彩，我们的家庭更幸福。干杯！

最煽情的领导人祝酒辞

　　［致辞人］公司高级经理

　　［致辞背景］在××公司年终庆功宴上致祝酒辞

　　朋友们、兄弟姐妹们：

　　当我踏上这方绚丽的舞台，我想对你们说：我三生有幸！也许我们从未谋面，也许我们并不知道彼此姓甚名谁，是××将你、将他、将我邀约在这里，从此我们在同一个屋檐下，不说两家话。我们用爱心共同构建了这个以××为大本营的家，它是一个崭新的家族和部落，一个全新的集体和团队。它让我们拥有一个共同的名字，那就是——姓××，叫××。指不定下次见面我们就会这样招呼：Hello！××good morning！

　　引领潮流、追赶潮流，这就是怀揣梦想的××人，他们将从这里起航扬帆远行！是啊！甜蜜的梦啊！谁都不会错过，我们手拉手啊想说的太多！

　　过去的××××年是一段大喜大悲、风雨兼程的日子，南方冰雪、汶川地震，由金融危机衍生的经济危机，股市崩盘、楼市缩水，国际国内经济每况愈下，旷日持久地被金融海啸的寒流团团围困。然而，我们××人迎来的是一个风和日丽的暖春，一个接一个的高级经理应运而生，从一星到三星，如日中天，所向披靡！

　　在过去的日子里，成的成，败的败，无论成还是败，××人都会海纳百川，最大限度地宽容和包容，欢迎你，接纳你，只要你勇敢地迈出这艰难的第一步，路就在脚下，好戏就在明天！

　　论成败，人生豪迈，大不了从头再来！

　　与××携手，我们痴情不改！与××结伴，我们义无反顾！与××同行，我

们无怨无悔!

来吧!父老乡亲们!让我们在这里举杯祝福,唱出心中的赞歌,舞动醉酒的探戈。心相连,风雨并肩,未来不再遥远!干杯!

最饱含期待的领导人祝酒辞

(范文一)

[致辞人] 公司经理

[致辞背景] 在阶段性庆功酒会上致祝酒辞

各位同事:

首先,我要说今天的成功来源于我们大家的团队协作,我们为了同一个目标,互相包容,各自发挥所长。你们知道我什么也不懂,所以让我做这种发号施令的角色,谢谢!

从下周开始,我们的主要任务是"深化应用",争取早日通过××验收。同时,我们要做的另一件事是深化、升华我们的感情。过去的14个月太忙了,任务一个接着一个,很多事情我们没有来得及做。张总是个预言家,他说我们的工作要"五加二、白加黑",我开始还有点不相信,现在我彻底明白了什么叫缺氧不缺精神。阶段性成功已经取得,从下周开始,我们要多关心家人、朋友、同事,还有我们的关键用户,分享关爱、知识,还有红苹果。

让我们举杯,为公司和感情的升华而干杯!

(范文二)

[致辞人] 企业领导

[致辞背景] 在××合作协议暨合同签订仪式晚宴上致祝酒辞

尊敬的各位领导、各位来宾、朋友们:

大家晚上好!

今晚,高朋满座,美酒飘香。值此××银行与本公司××合作协议暨合同签订之际,我谨代表公司向出席今天晚宴的各位领导、各位来宾和各位朋友表示衷心的感谢并致以诚挚的敬意!

一年一度秋风劲,喜迎盛会聚宾朋。××××工程是本公司今年乃至今后很长一段时期的重要发展项目,是公司宏伟蓝图的全新起点,是全省××××年的重点工程建设项目,也是全州××工发展战略的"龙头工程",在以×××为领头人的州市各级党委、政府、职能部门的无限关怀下,在州××银行等社会各界的鼎力支持下,在各位朋友大力关注下,经过工程建设人员的努力拼搏,目前工程进展迅速,现已进入设备安装阶段,即将于明年三月投产运行。

好风凭借力,送我上青云。我们愿与所有关心和支持公司建设发展的各界人士及所有参加本次盛会的嘉宾相互合作,共同努力,共创更加美好的明天。

现在我提议:为今天××合作协议暨贷款合同签订仪式的成功举办,为我们的精诚合作,为各位嘉宾的幸福健康,干杯!

最饱含赞美的领导人祝酒辞
[致辞人] 公司董事长
[致辞背景] 在××××化工有限公司××分厂庆功宴上致祝酒辞

各位同事,不!各位英雄,各位创造奇迹的人们:

今日设宴为各位庆功!首先,我向××分厂取得了四、五、六三个月,月月高产,三破记录,并首次突破××吨大关的伟大胜利表示衷心的祝贺。我为你们的辉煌业绩感到自豪,我为××分厂这样的英雄团队和××员工这样的英雄而骄傲。

同样的天、同样的地、同样的设备、同样的工艺,为什么有不一样的业绩?因为有不一样的体制、不一样的企业文化和不一样的思想行为。

我们××分厂有一个团结奋斗、专注执著、不断超越、敢拼能胜的优秀领导班子:上有×××、×××两位厂长,一文一武、一张一弛、密切配合、通力协作、乐于奋斗;中有生产部×××、×××主任,埋头苦干、勤恳如牛、紧跟时代、奋斗不已;下有兵头将尾的各位班组长们以及其他职能部门的负责人,你们是××分厂这个英雄团队的精英,你们是企业的台柱子!我因你们而自豪,你们因企业而荣光。我对未来更加充满信心,对事业更加豪情万丈。我对××事业更加热爱,即使买不成化工厂,我们也要新建××厂。我们不仅仅在××搞,我们还要到外地建厂创业,要把××事业进行到底。各位同事,本人爱憎分明、赏罚严明,该表彰定表彰,该处罚定处罚,该提拔定提拔!只要你为企业尽心尽力,企业决不亏待你。在我们的事业大发展的时候,你们将被量才重用、量绩提拔。我们的前途美如画,我们的未来不是梦。让我们更加紧密地团结在一起,专注执著、顽强拼搏、勇于开拓、不断超越,继续保持艰苦奋斗的优良作风,再创佳绩、再铸辉煌。今日畅饮庆功酒,漫漫征程第一步,英雄团队写新篇,一腔热血万里图。

各位英雄,本人向大家祝酒,干杯!

最饱含祝福的领导人祝酒辞
[致辞人] 厂领导
[致辞背景] 在化工企业辞旧迎新庆功酒会上致祝酒辞

同事们:

今晚,我们欢聚在风景秀丽、幽静怡人的东方花园,共度迎接××××年新年的美好时刻。此时,抚今追昔,我们感慨万千;展望前程,我们心潮澎湃。

即将过去的××××年,是化工行业实施改革与发展战略承上启下的一年;是全厂职工迎接挑战、经受考验、努力克服困难、出色完成全年任务的一年。回顾过去的一年,我们在争创一流、企业改革中取得了突破性进展,呈现出近年最好势头。这些累累硕果,都与全体干部职工所付出的艰辛和努力密不可分,与我们顽强拼搏、开拓创新、无私奉献的敬业精神密切相关。这种艰辛和努力将功垂青史,这种敬业精神令人敬佩。在此,我代表厂党政班子全体成员向为我厂建设和发展作出贡献的全体干部、职工以及你们的家属表示亲切的问候和衷心的感谢!

同志们,新的一年即将来临,我们在品尝美酒、分享胜利喜悦的同时,还要清醒地认识到:我国加入世贸组织后,化工企业将面对广泛的机遇和严峻的挑战。我们必须抓住新机遇,迎接新挑战,以高度的使命感和责任感来推进我局的改革和发展,承担起历史赋予我们的神圣使命。

朋友们,再过几个小时,伴着新年的钟声,我们将携手跨入崭新的一年。我坚信,有省公司党组的正确领导,有全局广大干部职工的众志成城,我们的目标一定会实现,我们的企业一定会不断发展壮大,××厂一定能铸就新的、更加壮美的辉煌。

最后,让我们共饮庆功美酒,祝愿各位新年快乐,身体健康,家庭幸福,事业成功!

最具总结性的领导人祝酒辞

[致辞人] 酒店经理

[致辞背景] 在酒店客户联谊会上致祝酒辞

各位来宾,女士们、先生们:

大家晚上好!

今晚,×××酒店贵客盈门,高朋满座!各位能在百忙之中莅临我店,我们深感荣幸。首先,请允许我代表×××酒店全体员工,向出席今晚联谊会的各位来宾、各位朋友致以衷心的感谢和诚挚的问候!祝各位身体健康,家庭幸福,万事如意!

×××酒店自××××年开业以来,已走过了×年不寻常的发展历程。×年来,我们与社会各界朋友尤其是与在座的各位嘉宾建立了深厚的情谊,我们的工作日新月异。先后荣获了全国"×××先进单位"、"×××先进单位"等荣誉称号。这些成绩的取得,是与各位朋友的关心和支持分不开的。我们希望借"客户联谊会"这样一种形式来表达对各位来宾、各位朋友的由衷感激。在今后的岁月里,我们仍需要各位朋友一如既往地给予我们更多的关爱和支持,我们也一定会以更优质的服务来回报各位,让×××酒店成为您最舒适的家园。

最后,让我们举起酒杯,为共同的理想和美好的明天,为我们的友谊天长地久,干杯!

7. 政府庆功宴祝酒辞范文

最具表扬性的领导人祝酒辞：
（范文一）
［致辞人］原中共××省委副书记
［致辞背景］在庆祝奥运健儿凯旋的招待会上致祝酒辞
各位来宾、各位朋友、各位同志、奥运健儿们：
你们好！

在举世瞩目的××届××奥运会上，我省×名奥运健儿不畏强手，顽强拼搏，以精湛的技艺和良好的精神风貌先后五次打破三项世界纪录，共夺得七枚金牌、一枚银牌、五枚铜牌、一个第四、三个第五、一个第七的优异成绩，金牌数、奖牌数和总分数均在全国各省市区中名列第一，圆满完成了省委、省政府交给的光荣任务，为祖国赢得了荣誉，为××人民争了光，为中国体育事业作出了突出贡献，党和人民感谢你们，祖国感谢你们，你们是××的骄傲，人民的功臣！

今天，我们欢聚一堂，为奥运健儿的凯旋举杯共庆。借此机会，我代表省委、省政府向在奥运会上取得历史性突破的体育健儿们表示热烈的祝贺并致以亲切的问候！向出席招待会的各位领导，向多年来辛勤耕耘、无私奉献的全省广大体育工作者，向所有关心和支持我省体育事业并为之作出过贡献的社会各界朋友表示崇高的敬意和衷心的感谢！让我们以××体育健儿为榜样，在以×××同志为核心的党中央领导下，沿着建设有中国特色的社会主义道路，再接再厉，顽强拼搏，夺取一个又一个新的胜利。

现在，我提议：让我们举起酒杯，为在座的来宾们、朋友们和同志们的健康，为我省的体育事业再创历史辉煌，干杯！

最具期待的领导人祝酒辞
政府庆功宴祝酒辞（范文一）
［致辞人］县委领导
［致辞背景］在工业园区研讨推进会的宴会上致祝酒辞
尊敬的各位领导、各位来宾，女士们、先生们，朋友们：
中午好！

历时半天的××县工业园区建设研讨推进会，在各位的大力支持下已经圆满结束。在此，我代表县委、县政府对各位来宾、各界朋友的真诚帮助和热情谏言，表示最衷心的感谢和最诚挚的敬意！

为了答谢大家对××的厚爱，增进感情，扩大交流，加强合作，我们特在这里举办宴会，共祝我们的事业兴旺发达，我们的友谊地久天长！

××是资源丰裕的宝地，巍巍的××山、滔滔的××河，将把××人的热情带给每一位朋友，也将无限的商机奉献给每一位投资者。今天召开的工业园区建设研讨推进会，是我们寻求合作，寻求发展的开端，更是与大家共创美好明天的前奏。我们真诚地希望各界朋友关心支持工业园区发展，也真诚地欢迎大家到工业园区投资兴业，与我们共谋发展、共创伟业。

最后，让我们共同举杯，祝愿××工业园区早日发展壮大；祝愿大家身体健康，万事顺意，事业腾达，财源滚滚！干杯！

政府庆功宴祝酒辞（范文二）

［致辞人］　××市委领导

［致辞背景］　在经贸交流与合作高峰论坛晚宴上致祝酒辞

各位领导、各位嘉宾，女士们、先生们：

××欢歌庆盛会，××红装迎嘉宾。在风景怡人的××之滨，在钟灵毓秀的××山下，我们相聚××家乡希望之城，隆重举办湘台经贸交流与合作高峰论坛，同叙友谊，共谋发展，其情真真，其意切切。借此机会，我谨代表中共××市委、市人民政府和×××万××人民，对远道而来的各位嘉宾贵客表示最热烈的欢迎和最诚挚的问候！友谊架通合作桥，开放拓宽发展路。近年来，××两地之间的交流与合作不断深化，并取得了丰硕成果，此次论坛的成功举办就是最好的证明。我们将以此为契机，积极开辟合作新途径，不断拓宽发展新空间，加快对外开放步伐，降低市场准入门槛，提升政务服务水平，使××成为经济社会快速发展、核心竞争力不断增强的区域性中心城市，成为××资本输出、产业转移的重要基地。我相信，在××两地的共同努力下，友谊的桥梁一定会化做腾飞的翅膀，真诚的合作一定会敲开成功的大门！

我提议：让我们共同举杯，为美好的明天，干杯！

政府庆功宴祝酒辞（范文三）

［致辞人］　县委领导

［致辞背景］　在项目签约仪式招待酒会上致祝酒辞

尊敬的各位领导，各位嘉宾，女士们、先生们：

刚才，我们成功举行了"××××年××投资说明会暨重点项目"签约仪式，现在，又在这里隆重举行招待酒会，以酒助兴，共叙友谊，畅言商机。值此，我谨代表中共××县委、县人大、县政府、县政协，对在百忙之中莅临今晚招待酒会的各位嘉宾、各位朋友表示热烈的欢迎和衷心的感谢！近年来，我们××县委、县政府始终坚持科学发展观，大力实施工业兴县和产业强县战略，优化投资环境，改善服务质量，提升政务效率，积极营造"亲商、安商、富商"的投资创业环境，致力实现"双赢"发展。今天，经过在座各位的共同努力，"××××年××投资说明会"取得了圆满成功。通过聚会，大家对××的产业基础、资源优势、投资环境和发展前景有了更加深刻的认识，这必将使更多的新朋变成老友,成为长久的合作伙伴。我们热切地期待着新老朋友和各路客商牵手××、投资××、发展××,共同创造灿烂美好的明天。

让我们共同举杯,为××的兴旺发达,为我们的友谊地久天长,为各位的身体健康、事业兴旺,干杯!

酒之韵:庆功酒祝辞佳篇

8. 升学宴祝酒佳词

四字成语祝酒佳词

鱼跃龙门、蟾宫折桂、状元及第、独占鳌头、雁塔题名、金榜题名、名列前茅。

充满期待的祝酒佳句

进入大学意味着你的人生迈出了重要的一步,想要在若干年后不抱怨自己的境遇,就要从这一时刻起奋斗不息。

学习是一块跳板,彼端连着成功;理想是一块画板,笔尖流淌幸福。愿你学业有成,开心快乐!

快乐生活,开心学习,青春在激励你,理想在等待你,鲜花在召唤你。新学府,新起点,祝你永不停息!

为理想奋斗,值得;为青春拼搏,无悔;为生命歌唱,最美。新起点,祝你绽放光彩,永不止步,向前冲!

当你跨进校门时,会不会想到,偏僻的山区有很多双渴望知识的眼睛炽热地盯着你幸福的身影。请珍惜每一个学习的机会吧!

无论风光与失意,把它留在过去;无论希望与梦想,把它行动在今天;无论幸福与美好,把它展现在明天。新起点,加油!

充满祝福的祝酒佳句

金榜题名,愿你装载新的希望,绽放年轻的笑容,张扬青春的个性,追寻自己的梦想,勇往直前,拼搏不息!

有梦想谁都了不起,为梦想而拼搏不息就更了不起。愿你在象牙塔中挥洒激情,张扬青春,为梦想奋斗!

女士们、先生们,朋友们!我提议:第一杯酒,为英才饯行!×××同学即将远离亲人,远离家乡,挑战人生,请接受我们共同的祝福:"雁点青天字一行——成功!"第二杯酒,祝愿×××全家一帆风顺、二龙腾飞、三羊开泰、四季平安、五福临门、六六大顺、七星高照、八方走运、九九同心！第三杯酒，祝各位来宾四季康宁！朋友们，干杯！

女士们、先生们，朋友们！现在，我高兴而友好地提议：不只为了×××，更为了我们年轻精彩的生命，干杯！

走出寒风的怀抱，投入阳春的温暖。女士们、先生们！为成长，干杯！

9. 升学宴祝酒佳句

充满期许的祝酒佳句

尊贵的先生们、潇洒的少爷们，贤惠的女士们、漂亮的小姐们！玻璃酒杯互相碰撞发出清脆的声响，来吧，为我们的成功，为未来，干杯！

女士们、先生们！我提议：为了××探险队，为了我们中华民族的骄傲，干杯！

今天，全长×××米的左岸隧洞还剩13米就打通了。女士们、先生们，朋友们！为我们即将到来的胜利，干杯！

充满赞美的祝酒佳句

请大家一起举起酒杯，为×××先生荣获××奖，干杯！

女士们、先生们，朋友们！第一杯酒我提议：为了那个见义勇为的年轻人，干杯！

充满成功快乐的祝酒佳句

今天，是×××大喜的日子，我们的男子篮球队以××分的巨大优势，战胜了可怜的××班，在此，我高兴而友好地提议：为××班全体球员凯旋，干杯！

我提议：为大家的相逢，也为×××的生意成功，干杯！

女士们、先生们，朋友们！现在，我高兴而友好地提议：为我们的密切合作，干杯！

××和××今天联手，真是所向无敌，来，我们为这对黄金搭档干一杯！

10. 庆功祝酒辞素材

（1）升学祝酒辞素材

十年学子苦；半世父兄恩。

智慧源于勤奋；天才出自平凡。

持身勿使丹心污；立志但同鹏羽齐。

自古风流归志士；从来事业属良贤。

苦经学海不知苦；勤上书山自恪勤。

天下兴亡肩头重任；胸中韬略笔底风云。

书山高峻顽强自有通天路；学海遥深勤奋能寻探宝门。
大本领人平素不独特异处；有学识者终生难有满足时。
入学喜报饱浸学子千滴汗；开宴鹿鸣荡漾恩师万缕情。
跬步启风雷一朝大展登云志；雄风惊日月十载自能弄海潮。

(2) 表彰庆功祝酒辞素材

业著光荣榜；花开报喜春。
功高且把云为鉴；誉重宜将岭做师。
巨手回天四化业；群英向党百花红。
声声颂誉催人奋；朵朵红花向党红。
改革涌新潮群龙戏水；振兴挥壮志大浪催舟。
巨龙崛起英雄兴大业；华夏腾飞时势造新人。
伟业方兴功颂英豪报国；宏图大展名传志士骋才。
业绩辉煌无愧英雄本色；鹏风浩荡首推志士精神。
壮志凌云英雄奇迹惊天宇；凯歌动地时代新潮奏乐章。

第九章　劝君更尽一杯酒——送行酒致辞全攻略

酒之礼：送行酒礼仪

1. 送行宴切莫依依不舍

世上没有不散的宴席，人们之间交往也是如此，总会有离别的时候。当自己的朋友要去远方，为其设宴送别是非常有必要的。

送行宴会如果想成功举行，也是需要事先做好诸多安排，预定好时间，以免离朋友的启程时间太近而仓促结束。同时也要预定好酒店，确定好参加宴请的客人范围，以及宴请的形式，一般来说送行宴不需太过于隆重，轻松的气氛下才更易于畅叙离情。

同时需要注意的是设定送行宴的情绪基调，应该把整场宴会的基调控制在热情和活跃之上，不要过于低沉、伤感、压抑。因为不管怎样，即将分别的结果都是无法避免的，即使潸然泪下也于事无补，反而会使得大家的心情都变得压抑，不如都用明朗乐观的心情去看待分别，给彼此的友情增添一抹亮色的回忆。

在送行宴会上，重点并不是用餐，而是为了更好的交流感情，这样就有必要安排一些节目了，这样不仅可以活跃现场的气氛，而且还可以调动大家的情绪，事先安排好摄影师将当时的热烈情景记录下来，刻录成光盘送给要离别的朋友，是一份非常具有纪念意义的礼物。在分别的时刻，大家应该合影留念，让美好的时光永远定格在大家的记忆中。

酒之辞：送行酒致辞范文

2. 为同事送行祝酒辞范文

为同事送行祝酒辞范文（一）
亲爱的朋友们：

大家晚上好！

今天是一个让人高兴又伤感的夜晚，经过总公司的商讨后最终决定，×君将要被调入其他地区的公司进行研修。我们既为×君拥有这样的机会而感到高兴，同时也会因为从此以后的天各一方聚少离多而感到依依不舍。

×君作为我们公司的一名员工，自从进入我们公司就兢兢业业，他为人忠厚、作风正直、恪守公司各项规章制度，尊重领导、与同事之间的关系也非常融洽。在这个离别之际，我们对×君在我们公司作出的卓越贡献表示衷心的感谢，同时也衷心祝愿X君到新的工作岗位上能够闯出一片天地，干出一番事业，老朋友们、老同事们永远支持你！我们也真诚地希望X君到新的单位、新的岗位上以后，时刻关注我们单位的发展，在力所能及的情况下，支持我们单位的发展。

三国演义中说"天下大势，分久必合，合久必分"。公司人员调动当然也是这个道理，天下无不散的宴席，×君要到其他分公司发展了，我们要让他走的舒心、开心。让我们在不同的工作岗位上书写我们人生的壮丽篇章。让我们大家共同举杯，衷心地祝愿X君以后工作顺利、身体健康、阖家幸福，万事如意，干杯！

为同事送行祝酒辞范文（二）

尊敬的各位领导、各位同事、朋友们：

大家下午好！

在这个春暖花开的日子里，我们欢聚一堂，怀着依依不舍的心情，欢送我们的五位好同事、好朋友。在此，我谨代表全体同仁，向你们致以美好的祝愿！祝愿你们在新的工作岗位上工作顺心、万事如意。

马上就要面临分别，但以往的一切一切，已经过去的点点滴滴仍历历在目，你们用自己的努力无悔地演绎着充满诗意的人生。从普通的教师到学科骨干，从兢兢业业的班主任到名副其实的优秀教师。你们的出色表现我们全体同仁都是有目共睹的。

说句心里话，你们的调离对我们来说是一件既高兴又难过的事情。高兴的是你们即将走上新的工作岗位，另辟一片灿烂的天空；难舍的是以往我们的朝夕相处，那些同甘共苦并肩战斗所留下的美好回忆。虽然今天你们即将离开，但你们永远是我们的好同事、好朋友、好姐妹、好兄弟。在此我谨代表大家衷心祝愿你们在今后的工作中能够取得越来越辉煌的成绩。愿我们诚挚的祝福，能够变成一束永不凋谢的鲜花，给你们今后的生活带来绵绵的芬芳和脉脉的温情。

最后，我更希望你们以后有时间的时候常回家看看！让我们再次祝愿你们的生活如诗般精彩，也真诚地祝愿各位老师青春永驻，愿我们携着永恒的祝福，在每一个红红火火的日子里，天天都有一份好心情！谢谢！

3. 为访问团送行祝酒辞范文

为访问团送行祝酒辞（范例一）

［致辞人］接待方领导

［致辞背景］在欢送台湾亲民党大陆访问团的宴会上致祝酒辞

亲民党大陆访问团的全体成员、各位朋友：

大家晚上好！

今天北京的天气是"东边太阳西边雨，道是无晴却有晴"，真道是"天若有情天亦老，人间正道是沧桑"。亲民党宋主席率领的中国亲民党大陆访问团顺利结束了为期九天的大陆之行，即将启程返回台湾。我们在这里为宋主席和访问团的各位朋友送行，并对这次访问取得的圆满成功表示热烈祝贺！

过去一年来，共创双赢已成为两岸双方共同努力的目标。两岸关系取得的重大进展也表明，共创双赢是我们作出的正确选择。在这短短的九天访问时间里，从西安到南京，从南京到上海，从上海到长沙，最后到北京，这九天里融入在我们两岸兄弟一家情的亲情之中，九天的时间虽然短暂，但是瞬间可以创造历史，这九天的瞬间已经在两岸关系史上留下了历史的永恒。

互信、双赢，这是宋主席这次访问大陆的两个关键词，实际上也是贯穿两岸关系改善和发展进程的关键词。互信是基础，双赢是目的。增强互信和共创双赢是我们始终坚持的理念，也是推动两岸关系发展的基本经验。

最后，在宋主席一行即将踏上回程之际，我们真诚欢迎各位朋友有机会再来大陆参访。祝吴主席一行旅途顺利平安，祝大家万事如意！干杯！

为访问团送行祝酒辞（范例二）

［致辞人］接待方领导

［致辞背景］在欢送访问团的宴会上致祝酒辞

尊敬的各位来宾们：

首先，我代表全体工作人员，对你们访问的圆满成功表示热烈的祝贺。

明天，你们就要离开××了，在这个即将分别的时刻，我们每个人的心情都充满了不舍。虽然大家相处的时间很短暂，但是我们之间的情谊却会永远深厚。我国有句古诗，是这么说的："莫愁前路无知己，天下谁人不识君。"我们诚挚地欢迎各位女士、先生在方便的时候再次来我们这里做客，相信我们的友好合作会日益加强。

祝大家一路顺风，万事如意！干杯！

4. 为学子送行祝酒辞范文

为学子送行的祝酒辞（一）

各位尊敬的来宾们：

在今天这个辞旧迎新的日子里，本人对各位来宾在百忙之中拨冗前来聚会，深表谢意！

我女儿一直都想出国留学，这是她梦想已久的心中夙愿。而今，她的梦想终于能够实现了，我的女儿即将赶赴澳大利亚阿德莱德大学求学。作为她的父母，我们一直坚决支持她的深造想法，认为留学的主张是富有积极意义的，所以，在以后的日子中，我希望女儿能够以学业为重，在异国他乡提高独立生活的能力，坚持不懈、孜孜不倦、锻炼自己，学有所成。

再次感谢大家的光临！我提议，为我女儿出行的顺利，包括我们大家，在新的一年中，工作学习、生活家庭的称心顺利，美满幸福——干杯！

为学子送行的祝酒辞（二）

各位可爱的同学们：

盛夏即将到来，蝉的聒噪和叶的浓荫即将淹没这个季节，在大部分人仍因为炎热而烦躁不已的时候，你们已经摩拳擦掌，跃跃欲试，准备踏上未知的旅途，准备迎接那场改变自己人生命运的考试。

回首过去，每个人的心里都有属于自己的答案。这漫长的十数载苦读，就如同一场浩壮的出行。在奔跑的时候，需要学会如何从自己心底寻求前行的力量，才能一次一次超越已知的自己，接近那个无比荣耀的宝座；在迷茫的时候，需要自己冷静下来，去选择正确的航向，才能一次一次前进，一次一次接近那个无比辉煌的梦想彼岸。长年累月，斗转星移，你们就是如此，长出了硬朗的轮廓，长出了倔强不屈的线条，长出了隐忍坚强的背影。

远眺那未来，一路过关斩将，披星戴月，还会怕前方有什么阻挡吗？汗水与泪水越是咸苦，浇灌出来的花蕾就越是靓丽多姿。冬天如此漫长，那春天才会更加绚烂。现在的全副武装，也是为了笑傲沙场。这也不仅是一场告别，对于你们来说更是一场浩浩荡荡的出发，跨过这一个转折点，还会有更多的考验静静地等待着。难忘的学习生涯已经快要远去，更加富有挑战性的大学时代还在等待着你们的来临，准备好了吗？

所以，各位可爱的学子们，请昂起头，向前方骄傲地冲去吧。曾经那么争分夺秒，千辛万苦就在这千钧一发的时际，放纵所有的力量去拼搏吧！你们的笑容会存放进青春纪念册，而你们的成绩也会鼓励我们前行！祝愿所有高三学子都能笑到最后！

为学子送行的祝酒辞（三）

[致辞人] 宴会主持人

[致辞背景] 在升学饯行宴会上致祝酒辞

尊敬的各位来宾，女士们、先生们：

在这秋高气爽、充满收获气息的喜庆日子，我们欢聚一堂，恭贺某某夫妇的女儿金榜题名，被××大学录取。承蒙来宾们的深情厚谊，我首先代表×××一家人对各位贵宾的到来表示最热烈的欢迎和最衷心的感谢！

久旱逢甘露，他乡遇故知，洞房花烛夜，金榜题名时。这可以说是人生中的四大喜事。而今天，×××同学就已经成功地迈出了人生中的重要一步，成为了人人羡慕的天之骄子，让我们一起对她献出最热烈的祝福！

能够经受十年寒窗苦，方能在高考考场上过五关斩六将。×××同学成功通过了高考那条独木桥，现在的的心情一定是很激动的。用一句古诗来形容，就是春风得意马蹄疾，一日看尽长安花。现在，马上就要到开学的日子了，我提议我们大家一起痛饮三杯，给英才饯行！让我们一起祝愿××全家一帆风顺！

朋友们，干杯！

5. 为退休领导送行祝酒辞范文

为退休领导送行祝酒辞范文（一）

[致辞人] 上秦镇党委书记

[致辞背景] 在欢送退休干部的宴会上致祝酒辞

各位尊敬的领导、各位在座的同志们：

大家晚上好！

今天，我们在这里欢送上秦镇已经退休的老领导们，此时此刻，我的内心感受很复杂，有高兴也有失落。高兴，是为各位领导在忙碌这么多年以后终于可以好好休息一下；失落，是因为这么多熟悉上秦情况、工作经验非常丰富的同志们马上就要离开了，不能和你们在一起共事，我觉得非常遗憾。

我到上秦镇刚刚一周时间，在一周的时间里，在与张镇长、其他的领导同志们、镇上的同志们以及群众的接触中，听到的，是对各位领导以前工作的充分肯定。特别是马书记，在上秦镇工作8年以来，带领全镇上下，大力发展养殖业，狠抓项目建设，不断强化基础设施建设，深化产业结构调整，大兴劳务经济，各项工作都均衡发展，使上秦镇保持了蒸蒸日上的良好发展势头；在我来到之后，看到的是一个基础设施完善、充满朝气和活力、蓬勃向上的上秦镇；你们为上秦镇所做的工作我们永远不会忘记！上秦人民也永远不会忘记！在此，我提议，让我们以最热烈的掌声，对各位领导们为上秦所做出的贡献表示衷心的感谢！我相信,在你们打下的坚实基础上,通过新一届领导班子的共同努力,一定会使上秦镇的明天更美好,上秦的明天更强大。

最后,祝愿各位领导在以后的生活中家庭美满、合家幸福、万事如意!干杯!谢谢大家!

为退休领导送行祝酒辞范文(二)

[致辞人] 法院副院长
[致辞背景] 在欢送退休干部的宴会上致祝酒辞

各位前辈:

大家晚上好!

莫道桑榆晚,人间重晚情。这样的欢送会,要调整气氛,不然很容易产生伤感甚至哀愁情绪。尽管我们这些年纪的人在面临工作压力时,也常常说想退休,但是这多数时候仅是一种逃避和解脱的想法。其实真要到了退休年龄,想法又不一样。至少会感叹时光易失,人生已老。人生步入了晚期,不免心生悲凉。

其实呢,我说这些话,并不是为了引起大家的伤感情绪。我说这话的意思是,任何事情要反过来看,从另一面深挖意义和价值。人的一生算起来就分三个时期:少年时期、中年时期、晚年时期。俗话说少年有所学、中年有所为、老年有所乐。如此是说来,你们也就是仅仅进入了人生的另一个阶段而已。少年你们已经有所学,中年你们已经有所成,现在就只要追求老年有所乐了。

如何乐?有几个不成熟的提议:一是注重健康,有健康一切都有。二是放松心态。出去旅旅游,观赏祖国秀美的山川,领略悠久的历史文化,滋养身心。或者打打小麻将,赢几个钱和输几个钱,喜一喜、愁一愁,都能活跃思维。三是丢弃闲事。最重要的是少为钱忧,少为家庭忧。本来就已经辛苦了一生,带大了儿女,就放手让儿女们去经营他们的生活。退休了,带孙儿孙女是免不了的,但带要带出乐趣:他笑你笑,他哭你哭,和他同喜怒哀乐,是种乐趣,不能把这些变成负担。

各位尊敬的前辈们,退休,其实只是从工作岗位上退下来,你不是退出安化法院。安化法院永远是你们的心之所系,命之所依,身之所归。安化法院永远需要你们的关心、关注,安化法院犹如一艘航船,这艘航船前进了,它有所成绩,你们要炫耀,要宣扬,它有所失误或偏离航程,你们要批评并提出建议,在岗的和不在岗的共同努力,让这艘船航行得稳当些、顺利些。

可能我讲得啰嗦了些,但情真意切,发自肺腑,归结为一句话,你们对安化法院的贡献永载史册,祝你们退休后的生活轻松自在,身体康健,快乐永远伴随你们,乐翻一个天。干杯!

为退休领导送行祝酒辞范文（三）

［致辞人］学校办公室主任

［致辞背景］在欢送退休干部的宴会上致祝酒辞

尊敬的张主任，各位领导：

大家晚上好！

今天是欢送张主任光荣退休的大喜日子，首先请允许我代表学校党支部、校行政和工会向张主任光荣退休表示衷心的祝贺，祝愿张主任退休以后生活幸福美满，健康长寿。

退休是人的一生中必须经过的一个过程，也是我们年轻一代十分向往的一个阶段，它预示着人一生中为集体工作和为国家奉献的使命告一段落，可以用一生辛勤工作的辉煌成果来展示人生风采、诠释人生价值，更可以用骄人的业绩和自豪的心态进入人生的另一境界，可以幸福、快乐地享受人生晚年的美好时光，从这个意义上说，退休真是可喜可贺，可敬可赞。

张主任从教37年，曾在村校任教，任过村校长，曾经受了文化大革命，经历坎坷，但工作勤勤恳恳，任劳任怨，值得称道和敬佩，为我们全体后辈树立了典范。具体地说，有三点十分突出：

第一，秉心克慎，奉植惟勤。张主任的一生嫉恶如仇，奉守师德，不媚上，不欺下，堂堂正正做人，踏踏实实办事，真真成为一个大写的人，一个为人称道的人，一个始终受到大家敬重的人。

第二，工作认真，一丝不苟。张主任在从事多年成教工作期间，作为一个老同志始终能作好教师的楷模。尤其是在试验、示范和科技推广工作中身体力行，带领一班人，严谨从事科学试验，积极参与科技培训和科技成果推广，足迹踏遍复兴地区的村村屯屯，为农村经济建设作出了一定的贡献，得到了广大农民群众的认可，受到上级领导的好评，并多次受到上级嘉奖。使复兴成教成为全旗目前独树一帜的鲜花，为学校校赢得荣誉。我在此谨代表大家真诚地对您说一声：谢谢！

第三，淡泊名利，宠辱不惊。从教几十年来，始终把名和利看得很淡，一直保持着良好的平和心态，真正体现了一位老共产党员的风范。目前看面色红润，身体康健，一定会健康长寿，夕阳无限好！

我真诚地期望张主任退休以后，在保养身体颐养天年的同时，不要忘记工作了一辈子的学校，有空常回家看看，走走，与我们年轻一辈多交流，给我们以更多的教诲；同时也要多参加退休教师和校党支部的活动，再享受集体的温暖，我们一定真诚的欢迎您。最后衷心地祝愿张主任阖家欢乐，福如东海，寿比南山。谢谢大家！

为退休领导送行祝酒辞范文（四）

［致辞人］公路段局长

［致辞背景］在欢送退休干部的宴会上致祝酒辞

各位在座的同志们：

大家晚上好！

今天，我们在这里欢聚一堂，为光荣退休的28名老同志举行退休欢送会。在此，我代表段总支、公路段、段工会向大家表示热烈的祝贺！向大家为公路段所做的贡献表示表示崇高的敬意和衷心的感谢！

此时此刻，我们怀有一种依依不舍的心情，体会到了一种特别的亲切感。

几十年来，同志们顾大局，识大体，立足本职，爱岗敬业、勤勤恳恳，任劳任怨，扎实工作，奉献岗位，拼搏实干，与公路段同呼吸、共命运，心连心。大家风雨同舟，共渡难关，把美好的青春和工作热情，把全部的力量和智慧贡献了给了夷陵区公路事业。很多同志因为长年在一线工作，起早贪黑，身体上甚至留下了伤病，不愧为公路段功臣。所有在座同志的业绩将永远铭刻在公路段发展史上。

您们身上所体现那种识大体、顾大局，守纪律，不怕苦，不怕累，敢打硬仗的作风和精神和价值观，将永远激励着我们在职工作的同志不断进步！公路段总支不会忘记大家，全段职工更不会忘记您们。

退休是各位老同志人生的一大转折点，这是不可抗拒的自然规律。大家尽快调整心态，放下思想包袱，适应新环境，多腾出时间照顾家庭，锻炼身体，享受美好生活。

你们虽然退休了，但公路段仍然是你们的家，你们还是我们的亲人，欢迎大家常回家看看。我们的工会组织永远是退休职工的温暖之家，将坚决做到对所有退休的职工不怠慢，今后对大家多一些理解，多一些关注，多一些便利，厚爱一层，大家有困难找随时工会，我们将尽力帮助您们解决。

同志们，"夕阳无限好，晚霞别样红"！当前国家的发展进步为老年人奉献余热提供了广阔的活动舞台。我衷心地祝愿各位退休同志们，老有所乐，老有所为，幸福安康，阖家更欢乐，万事更如意！让我们为了以后的美好生活干杯！

谢谢大家！

6. 大学毕业送行祝酒辞范文

大学毕业送行祝酒辞（范例一）

［致辞人］学校校长

［致辞背景］在大学毕业宴会上致祝酒辞

亲爱的同学们：

大家晚上好！

时光飞逝，转眼间，同学们就要毕业了。三年前，你们怀着对大学生活的美好憧憬和对科学知识的强烈渴望踏入这所大学，在这片美丽的土地上留下了你们青春的足迹。在这难以忘怀的三年里，学校伴随着你们一起成长！在这难以忘怀的三年里，你们的出色表现也给学校留下了深刻的印象！

明天，你们就要告别母校，踏上新的人生征程，书写新的人生篇章。在这个充满机遇、挑战和变革的时代，你们的未来有无限的可能，你们要学会在变革的交织和激荡中思考、历练和完善自我，在建设有中国特色的社会主义伟大事业中成就自己的人生梦想。

人生因学习而美丽，人生因奋斗而精彩。大学生活的结束，并不是学习的终结，而是新的学习生活的开始。在科技进步日新月异、知识竞争日趋激烈的今天，学习比以往任何时候都显得繁重和迫切。同学们要树立终身学习的理念，永葆学习的热情，努力在实践中探索新的知识，在学习中获取前进的力量。在学习和继承的同时，还必须紧密结合实践，勇于求实，敢于创新，在广阔的社会实践中创造辉煌人生。

人生的道路没有坦途，未来还有坎坷和挫折。所以我希望同学们能够正视挫折，要在挫折中使自己深刻而丰富，在挫折中使自己奋起而成熟。大家一定要坚信：挑战与机遇并存，困难与希望同在。希望同学们不要气馁，要耐得住寂寞，要经受得住磨炼，保持积极健康的情绪，正确对待人生的不如意。无论你们身在何方，母校都愿意分享你们的成功和快乐！同学们，有空的时候，常回家看看！

最后，预祝同学们一路顺风，前程似锦，万事如意！干杯！

大学毕业送行祝酒辞（范例二）

［致辞人］院系老师

［致辞背景］在大学毕业宴会上致祝酒辞

各位亲爱的同学们：

大家晚上好！

大学是人生旅途中的一个驿站，毕业不是结束，而是新的开始，不是庆祝完成，而是宣誓奋进。借此机会给大家谈一些初入社会的感受和经验，希望能对大家有些帮助。

第一是要选好自己的奋斗方向。走出校门，首先面对的是就业。无论如何选择，每一个人的选择都应得到尊重。请静下心来，琢磨自己究竟能干什么，到底想干什么。安逸让人平庸，磨砺使人坚强。只要能遵从真心的选择就好，只要在暮年之时对曾经的选择无怨无悔就好。

第二就是建立一个温暖的家庭。你生命中至少有三分之一的时光是和你的爱人共同度过的，这个人毫无争议是对你影响最大最深远的一个人。选好这个人对你至关重要。选择的标准呢？不选好的，只选对的。意思是说，爱人不是学历越高越好，挣的钱越多越好，长的越苗条越好，而是适合自己的才是对的。

第三要快速地适应社会。社会和学校不同。在社会上，没人会在乎你的抱怨，没人会同情你的处境，没人会在意你的感受。社会要求你遵守规则，社会期望你的劳动与贡献。社会奉行自然的法则：适者生存。面对这些变化，刚进入社会的人应该做些什么呢？要真诚，要勤奋。天道酬勤，公道自在人心。

从今天开始，你们就将面对自己人生的又一个崭新的阶段，但是无论过去多少年，无论你在什么地方，无论你身处何种境地，请记得还有这样一片深情的热土，曾经导你向善、助你成长，在你青春的岁月留下串串喜怒哀乐的记忆。最后，我代表系里所有的教职员工真心的祝福你们，愿大家在今后的人生道路上，乘风破浪，事业有成，身体健康，生活幸福！谢谢大家！

大学毕业送行祝酒辞（范例三）

[致辞人] 毕业学生代表
[致辞背景] 在大学毕业宴会上致祝酒辞

尊敬的领导、敬爱的老师、亲爱的同学们：

大家晚上好！

我是来自××级中文系新闻专业的××，很荣幸能作为我们学校2011届的毕业生代表发表讲话。首先请允许我代表所有毕业生对长期以来关心、帮助我们的老师们致以衷心的感谢，感谢你们这三年来的谆谆教导。同时，也向在座的各位同学表示忠心的祝贺和诚挚的祝福。

今宵我们又欢聚一堂。只是，今宵的聚首是为了离别，是的，我们已经毕业了，转眼就要和母校话别，心中的不舍之情油然而生。有人说，岁月是一本太仓促的书。是的，一千多页就这样匆匆翻过，一千多页承载着我们太多的回忆。

了解一个地方，并爱上这个地方，其实过程并不漫长。大学三年，每个人都有着自己太多的回忆：教学楼的教室依然有我们战斗过的痕迹，宿舍楼下的草地依然飘荡着青青香草的味道，温馨的宿舍依旧回荡着我们大家的欢声笑语，校园里记载着我们点点滴滴的纯真故事。这些点点滴滴的回忆，情深、意长、味重，是我们一生都难以忘记的。

在这三年的时间中，我们学会了成长，学会了思考，学会了合作，学会了彼此信赖。一起走过的日子，有老师的殷切教导和期望，使得我们获得知识的同时也获得了希望，我们相互扶持、互相帮助。朋友温馨的笑容，班级温暖的气氛，让我们学会去爱，去坚持，去相信未来！今天是开心的一天，激动人心的一天，也是感恩的一天。

今天站在这里，让我代表所有的毕业生们对尊敬的老师说一声："老师，谢谢您！"感谢老师们用辛勤的汗水、无私的奉献，授予我们宝贵的知识，也教会

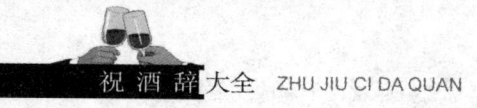

我们如何做人。

让我们对身旁的同学说一声："朋友，珍重！"一朝同窗，一世朋友，缘分让我们相聚。三年，我们共同谱写了一段纯真的青春回忆，一段年少轻狂的岁月。

以后的岁月中，不论我们身在何方，我们都不要忘了曾经结下的友情，不要忘了老师的言传身教，不要忘了我们的梦想。让时间作证，承载着梦想的我们一定会更加勇敢、坚强、成熟地面对未来！我们一定会做拥有智慧并富有激情的人，胸怀大志并脚踏实地的人，德才兼备并勇于创新的人，富有责任并敢挑重担的人！

最后，衷心地祝愿我们的母校永葆青春，桃李天下；祝愿所有的老师身体健康；祝愿毕业的每一位同学都能梦想成真！

今晚时光美好，今晚感情真挚，今晚酒色醇香。此时此刻我提议：让我们共同举杯，为我们美好的明天而干杯吧！谢谢大家！

大学毕业送行祝酒辞（范例四）

［致辞人］毕业学生代表

［致辞背景］在大学毕业宴会上致祝酒辞

尊敬的各位领导、各位老师、各位同学：

大家晚上好！

今天是一个值得庆祝和纪念的日子，我们圆满结束了大学生活，就要走向社会、走上新的征程，首先我谨代表全体同学对各位老师表示感谢，感谢你们三年以来对我们知识的培养和为人的教导，同时，也祝贺各位同学在自己的人生道路上攀登到了一个新的高度！

三年的大学生活，近1000个日日夜夜，就在我们不经意的时候悄然远去了，当初我们总是在渴望着毕业的那一天，如今却又有那么多的不舍，看着时间的脚步慢慢地临近，每个人都是感慨万千。

三年里，我们有过辗转于各教室上课的平凡与琐碎，也有过纵情高歌狂欢的淋漓尽致。有过军训时在烈日炎炎下的坚持，也有过在蒙蒙细雨中唱的军中绿花，曾经我们很讨厌食堂的那份嘈杂，但是当我们要离开时，你是否又感觉恋恋不舍呢？

我们即将分别，但此时的分别不是一段辉煌的结束，而恰是无数辉煌的开始。今天，我们为我们的母校而骄傲，明天，我们的母校也必将因我们而自豪。不管我们走到哪里，我们都会在心中默默祝福企盼：希望母校能够蓬勃发展。今后，我们也将以自己的成就来报答母校。最后，我谨代表全体毕业生向母校，向所有的老师致以最衷心的感谢！

今天让我们来相约，相约多年后，希望我们在座的各位有职场精英，更有商业巨子，我相信同学们都会在各自的岗位上有所成就，做出一番骄人的伟业。兄弟姐妹们，古语云："无酒何以逢知己，无酒何以诉离情。"让我们高举酒杯，为彼此辉煌的明天干杯！

7. 为客商送行祝酒辞范文

［致辞人］安阳市领导
［致辞背景］在客商欢送会上致祝酒辞
各位朋友、各位来宾，女士们、先生们：
大家晚上好！

连日以来，大家废寝忘食、不辞劳苦、身体力行，赶会场、忙考察、深入洽谈，共同谋划"构建新中原、建设大中原"的宏伟蓝图，并取得了丰硕的成果。在此，我代表中共安阳市委、安阳市人民政府对来访的18家企业60多位嘉宾的辛勤劳动表示衷心的感谢！向前来安阳市访问、考察、投资的广大客商表示诚挚的问候！对所取得的成果表示热烈的祝贺！

开放的中原、投资的热土。现在生机勃勃的安阳正值一派热火朝天的开发新气象，越来越多的中外客商将投资目光锁定安阳、锁定安阳，我们看到安阳未来的发展及希望。我们将汲取广大客商的宝贵意见，融入到我们发展的理念中，以现代都市的标准建设高品位、高层次的安阳，我们将借鉴国内外成功的先进经验，坚定信心，强化服务，创造宽松的投资环境，为建设时尚美丽的安阳而努力。

有道是：相见时难别亦难。今天的成功只是我们合作双赢的一个良好的开端，也是在政府与企业之间架起友谊的桥梁。我们相信，在政府的支持和企业的努力下，我们的沟通会更加密切，我们的交流会更加融洽，我们的长期合作也一定会更加圆满成功！

现在我提议：为此次活动的圆满成功，为美好未来，干杯！

8. 为援藏干部送行祝酒辞范文

为援藏干部送行祝酒辞（范例）
［致辞人］市领导
［致辞背景］在为援藏干部举行的送别宴会上致祝酒辞
同志们：
大家晚上好！

今天，市委市政府的各位同志以及全市副处级以上领导干部相聚这里，略备几杯薄酒，为我们英勇援藏的31位同志们饯别。首先，请允许我代表参加送别会的全体同志，代表全市人民，向31位援藏同志，以及同志们的亲属表示亲切的问候，并致以崇高的敬意！

西藏是我们伟大祖国神圣不可分割的领土,西藏工作在党和国家战略全局中具有相当重要的地位。中央指出:西藏的发展、安全、稳定,涉及国家的发展、安全、稳定。同样,西藏的和谐,也事关社会主义社会的和谐。在西藏贯彻落实十六届六中全会和"两会"精神,就要大力推进社会主义和谐西藏建设。选派援藏干部,是党中央促进西藏发展、保持西藏稳定而采取的一项重要措施,也是建设社会主义和谐西藏最直接、最快速、最有效的途径之一,做好这项工作意义重大。

为了圆满完成援藏这项光荣而又艰巨的使命,市委在积极报名的所有同志中好中选优,优中选强,从众多报名者中挑选出来了最后31名同志。你们要时刻记得,在你们身上,凝聚着市委的厚望和全市人民的重托,在到达西藏地区以后,一定要积极遵循市委的要求,在西藏各级党组织的领导下,同各族干部一道,在各自工作岗位上努力工作,为圆满完成我市对口支援任务而付出不懈的努力。我们相信,在党中央方针政策的指引下,在西藏各级党组织的坚强领导以及各级干部群众的鼎力支持下,你们一定能够承担起支援西藏建设与发展的崇高使命,为把西藏地区建设得更加美好作出你们应有的贡献。

面对就在眼前的离别,我们每个人心中的心情都是复杂难以言表。在这里,我要送给31位同志们四句话:珍重身体,发挥才智,努力工作,建设西藏。我们在座的各位同志和全市百万人民永远都是你们的坚强后盾!期待着你们三年之后的光荣凯旋!干杯!

酒之韵:送行酒祝辞佳篇

9. 出国送别祝酒佳句

在这个世界上,没有朋友的生活就犹如一杯无糖的咖啡,苦涩难咽。没有朋友的生命是寂寞难耐的,而今,虽然你即将出国,但是我们之间的友情不会因为这时空上的距离而减弱,在以后的日子中,你要自己照顾好自己!

劝君更尽一杯酒,西出阳关无故人。你即将远离亲人,远离家乡,去一个全新的世界去面对充满挑战的人生,在这临行之际,请喝下这杯酒,接受我们共同的祝福:海阔凭鱼跃,天高任鸟飞!

雄关漫道真如铁,而今迈步从头越。在你到了那个陌生的国家后,一定要以自强不息的精神、团结拼搏的斗志去创造新的辉煌!我相信你的信心和激情一定可以给你一个新的辉煌天地!让我们一起去创造更加美好的未来!干杯!

古人这样来表示人间四喜:久旱逢甘雨,他乡遇故知;洞房花烛夜,金榜挂名时，一举成名天下知！今天，我们欢聚一堂，喜贺××同学顺利通过新加坡政府的批准，将赴海外留学深造！让我们大家以热烈的掌声向这位才子表示由衷的祝贺！朋友们，来宾们，我们为他鼓掌！让我们祝福的掌声热烈些，再热烈些！

天下着绵绵细雨，老天也流淌着激动的泪水欢送我们的××同学。上帝的旨意不能违背，上帝的恩惠不能忘记，正由于苍天的安排，我们怀着感激的心欢送××同学。让我们最后以热烈的掌声向××的美好前程致意亲切的祝愿，希望××同学不负众望，好好学习，把外国的成功经验带回来，把新加坡先进的理念带回来，我们期待成霖同学带给我们的成功的喜讯！最后，让我们为幸福的时刻歌唱，为快乐的亲朋好友起舞，为火热的情怀举杯，愿××的人生之路永远洒满阳光！

高山重洋将我们分离，没奈何我只能在回忆中与你重逢，在梦境中与你相遇。让我像一个纯洁的孩子，站立原地，月光下，目送你明亮的背景在远方消逝。今天笑着和你分手，但愿不日笑着把你迎接。

10. 毕业宴会祝酒佳句

我们曾经是二重唱中的两个声部，我们曾是并肩战斗的两棵小树，我们曾经是一张课桌上的学友。今天，在我们挥手告别的时候，请喝下这杯酒，接受我深情的祝福。

我们在一起的日子，你留给我的全部都是美丽的记忆。和你在一起，我重新体会到了少年时的纯真友谊。今天，当我想捧起记忆中的佳酿请你喝时，却先醉了自己。

柳荫下送别百般惆怅，同窗数载友谊情长，望征程千种思绪，愿这杯酒可以化为你奋进的力量！

充满希冀的春天，我们播种了四次；遍地金黄的秋天，我们收获了四遍；我们在一起承受了四个炎夏的磨砺和四载严冬的考验，我们之间这有滋有味、有声有色的时光，请你永远也不要忘记！

毕业了，多么想留住那些温暖的日子，但又多么渴望着能早日投进生活的洪流。那以往的同窗生活，是一串甜美的糖葫芦；那迷人的甜与酸，将永远回味不完。

如果我可以，我愿将心底的一切祝福都揉进今日的分别。但是我不能啊！那么，就让我们饮下这杯酒吧！要知道，这是满载祝福的酒浆，它胜过一切话别！

一位伟人曾经说过："人人都可以成为自己的幸运的建筑师。"愿我们在以后生活的道路上，用自己的双手建造属于自己成功的大厦。

亲爱的朋友们，我们要暂时分别了，在今天晚上，"珍重珍重"的话，我也不再多说了。在这深重的夜色里，让我们都饮下手中的这杯酒，努力为以后的生活铸造几颗小晨星，或许没有多大光明，但也能使那早行的人高兴。

我们只有将千言万语包含在这一杯美酒中，面临离别，这时的祝福才是最真诚的。

相逢又告别，归帆又离岸，今日的酒宴，既是往日欢乐的终结，又是未来幸福的开端。

拥有一颗年轻快乐的心，给别人一个灿烂的微笑，给自己一个真诚的自我，给学业画个完美的句号，给事业点个漂亮的开场。让我们喝下这杯酒，扬起风帆，共赴风雨！

欢快的歌声留在路边的小草上，欢声笑语留在大树的泥土中……母校的每个地方，都珍藏着我们的友谊，母校的每个地方，都撒落着我们对未来的梦想，喝下这杯酒，在未来的生活中，请永远带上我的祝福吧！

树木的繁茂归功于土地的养育，学生的成长归功于老师的辛劳。在学校博大温暖的胸怀里，是老师真正使我感受到了爱的奉献。在这个即将离别的时刻，请让我深情的对老师说声谢谢！

我们匆匆地告别，走向各自的远方，没有语言，更没有眼泪，只有永恒的思念和祝福，在彼此的心中发出深沉的共鸣。

尽情地饮干这杯毕业之酒吧！它是生活的甘露！它将给未来注进胜利，它将长留在我们的唇间舌上，留下无尽的回味。

我不知道离别的滋味是这样凄凉，我不知道说声再见要这么坚强。只有分离，让时间去忘记这一份默契。

花开花落，四年的时间，并不长。此时的我们，又伫立在十字路口，也只有此时的我们，才真正尝到别离的滋味。

11. 毕业宴会各系幽默祝酒佳句

一个人一辈子写一篇好新闻并不难，难的是一辈子都能找到好新闻，几十年如一日地写好新闻，这才是最难的啊！让我们为彼此加油，祝福彼此早日成为一名大记者！干杯！（新闻系）

人类没有哲学，思想怎有深度？人类没有美酒，心情该多惆怅？干杯！（哲学系）

我是中国人，更要学鸟语，让世上所有先进技术都随着我们构建出的语言桥梁为我们所用，干杯！（外语系）

愿我们都能成为一名成功的在地球上作画的画家，建造出属于我们自己的新中国！干杯！（建筑系）

毕业时节雨纷纷，毕业生们欲断魂。试问前途何处有，学生遥指图书馆。让我们干了这一杯酒，回到图书馆，重新开始我们的梦想！干杯！（考研族）

其实世上本没有文学。乱写的人多了,也便有了文学。为了文学,干杯!(中文系)

用歌声给我们的未来插上翅膀。让我们干了杯中酒,尽情歌唱!(音乐系)

虽说世间万物生而平等,但是动物们并不能体会饮酒的乐趣,喝我们的酒,让它们嫉妒去吧,干杯!(生物系)

12. 退伍送别祝酒佳句

战友战友,开怀喝酒!杯杯美酒显豪放,句句话语动深情。

回忆过去,同舟共济情同手足!从今以后,人海茫茫各奔东西!愿你们都能够一直记得曾经许下的神圣诺言,在营门之外再挂起一道彩虹!战友们,干杯!

即将退伍的战友们,我衷心祝福你们回到家乡能够快速适应,开创属于自己的另一番事业!但无论到什么时候,都不要忘记自己曾经是一名光荣的军人!干杯!

你是我在部队生活中最有色彩的一部分,想到我们曾经一起走过的日子!今天你要走了……突然感到心情很沉重,千言万语尽在不言中,干了这杯酒,兄弟一路顺风!

老兵,在新的战线,你们一定要更加勇往直前,用消防赐予你们的铁骨钢肩去翻越一座座人生路上的坎坷大山,迎接朝阳下那片属于你们的崭新蓝天,我们会在这里为你们摇旗呐喊:加油,兄弟!即使跌倒千遍万遍,不抛弃,不放弃,勇敢站起来,用笑容迎接挑战,用信念铸就凯旋!老兵,请喝下这杯酒,收下我们最美的祝愿,希望你们的明天更加辉煌灿烂!

酒是粮食精,越喝越年轻。为战友们的健康长寿,为战友们以后事业的成功和欢乐干杯!愿平安幸福永远与你同行!

人生就像一场演唱会,总会有明星在舞台上闪烁着光彩,希望你可以像舞台上的明星一样,在属于你自己的人生中发出耀眼璀璨的光芒。

亲爱的战友们,在你们光荣退伍的这个时刻,在你们马上要踏上远方的征途,离开绿色的军营和朝夕相处的战友,奔赴新的工作岗位之际,我们所有留队的官兵用这杯酒,为你们在部队中做出的贡献表示真诚的感谢,并向你们致以崇高的敬意!

亲爱的战友们,你们的军旅生活就要圆满结束了,但是你们为部队建设作出的不朽贡献,将永远留在我们这个英雄的部队。大家在今后的工作生活中,不要忘记当兵的岁月,不要忘记英雄的团队,不要忘记相识的战友。让我们为了祖国的"四个现代化"建设,在不同的工作岗位上做出新的贡献。再见了,亲爱的战友们!喝下这杯酒,祝你们在返乡的路上旅途顺利、一路平安!

各位即将脱下军装的战友们,鲜艳的军旗上有你们增添的光彩,绿色的军装上有你们洒下的汗水,美丽的军营里有你们奋斗的足迹。你们在服役期间对军队工作的大力支持,对军队建设做出的突出贡献,我们每个人都看在眼里,记在心里。今天,让我代表所有留队的战友们诚挚地向你们道上一声:"谢谢了!我亲爱的战友!"

铁打的营盘流水的兵。战友们马上就要从我们部队这所大学光荣毕业,奔赴祖国的四面八方,开赴全面建设小康社会的主战场,在以后的生活中,各位战友也都要保持军人的优良作风,去奋力拼搏,再立新功,再创辉煌!

战友们,虽然今天你们脱下了这身军装,但是部队不会忘记你们,所有的留队官兵不会忘记你们。你们的业绩将永远铭刻在部队的史册上!你们的精神也将永远鼓舞着留队的全体官兵!在此我谨代表部队党委机关及全体官兵向你们致以崇高的敬礼,用这杯酒祝愿你们在今后的生活中可以奋勇拼搏,大胆向前!

过了今天,退伍的战友们就要告别军队这可爱的第二故乡,告别朝夕相处的战友。在这离别的日子里,不要悲伤,家乡的亲人还在期盼着你们。在以后的日子里,希望你们不忘组织培养,不忘珍惜军人荣誉,不忘珍惜军旅生涯,不忘战友间的情谊,在回到家乡的日子里,守纪律,听招呼,讲礼貌,注意安全,把文明的形象洒向社会、带给家乡。最后,祝退伍老战友归途顺利,家庭美满,事业有成,早日听到你们的佳音!

回望军旅,那些朝夕相处的美好时光,那些苦乐与共的峥嵘岁月,我们每个人都难以忘怀。或许在以后的生活中,我们会因为工作和家事而联系变少,但绿色军营结成的友情,永远都不会随风而去,它会沉淀为酒,时间越长,味道越香。在今天这个欢聚的日子里,让我们举杯,为我们日后事业顺利,家庭幸福,为我们的友谊长存,干杯!

13. 公务送行祝酒佳句

我们在一起合作一年多了,谢谢××项目让我们有了共同协作的机会,我们的感情不能说像一家人了,应该就是一家人,来,为我们的亲情干杯,也祝你们在以后的生活和工作中越来越顺利!

今天,我很荣幸地代表××市××公司,为××代表团送行。我很高兴今天能与这么多朋友欢聚一堂,共叙友情。室外春意盎然,正象征着我们的合作面临一个百花争艳的春天。为此,我提议:为各位朋友的身体健康;为我们互为贸易伙伴地位的进一步巩固;为我们双方今后在更广阔的领域里的合作;干杯!

三百多个日夜的点点滴滴,凝聚了太多的欢笑与辛劳的身影,一个个闪亮着青春光彩的同事不停地在我眼前出现,那么熟悉,那么留恋,我会记住你们的,虽然以后不一定会经常联系,虽然以后不一定能帮曾经的同事做点什么,但如果遇见了,一定会欣然想起共事的日子……

青山不改绿水长流，有缘定能再会！后会有期！

让我们共同举杯，为我们这次活动的圆满成功，为同志们的返程旅途顺利，为同志们的身体健康和工作顺利，干杯！

明天，你们就要离开了，在这个即将分别的时刻，我们的心情依依不舍。虽然大家相处的时间短暂，但我们之间却建立了深厚的友好情谊。我国有句古语："来日方长，后会有期。"我们诚挚地欢迎各位贵宾在方便的时候再次来这里做客！莺歌燕舞，杨柳依依，好山好水好心情，祝大家一路顺风，万事如意！

14. 送别宴祝酒辞素材

路漫漫，岁悠悠，世上不可能还有什么比我们之间的友谊更珍贵。虽然明天就要离别，但我真诚地希望我们能永远守住这份珍贵。在此，请大家一起举杯，让我们共同为我们的友谊而干杯！

在过去的时间里，我们共同经历了太多的欢乐与无奈，也许这就是人生，因为失去了童年，我们才知道自己已经长大，因为失去了岁月，我们才知道时间的珍贵。星光依旧灿烂，激情依旧燃烧，因为梦想，所以我们存在，你在你的领域不惜青春，我在我的路上不知疲倦。现在你即将离开，我把所有的祝福和希望，悄悄地埋在你的身边，让它们沿着生命的前进而生长，送给你满年的丰硕与芬芳。

你有你的路，我有我的路，但忘不了我们在一起的朝朝暮暮，无论路途多遥远，无论天涯海角，请别忘记我送你的最衷心的祝福。

离别并不是结束，而是另一场相遇的开始！我期待着与你再次相遇！

离别并不是远离，而是远征的开始！我期待着在远征的路途上与你并肩！

虽然天总会黑，人总要离别，但天也会亮，人总会有相聚的一天！我期待着那一天的到来！珍惜人生中每一次相识，天地间每一分温暖，朋友间每一个知心的默契；就是离别，也将它看成是为了重逢时加倍的欢乐。

地球是圆的，今天的离别是为了他日的重聚。

别离，是有点难舍，但不怅然；是有点遗憾，但不悲观。因为我们有相逢的希望在安慰。

亲爱的朋友请不要难过，离别以后要彼此珍重。绽放最绚烂的笑容，给明天更美的梦。

相会再别离，别离再相聚；秋风吹旷野，一期只一会。我会珍惜你我的友情，更期待相会的时刻。

朋友总是心连心，知心朋友值千金。灯光之下思贤友，小小讯儿传佳音。望友见讯如见人，时刻勿忘朋友心。

相聚与离别似乎是人生中永远不停歇的音符，如同品一杯苦涩的咖啡，离别的苦涩留在口中，而甘醇的香味伴随着岁月的沉淀，永远留在我的记忆里！

人生的路上，留下太多的脚印，有深有浅，也许这样的经历才算得上丰富，但是有时候宁愿平淡点，淡漠点，但是，却每每不能让自己有这样平静的心态，去面对我不想面对的，不愿知道的事情！

人的一生，有很多不能阻挡的事情，正如不能阻挡时间的脚步一样，不能阻挡的是即将到来的离别和不舍。愁绪与离别的伤感在慢慢的上升，但是此刻心里却很平静，彼此的祝福会慢慢弥漫在我们心里，在以后的路上，我的朋友，多一些自信，你一定会成功！

第十章 醉翁之意不在酒——商务酒致辞全攻略

1. 商务宴会礼仪

出席商务宴席，不同于一般的朋友聚餐，它具有极强的目的性，因此有许多礼仪你一定要注意，才能助你顺利成功。商务礼仪不仅体现在言谈举止方面，更体现在现代社会生活的各个领域，下面就为你简单地介绍一下商务用餐的基本礼仪。

席前准备

宴会是比较隆重的社交场合，尤其是商务宴会，你的一举一动，甚至穿衣打扮，都代表着公司的形象。因此得体的妆容和衣着，才能让你的仪态、形象与风度都能留给人好的印象。

出席宴会前，做一下简单的梳洗打扮是非常有必要的，女士要淡淡地修饰一下，最好化个淡妆，显出秀丽高雅的气质。男士也要把头发和胡须整理和刮洗干净，穿上一套整洁大方、适合身份的西装，容光焕发地赴宴。

参加宴会切记不要迟到，要在规定的时间准时赴宴，如果时间允许，最好能够提前五六分钟到达。进入宴会厅，要先向主人问候致意，再向其他客人和朋友问好。入席时，应用手轻轻地把椅子拉后一些，然后从左边坐下，切记不要用脚将椅子推开。小姐身旁若有男友，男友应拉开椅子请女友入座。用餐前，正确的身体姿势应是：身体坐直，手放在膝盖上，不要把手放在桌子上或者摆弄餐具。进餐前要与周围的客人互相结识、交流，因为这是结交新朋友的好时机。

席间用餐有礼仪

在商务用餐的时候，首先有一个前提，是以商务活动为主。就是说在商务用餐当中，进餐只是一种形式，真正的内容，是继续谈商务话题，占的比重超过了50%。

商务宴会通常有中式宴会和西式宴会两种形式。

中餐宴席进餐之前，服务员送上的第一道湿毛巾是擦手的，不要用它去擦脸。进餐时，举止要文雅，应把食物送入嘴中，而不是把嘴凑近食物。咀嚼食物不要发出声音，万一打喷嚏、咳嗽应马上掉头向后，用手帕掩口。菜或汤很烫时不可用嘴吹，等稍凉后再吃。口中有食物，不宜高谈阔论。用餐过程中如遇有酒水打翻、筷子掉地，碰到了邻座，要道声"对不起"，再请服务员帮忙。对于餐桌上的公用物品，若离你较远，不可起身去取，可请求邻座帮忙，用后放回原处，并向邻座致谢。

在商务用餐的时候，一般也牵扯到座次的问题。在这里教大家一个最简单的方法：你可以从餐巾的折放上，看出哪个是主位，哪个是客位。一般主宾位的餐巾纸的桌花和其他人的是不太一样的。如果你不了解情况，也可以问一下餐厅的服务员，哪个位置是主位。如果餐巾纸是折好放在你面前的，没有桌花的话，我们应该看什么呢？主要是以门为基准点，比较靠里面的位置为主位。

西餐席间礼仪

西式宴会中的礼节比中式宴会严格和复杂。到会后，主人照例会在门口迎接，你可简单地与主人握手问候，而不便在此长谈，因为后面的客人接踵而来，会妨碍别人与主人打招呼。

入座后摊开餐巾或离座前收起餐巾，均应以主人为先。嘴角或手指上沾上污渍，可用餐巾的角落轻印几下，但不要大力擦拭。

在女主人拿起她的匙子或叉子以前，客人不得食用任何一道菜。女主人通常要等到每位客人都拿到菜后才开始。她不会像中国习惯那样，请你先吃。当她拿起匙或叉时，那就意味着大家也可以那样做了。

正餐通常从汤开始。在你座前最大的一把匙就是汤匙，它就在你的右边的盘子旁边。不要错用放在桌子中间的那把匙子，因为那可能是取蔬菜可果酱用的。饮汤时，首先尽量不要发出声音；另外，若觉汤太过热，应待它稍凉后才喝，汤匙放到嘴边，分开数次才能喝完，实在有失礼仪。若汤碟没有把手，这时候，就可用双手捧着碟子喝汤。

如果有鱼这道菜的话，它多半在汤以后送上，桌上可能有鱼的一把专用叉子，它也可能与吃肉的叉子相似，通常要小一些，总之，鱼叉放在肉叉的外侧离盘较远的一侧。

在餐桌上，一般的食物都应用刀叉去取。只有芹菜、小萝卜、水果、干点心、玉米、田鸡腿和面包等可以用手拿着吃。有些食品，如面包、黄油、果酱、泡菜等，应待女主人提议方可取食。

如果吃到一半想放下刀叉略作休息，应把刀叉以八字形状摆在盘子中央。若刀叉突出到盘子外面，不安全也不好看。边说话边挥舞刀叉是失礼举动。用餐后，将刀叉摆成四点钟方向即可。

如中途要离席，可将餐巾对折两下，整齐地放在椅上，谨记弄污了的一方应折向内，别让人看到到你"战绩斑斑"的餐巾。

2. 商务会议祝酒辞范文

经济社会，商务宴会随时可见，商务宴会祝酒词更是不可或缺，商务宴会祝酒词不仅要大气更要欢悦，现呈上商务宴会祝酒词实例一则，敬请需要商务宴会祝酒词的朋友参考。

尊敬的各位领导、各位来宾、女士们、先生们：

晚上好！

借着这暖暖的春风，今晚，我们欢聚在美丽的城市——××，共同祝贺××商务发展高级研讨会胜利召开，我谨代表××投资公司对各位的光临表示热烈的欢迎，向出席宴会的各位领导、各位来宾表示热烈的欢迎！值此良辰美景，我愿借此机会，向你们并通过你们，向所有关心和支持××投资公司发展的朋友们，表示诚挚的谢意和良好的祝愿！

今天晚上，我们有幸邀请到了著名省部高级领导，有知名企业老总，有造诣精深的专家和学者，还有我们××投资公司的尊贵朋友。你们的到来，让我深切地感受到了各位领导和各位朋友的关心厚爱和真诚合作的精神。

早在几个月之前，我就一直期待××商务发展高级研讨会的到来，听取和了解你们对××投资公司发展的真知灼见。我们今天欢聚在这里，为的是一个共同的目标：加强合作交流，拓展发展空间，为××地区的经济和社会发展增添活力，也为各位事业的发展再创辉煌创造机会。

××城市在国家政策的推动下，正在逐步扩大对外开放的大门。在这样的背景下，我们必须抓住这前所未有的机遇，全面提升企业竞争力，积极推进企业集团化进程，努力开创企业发展的新局面。××人民正在全面建设和谐小康社会，加快实现现代化，这将为所有朋友创造更多的发展机会和空间。所以，我们一定要行动起来，不能让机会与我们擦身而过。

女士们、先生们，朋友们！我提议：为我们共同的事业，为我们美好的明天，为我们地久天长的友谊，干杯！

3. 客户联谊会祝酒辞范文

尊敬的各位领导、各位嘉宾：

你们好！

今天，我们迎来了××公司两年一度的客户联谊会，各位能在百忙之中前来参加这次联谊会，我们深感荣幸。首先，请允许我代表××公司全体员工，对多年来一贯关心、关爱和支持我们发展的各位领导和朋友们表示衷心的感谢，祝各位身体健康、家庭幸福、万事如意！

××公司自19××年创立以来，在众位朋友的支持之下，已走过了×年不寻常的发展历程。×年来，我们与社会各界朋友尤其是与在座各位嘉宾建立了深厚情谊，我们先后荣获了全国"×××先进单位"、"×××先进单位"等荣誉称号。这些成绩的取得,与各位朋友的关心和支持是密不可分的。我们希望借"客户联谊会"这样一种形式来表达对各位来宾、各位朋友由衷感激。在今后的岁月里,我们仍需要各位朋友一如既往地给予我们更多关爱和支持,我们也一定会以更优质的服务来回报各位。

客户是我们的衣食父母,没有你们,就没有××公司现在的发展规模。所以,××公司从建立之初,一直都把大客户事业作为公司服务和经营工作的重中之重。20××年,我公司将继续秉承"用户至上,用心服务"的理念,努力提升大客户服务水平和能力,为所有的大客户提供优质、优良、优异的个性化和一站式服务,努力为大客户打造一条"绿色通道",为大客户提供更加丰富的产品解决方案。同时,我们还对一些产品的价位做了调整,争取把最大的利润留给每一位客户,实现真正意义上的共赢。

各位领导、各位来宾,你们的支持,就是我们前进的动力;你们的满意,就是我们的目标;只有你们成功了,我们才有可能成功。

在此,我再一次代表××公司所有员工,对各位表示衷心的感谢,也真诚地希望大家一如既往地对××公司的工作给予更大的支持和帮助。

最后,让我们举起酒杯,为共同理想和美好的明天,为我们友谊天长地久,干杯!

4. 签订合同祝酒辞范文

尊敬的各位领导,各位来宾,朋友们:

大家晚上好!

今天,是个值得庆祝的日子,是××公司同××银行签署协议的日子。借此之际,我代表公司董事长及各位领导,向出席今天签订仪式的各位领导、各位来宾和各位朋友,表示热烈的欢迎和衷心的感谢!

我们公司自从20××年成立以来,一直都保持着高速的发展,取得了空前的成绩,用我们的汗水铸就了一份辉煌的答卷。对此市委市政府给予了我们高度的评价和密切的关注。面对取得的成绩和荣誉,我们没有做一刻的停留,而是在喜悦的同时继续了我们奋斗的脚步,启动了一个新的项目。这个项目的启动,是我们公司迄今为止最为浩大的项目,因此受到了社会各界的广泛关注,我们计划要投资××亿元,历时×年来完成这个重大的项目。

仅凭我们公司自己的力量,是不足以完成这个项目的。今天××银行与我们签订了贷款合同,贷给我们××亿元,真的是为我们雪中送炭,给了我们发展的保证,解决了我们的后顾之忧。此次××银行的××亿元贷款,创造了全省银行界向企业一次性发放贷款额度最大的历史记录,这笔贷款将大大加快公司的前进步伐,使自身优势获得充分发挥,从而使该项目取得突破性的进展。在此我希望各界人士,能够与我们共同参与,相互协作,共同努力,创造我们美好的明天!

万商云集,共襄盛举!公司愿与所有积极参与、关心支持该项目建设和发展的各界朋友,与所有参加本次盛会的各位嘉宾相互支持,精诚合作,携手并进,共谋双赢,为地方经济更好更快的发展,为公司更加美好的明天而共同努力!

在此我提议,为今天我们同××银行签订贷款协议,为我们大家的精诚合作,为我们在座各位的健康快乐,干杯!

5. 颁奖典礼祝酒辞范文

优秀员工颁奖祝酒辞范文

尊敬的各位领导、各位同事:

你们好!

承蒙领导和同事的厚爱,让我获得20××年度"优秀员工"奖。我首先要感谢公司领导对我们这些普通员工的关心和支持,同时更要感谢那些和我一样在普通工作岗位上默默奉献的同事,正是由于我们大家的共同协作,才有了我今天的荣誉。因此,优秀员工的荣誉不仅仅属于我个人,更属于我们在座的所有同事。

一个人的成功离不开大家的支持与企业的培养。我也一样,以前我对这个行业一无所知,觉得自己十分渺小,现在通过努力也可以成为一名优秀员工。这当中,我非常感谢我的直接领导×××和经理×××,是他们培养了我,给予我机会和自我发挥的空间。在这里我也要鼓励所有的同事:只要你肯努力,希望就在你面前。

虽然被评为优秀员工,但我深知,无论是在技术还是专业方面,我都还有很多需要学习的地方。所以,我认为,当选为优秀员工,仅仅是另一个起点,这将是我今后工作的鞭策和动力,它将推动我更加努力地完成各项指标,做好每一件事,我决心在员工中起到革新技术,提高效率,发扬团队精神等带头作用;也决心为打造品牌,保质保量完成任务,努力提高员工素质,在各级领导的带领下,为将公司打造成为世界一流企业奉献青春和力量!衷心希望我们这支队伍能够越来越壮大,努力为企业的繁荣昌盛做出贡献!

让我们携手来为××的未来共同努力,使之成为最大、最强的××。我们一起努力奋斗!

最后,祝大家工作顺心如意,步步高升!这第一杯酒,我先敬大家!

杰出青年颁奖祝酒辞

各位领导、各位评委、女士们、先生们:

我想用三个词来表达自己的心情——感谢、自豪、责任。虽然我只做了一些力所能及的工作,可是组织上给了我如此多的荣誉,特别是今天获得了"十大杰出青年"这么高的荣誉,此时此刻,我感到非常激动和喜悦。其次,非常感谢各位领导的指导和关心,感谢我的同事们的支持与帮助,感谢我所在的团队给我实现梦想的舞台,才让我取得今天微不足道的一点成绩,我深信一份耕耘一份收获,我将一如既往,努力工作,去争取更大的成绩。成绩与荣誉只能代表过去,"杰出青年"的光荣称号赋予我更大的责任,我将以此为新起点,在实际工作中更加严格要求自己。

荣誉既是肯定,也是激励和鼓舞,更是鞭策和动力,我要把领导和同事们给我的这次机会作为对我的鼓励和鞭策,作为新的起点,不辜负各级领导对我的期望,一如继往,在自己的工作岗位上,充分发挥自身的优势,用实际行动不断展现新一代××工作者的风采,为了××事业的蓬勃发展,将自己的全部智慧与力量奉献给自己的岗位,勤奋敬业,激情逐梦,努力做到更好!让自己的人生之路更加辉煌!

下面我提议,大家共同举杯,为这次颁奖晚会圆满成功,为我们的事业繁荣昌盛,干杯!

第十一章 以酒为媒促发展——政务酒致辞全攻略

酒之礼:政务酒礼仪

1. 政务酒,青史留名

鸿门宴当属政务酒中青史留名之最

项羽很不满刘邦先占领关中,又听说刘邦想在关中称王,非常生气。项羽的谋士范增,识见不凡,他对项羽说,刘邦早年在山东一带时,"贪于财货,好美姬",不足为虑。而目前在关中,刘邦"财物无所取,妇女无所幸,此其志不在小"。范增认为刘邦已有做天子的可能,宜早下手把他除掉,否则会后患无穷。

在张良和项庄的暗地斡旋下,项羽没有立即攻打刘邦,而是摆下了一桌酒席宴请刘邦。这便是历史上著名的鸿门宴。鸿门宴是项羽和刘邦之间的强强对话,一时风云际会,楚汉群雄龙骧虎步,聚于新丰鸿门。

整个鸿门宴的过程,跌宕起伏,险象环生,刘邦屡屡处于危局,却次次能化险为夷。历史上对鸿门宴向有三起三落之说。

第一起,是"范增数目项王,举所佩玉玦以示之者三",接连暗示项羽下令杀刘邦,气氛极为紧张,结果"项王默然不应"。二起是范增见原定计划无法执行,于是叫项庄舞剑助兴,伺机刺杀刘邦,空气再一次紧张起来。三起是樊哙撞倒守门卫士而入帐,"披帷西向立,瞋目视项王,头发上指,目眦尽裂"。这樊哙简直就是一巨灵神模样。樊哙后来说了一番慷慨激昂的话,对项羽予以斥责,说的项羽无话可说。这时情节发展到高潮,气氛也紧张到了极点。有三起,必有三落。刘邦的绝处逢生,全在这三落之中。一落是项庄舞剑,本来意在沛公,不想项伯出面与之对舞,救了刘邦。二落是项羽对樊哙闯帐,不仅不怒,反而称为"壮士",这个时候项羽还"英雄识英雄,猛将爱猛将"呢。项羽让樊哙喝酒、赐生彘肩,被他斥责一顿之后心里惭愧,还给樊哙赐了座。三落是刘邦以"如厕"为名而逃席而远遁。

这场酒宴暗藏了太多杀机,也包含了太多的政务,然而刘邦能够化险为夷,实属不易。也就是这场酒宴,导致了"霸王别姬"这一历史伤感画面。

青梅煮酒论英雄

青梅煮酒论英雄是曹操刘备二人的双龙会，自然也足以在古代十大酒局中名列前茅。

刘备归附曹操后，每日在许昌的府邸里种菜，以为韬晦。刘备乃当时豪杰，一向以"信义著于四海"而著称。《三国志》里说刘备"盖有高祖之风，英雄之器焉！"，意思是他与刘邦类似，天生就有领袖气概。曹操何等人物，遍识天下英雄，当然对刘备有很透彻的了解。他自然也知道，一旦羽翼丰满，刘备将是一位非常可怕的对手。

一日，曹操去拜访刘备，一见面就问刘备："你在家做的好事！"刘备当时已经暗受衣带诏，当即吓得面如土色。接着曹操拉着刘备的手走到后院，说："玄德学圃不易。"刘备才放下心来。曹操的耳目遍布朝野，刘备每天做些什么他当然清清楚楚。这两位，一个暗地里参加了反曹地下组织，另一个则派人每天监视对方行踪，都是权谋机变之辈。

二人以青梅下酒，正在喝酒的时候，天边黑云压城，忽卷忽舒，好像龙隐龙现。曹操说："龙能大能小，能升能隐；大则兴云吐雾，小则隐介藏形；升则飞腾于宇宙之间，隐则潜伏于波涛之内。方今春深，龙乘时变化，犹人得志而纵横四海。龙之为物，可比世之英雄。玄德久历四方，必知当世英雄。"曹操实在是一个难得的绝顶人物，这一番话，看似描述龙的变化，实际目的是说"人得志而纵横四海"。显然，这是他的一番自我剖白，借物咏志。当然他也下了一个套，试探在刘备眼里，什么人能纵横四海，比得上我曹操。刘备接连指出袁术、袁绍、刘表、孙策和刘璋等地方豪强，都被曹操一一否决。刘备这个回答应该给满分，因为当时是个人都会如此回答。这样曹操也就认为刘备见识一般，和常人无异。接着曹操给出了当世英雄的标准，他说，"夫英雄者，胸怀大志，腹有良谋，有包藏宇宙之机，吞吐天地之志者也。"刘备继续装傻，问："谁能当之？"

曹操指了指刘备，后指了下自己，说："今天下英雄，惟使君与操耳！"当时大雨将至，雷声大作。刘备装作受了惊吓的样子，筷子掉到了地上："一震之威，乃至于此。"曹操笑着说："丈夫亦畏雷乎？"刘备说："圣人迅雷风烈必变，安得不畏？"将内心的惊惶，巧妙地掩饰过去了。

这场酒局，远不是那种你好我好大家都好的欢聚，分明是一场政治试探和政治表态的会面。此次酒局堪称双龙聚会。从曹操的"说破英雄惊杀人"到刘备"随机应变信如神"，可谓步步玄机。曹操的睥睨群雄之态，雄霸天下之志表露无疑。而刘备随机应变，进退自如，也表现出了一世豪杰所应有的技巧和城府。这一场政治交心，双方都是赢家。

杯酒释兵权

杯酒释兵权是一个著名的酒局，也是历史上一个重要事件。

宋代开朝皇帝赵匡胤自从陈桥兵变后黄袍加身，荣登大宝，从昔日重臣摇身一变成为今天的皇帝。但是坐上龙椅之后，赵匡胤却一直惴惴不安。他非常担心若是以后手握重兵的部下也效仿他当年的作为，自己的江山也就易主了。

赵匡胤想解除手下一些大将的兵权。于是安排一次酒局，召集禁军将领石守信、王审琦等武将饮酒。酒席上赵匡胤唉声叹气个不停。众人问明白了才得知皇帝担心他们手握重兵日后会造反。众人只好告老还乡以享天年，并多积金帛田宅以遗子孙，他们的兵权从此被彻底解除了。后来又召集节度使王彦超等宴饮，解除了他们的藩镇兵权。这也开启了宋朝数百年重文轻武的国家体制。宋太祖的做法后来一直为其后辈沿用，三军统帅常常是个文官，武人比文人低一等。这种做法主要是为了防止兵变，但这样一来，兵不知将，将不知兵，能调动军队的不能直接带兵，能直接带兵的又不能调动军队，虽然成功地防止了军队的政变，但却大大削弱了部队的作战能力。以至宋朝在与辽、金、西夏的战争中，连连败北。

乾隆的千叟宴

千叟宴始于康熙，盛于乾隆时期，是清宫中规模最大，与宴者最多的盛大御宴，其影响力比现在的春节团拜会要大的多。按照清廷惯例，每五十年才举办一次千叟宴。1722年康熙帝在阳春园宴请全国七十岁以上老人两千四百一十七人。后来雍正、乾隆两朝也举办过类似的"千叟宴"。

乾隆五十年，四海承平，天下富足。适逢清朝庆典，乾隆帝为表示其皇恩浩荡，在乾清宫举行了千叟宴。宴会场面之大，实为空前。被邀请的老人约有三千名，这些人中有皇亲国戚，有前朝老臣，也有的是从民间奉诏进京的老人。在座老人中有不少是饱学鸿儒，当众吟诗联句，被史官记录入史。乾隆皇帝还亲自为90岁以上的寿星——斟酒。当时推为上座的是一位最长寿的老人，据说已有141岁。当时乾隆和纪晓岚还为这位老人做了一个对子："花甲重开，外加三七岁月；古稀双庆，内多一个春秋。"根据上联的意思，两个甲子年120岁再加三七二十一，正好141岁。下联是古稀双庆，两个七十，再加一，正好141岁。堪称绝对。

这场酒局充分体现出皇家的气派。不但有御厨精心制作的免费满汉全席，所有皇家贡品酒水也都全免。在这五十年一遇的豪宴上，据说晕倒、乐倒、饱倒、醉倒的老人不在少数。千叟宴这场浩大酒局，被当时的文人称作"恩隆礼洽，为万古未有之举"。

2. 政务酒，礼为先

不管是吃中餐还是西餐，酒都是美妙和神秘的东西，在现实生活中，人们都很注意自己的着装打扮和言谈举止，但一到觥筹交错的宴席上，却常常忘记保持一份文雅的风度，狂喝滥饮者往往是酒过三巡后摇头晃脑，吆三喝四，词不达意，贻笑大方，不论是国酒还是洋酒，尊重酒宴喝酒礼仪是非常重要的。

通常饮用较多的酒有白酒、啤酒、葡萄酒、香槟酒，不常见的还有威士忌等等。经常在一些宴会上，看见不少人举着葡萄酒干杯，自己感觉很豪爽，其实这是不妥当的。要知道，白酒的文化是干杯，葡萄酒的文化却是品尝，品尝它的味道和口感，享受它的色彩和美感。因此，饮酒时，如果不了解酒的文化会显得缺乏修养，甚至被人暗暗嘲笑。

葡萄酒的饮酒礼仪

通常在选择好葡萄酒后，由做东的人试喝酒，一般由男士来试酒。如果试喝酒结果满意，便可示意服务生继续倒酒。如不满意，可对服务生表示不接受。这时，服务生可能会自己也喝一点证实，如果酒真是有问题，高级西餐厅一般会收回该瓶酒。

需要注意的是，喝酒前应用餐巾抹去嘴角上的油渍，以免有碍观瞻，且影响对酒香味的感觉。

祝酒礼仪

祝酒礼仪也就是敬酒，日常生活，商务交往，敬酒的礼仪是非常必要的，如果不知道敬酒的礼仪就有可能在酒桌上贻笑大方。

（1）祝酒礼仪常识

通常在宴会中，会由主人向主宾祝酒。作为主宾参加宴请时，应了解对方的祝酒习惯，如为何人祝酒、何时祝酒等等，以便做必要的准备。在主人和主宾致辞、祝酒时，其他人应暂停进餐，停止交谈，注意倾听，不要借此机会抽烟。

（2）祝酒的顺序

一定要充分考虑好敬酒的顺序，分明主次。

酒之辞：政务酒致辞范文

3. 联谊会祝酒辞范文

（范文一）

［致辞人］经理

［致辞背景］在××氏宗亲联谊会午宴上的祝酒辞

各位宗亲：中午好！

南国的冬季，如沐春天，今天省内外中华×氏宗亲不辞辛劳、远道而来，作为东道主的我们备感自豪。在此，谨让我代表福鼎××××多位宗亲，向你们的到来表示热烈的欢迎与崇高的敬意！

此次中华×氏文化研究会暨××××宗亲联谊大会，从报到的人数看，与会成员规格高，会议规模大，很具有代表性。这场会议在我市的召开，可以说，是××与××姓氏，史无前例的一大盛事，天下×氏，一脉相承，也是我们结识外界宗亲的一大机遇。

各位宗亲！让我们一起举杯。祝我们中华×氏兴旺发达、与时俱进、再续华章！干杯！

（范文二）

[致辞人] 经理

[致辞背景] 民营企业商务发展高级研讨会祝酒词

尊敬的各位、各位来宾，女士们、先生们：

今晚，欢聚一堂，祝贺民营企业商务发展高级研讨会胜利。值此良辰美景，请允许我代表中共××市委、市政府，向出席宴会的各位、各位来宾表示热烈的欢迎！

近年来，××经济社会发展，市场繁荣，经济发达，社会安定，富裕。××××年经济社会发展综合位居全国县市第××位，综合竞争力列××省县级市第×名。一年一度的小商品博览会已连续举办×届，被评为××××年度会展业十大新闻事件和××××年度十大新星会展，展会规模和外商参会人数跃居国内经贸类展会。成就与在座诸位长期的、支持和是密不可分的。借此机会，我谨代表全市向大家表示衷心的感谢！

商务部里举办民营企业商务发展高级研讨会，必将为民营经济的发展起到作用。衷心希望莅临大会的各位、各位专家在会议期间多到××走走、看看，为××的发展献计献策。

现在，我提议：

为民营企业商务发展高级研讨会和全国民营企业出口工作会议的圆满，为各位来宾身体健康，事业有成，干杯！

4. 招待宴祝酒辞范文

（范文一）

[致辞人] 政府领导

[致辞背景] 在××××年国庆招待会上的祝酒辞

女士们、先生们，同志们、朋友们：

××年激情岁月，××载春华秋实，伟大的中华人民共和国迎来了又一个华诞。今夜万众欢庆，展览中心胜友如云。在此我代表我们市人民政府，向全市人民和在我们这工作、生活的海内外朋友致以亲切问候！向所有关心和支持我们发展的同志、朋友们表示衷心感谢！

新中国成立××年来的光辉历程，显示了中华民族的不屈意志和旺盛生命力。伴随着祖国腾飞，我们的发展日新月异。在这座充满活力的城市，勤劳勇敢的人民正在用智慧和汗水建设自己的美好家园。

改革开放以来，党的领导集体和新一届中央领导集体对我们发展始终深切关怀、倾注心血，为我们改革开放和现代化建设指明了方向。今年以来在党中央、国务院的领导下，我们把树立和落实科学发展观贯穿于各项工作，坚决、积极、全面、有力地贯彻落实中央宏观调控政策，并取得了显著成效。全市经济保持平稳健康发展，各项社会事业全面进步，城乡人民生活持续得到改善。

沧桑巨变今胜昔，明珠熠熠耀浦江。中央要求我们率先全面建成小康社会，率先基本实现现代化，这是我们光荣的使命，我们的人民要紧密团结在以×××同志为总书记的党中央周围，高举邓小平理论和"三个代表"重要思想伟大旗帜，全面贯彻党的精神求真务实、艰苦奋斗、开拓创新、服务全国，向着社会主义现代化国际大都市和国际经济、金融、贸易、航运中心之一宏伟目标迈进！

现在我提议：为庆祝中华人民共和国成立××周年，为庆祝伟大祖国繁荣昌盛，为各位来宾和朋友身体健康干杯！

（范文二）

[致辞人] 政府领导

[致辞背景] 在省个体私营企业协会成立××周年庆祝大会招待宴上的祝酒辞

各位领导、各位来宾，女士们、先生们：

今晚，宴会厅金碧辉煌，喜气融融，我们欢聚一堂，共同祝贺省个体私营企业协会五届三次理事会暨省个私协会成立××周年庆祝大会胜利召开。值此良辰美景，请允许我代表省个私协五届理事会，向出席宴会的各位领导、各位嘉宾、各位朋友表示热烈的欢迎！

在党的改革开放政策光辉照耀下，在省委、省政府的正确领导下，××个体私营经济不断发展壮大；××省个体私营企业协会伴随着个体私营经济的蓬勃发展，已经走过了××的辉煌历程。××年巨变飞腾，××民营经济已经成为全省国民经济的重要增长点，成为××经济发展的半壁江山；××年红红火火，省个私协会充分发挥了"铺路人、搭桥人、娘家人"的作用，成为促进××民营经济发展的一支重要力量。这些成就的取得，与在座诸位长期以来的关心、支持和参与是密不可分的。借此机会，我谨代表省个私协五届理事会向大家表示衷心的感谢！并通过你们向全省个体私营企业者表示亲切的问候！

站在新起点，实现新发展。广大个体私营业者要在发展实践中贡献自己的才智和力量，发挥自身的人才优势、环境优势，大力发展循环经济，推动产业循环式组合，倡导社会循环式消费，逐步形成节约型的生产方式，为实现国民经济和社会发展第十一个五年规划和全面建设"大而强、富而美"的新××而努力奋斗。

现在，我提议：

为省个体私营企业协会五届三次理事会暨省个私协会成立××周年庆祝大会的胜利召开干杯！

（范文三）

［致辞人］政府领导

［致辞背景］同乡会商务考察招待宴祝酒辞

尊敬的×××部长，尊敬的×××同乡会商务考察团，各位嘉宾，女士们、先生们：

大家晚上好！

在这秋风送爽、丹桂飘香的美好时节，我们高兴地迎来了×××同乡会商务考察团。在此，我谨代表中共××市委、××市人民政府和×××万人民向大家的到来表示热烈的欢迎！对大家的关注表示衷心的感谢！

××是一座青春而美丽的城市，××人民正以满怀豪情，大力实施"科学发展、后发赶超"战略，描绘着活力××、魅力××、富裕××、和谐××的美好蓝图。××是一座开放而包容的城市，××人民正以博大胸怀，秉承"以人为本、互惠共赢"的理念，打造一流的环境优美、交通便捷、服务高效、成本低廉的创业平台。我们真诚期待各地朋友来娄旅游观光，投资兴业。

各位嘉宾、各位朋友，今天的相聚，只是交流的开始，希望我们能架起友谊的桥梁，创造合作的平台，实现共同的发展。谢谢大家！

（范文四）

［致辞人］政府领导

［致辞背景］县×××节招待宴会祝酒辞

尊敬的省政协×××副主席、原省人大常委会×××副主任，各位领导、各位来宾、同志们、朋友们：

值此中秋佳节，我们在这里举行××县×××文化旅游节招待宴会。首先，我代表中共××县委、县人大、县政府、县政协，向出席宴会的各位领导和各位来宾表示诚挚的敬意和美好的祝愿！

近年来，我县高度重视培育旅游产业，加大旅游资源开发力度，景区设施逐步完善,景点档次不断提升,旅游线路基本形成,旅游产业蓬勃发展。我们相信,有各位领导的关心支持,有各位专家学者的精心指导,有旅游界和新闻界朋友的鼎力相助,有各位企业家的积极投资,我县的旅游事业必将进入一个快速发展的新阶段!

现在,请允许我提议:为各位领导和各位来宾身体健康,节日愉快,阖家幸福,万事如意。干杯!

5. 政府酒会祝酒辞范文

(范文一)
[致辞人] 县政府领导
[致辞背景] 晚宴祝酒辞

尊敬的各位领导,各位专家,各位学者,各位来宾:

在秋高气爽、层林尽染的深秋十一月,我们迎来了财政部地方政府职责及支出配置调研组、财政部驻甘专员办检查中央教育专项工作组和市政府教育项目督查组来我县调研、检查,这是对我县工作的支持、鞭策和鼓励,我们感到由衷的高兴。在此,我谨代表县四大班子和×××人民,对各位领导、嘉宾的到来致以诚挚的问候,并表示热烈的欢迎和衷心的感谢!

××××是国扶贫困县,财政十分困难,"一要吃饭、二要建设"是我们始终坚持的原则,增收节支、加快发展、维护稳定是政府的第一要务。近年来,在中央、省、市财政部门的关心支持下,我县实施了许多大项目,推动了县域经济的快速、健康发展,财政困难状况逐步缓解,财源后劲不断增强。"十五"期间是我县经济和社会发展的最好时期,财政工作也取得了较好的成绩,这些成绩的取得,得益于中央、省、市教育、财政等部门的大力扶持,××××今后的发展,仍然需要中央和省市的支持,我们要抢抓西部大开发的机遇,用足用活中央和省、市扶持政策,深化改革,扩大开放,艰苦奋斗,扎实苦干,为开创××××"十一五"发展新局面而拼搏。我们真诚地恳请各位领导和各位来宾,对我县的工作提出宝贵意见和建议,并在今后一如既往地关心、支持我县的建设和发展。我们将以这次调研和检查为契机,再鼓干劲,再添措施,以实际行动回报各级组织。

××××是×××黄帝的诞生地,山清水秀,人杰地灵,××××人民勤劳善良,热情好客,我们衷心地希望这次短暂的××××之行,能给大家留下美好的印象,热忱欢迎各位领导和来宾,常来××××做客,检查指导工作,度假、观光旅游。

最后,衷心祝愿各位领导、各位来宾在××××期间身体健康、工作顺利!为我们的共同友谊干杯!

（范文二）

［致辞人］政府领导

［致辞背景］市委、市政府迎新酒会祝酒辞

尊敬的各位领导：

在新年春节即将到来之际，××市委、市政府在这里召开迎春酒会，荣幸地邀请各位领导欢聚一堂，共叙往事今情。各位曾经在××市工作过的领导和××籍在××省工作的领导，多年来心系××，关注××，通过各种方式支持××的各项事业发展。在此，我代表全市×××万各族人民，向各位领导表示衷心的感谢并致以节日的祝福！

近几年，在上级党委、政府的正确领导和亲切关怀下，在各位领导和朋友们的支持、帮助下，××市经济获得了较快发展，社会事业取得了新的进步。××××年GDP增长××%，××××年预期达到××%。农牧业产业化步伐加快，工业经济初步形成了食品、矿业、能源、医药四个优势主导产业，新城区建设进展顺利，生态建设和交通、水利等基础设施建设取得了较大进展。经济发展后劲增强，势头良好。这些成绩的取得，是全市各族人民共同努力的结果，更凝结着在座各位领导的心血和汗水。

现在我提议，为了美好的未来，让我们一起干杯！

6. 工作会议祝酒辞范文

（范文一）

［致辞人］县政府领导

［致辞背景］工作会议祝酒辞

尊敬的××省长，各位领导：

在这洋溢热情、绚丽多彩的夏季，国家××总局在××市举行全国××工作现场会议，并把××确定为会议参观和检查的一个现场，这是对我县××工作的充分肯定，也是对我们××的极大关心和鼓励。在此，我谨代表县级班子和全县××万人民向各位领导的到来表示热烈的欢迎和衷心的感谢！

今天的宴会，我们有三喜。一喜是，喜迎××省长等各位领导再次亲临我县检查指导，全县各级深感荣幸。二喜是，全国各地质检系统的领导莅临指导，给我县提供了一次很好的学习和汇报的机会。三喜是，在座的各级领导欢聚一堂，借检查指导之机，共叙友情，共谋发展，达到了相互促进、共同提高的目的。

最后，我提议：让我们共同举杯，为全国××工作现场会议的胜利召开，为全国××取得更大的成绩，为各位领导的身体健康、工作顺利、生活愉快、万事如意，干杯！

（范文二）

［致辞人］县政府领导

［致辞背景］在全市××联工作会议晚宴上的祝酒辞

尊敬的各位领导，同志们、朋友们：

金山含笑迎嘉宾，嘉水欢歌谢深情。在这万物婆娑、欣欣向荣的美好时节，我们喜迎全市工商联工作会议在本县胜利召开，市领导亲临指导，兄弟县传经助力，这体现了市委、市政府对××的厚望和鼓励，也凝聚着兄弟县心系老区巨变的真挚情意。在此，我谨代表中国共产党××县委、县人大、县政府、县政协和百万老区人民向会议的胜利召开表示热烈地祝贺！向参会的各位领导和各位朋友表示热烈的欢迎！向一直关心、支持××发展的各级领导和同志们表示衷心的感谢！

近年来，作为贫困地区和革命老区，××的发展喜得天时，兼有地利，更具人和。特别是×××去年月日亲临××视察后，中省市各级各部门迅速掀起了携手建××热潮，给予了××前所未有的支持和帮扶。百万老区人民承关怀而奋起，启动了××纪念园区保护与建设、人饮工程、新县城建设、"两路一桥"、航电工程、精神文明连片创建、扶贫开发等"七大任务"，目前，各项工程进展顺利。

随着全球经济一体化的迅猛发展，对外开放突飞猛进，区域合作日益增强，共享资源、共谋发展、共同进步，已成为全社会的强烈愿望和普遍追求。这次，全市工商联工作会议在××召开，其主题在于"加强合作、资源共享、优势互补、共谋发展"，为我们提供了学习请教的好机会，对促进我县各方面的工作，特别是对外开放和经济发展大有裨益。我们诚挚地感谢大家对××经济建设与社会事业的关心和支持，我们热忱欢迎大家更多地了解××、关心××，对我们的工作提出宝贵意见和建议，组织更多的工商业者投资××。我们将以此为契机，加快发展，为区域合作作出新的贡献。

各位领导、同志们、朋友们：回顾过去，我们为共同的努力和奋斗所取得的成就而自豪；展望未来，我们对抓住机遇，加强合作，取得新的胜利充满信心。我们要借这次会议的东风，学习借鉴兄弟县的先进经验，充分发挥自己的优势，进一步加强协作，谱写交流与合作的新篇章，力争如期实现"两年内有大变化"目标，共创更加美好的明天。

现在，我提议：为本次会议的圆满成功，为我们的进一步合作和日益增进的友谊，为各位领导和朋友们的健康幸福，干杯！

谢谢大家！

(范文三)

［致辞人］政府领导

［致辞背景］××××工作会议祝酒辞

尊敬的各位领导、女士们、先生们、朋友们：

大家晚上好！

激情八月，相约××，在这碧波荡漾、晚风拂柳的迷人之季，能与参加全市××××工作会议的各位领导、兄弟县区××保障系统的朋友们欢聚一堂，我感到十分高兴！在此，我谨代表中共××县委、县人大、县政府、县政协向大会圆满召开表示热烈地祝贺！

××是一个充满生机、充满希望、富有广阔发展前景的好地方，也是×局长的故乡。全市××××工作会议能在这里召开，凝聚了×局长对××的深厚情意，体现了市局、市中心对××、对××××工作的肯定和信任，印证了兄弟县区对××各项事业的关注。为此，县委、县政府特设晚宴向大家多年来对××发展的关心和支持表示衷心地感谢！我们热切期待各位朋友能够借助本次会议这个平台，分享工作经验、交流工作成果、加深朋友感情。我们衷心希望××之行能够成为各位朋友的一次收获之旅、快乐之旅、幸福之旅！

××八月风光好，××家园宾客多。在这风清气爽的美好时刻，让我们共同举杯，为本次会议的圆满成功，为我们的友谊地久天长，为各位朋友的幸福安康，干杯！

7. 友好活动祝酒辞范文

(范文一)

［致辞人］政府领导

［致辞背景］政府区长在庆"八一"，领导干部篮球赛开幕酒会上的祝酒辞

尊敬的各位领导、同志们、朋友们：

晚上好！

首先，我代表××区委、区政府向地区各位领导的到来表示热烈的欢迎，向一直以来给予我们支持和帮助的领导和朋友们致以崇高的谢意！

今晚的酒会，我们有三喜。

一喜是，喜迎建军××周年，全区军民同庆，鱼水之情更深、更浓。

二喜是，由××区、××矿、××矿联合主办的庆"八一"××地区领导干部篮球比赛，今天开幕了。比赛场上，运动员们表现出良好的竞技状态，达到了以球会友，强健体魄的目的。

三喜是，区、矿、乡领导欢聚一堂，借球赛之机，共叙友情，共谋地区发展

更大的合作领域。

××是我们共同的家园！无论是在企业还是在机关，无论是中直还是省直，无论在军队还是在地方，我们都共同生活、工作在××这片美丽的土地上，共饮××水，同为××人。携手共建一个美好和谐的新××，是我们无上的光荣。

振兴东北老工业基地，为区、矿、乡合作开辟了更广阔的空间。我们要更加紧密地团结起来，树立区域一体、共谋发展的思想，走项目联上、市场联开、城区联建的发展之路，"构建金三角，再造新××"，在干事创业，造福于民的道路上再创新佳绩，再铸新辉煌！

现在我提议，让我们共同举杯，为迎来兴安地区更加灿烂辉煌的明天——干杯！

（范文二）
［致辞人］政府领导
［致辞背景］缔结友好关系活动祝酒辞

尊敬的×××副省长，尊敬的各位领导、各位嘉宾：

五月的×××，和风送暖，绿意欣然。在这播撒希望的季节，我们高兴地迎来了××省党政代表考察团领导一行。在此，我谨代表中共×××旗委、人民政府，向尊敬的×副省长及代表团全体嘉宾表示最热烈的欢迎和诚挚的问候！

×××地处××、××等×省区交界处，总面积×××平方公里，总人口××万人，其中××族人口××万人，占总人口的××%。现有耕地面积××万亩、草场面积××万亩、林地面积×××万亩。这里山川秀丽、水草丰美、交通便利、矿藏富集，被人们称作"绿色净土"、"金色粮仓"、"创业天堂"，是××地区融入××经济区的前沿。××省历史悠久、文化灿烂、经济发达，是"×××"经济区的重要支撑。虽然×××与××省千里之遥，但两地间有着血脉相连的特殊感情，××省委书记×××同志曾是在××工作过的老领导，挂职××委副书记，直至今日×书记仍对乡情故土充满着眷恋，这份亲情缔结了×××与贵省的真挚友谊。今天，×副省长带领各市区、各厅局、企事业单位领导怀着这份特殊的感情来到×××，为我们带来了合作项目，带来了友好关系，带来了发展理念，同时带来了老领导的深切关注和浓情厚义，对××经济社会又好又快发展具有重要的促进作用和深远影响。我们相信，在上级党委、政府的正确领导下，在××省党委、政府和各友好市区的关注和支持下，×××经济将迅速崛起、社会将更加和谐，×××的明天会更加美好！

下面，我提议：为了×××与××各市区缔结友好关系，为了两地在更大领域内进行更广泛的合作，为了尊敬的×××书记、×××副省长，以及各位领导、各位嘉宾身体健康、工作顺利！干杯！

(范文三)

[致辞人] 政府领导

[致辞背景] ××××年国际××文化节人才交流大会欢迎晚宴上的祝酒辞

尊敬的各位领导、各位来宾，女士们、先生们，朋友们、同志们：

大家好！

孔子曰：有朋自远方来，不亦乐乎。今天，我们非常荣幸地邀请到各位领导和嘉宾来参加×××国际××文化节人才交流大会。在此，我代表中共××市委、××市人大常委会、××市人民政府，向大家表示热烈的欢迎和衷心的感谢！

××是××故里，现辖××个县市区，×××万人口。近年来，××对外交流十分活跃，与×××多个国家和地区建立了稳固的合作关系。在国家人事部、国家外专局、省人事厅的大力支持下，××的人事人才事业呈现良好的发展局面，先后有××××多名外国专家来××工作，为××的经济社会发展作出了重要贡献。

这次国际××文化节人才交流大会由××××交流协会、××省人事厅、××市人民政府共同举办，主要目的在于促进合作、加强交流、增进友谊。我们真诚地希望各位领导和海外朋友在××之乡多走走、多看看，对我们的工作给予更多的指导和帮助。

我提议，为这次人才交流大会的圆满成功，为我们的友谊与合作，为各位领导和海外朋友工作顺利、身体健康，干杯！

(范文四)

[致辞人] 政府领导

[致辞背景] 在××××年××经济发展国际咨询会欢迎宴会上的祝酒辞

各位顾问、各位观察员、各位嘉宾，女士们、先生们、朋友们：

金秋花城夜，把酒会宾朋。今晚，在美丽的××××，我和我的同事们很荣幸地迎来了关注和支持××发展的各位新朋老友。在此，我谨代表××省人民政府和全省人民，对前来参加××经济发展国际咨询会的各位顾问、观察员和嘉宾表示热烈的欢迎！对大家长期以来给予××的支持帮助表示诚挚的感谢！

××经济发展国际咨询会，是我省加强与各位顾问联系、交流的高层次会议。自首届咨询会举办以来，通过一系列交流活动的开展和合作项目的实施，我深切地感受到各位顾问积极务实的态度和真诚合作的精神。在座各位，既有长袖善舞的商界领袖，又有造诣深厚的专家学者，都是各自领域的精英翘楚。我一直期待着××经济发展国际咨询会的到来，有机会听取和了解各位对××经济社会发展的真知灼见，期待着与新朋老友欢聚一堂，畅叙友谊，共谋发展。我相信，这次咨询会必将进一步加强我们之间的联系和交流，推动××经济社会更快更好发展，营造携手共进的多赢局面。

顾问们、嘉宾们，当今的世界是开放的世界。××的发展，需要诸位的关注和积极参与。充满蓬勃生机的广东经济，将继续以昂扬奋进的姿态展现在世界面前。广阔的××大地，也必将为诸位的事业发展创造无限商机。

现在，我提议：

为这次国际咨询会的圆满成功，

为我们的真诚合作、共同发展，

为在座各位的事业辉煌、身体健康、家庭幸福，

干杯！

（范文五）

［致辞人］政府领导

［致辞背景］在欢迎清华大学相约××活动欢迎晚宴上的祝酒辞尊敬的各位领导，各位来宾，女士们，先生们，朋友们：

晚上好！

今天晚上，××市委、市人民政府在这里举行招待晚宴，热烈欢迎前来××参加清华大学"卓越企业相约春城名家讲坛"的各位嘉宾。在此，我代表市委、市人大、市政府、市政协，向出席今天欢迎宴会的所有来宾表示热烈的欢迎和真诚的祝福！向为本次讲坛的成功举办而付出辛劳的各有关单位表示衷心的感谢！

"月近中秋情意浓，相聚春城画宏图"。一个城市的兴衰，取决于城市发展的产业的兴衰；一个产业的兴衰，取决于这个产业是否有一批足够强大的企业做支撑；一个企业的发展，则取决于是否有一支足够强大的人才队伍做保障。目前，在××省委、省政府全力支持现代新××建设的大背景下，广大企业已经成为了影响现代新××建设重要成效的一支力量。实施"人才强市"战略，加强企业经营管理人才队伍建设，已经成为了市委、市政府的一致共识。因此，我们希望通过诸如举办清华大学"卓越企业相约春城名家讲坛"这一类有益于不断提高企业整体素质和核心竞争力的活动，让××的广大企业充分利用这个平台，为企业的发展壮大吸纳足够的养分，为我市经济和社会又好又快的发展做出更新更大的贡献。

我们更希望清华大学和来自全国各地的企业家们能一如既往地关心关注现代新××的建设和发展，与××市加强沟通交流，合作共赢，为把××建设成为我国面向东南亚、南亚的现代开放城市贡献你们的智慧和力量！

现在，我提议，让我们共同举杯，为本次讲坛的成功举办，为在座各位领导、各位嘉宾身体健康、工作顺利、家庭幸福，为了我们共同的美好明天，干杯！

酒之韵：政务酒祝辞佳篇

8. 政务宴祝酒佳句

女士们、先生们，朋友们！现在，我提议：为××活动的圆满成功，为我们的真诚合作，为在座各位的事业辉煌、身体健康、家庭幸福，干杯！

女士们、先生们，朋友们！下面我提议：为我们真诚的友谊、为我们共同的事业、为××美好的明天，祝各位朋友一路平安、事业有成、新年快乐、合家幸福，干杯！

女士们、先生们，朋友们！现在我提议：为这次××盛会的顺利召开，为我们今日的相聚，为我们的美好友谊，干杯！

女士们、先生们，朋友们！现在，我高兴而友好地提议：为××品牌的成功亮相，为各位嘉宾的幸福，干杯！

女士们、先生们，朋友们！最后我提议：为在座各位生意兴隆、事业发达、身体健康、家庭幸福，干杯！

女士们、先生们，朋友们！最后我提议：请大家共同举杯，为了我们美好的事业，为了××公司光辉灿烂的明天，干杯！

女士们、先生们，朋友们！为××公司更加美好的明天，为各位领导、各位嘉宾、各位业主、各位朋友的幸福安康，为我们的友谊地久天长，干杯！

女士们、先生们，朋友们！现在我提议：为我们诚挚的友谊和合作，为各位女士、先生的身体健康，干杯！

女士们、先生们，朋友们！我提议：请大家共同举杯，为我们"共铸品牌、同展魅力"的欢聚，为朋友们的健康与财富，干杯！

女士们、先生们，朋友们！现在，我高兴而友好地提议：为各位领导和各位同志的身体健康、合家幸福，干杯！

第十二章　喜事盈门飞酒韵——开业酒致辞全攻略

1. 酒店开业祝酒辞范文

酒店领导致辞

各位领导、各位来宾、女士们、先生们：

你们好！

金秋时节、硕果飘香，在国庆佳节来临之际，××酒店隆重举行了开业庆典。作为酒店总经理，在此我谨代表全体员工，对各位嘉宾的光临表示热烈的欢迎，对酒店的试业表示衷心的祝贺，对日夜奋战在酒店施工现场、为酒店顺利投入运作而付出全部精力和时间的所有员工及有关协作单位致以诚挚的谢意！并向多年来一直关心、支持×××集团事业发展的各位领导和同志们表示衷心的感谢！

××集团成立于20××年，经过××年的成长和历练，业务范畴也在不断的扩大，从初期的房地产开发到近年涉足的包装工业、餐饮业、高尔夫球练习场等，无不体现员工的勤奋和上进精神，而××商务酒店的正式试业，对推进公司的进一步发展将具有重要的意义。××酒店总面积超过××平方米，是按照国际四星级标准建造，集客房、餐饮、会议、康体、娱乐为一体的综合性涉外商务酒店，风格别致、设计新颖、功能齐全，无论是主体建筑，还是内部装潢，都彰显出了大气魄、大手笔，对提升××地区周边环境，促进××区域经济发展将发挥积极地作用。

××酒店的顺利开业是××地区各位领导关怀的结晶，是××地区广大群众支持的结果。在未来的日子里，××酒店全体员工将不辜负大家的期待，我们将以饱满的热情、周到的服务、美味的产品来答谢××酒店人民的厚爱，尽心尽力把××酒店建成××市乃至××省有品位、有档次、有影响、有效益的一流的酒店。以我们的实际行为××这座美丽的城市增添流光溢彩的一页，同时也希望能够得到在座各位一如既往的关怀和支持。

最后，让我们举杯，共同庆祝××酒店开业大吉、生意兴隆、财源广进、兴旺发达！祝各位领导、各位来宾工作顺利、身体健康、节日快乐、阖家幸福！

来宾致辞

尊敬的各位领导、各位来宾：

大家好！

今天，四面八方的朋友汇聚在这里，都是为了庆祝一个共同的盛事，即××大酒店的开业。首先，我代表前来祝贺的各位来宾和各位朋友，祝××大酒店骏业鸿开、客源如江、生意兴隆，广聚天下客，一揽八方财。祝各位领导、各位来宾身体健康、工作顺利、万事如意！

缤纷的礼花在城市的上空火热的绽放，今日的盛典又为××这座美丽的城市增添了流光溢彩的恢弘一页。我们流连于此刻觥筹交错的幸福时光，更感慨于美丽的酒店别致的风格、新颖的设计及如沐春风、热情周到的服务。××酒店主体共17层，建筑面积18000平方米，定位于旅游休闲性酒店，内有仿真凯旋门、多功能会议厅、中西餐厅、茶室、桑拿保健中心、多种格调的标准房、商务用房和豪华套房。酒店前为800平方米的喷泉休闲广场，后部设有面积××平方米、××个泊位的现代化停车场。值得一提的是，它是××首家客房内拥有干湿分离卫生间及景观阳台的星级酒店。其优越的地段、豪华的环境、优质的服务和智能化的配套设施，必将给您耳目一新的感受。××大酒店的建设和开业，是集团实现房产经济由管理型效益向经营管理型效益转变的重大举措，给提升整个××城区的档次，打造××旅游名市，增添了浓墨重彩的一笔。

××大酒店在正式开业之前，已经进行了两个月的短暂试营业。在这期间，他们得到了各级领导和各界友好人士的关心和支持，为酒店今后的健康发展提出了很多建设性的意见和建议。而在此期间，酒店全体工作人员也显示了他们高素质的良好修养和服务理念，正是基于各位的关心支持和酒店全体人员的共同努力工作，才有了今天××大酒店盛大的开业。由衷希望各位新老朋友一如既往的关心、支持××大酒店。

最后，让我们举杯共同庆祝这一盛事，让我们共享这一美好的时刻！让我们共同祝愿并期待××大酒店创造辉煌事业，拥有灿烂的明天！干杯！

2. 商场开业祝酒辞范文

尊敬的各位领导、各位来宾、女士们、先生们！

在××佳节来临之际，我们也迎来了××商场开业迎宾的大喜日子。××商场在上级领导的高度重视和大力支持下，经过几个月的精心装修，以崭新的面貌正式开业了！值此开业之际，请允许我代表××商场的全体员工，向一直以来支持我们的××市各级领导、各级政府部门、向与我们共同见证××商场成长的各位供应商、新闻界的朋友以及××市的同行、各合作单位表示衷心的感谢，感谢各位对××商场的关怀和关注！

××商场地处××市区最繁华的地段，西依××路，北临××街，交通便利，人气鼎盛。该商场总体建筑面积××万多平方米，总投资××万元。××商场代表了目前国内国际商业的发展趋势和经营方向。作为××城地区最大综合性超市，××商场以它万商云集，百业俱兴，规模型、集约型经营的优势，弥补了传统商场经营空缺。此外，××商场还有机地糅合了超市经营、分区经营、品牌经营之优点，胜人一筹的配套环境、高人一截的运营机制、超人一等的业态分布。必将成为引领××市商业新概念的"商业航母"，给消费者带来了全新的消费模式和消费环境，堪称××"铺王之尊，购物天堂"。她的诞生，注定将在××市区商业发展史上写上浓墨重彩的一笔，将极大地推动××市商业的新发展，为××市广大消费者带来全新的经营理念、管理思想、营销思路，将为××市××万父老乡亲彰显个性、张扬自我提供全新的舞台。

我们在这里郑重承诺，××商场将以诚信为根本，规范经营，秉承服务社会、物美价廉的宗旨，把优质商品和优良服务奉献给××市民，最大程度地让利于民。真切希望××市的各级领导和政府部门一如既往的关心、支持和监督我们的工作，希望××市商业同行和各界人士、××市广大消费者对我们的工作不吝赐教，相信有大家的支持和帮助，××商场的明天一定会更好。

最后，祝××商场开业大吉，生意兴隆，蒸蒸日上！祝各位领导、各位嘉宾身体健康、万事如意！让我们为××商场的美好未来，干杯！

3. 公司开业祝酒辞范文

各位领导、各位来宾，女士们、先生们：

大家好！

春来谁作韶华主，总领群芳是牡丹。在这阳光明媚、东风盛装的三月。经过这些天紧锣密鼓的筹备，××有限责任公司今天正式开业了！在此，我谨代表××有限责任公司全体员工向在百忙之中抽出时间出席开业庆典的各位领导和来宾表示热烈的欢迎和衷心的感谢！

几个月之前，××有限公司还是一个思想上、语言中的幻想，还是一个仅仅让一两个人有些憧憬的梦想，甚至连××这个名字都还没有；3个月前的今天，××有了一个模糊的概念，并且有了一个域名，这个名字标志着这个公司无论如何都要诞生，无论如何都会成长；一个月前的今天，我们开始在艰难中谋划××，开始让这个梦想一步步的变为现实，开始让它找到了一个家。经过一个多月的努力，××有限公司诞生了，从此开始了它今后无尽的生命历程。今天，我们在这里庆祝××有限公司正式开业，这不仅是我个人人生中的一件大事，也是我们××全体员工的一件大事，我们将在这里共同努力，让××成长，让我们与××一起成功。

××有限公司作为××市第一家××公司，离不开当地政府各部门的帮助，更离不开社会各界朋友的支持，希望在座的各位领导及各位朋友在以后的日子能更加关注我们，更加支持我们，你们的每一分支持都将激励我们更努力地工作，真正成为沟通××有限公司与客户的桥梁，让××有限公司的产品通过我们的服务惠及广大客户，让××有限公司的服务通过我们的传递得到充实和延伸，在此我代表××有限公司的全体员工对给予我们支持和帮助的各位领导及各位朋友再次表示衷心的感谢！

朋友们，今天××有限公司正式开业营运，标志着我们这个团队有了统一的战斗力，我们的利益是一致的，我们的理想是一致的，我们的未来是美好的，成功必将属于××，属于我们大家。让我们用心血和汗水浇灌新生的××有限公司，共同创造和享用美好明天！干杯！

4. 银行分行开业祝酒辞范文

尊敬的各位领导、各位来宾，女士们、先生们、朋友们：

在这春意盎然、生机勃勃的阳春三月，××银行分行在社会各界的关心支持下，经过紧张的筹建工作，今天隆重开业了。在此，请允许我代表××银行向××市××银行的开业表示热烈的祝贺！向分行筹建过程中给予大力支持和帮助的省和市的领导和同志们表示衷心的感谢！对各位领导、各位嘉宾在百忙之中前来参加开业典礼表示热烈的欢迎！

××银行自19××年建行以来，始终以支持地方经济建设为己任，推改革，抓创新，促发展，从小到大，由弱变强，存贷款总量和总资产都较成立之初增长了十倍。目前，××银行已经成长为一家立足、面向全国的公众持股银行，拥有良好的品牌、知名度和核心竞争力。在应对国际金融危机的关键时刻，银行在此成立跨省分行，具有十分重要的意义。××省是一个具有悠久历史和充满现代活力的省份。进入到21世纪以来，国民生产总值平均增长率连续××年以两位数递增，进入了持续快发展的新阶段，经济总量也跃居全国第××位。所以，金融机构的活动空间十分广阔，对此，我们将一如既往地为所有来投资兴业的企业、单位和个人创造良好环境，按照优势互补、互惠互赢的原则，共同建设文明富裕的新城市。

××银行进驻××之后，在为广大市民提供方便的同时，会不断创新经营机制和金融产品，促使各项业务健康快速的发展。此外，还会建立健全各项规章制度。按照监管部门内控管理的基本要求和总行经营管理的基本理念，在我行已有的、较为完备的内控体系基础上，根据分行的业务范围及运作模式，对分行开业后所必需的各项经营管理制度进行了系统性规划和建设，制定一系列内控与监督制度，为确保分行开业后的稳健经营奠定基础，为地方经济社会又好又快发展做出应有的贡献。

在新的机遇和挑战面前，银行分行将在各级党委、政府的领导下，秉承源远流长的文化，以务实的态度，诚信的理念，开放包容的胸怀，廉洁高效，精心打造"银行"品牌，承担起历史所赋予的使命，立足、服务，以优异的业绩回报社会各界和广大市民的厚爱，为社会经济发展做出积极的贡献！同时恳请省和市的各级领导和社会各界对银行分行的发展给予关心、厚爱和支持，促使其尽快做大做强。

最后,让我们共同举杯,庆祝××银行分行的各项业务都能够进展顺利,祝各位领导和嘉宾身体健康!

5. 律师事务所开业祝酒辞范文

尊敬的各位领导、女士们、先生们:

大家好!

在县委、县府的关怀下,在县司法局的监督指导和社会各界的大力支持下,××律师事务所,乘八面来风,应众心企盼,在今天这个良辰吉日,隆重开业了。首先,我要感谢各位在百忙之中抽出时间参加我所的开业庆典,我更要感谢在我们筹备开业的过程中给予大力支持和帮助的领导、朋友、老乡、同学,正是因为有了你们,才使得××律师事务所在今天顺利、及时地开业,在此,我谨代表××律师事务所全体律师向你们表示深深的谢意!

××律师事务所是经××省司法厅批准设立的××制律师事务所,现有执业律师和辅助人员××名,拥有良好的办公环境和办公设施。全体执业律师均受过良好的高等教育,有着丰富的执业经验,具有很强的法律事务处理能力。在以后的工作中,事务所将严格规范律师事务所和律师的执业行为,正确处理事务所及律师与司法机关、与当事人之间的关系,切实为维护司法公正,维护当事人的合法权益。为客户提供满意的法律服务是我们矢志不渝的目标。

诚然,创业伊始,我们还是一棵幼苗,但我们渴望长成为参天大树。在我们的成长与发展过程中,我们真诚地希望各位领导继续给予关怀和支持,欢迎新闻界的朋友多多给予舆论监督,也希望律师业同仁给予更多地关心和帮助,更希望各位能够给我们毫不吝啬地批评和指正,这一点对我们来说尤为宝贵!我坚信××事务所在未来一定能做大做强,力争成为××市最佳、最强的律师事务所。

最后,我再次代表××律师事务所全体成员,向大家致以最诚挚的祝福与感谢!祝愿大家心想事成,万事如意!为我们××律师事务所的美好明天,干杯!

6. 医院开业祝酒辞范文

尊敬的各位领导,各位来宾、朋友们:

大家好!

春回大地,万象更新。在这春暖花开、春意盎然的美好季节,我们十分欣喜地迎来××医院开业的欢庆时刻。首先,请允许我代表××医院的全体员工,向在百忙之中前来参加开业庆典的各位领导、各位老师、各位嘉宾、各位亲友表示热烈的欢迎,向长期以来关心支持我院筹建工作的各级领导和社会各界朋友表示衷心的感谢!

××医院是一所平民医院、一所老百姓自己的医院。它的建成开业将有效缓解城区居民看病难、看病贵的问题,将有助于当地人民实现病有所医的目标。它的建成开业,离不开县委、县政府及四大家领导的真情关怀,离不开××医院、县卫生局及××人民医院、××妇幼保健院等县立医院的鼎力支持。在这么多人的支持和帮助下,我院全体员工团结一心、克服困难、艰苦创业、追求卓越,以高标准、高技术、高品质为目标,推出了"院有优势、科有特色、人有专长"的诊疗模式。我相信,××医院以成功管理经验和雄厚实力为依托,必将为××城市的卫生事业的发展提供新的管理经验,必将能为××及周边地区的人民提供良好的医疗服务。

人民健康,是实现全面建设小康社会宏伟目标的保证和重要内容。××医院历时两年建成,投入了相当大的人力、物力和财力,我们派一流的管理人才来治院,选一流的医护人员来兴院,与一流的医院和专家结成合作伙伴,目的只是一个,那就是我们决心把人民医院中心分院建成一个环境优美、作风优良、服务优质的一流分院,为广大群众的身体健康和生命安全提供较完备的医疗保障。我相信,有县、镇两级政府的正确领导,有县卫生行政主管部门的监督管理,有相关部门的关怀支持,有广大人民群众的关心厚爱,有全院员工的不懈努力,××医院一定会不负众望,把医疗事业做的更好,让患者更加满意。

最后,我们再次感谢各位领导和来宾的盛情光临,在以后的日子中希望大家一如既往地给予我们指导、帮助和支持!干杯!

7. 开业祝酒佳句

开业祝酒常用词语
兴业长新、永隆大业、昌裕后人、开业之喜;
生意兴旺、吉祥开业、生意兴隆、大展宏图;
鸿运高照、财源滚滚、如日中天、兴旺发达;
开张大吉、蒸蒸日上、红红火火、蓬勃发展;
兴业长新、华堂焕彩、日久弥新、宾客如云;
福开新运、吉星高照、财运亨通、马到成功;
财源广进、敬贺开张、并祝吉祥、鸿基始创;
骏业日新、裕业有孚、公平有德、和气致祥;
隆声援布、大富启源、生意似春笋、财源如春潮;

开业祝酒常用对联
财源滚滚达三江,生意兴隆通四海。
迎八面春风志禧,祝十方新路昌隆。
根深叶茂无疆业,源远流长有道才。
启程虽是小天地,创业如同大文章。

树雄心创大业江山添锦绣；立壮志写春秋日月耀光华。
财源通四海，生意畅三春。
举鹏程北汇南通千端称意，祝新业东成西就万事顺心。
色香味形多雅趣，烹调蒸煮俱清奇。
奇货任流通大地何论南北，商场尽发达中华不分东西。
酒楼开业逢盛世，贺客盈门颂吉祥。
盈门飞酒韵，开业会春风。
兴旺发达文明待客生意沟通四海，繁荣昌盛礼貌经商财源融汇三江。
开张呈喜无边春色融融乐，举业有方不尽财源滚滚来。
祝开门大吉喜看四方进宝，贺同道呈祥欣期八路来财。
酒店兴宏图大展，人缘广裕业有孚。
开张笑纳城乡客，开业喜迎远近宾。
生意通东西财源贯南北经营有道，新风送冬夏信誉奉春秋盈得多方。
友以义交情可久，财从道取利方长。
门迎晓日财源广，户纳春风喜庆多。
一川风月留人醉，百样菜肴任客尝。
酒店新开杨柳岸，青帘高挂杏黄旗。
美酒佳肴迎挚友，名楼雅座待高朋。
生意如春意，新行胜旧行。
一点公心平似水，十分生意稳如山。

开业常用祝福短信

幽香拂面，紫气兆祥，庆开业典礼，祝生意如春浓，财源似水来！

送你一个吉祥水果篮，底层装一帆风顺，中间呈放财源滚滚，四周堆满富贵吉祥；上面铺着成功加永远快乐！祝开业大吉！

地上鲜花灿烂，天空彩旗沸腾。火红的事业财源广进，温馨的祝愿繁荣昌隆，真诚的祝福带动着跳跃的音符，为您带去春的生机，在这美好的日子里，祝您生意兴隆！万事如意！

您像一艘刚刚起航的航船，让我们一起向往建设更美好的明天，愿生意早日盈利，盈利多多啊。

开业之际送上我诚挚祝贺，情深意重，祝你在未来的岁月，事业蒸蒸日上，财源广进！

生意开张了，祝愿你的生意财源滚滚，如日中天，兴旺发达，开张大吉啊！

第十三章 幕席庆典共举杯——周年庆典酒致辞全攻略

酒之礼：周年酒礼仪

1. 西式酒会的礼仪

西式酒会主要是针对西方国家而言的，西方人一般都是热情好客，喜欢喝酒，和在轻松自由的环境中与人聊天，但是这种看似散漫、自由的气氛，其实也是有很多礼仪要求的。而今，这些西方式的酒会在国内也并不少见，它实质上就是一种形式比较简单、以酒水和点心来招待宾客的宴会，在社会交际中，了解东西方不同的酒会礼仪，是非常有必要的。

交际礼仪
酒会是参与社交的一种，因而从某种意义上说，以酒会来实现扩大交际圈的意义远远大于酒会的饮食意义。展示个人魅力，促进社交成功，是酒会的主要目的之一。因此，酒会上交际时也要讲究适当的礼仪原则。
（1）主动攀谈
酒会是一个聊天交流、认识新朋友的重要场合，因此在参加酒会时切记不能矜持不与他人交谈，故意给别人留下一种神秘感，而是要抓住时机，积极主动选择自己感兴趣的对象进行交谈。这样才能起到获得信息，联络感情，结交新知的目的。对于旧友，应该主动上前打一声招呼，这往往能使自己显得亲切、友善，有利于双方关系的深化。对于想要结识的新朋友，则要具备自我介绍的信心，踊跃自荐，以使交际局面迅速打开。
（2）善待他人
不论同什么样的人攀谈，当出现话不投机的情况时，千万不要表现出不耐烦的神色，或急于脱身而造成他人的不愉快。谈话时，也不要东张西望、心不在焉。那样很容易让人的印象就是敷衍了事，是对对方不尊重的一种明显表现，是十分失礼、不得体的。最好的办法是，交谈时多微笑，并给对方创造一种随意离开的感觉，或提议两人一起去见同一位都熟识的人，或是参加到附近的人群中。

(3) 照顾女士

酒会上女士优先、男士照顾女士是一种礼仪，是非常必要、正常的，这也是男士显现自身修养的重要方式。如果女士酒杯空了，男士应主动上前添满。如果女士形单影只，身旁没有人照顾时，男士就应该主动上前，与其谈话，免其尴尬，或邀请其加入别的人群。

(4) 饮酒有度

西式酒会上可以说是各种美味酒水俱全，但切记参加酒会要饮酒有度，不要像平时和自己哥们拼酒那样开怀畅饮、喝个一醉方休。也不应猜拳行令，大呼小叫，或对别人劝酒。因为那样会给人以缺乏教养之感，正式的酒会比较注重绅士风度和个人谈吐修养。因此参加酒会一定要熟悉自己的酒量，适度取酒，切不可贪恋杯盏，引起醉酒，导致行为失态，语言失禁，以至于事后追悔莫及，给别人留下非常不好的印象。

用餐礼仪

(1) 排队取食

排队取餐、用餐也是有讲究的，不论是自己去餐台取菜，还是从侍者手里的托盘选择酒水，均应遵守秩序，认真排队，依次而行。不能出现加队、哄抢等没有修养和内涵的举止。

(2) 多次少取

选取菜肴时，不论是不是自己喜欢的食物，都应一次只取一点，若不够可以再接着去取。这就是所谓多次少取。若是取菜时遇到自己喜欢的就狂取一通，好像生怕一会没有了似的，那是十分失礼的。

(3) 不可随意浪费

在酒会上自己取酒水、点心、菜肴时，切记不要过量。取来的东西，一般都是必须全部吃完。扔掉或浪费掉是不允许的。

(4) 禁止外带

在酒会上，只要你可以，你想吃多少和多少都是没有问题的。但是绝对不要有顺手牵羊之心，把酒会上的东西外带回家。

(5) 避免乱扔

水果皮、瓜子壳和塑料袋等千万不能随地乱扔，要放在指定的收垃圾处，注意自己的行为，若被别人看到自己吃完东西扔了一地，会让别人对你产生没有礼貌的印象的。

酒会告辞的礼仪

随着酒会接近收尾，应酬、结识新的朋友的活动就应该有所收拢、减少，作为一个有教养的客人，仍需留意于女主人的通盘安排。

(1) 告辞

出席鸡尾酒会的客人应按请帖上写明的时间起身告辞。如果接到的是口头邀请，没有说明时间的，则一般认为酒会持续进行两个小时。正餐之后的酒会的告辞时间按常识而定，如果酒会不是在周末举行，那就意味着告辞时间应在晚间十一时至午夜之间。若是周末，则可更晚一些。除非客人是主人的亲密朋友，一般都不应在酒会要结束之时还心安理得地坐在那里。

而且酒会离开之前都应向女主人当面致谢，这是礼貌。倘若你因故而不得不早一些告辞，则离开时不能引人注目，只要悄悄和女主人打一声招呼即可，以免影响其他客人认为他们也该走了。

(2) 致谢

参加了一次鸡尾酒会或非正式的正餐后酒会之后，并不是一定要向女主人写信致谢，但正因为并非必要，所以致谢就显得非常可亲可敬。当然如果女主人是你的一位好朋友的话，那么可以在第二天找个合适的时间和她通一个电话，向她成功的举行酒会表示祝贺，使她消除对酒会中可能存在的小瑕疵的担忧。

尾酒会礼仪须知

参加鸡尾酒会，应避免下列行为：

(1) 早到，提前到达可能造成主人的紧张，因为主人可能对于就会还有一些地方需要准备和完善；而如果就会已经接近尾声才到达，也是非常不好的，因为这时候主人可能已经累了，还硬拖着不走，这是没有礼貌的。

(2) 不要用又凉又湿的手与他人握手（记得握手时用左手拿饮料）。

(3) 倘若用右手拿过餐点，手上还有东西没有抹干净，就去和人握手（请用左手拿餐点，或者在吃完之后立刻用餐巾把手仔细擦干净）。

(4) 和别人一边说话一边左顾右盼、东张西望，好像深怕错过哪个很重要的人一样，这是非常不礼貌的。这种错误在鸡尾酒会上很常见，但是尤其应该注意避免。

(5) 抢着和某一个客人一直谈话，不让别人有和他们搭讪的机会。

(6) 硬拉着主人讨论某一个比较严肃的话题，并说个没完，这是不体谅主人心情的表现。要知道，主人还有更重要的事要做，没功夫和你扯整晚！

(7) 霸占餐点桌，以致别的客人没机会接近食物。

(8) 把烟灰弹到地毯上，或拿杯子当烟灰缸，用完就不管了。

酒之辞：周年酒致辞范文

2. 结婚周年祝酒辞范文

尊敬的各位女士们、先生们：

大家好！

二十年风风雨雨，一路爱表永铭。

今天，是××××年××月××日，是一个很平常普通却有特殊意义的日子。因为对于我们夫妻来说，这是一个意义非凡而又非常值得回想的日子：我们的结婚纪念日——结婚二十周年，又称为"水晶婚"！因此，首先我对大家前来参加我们的结婚周年纪念日聚会表示感谢，其次，我祝愿我和我的爱人的爱情长长久久，幸福到老。

古人把水晶看作冰，它晶莹剔透，被人们以为是"此物只应天上有，人间难得几次寻"。无色水晶，还是结婚十五周年事念的宝石。

总而言之，水晶，它象征着我们平常人的婚姻和爱情——它透明而纯粹的、牢固而美好的。我们牵手走过了二十个春秋，相互帮助、支持、忍让、友善、爱惜，时光让爱情更加甜蜜，更加幸福，美满无比。

最后，祝愿天下有情人都能终成眷属，祝在座所有人的爱情甜美，生活幸福。干杯！

谢谢！

3. 学校周年校庆祝酒辞范文

校庆校长致祝酒辞

尊敬的各位领导、各位来宾、亲爱的校友、老师、同学们：

大家好！

斗转星移，岁月沧桑。××年庆典，续写辉煌！

春花漫校园，和风拂紫荆。伴随着暖暖的春风，××大学迎来了××年校庆。值此学校××年华诞之际，请允许我代表学校感谢给予我们指导、鼓励和帮助的各级领导和教育同行，感谢深深信任我们的家长，感谢曾经和正在这片教育热土上辛勤耕耘的教职员工。

风雨兼程××载，桃李飘香五大洲。××年的风华秋实，绚丽夺目；白发青丝共剪烛，满园桃李同绘春。一代代××人同舟共济；一届届学子扬帆远航，为

××大学铸就了一部精彩的史诗。到目前为止，已毕业的××万余名校友活跃在祖国各条战线上，遍布在世界各地，他们用他的知识，为祖国的发展奉献着自己的力量。在此，感谢各位领导，是你们的关怀与指导铺就了发展之路；感谢历任老师，是你们用汗水和智慧催绽了满园蓓蕾；感谢各位教职工，是你们的辛勤奉献为教育保驾护航。回首往昔，我们倍感欣慰；展望未来，我们豪情满怀！

近些年来，××学校以严谨的教风和求真的学风，熏陶和培育者一代代莘莘学子，××大学这些年的办学成就得到家长们的普遍肯定和社会各界人士的敬仰。在快速发展的形势下，我们面临着新的机遇和挑战。我们清醒地认识到，高等教育要适应当今社会发展对高素质人才的需要，任重而道远。面向未来，我们将自豪地肩负起时代赋予我们的使命，不断更新观念，不断深化教育教学改革和管理体制改革，调整专业结构，加强学科建设，为中国的现代化建设培养出更多的高质量的人才，迎接新世纪知识经济时代的挑战。未来孕育着希望，未来也潜伏着机遇和挑战。但我们坚信：只要有××人的精神在，有××人的智慧在，有各级领导和社会各界的支持在，××大学定会绽放更多精彩华章！

现在我提议：为本次校庆活动的圆满成功，为在座各位领导、嘉宾、校友、全校教职工的身体健康，为××大学的校运昌隆，干杯！

校庆校友致祝酒辞

尊敬的各位领导、各位嘉宾、老师们、校友们、同学们：

大家好！

当四季的风吹动着岁月，踏着时间的脚步我们迈入20××年。在20××年××月××日这个特殊的日子里，我们欢聚一堂，迎来了母校××周年校庆。在这里请允许我代表历届校友，向母校××华诞表示热烈的祝贺！向曾经和正在辛勤教导、悉心培育莘莘学子的母校老师们致以崇高的敬意和衷心的感谢！向关心支持母校建设和发展的领导与来宾致以崇高的敬意和衷心的感谢！向这块育人热土道一声：母校，您好！

"满园春色关不住，遍地桃李竞妖娆。"一晃××年过去了，我们的母校已经走过了××个春秋。××年风雨兼程，筚路蓝缕；××年耕耘不辍，薪火相传；××年硕果累累，星光灿烂。在××年成长历程中，母校已经培育出了××名学子，众多奋斗在各行各业的有用之才都是毕业于我们亲爱的母校，我们亲爱的母校为家乡的建设、祖国的繁荣作出了巨大的贡献。如今，我们的母校已是桃李满枝，学子遍布海内外。伴随着时代的步伐，今天的母校已是旧貌新颜，生机焕发。优美的校园环境、现代化的教学设施、精良的教师队伍，为莘莘学子提供了一个理想的成材环境。这里已成为育人的沃土，这里已成为人才的摇篮，我们为有这样一所历史辉煌、充满希望的母校感到无比的欣慰和自豪。母校，我们为您骄傲、为您自豪！

岁月如歌，青春如梦。我们虽然离开母校已经很多年了，但母校永远是我们生命中最珍贵的青春记忆！特别是母校老师那一丝不苟、严谨求实的治学态度和无私忘我、甘于奉献的蜡炬精神，感人至深，没齿难忘！是你们，循循善诱，诲人不倦，给予了我们知识和力量，教会了我们做人的道理；是你们哺育了我们的昨天，成就了我们的今天！每每回想起当年母校的温暖关怀、老师的谆谆教诲、同学的亲密无间，我们无不感恩于怀，历久弥新。

亲爱的校友们，同学们，无论我们走到哪里，不论我们将来生活过得怎么样，我们一定不要忘了，我们今天的成长根基于母校昨天的培养和关爱，而母校的明天更有赖于我们全体校友的关心和支持。我提议，我们全体校友携起手来，以各尽所能的方式，比以往更加关注、关爱和支持母校的建设和发展，积极为母校创建有特色的省级优秀高职院出力献策，共同创造母校更加辉煌灿烂的未来！

最后，让我们共同举杯，祝福母校兴旺发达、桃李芬芳！祝愿我们的老师青春永驻、幸福安康！祝愿我们全体同学各呈异彩，拥抱辉煌！

4. 企业周年庆祝酒辞范文

企业周年庆祝酒辞范文（一）

尊敬的来宾朋友们：

大家晚上好！

转眼间，××企业已经走过了××年的历程，回望这××年，可以说是一路跋涉，风雨兼程。正因为有了上级领导、各级政府相关部门的支持，我们克服了前进道路上的一个又一个困难；正因为有了公司一代又一代人的共同努力，我们才能创造了一个又一个辉煌的业绩。

自建企这些年来，我们的办公地点从建立初期的××搬到××，五十年代中期在××著名××，六十年代再到最繁华的东街，改革开放初期，又搬进了当时××市中心最高的大楼外贸中心大楼，到了外贸出口最繁荣的九十年代中期，××企业搬到了自有产权的××地方，这是××办公场所的搬迁史，更是××企业一代又一代××人励精图治勇于开拓的征途，而我们，作为新一代的××人更感任重道远。为公司的发展更尽一份力。

再次感谢建企以来这么多年来关心支持××成长的各位领导，再次感谢××公司各位前辈的耕耘奉献，它让我们今天的××有了立身之本、发展之源，未来在我们手中！让我们以六十年的历史与积淀，六十年的坚持与不悔，六十年的诚挚与热情，携手奋斗，勇往直前！谢谢大家！

企业周年庆祝酒辞范文（二）

尊敬的各位来宾，女士们，先生们：

大家晚上好！

两年春秋，风华正茂。两年耕耘，硕果累累。

在这个阳光明媚的天气里，××公司迎来了它的第二个生日！值此欢庆之际，恭贺××公司能够在新的征程中再谱新篇，再续辉煌！

不经历风雨怎么见彩虹。回顾过去的两年，每一天对于××人来说都是难忘的。在不断的摸索中，××人逐渐明晰了公司的发展方向并确定了正确的目标，并在向前的路上走的越来越稳健！相信在未来，充满希望的拼搏即使疲累也不再是一种苦涩，而是富有挑战的甜美。

两岁××公司的成长，就像两岁孩童的成长一样，离不开各位贵宾的呵护与关爱，更离不开各位员工的辛勤耕耘。我们期待他能够快速健康的成长。有了各位贵宾的支持，旭阳会更加精彩！

两岁是一个充满希望的年龄，是迎接朝阳的年龄，祝旭阳的明天会更好！干杯！

谢谢大家！

企业周年庆祝酒辞范文（三）

尊敬的各位领导，各位来宾，员工同志们：

大家晚上好！

今天，为庆祝××公司N周岁，我们在这里为它的生日举行隆重的庆典会。首先，请允许我代表公司全体员工向一直关心和支持我们的各位来宾表示衷心的感谢和崇高的敬意，让我们以热烈的掌声，欢迎他们的到来！同时，也允许我代表公司向各位员工的辛勤劳动表示亲切的慰问。

几年来，公司从无到有，从小变大，从幼稚到不断成熟，这些年来走过了一条平凡而又不平凡的路，取得了一系列辉煌的成绩：企业利税额连年增长，增幅较快，进入了中国轻工业十强，这些成绩是在各位领导的关心下取得的，是与公司原董事长某某付出的心血密不可分的，在此，让我们以热烈的掌声对他们表示感谢！

回首往事，一幅幅平凡而充满激情的历史片断在我们每个人的眼前交相辉映，汇集成一段××公司发展的历史，一段××公司人奋斗的历史。展望未来，市场竞争日益加剧，充满了无穷的机会与挑战，我们不应该满足于现有的成功，而是以此为基点，向着新的目标，满怀信心，同心协力，积极进取。

相信在不远的未来，在各位领导的关心和支持下，××公司一定能够取得更大更辉煌的成绩！让我们一起相约在下个周年庆典再见面，干杯！

谢谢大家！

企业周年庆祝酒辞范文（四）

各位尊贵的来宾：

大家晚上好！

今天,各位欢聚一堂,参加××公司成立20周年暨××工业园落成庆典晚宴,我感到十万分的荣幸,非常感谢二十年来一如既往的支持,正因为有了各位朋友的鼎力相助,才会有今天的××公司,才会有今天的聚会!

不经风雨何见彩虹,在风雨中迎难而上,在困难中越战越强,这是××公司始终坚持的奋斗理念,靠着勤劳的双手和诚信本质,一步一步成长成为了当今国内同种行业内一流的公司。

过去的二十年里,××人最擅长的就是为客户创造价值,为社会的可持续发展尽一份力。××公司一直坚持独立自主研发新产品,在这条荆棘满途的研发道路上,迷茫和挫折伴随着我们一路走来。过去的酸甜苦辣,××公司这个大家庭中每一个人都能体会得到。正是有团结向上,积极奋发的团队精神,相互鼓励不懈的努力,我们才有今天的成绩。

我为我们公司二十年来的蓬勃发展而自豪,我们为有今天如此一大批优质客户和优秀团队而骄傲!新的时代已经到来,××人将一如既往,牢牢抓住创意研发的企业精髓,为客户创造更多更新的技术和产品。让我们一起为祖国的兴盛尽自己的一份力量!

再次感谢各位贵宾的大驾光临,祝愿各位来宾在以后都能日进斗金,让我们为了美好的明天而干杯!

谢谢大家!

5. 展会开幕祝酒辞范文

很多人对展会开幕时的祝酒辞感到头疼,因为一个展会的开幕关系到整个会场接下来的氛围,祝酒辞既不可过于长篇大论,又不能言之无物,在此向大家推荐两篇展会开幕的祝酒辞范文,以供您需要可以参考。

(范文一)

女士们、先生们:

晚上好!"××展览会"于今天××时正式开幕。今晚,借此次展览会的开办,我们有机会同各界朋友欢聚,我们对此感到很高兴。我谨代表××促进委员会××市分会,对各位朋友光临我们的招待会,首先表示热烈欢迎!

"××展览会"自筹办开始,就引起了我市及外地科技人员的浓厚兴趣。这次展览会在××举行,为来自全国各地的科技人员提供了经济技术上交流的好机会。我相信,展览会在推动这一领域的技术进步以及经济贸易的发展方面将起到积极作用。

今天,各国朋友在此欢聚一堂,希望中外同行广交朋友,寻求合作,共同度过一个愉快的夜晚。

最后,请大家举杯,为"中国国际××展览会"的圆满成功,为朋友们的健康，干杯！

（范文二）

女士们、先生们、同志们：

大家好！由××有限公司主办、××协会与我分会所属的××市国际贸易信息和展览公司承办的中国国际××展览会今天在这里开幕了。我谨代表中国国际贸易促进委员会××市分会、中国国际商会××分会表示热烈祝贺！向前来××参展西班牙、比利时、中国台湾省、香港地区以及我国各省的中外厂商表示热烈的欢迎！

本届展览会将集中展示具有国际水准的各类××产品及生产设备，为来自全国各地的科技人员提供一次不出国的技术考察机会；同时，也为海内外同行共同切磋技艺创造了条件。

朋友们，同志们，××市是中国最重要的工业基地之一，也是经济、金融、贸易、科技和信息中心。它作为长江流域乃至全国对外开放的重要窗口，将实行全方位的开放。我国政府已将我市的开发开放列为中国今后十年发展的重点，××将进一步改善投资环境，扩大与各国各地区的合作领域。我真诚地欢迎各位展商到××的开发区参观，寻求贸易和投资机会，寻找合作伙伴。作为××市的对外商会——中国国际贸易促进会××市分会将为各位朋友提供卓有成效的服务。

最后，预祝中国国际××展览会圆满成功！感谢大家！

6. 比赛开幕祝酒辞范文

尊敬的各位领导、同志们、朋友们：

大家下午好！

今天的××比赛于××点即将开始，在比赛开幕之际，我谨代表此次比赛的主办方向大家表示感谢，感谢大家对此次比赛的关注，感谢大家在生活工作之余前来观看比赛，我为之感动。

在这个阳光和煦、天气晴好的日子里，我们××地举行××比赛，既是对我们××地体育工作的一次检阅，也是对群众积极参与全民健身运动、进一步提高身体素质的支持和动员。我们坚信，随着对体育文化的不断普及和推广，必将更好地展示我们××人团结奋进、拼搏奉献、奋发向上的良好精神风貌，也必将为我们××地区的快速发展注入强大的精神动力。美好的生活要靠我们用激情和冲动，用智慧和劳动，用汗水和奉献，用信念和奋斗去开创！

现在我提议，让我们共同举杯，为迎来本次比赛的成功举办——干杯！

谢谢！

7. 交流会开幕祝酒辞范文

交流会开幕祝酒辞范文（一）
以第一届中韩水技术交流会上致祝酒辞为例
尊敬的各位韩国来宾，女士们、先生们：
大家晚上好！
"第一届中韩水技术交流会"今天如期在武汉隆重开幕。我谨代表长江水利委员会，向参加本届交流会的韩方代表致以最崇高的敬意，对前来参加会议的各位代表和朋友表示最热烈的欢迎！
中韩两国的友谊源远流长，科学技术交流日趋密切。近年来韩国建设交通部及韩国水资源局等单位多次派代表团来访与交流，加深了双方的了解，本届交流会旨在进一步拓展中韩两国在水资源利用、水资源管理领域的可持续发展方面的技术交流和经济合作，并在平等互利的基础上建立长期稳定的合作机制。
2005年4月，我委与国内外27家相关部门、机构共同发起了"首届长江论坛"。它是以长江的"保护与发展"为主题的高级论坛，我们也将本次会议看作是长江论坛活动的组成部分，也邀请到了相关方面的代表参加这次水技术交流会，我们希望大家能够共同分享交流的成果，推进中韩双方水技术的合作。
我相信，本次交流会的成功召开，将是我们合作进程中的一个重要里程碑将把我们的双边合作推向一个新的台阶。最后，我预祝本次会议取得圆满成功！
谢谢大家！

交流会开幕祝酒辞范文（二）
以2010年长江流域蔬菜经济技术协作交流会为例
尊敬的各位代表、各位来宾，女士们、先生们：
大家晚上好！
在这桂花飘香、秋高气爽的金秋季节，我们来到历史悠久、具有独特娄东文化风格的江苏省太仓市举办2009年长江流域蔬菜经济技术协作交流会，这是一个振奋人心的消息。
改革开放以来，勤劳智慧的太仓人民努力把太仓建设得更加美丽，更加富裕。尤其是在蔬菜生产的设施化生产上取得了很大的发展和进步。这次我们在太仓召开2009年长江流域蔬菜经济技术协作交流会，来自祖国各地的代表们，带来了蔬菜战线最新的宝贵的信息、技术和经验，在美丽富饶的历史名城太仓市一定能得到进一步的发扬光大。
太仓地理环境得天独厚，美丽富饶，太仓人民勤劳智慧、热情厚道，相信在太仓的这次聚会，将会给大家留下深刻的记忆。

这次会议，江苏省太仓市农委、上海农峰实业发展有限公司的同志付出了辛勤的劳动，时间安排的丰富紧凑，我代表大会组委会和全体与会代表向他们表示衷心的感谢。

预祝大会圆满成功。祝福厚道、好客的太仓人民更加富裕、快乐、健康、长寿，与会代表身体健康，万事如意。让我们为了交流会能够圆满成功一起干了这杯酒，谢谢大家！

交流会开幕祝酒辞范文（三）

以第三届构建"和谐企业"交流会为例

尊敬的诸位领导、诸位老师、诸位嘉宾及新光同仁们：

大家晚上好！

子曰："学而时习之，不亦说乎？有朋自远方来，不亦乐乎？"感恩古圣先贤让我们齐聚一堂，共同沐浴传统文化的阳光雨露。让我们在学习、分享、喜悦和感动中度过未来四天宝贵时光。在此，我代表新光集团衷心欢迎大家到来，大家辛苦了！

新光集团去年已连续成功举办两届"和谐企业交流会"。今年我们在炎炎夏日，一年中最热的几天举办"第三届和谐企业交流会"，其意义非同一般。

中共中央总书记胡锦涛在7月1日庆祝中国共产党成立90周年大会上发表讲话时指出："要着眼于推动中华文化走向世界，形成与中国国际地位相对称的文化软实力，提高中华文化国际影响力。"传统思想和价值观是我们民族智慧的结晶，传统经典是民族心灵的庞大载体。这些是我们民族生存和发展的依据，是我们民族几千年来屡遭灾难而不会解体的凝聚力。如果任此文化遗产在下一代消亡，我们将是民族罪人、历史罪人。作为炎黄子孙，我们有责任和义务肩负起传统文化的传承工作，让它能够在下一代发扬光大，并走向世界，这是举办本次交流会的目的之一。

现今社会道德沦丧，信仰缺失，就像滑了坡的泥石流一样，以惊人的速度崩溃着。当我们说自己是礼仪之邦时，又有几人能知道礼仪是什么？能做到的更是屈指可数。当下很多年轻人，无视父辈、漠视他人，以自我为中心；不懂规矩、不懂道德、不懂尊重，更不懂得爱。长此以往，我们的民族希望何在？未来何在？

鉴于以上原因，特举办本次交流会，以加强青年职工的德育教育，重新认识中华传统文化，让传统文化能够在企业上下的践行中传承和发扬，从而实现身心健康、家庭和睦、企业和谐，为构建和谐社会打下坚实的基础。

我们深信，中华民族创造了源远流长、博大精深的中华文化，中华民族也一定能够在弘扬中华优秀传统文化的基础上创造出中华文化新的辉煌。

最后，让我们饮下这杯酒，预祝本届"和谐企业交流会"圆满成功！

谢谢大家！

8. 艺术节闭幕祝酒辞范文

艺术节闭幕祝酒辞范文（一）

尊敬的各位领导、各位来宾们：

大家好！

在这初夏阳光明媚的日子里，某某文化艺术节伴随着精彩的节目演出已经落下帷幕。在此，请允许我代表艺术节组委会向参与本届艺术节的各个演出团体和组织表示衷心的感谢！

回首整个艺术节，活动是精彩的、是喜人的，通过这些活动，不仅启迪了观众们的才智和灵性，也给观众们提供了一个放松大脑，放飞心情的空间，让我们受到了一次极好的艺术教育和美的熏陶。所有的这些，都将成为我们心中永远难以忘怀的美好回忆。

各位亲爱的来宾们，虽然本届艺术节已经落下帷幕，将要成为历史的一页。然而，许多精彩的片段仍然历历在目；许多动人的音乐依旧余音绕梁。是的，艺术节虽然是一个有限的时间段，但艺术的空间却是无限的。当艺术节的第一个音符在灿烂的天空飘荡起来时，艺术已不容拒绝地走进了我们每一个人的生活，走进了我们的每一寸空间。

让我们每一双手都学会创造吧！让我们每一颗心都流淌歌声！

最后，我提议：让我们共同举杯，为艺术节的成功，干杯！

谢谢大家！

艺术节闭幕祝酒辞范文（二）

各位老师、同学们：

大家好！

彩旗映着盛装，欢歌伴着笑语！在这百花盛开、阳光明媚的日子里，我校第五届校园文化艺术节伴随着精彩的文艺演出，在师生的掌声笑声中圆满落下了帷幕。首先，我代表学校向获奖的班级和个人表示衷心的祝贺！向所有积极参与的老师和同学们表示诚挚的感谢！

艺术会让人生活得更加美好，更加精彩，多彩的校园生活，带给我们无限美好的期盼。本届艺术节给同学们提供了一个展示才华的大好舞台。经过一个多月丰富多彩的活动历程，同学们用自己辛勤的汗水，浇灌出了鲜艳的校园文明之花，我们也在各项活动的开展之中收获了丰硕的果实，在此，让我们再次用热烈的掌声对获奖的班级、老师和同学们表示祝贺！

艺术节为同学们提供了一个施展才华、张扬个性的舞台，为我们学校营造了一种昂扬向上、快乐清新的氛围，使我们的校园生活更加丰富多彩。整个艺术节、过程是精彩的、结果是喜人的。

艺术节虽然结束了，但她的影响并未结束。当艺术节的第一个音符在校园的上空飘起来时，艺术已不容拒绝的走进了我们每一个人的生活，希望在以后的学习和生活中，艺术都能一直陪伴着大家。现在，让我们共同举杯，为我们取得的成绩而干杯！

谢谢大家！

9. 党代会闭幕祝酒辞范文

党代会闭幕祝酒辞范文（一）

尊敬的各位代表，新当选的中共××区第八届委员会各位委员，新当选的中共××区纪律检查委员会各位委员，党代大会的全体工作人员，同志们：

大家晚上好！

全区××万各族人民和全体共产党员共同瞩目的中国共产党××市××区第八次代表大会，历时两天，于今天胜利闭幕了！此时此刻，我们怀着无比喜悦和激动的心情，欢聚一堂，共同庆祝本次盛会的圆满结束。

在本次大会期间，全体与会代表以高度的政治责任感和历史使命感，解放思想、实事求是，团结一致、同心同德，选举出了第八届××区委员会和纪律检查委员会，圆满完成了大会各项工作任务。

这次党代会，得到了市委领导和市委有关部门的支持和帮助；得到了全区各界人士的大力支持；大会全体工作人员和所有为大会服务的同志们夜以继日、辛勤工作，从各个方面保证了大会的顺利进行。

在此，我代表八届区委、区纪委，向与会全体代表、列席代表和全体工作人员，向所有指导、帮助我们大会圆满召开的同志们、朋友们表示衷心的感谢和崇高的敬意！

在今后的几年时间内，第八届区委将在市委的直接领导下，以邓小平理论和"三个代表"重要思想为指导，坚持以科学发展观统领经济社会发展全局，团结和带领全区各级党组织、全体党员和广大干部群众，抢抓机遇，加快发展，为全面实现××区新一轮跨越式发展而努力奋斗。

各位代表，同志们，现在请允许我代表全体来宾提议：为庆祝××区第八次党代会胜利闭幕，为××区的美好明天，为在座各位的身体健康，干杯！

谢谢大家！

党代会闭幕祝酒辞范文（二）

同志们：

大家晚上好！

五月的达拉特生机勃勃。此时此刻，我们怀着无比激动和喜悦的心情，欢聚一堂，隆重庆祝中国共产党××县第十四次代表大会胜利闭幕！

在会议召开期间，来自全县各条战线的300多名党代表，肩负着全县共产党员和人民群众的殷殷重托，以饱满的政治热情和强烈的主人翁意识，以对党和人民高度负责的态度，充分发扬民主，积极建言献策，共同谋划未来五年的发展大计，顺利选举产生了新一届县委、纪委领导班子和出席市三次党代会代表。会议开得非常成功，是一次民主、团结、鼓劲、求实、奋进的大会。在此，我代表新一届县委领导班子对本次大会的圆满成功表示热烈的祝贺！对各位代表的信任表示衷心的感谢！同时，更希望各位代表以高度的责任感、强烈的使命感，充分发扬民主、凝聚民智、反映民意、共谋民利，在各自的岗位上、在建设和谐高志县的伟大实践中建功立业。

现在，请让我们举起酒杯，为美好的未来，干杯！

党代会闭幕祝酒辞范文（三）

各位代表，同志们、朋友们：

大家好！

潮平两岸阔，风正一帆悬。在这生机勃勃、激情迸发的五月，中国共产党××市第×次党代会胜利召开了。在此，我谨代表全体与会人员表示热烈的祝贺！

过去的三年中，在中央领导的亲切关怀下，在省委、省政府的高度关注和大力支持下，在市委、市政府的坚强领导下，在全市广大党员干部群众的共同努力下，我市发生了日新月异的变化，走上了复兴崛起之路，谱写了我市经济社会发展的绚丽篇章。

今日的××大地，天时、地利、人和。这里孕育着科学发展的最好机遇，这里形成了"心齐、气顺、劲足、实干"的创业环境，这里是我们干事、干成事、干成大事的一方热土。今日的××人民有着更多的企盼、更高的追求。风起潮涌，自当扬帆破浪；任重道远，更需策马加鞭。我们深信，与会代表一定会以高度的责任感、强烈的使命感，从大局出发，不负全市人民重托，行使好权利，保证顺利完成大会预定议程，绘就我市更快更好发展的宏伟蓝图。

站在新的起点上，放眼未来，我们豪情满怀，信心倍增。让我们紧密地团结起来，在市委的正确领导下，励精图治，攻坚克难，与时俱进，锐意进取，创造××更加美好灿烂的明天。我们坚信：我们的目标能够实现，我们的目标一定能够实现！

我提议，为第×次党代会取得圆满成功，为实现我们的理想和目标，为××百姓的福祉，干杯！

10. 职代会闭幕祝酒辞范文

职代会闭幕祝酒辞范文（一）

（以2012年职代会代表新春酒会上湖南省人民医院院长祝酒致辞为例）

各位领导、各位职代会的代表：

大家晚上好！

新年钟声在耳，新春佳节又至。我们怀着喜庆的心情在此欢聚一堂，辞旧迎新，共贺佳节，备感亲切。我谨代表院党委和医院全体领导班子成员向仍然坚持在一线忙碌工作的同志们、向全院职工以及支持我们工作的职工家属们致以亲切的问候！祝大家新春快乐、身体健康、合家幸福、万事如意！

回顾2011年，我们付出了辛劳，也收获了希望，更多了几份精彩！过去的一年，在上级领导的关心支持下，经过全院职工的共同努力，我院各项工作都取得了历史性突破。所有这些成绩的取得，是我们全院职工团结拼搏、开拓奋进、爱岗敬业、无私奉献的结果，我代表院领导再次向为医院的发展做出贡献、付出心血和汗水的同志们表示衷心的感谢和深深的敬意！

展望新的一年，我们有机遇，也有挑战。在新的一年里，我们要以十七大精神为指导，全面落实科学发展观，秉承"仁术精神"，全院职工同心同德，坚定信心，振奋精神，开拓进取，以饱满的工作热情和昂扬的精神风貌扎实工作，不断加快医院稳步发展的步伐，为把我院建设成为医疗、教学、科研全面领先的省级现代化综合医院而奋力拼搏！为省人民医院新的腾飞而努力奋斗！

最后，请全体院领导上台向各位代表拜个早年，衷心祝愿大家在新的一年里身体健康，工作顺利，平安如意，幸福安康！祝愿湖南省人民医院的明天更加美好。干杯！

职代会闭幕祝酒辞范文（二）

（以2008年职代会闭幕晚宴××油田公司领导致辞为例）

各位代表，同志们、朋友们：

大家晚上好！

在这个充满喜庆、孕育希望的元月，××油田公司第八届一次职代会胜利召开了。在此，我们首先对职代会的胜利召开表示热烈的祝贺！

过去的2007年，在集团的正确领导和大力支持下，××油田公司全体员工团结一心，奋发拼搏，各方面工作都取得了可喜的成绩和突破。油气勘探取得较大突破，加快了增储上产步伐；强化安全生产管理，顺利实现全年安全环保生产无事故目标；职工生产、生活条件进一步改善，队伍团结稳定，油区各项事业欣欣向荣，处处呈现勃勃生机。

2008年是××油田顺利完成"十一五"规划目标、实现跨越发展至关重要的一年,也是充满希望和挑战的一年。站在新起点的××石油人,应该有更多的企盼、更高的追求。我深信,与会代表一定会以高度的责任感、强烈的使命感,充分发扬激情、凝聚民智,一定会从××油田的发展大局出发,不负全公司员工重托,行使好职能,带头宣传、贯彻、执行好本次大会的精神,带来公司全体员工,以无比的热情投身到公司的发展洪流中去,绘就好××油田的宏伟发展蓝图。

面对××油田新时期的目标和任务,我们豪情满怀,信心倍增。让我们紧密地团结起来,在集体公司的正确领导下,为"油"奋斗,创新务实,锐意进取,努力开创××油田公司又好又快的发展新局面。

我提议,为××油田公司职代会的顺利召开,为"十一五"规划进程的顺利推进,为××油田的美好未来,干杯!

职代会闭幕祝酒辞范文(三)
(以××公司领导在职代会闭幕晚宴上的祝酒辞为例)

各位代表们:

大家好!

第二十一届四次职工代表大会在省××工会、××工委的关怀下,在×党委的正确领导和××的支持下,经过全体代表的共同努力,历时一天,圆满地完成了大会预定的各项任务,现在就要结束了。在此,我代表公司党委向大会的成功召开表示热烈的祝贺!向莅临大会的各位嘉宾表示衷心的感谢!向与会的各位代表,并通过你们向长期战斗在生产一线和项目建设工地上的广大职工致以崇高的敬意!

虽然此次会议时间较短,但是会议内容全面完整,会议议程井然有序,会场气氛严肃认真,会议期间,代表们各抒己见,畅所欲言,会议始终充满了民主、团结的浓厚气氛,收到了预期的效果,这是一次团结的大会、务实的大会、奋进的大会。

这次大会得到了××党委的高度重视,党委书记××同志做了重要讲话,他就贯彻好这次会议精神,并代表公司党政组织对工会工作提出如下希望:一要认清形势鼓干劲,不辱使命担责任。二要团结一心谋发展,立足岗位做贡献。三要开拓创新求实效,发挥优势创特色。

号召全×广大职工群众立足本职,发挥作用,为完成××党委、××提出的各项工作任务,开创××经济发展的新×面而努力奋斗。

在市场竞争日益激烈的今天,发展已成为企业生存的需要,企业也成为职工生活的依靠,职工选择了企业就注定要与企业同呼吸共命运。在这充满希望的新世纪的第二年,不管我们面前会遇到多大的困难,我们都要高举××理论伟大旗帜,解放思想,抓住机遇,务实创新,开拓进取,迎接考验。

各位代表、同志们,我们相信,在新一届工会领导班子的坚强领导下,在各基层工会的共同努力下,公司工会一定能在"十二五"期间创造出新的业绩,为公司安全发展、和谐发展、稳定发展作出新的更大的贡献。

谢谢大家!

11. 比赛闭幕祝酒辞范文

比赛闭幕祝酒辞范文（一）

（以阜新市委领导在篮球赛闭幕招待宴会上的祝酒辞为例）

尊敬的各位领导、同志们：

大家晚上好!

经过紧张而舒心的比赛,"三沟酒业杯"阜新市第八届市、县、区领导干部篮球赛圆满结束。今天,我们欢聚一堂,共叙友谊。

作为东道主,首先,我谨代表阜蒙县四大机关,向光临今天宴会的各位领导、各位同志以及教练员、裁判员,表示良好的祝愿!每年一届的阜新市、县、区领导干部篮球赛是一条桥梁和纽带,使我们彼此间加强了沟通,增进了友谊。没有哪项活动,能够像这届赛事活动这样,使阜蒙县迎来如此众多尊贵的客人,这是我县的莫大荣幸。

下面,我提议：为了本届赛事活动的圆满成功,为了市、县、区之间的深厚友谊,为了各位领导、同志们的身体健康,也为了预祝下届比赛的成功举办,干杯!

比赛闭幕祝酒辞范文（二）

（以××公司领导在全体职工乒乓球闭幕招待宴会上的祝酒辞为例）

同志们：

大家好!

××××公司干部职工乒乓球比赛经过七天的紧张、激烈、精彩的较量,终于决出了胜负,可以说,这次比赛是一次高水平的比赛,是一次成功的比赛,是一次团结的比赛。

友谊第一、比赛第二、重在参与、输赢次之。在这阳光明媚、充满生机的×月里,为了丰富职工业余文化生活,弘扬企业以人为本的价值理念,公司组织举办了此次比赛。×个代表队的选手,经过前后×天百余场的你争我夺,一场场扣人心弦、引人入胜的比赛竞相上演,让我们真正体味了一次国球乒乓的名不虚传和诱人魅力。

激扬青春,挑战所能,生命在于运动。同志们、朋友们,此次比赛,我们比的是友谊,赛的是精神,玩的是热情,赢的是自信。比赛结束了,但是我们在赛场上团结协作、奋力拼搏、敢为人先、永争第一的精神没有结束，也不会结束，因为我们的生活需要这种精神，我们的工作需要这种精神。让我们继续弘扬这种精神，立足平凡工作，创造辉煌人生。干杯！

比赛闭幕祝酒辞范文（三）

（以河北电大校领导在本校乒乓球比赛闭幕招待宴会上的祝酒辞为例）

各位运动员、同志们：

大家好！

为期十天的河北电大第二届男子乒乓球单打比赛，今天顺利结束了。首先，我代表校党委、校行政对在本届比赛中获得优异成绩的同志们表示热烈的祝贺！对给予本届比赛大力支持的直属学院表示衷心的感谢！对为本届比赛顺利举行而付出辛勤劳动的运动员、裁判员和工作人员表示诚挚的问候！

从4月16日开始，到今天，所有参加比赛的同志都能以积极的心态，认真打好每一场比赛。大家在赛场上互相尊重、互相鼓励，打出了河北电大团结一致、克服困难、奋发向上、一往无前的精神风貌。工作人员精心筹划，认真组织；裁判员秉承"公平、公正、无私"的原则，兢兢业业、一丝不苟，认真执法，确保了比赛的顺利进行；运动员们发扬"更高、更快、更强"的奥林匹克精神，本着"友谊第一、比赛第二"的体育道德风尚，敢打敢拼、不畏强手、充分发挥自己的水平，赛出了风格，赛出了水平；没有参赛的教职工同志们，为运动员们的精彩表演呐喊助威、热情服务；整个比赛过程体现了"团结奋进、力争上游、永争第一"的精神。我代表校党委和校工会对大家的热情支持和积极参与表示衷心的感谢。在此也希望全体运动员继续发扬奋发进取、敢于拼搏、敢为人先的奥林匹克精神，在即将举办的全省高校校长杯、教工杯乒乓球赛事中，保持好成绩，发扬敢为人先、奋力拼搏的精神，打出水平，打出精神，以球会友，赛出团结和友谊，为我校争得更高的声誉！

最后，我宣布河北广播电视大学第二届男子乒乓球比赛闭幕！祝同志们身体健康、学习进步、工作顺利！

酒之韵：周年酒祝辞佳篇

12. 周年庆祝酒佳句

今天是××公司建立×周年纪念日，在此我谨代表我们公司全体工作人员向贵公司表示真诚的祝贺，并祝愿贵公司在以后越办越好！干杯！

欣闻贵公司成立五周年，在此表示热烈祝贺！祝您的企业在未来能够百尺竿头，更进一步！愿我们能够携手并进，共创美好明天！

恭贺贵企成功经营五周年，在这充满喜庆的日子里，我代表我们公司全体员工衷心的祝愿贵公司越办越红火，成为消费者们最值得信赖的伙伴！

十易春秋，风华正茂；十载耕耘，硕果累累。值贵公司成立十年之际，×××公司向贵公司表示最真挚的祝福和最热烈的祝贺，并祝愿贵公司在新的征途中再谱新篇，再续辉煌！

欣闻贵企创立十周年，在下谨在此表示最热烈的祝贺！祝贵企在今后的工作中能够取得更大的成绩！十年群英荟萃风雨兼程打造中国企业名家，新世纪海纳百川锐意创新再塑成功精英形象！

值贵公司成立N年之际，谨向贵公司表示最真诚的祝福和最热烈的祝贺！发展涛声催人急，××正是腾飞时。祝愿贵公司在中国的××行业迅速发展，竞争日趋激烈的形势下，再创伟业！再铸辉煌！

N易春秋，风华正茂；N载耕耘，硕果累累。值贵公司N周年之际，恭祝×公司早日成为中国××行业内第一品牌公司，并在新的征途中再谱新篇！贵厂用户至上，质量第一，锐意创新，步步领先，堪称同行典范。祝事业日新，宏图大展！忆往昔，峥嵘岁月四载；看明朝，励精图治更美好。让我们用手中的这杯酒，祝福贵企拥有更辉煌的未来！欣闻贵刊创刊二十周年，谨表示热烈的祝贺！祝贵刊在今后的工作中取得更大的成绩！

13. 周年庆祝酒辞素材

高山上的人总比平原上的人先看到日出。在您高瞻远瞩的目光指引下，您的事业必然前景辉煌。祝您的事业能够一往无前，拥有鹏程万里！

开拓事业的犁铧，尽管如此沉重；但您以非凡的毅力，毕竟一步一步地走过来了！愿典礼的掌声，化作潇潇春雨，助您播下美好未来的良种！

一份耕耘，一份收获，回首往事，这四年我们风雨同舟，让我们欢庆民生公司一起走过的辉煌。一些貌似偶然的机缘，往往使一个人的生命的分量和色彩都发生变化。您的成功，似偶然，实不偶然，它闪耀着您的生命焕发出来的绚丽光彩。

惨淡经营历千辛，一举成名天下闻，虎啸龙吟展宏图，盘马弯弓创新功！——热烈祝贺贵厂产品荣获国家级优质奖！

×××公司创始人×××历经数年的商海遨游，形成了诚信、稳健的为人之道，坚韧求实的办事作风。我们相信在政府各主管部门的领导下，在社会各界朋友的帮助下，经过自身的努力拼搏，公司一定会逐渐成长壮大，让我们一起向往建设更美好的明天！

佳宴盛邀天下有缘人，高朋满座畅饮皆贵宾。让我们为了更美好的明天，干杯！

回首过去峥嵘岁月欣慰神驰，展望未来锦绣前程壮怀激越。在此，我提议，让我们共同举杯，为某某公司辉煌的过去与锦绣的未来，干杯！

在这新春来临之际，我们满怀豪情迎来了××公司创建十周年的大好日子。今天，沐浴在和煦的春光里，举目四望彩旗红灯交相辉映，嘉宾高朋满座，耳边回响着喜庆的鞭炮声和同仁们的欢笑声。借此机会，我谨代表北京××武汉办事处所有员工，让我们共同举杯，对××公司十周年庆典表示热烈的祝贺！

想未来，任重道远。发展是硬道理，发展永无止境，发展是××人不懈的追求和永不停息的脚步。祝愿××公司在以后的日子里取得更大的成绩，迎来更多的辉煌！新的时代，新的愿景。衷心祝愿贵公司以五十年庆典为契机，解放思想，振奋精神，砥砺奋进，再展宏图，不断开创辉煌工作新局面，不断谱写事业发展新篇章！

14. 开（闭）幕宴会祝酒佳句

刚刚迈越的365个昼夜，仿佛是365个台阶，横亘在未及成封的历史上，挫折，曾让心痛。喜悦，我们当然洋溢在胸中。春已归来，让我们打开蜂箱吧！那里有储了一冬的甜蜜，今晚就让我们踏着歌声的翅膀，向着成功——飞翔！

让我们共同举杯，为本届××会议能够取得圆满成功，为虎门、为东莞更加光辉灿烂的未来，为在座各位来宾的身体健康，生活美满，事业辉煌，干杯！

请大家举杯！为预祝本届展会圆满成功，为各位朋友的身体健康，干杯！

欢乐的相聚总是短暂的。诚挚的祝福、真情的诉说、坦露的表白，那不尽的话语，那连绵的情意，一直萦绕在耳边、激荡在心头，久久难以忘怀！

暂别是为了更好地相聚，我们一起期待下一次的相逢。泛舟摇桨，把酒临风，波光涟漪，忘返留连！再次感谢各位朋友的光临，感谢大家的热情参与！衷心祝愿各位生活幸福，事业顺利！

各位尊敬的女士们、先生们，朋友们！现在，我提议：为庆祝这次活动的圆满成功，为庆祝我们的真诚合作，为了在座各位的事业辉煌、身体健康、家庭幸福，干杯！

女士们、先生们，朋友们！我提议：请大家共同举杯，为本次活动的圆满闭幕，干杯！

第三篇
酒缘轶事，名人酒缘知多少

  在古时候，就有许多文人志士常常相聚饮酒，并以诗祝酒，所以才为后世留下了大量有关祝酒的诗词歌赋：有曹操的"对酒当歌，人生几何"，也有李白的"呼儿将出换美酒，与尔同销万古愁"，还有王维的"劝君更尽一杯酒，西出阳关无故人"，以及白居易的"晚来天欲雪，能饮一杯无"……这些因酒而生的祝酒诗词，如今已经成为被后世称赞的千古佳句，并广泛地被应用于祝酒辞的演说之中。然而除此之外，还有许许多多关于酒的名人名事以及典故时不常被人所提及的。如果你想了解更多关于酒的历史和文化，那就赶快翻开本篇，跟我们一起把酒言欢，探讨古今酒事吧！

第一章 昔日煮酒论英雄——名人酒事

1. 霸王喝酒别虞姬

曾经,西楚霸王项羽力能拔山,当之无愧的盖世英雄。在公元前203年,汉王刘邦与各种反对力量联合打击项羽,从最初的楚汉相持到最后的全力攻击,直到项羽率兵退至垓下,演出了一幕流传千年的历史悲剧,这就是广为人知的"喝酒别姬歌垓下。"

战斗进行到尾声,当时的霸王项羽已是兵少粮绝,势单力薄,危在旦夕。晚上项羽听到汉军营楚歌之声,误以为楚地尽失。就在这四面楚歌声中,项羽当晚就在帐中设酒和美人虞姬对饮。虞姬是项羽的爱姬,经常随军出征。骏马名为雅,陪伴项羽打仗。项羽一边喝酒,一边慷慨悲歌:"力拔山兮气盖世,时不利兮骓不逝。骓不逝兮可奈何!虞兮虞兮奈若何!"项羽畅饮高歌,虞姬相和并舞,且喝道:"汉兵已略地,四方楚歌声。大王意气尽,贱妾何聊生!"曲罢,虞姬拔剑自刎,项羽流下了英雄泪。左右随从见了,都黯然落泪。

当晚,项羽骑上骏马,带着800多残兵,突破重围,向南出发。天亮时汉军发现,派五千骑兵追击。渡过淮河之后,项羽当时的追随者只剩100多骑兵,逃到东城的时候仅剩下28骑兵。眼见自己大势已去,项羽当即就在乌江自刎,结束了自己英雄的一生。项羽所唱的《垓下歌》,是他喝酒时的即兴之作。

2. 刘邦归故里酒酣而歌

青年时期的刘邦就非常爱喝酒,他在泗水(今江苏沛县东)当亭长的时候,就常常到酒馆赊酒,并且一喝醉了就倒在地上睡个不醒。

有一回,他奉命为县里押送一批农夫到骊山服役,在中途不断有人逃走。他心想,这样下去,到了目的地如何向我的上级交差啊!后来,他想了一个招,到了丰邑西边的湖沼地带,他就停下来喝酒。晚上,刘邦告诉农夫们:"你们都走吧,我也打算逃走了。"虽然他这样说,还是有一些农夫不愿意走而跟从着他。刘邦喝得酒气冲天,当晚抄小路通过了湖沼地带后,派到前面探路的人回来报告说:"有条大蛇挡住了去路,我们还是回去吧!"刘邦醉意浓浓地说:"好汉行路,怎么能害怕呢!"于是走到前面挥剑将大蛇砍为两段。又往前走了几里路,他由于酒性大发倒地便接着睡。上述就是刘邦酒醉斩白蛇的故事。

到了秦二世元年，陈胜、吴广起义，揭开了农民大起义的序幕。刘邦当时也在沛县起兵响应，人称沛公。当时辅佐他的有萧何、曹参、樊哙、张良、韩信等文官武将。已到末日的秦朝在三年内很快被推翻，项羽自立为西楚霸王，刘邦被封为汉王，占有巴蜀、汉中之地。时间不长，刘邦和项羽展开了长达五年之久的战争，直到公元前202年刘邦打败了项羽，建立西汉王朝，当上了皇帝。

七年过后，汉高祖刘邦政权稳定，平息叛乱，他荣归故里，大摆酒席，宴请家乡的父老乡亲，并精心挑选120名儿童，教他们唱歌。酒饮罢美酒，刘邦唱起了自编的《大风歌》：

大风起兮云飞扬，威如海内兮归故乡，安得猛士兮守四方！

宴席间，刘邦边唱边跳，他还感慨伤感地流下了热泪，对现场的人们说："远游的人，心里每时每刻都在思念着故乡。我虽建都于关中，但日夜思乡，即使千秋万岁后，我的魂魄还是要回来的。所以我把沛县作为汤沐邑，免除全县百姓的徭役，让他们世世代代不受此苦。"刘邦的这番话，说的乡亲们异常高兴，他们就每日陪刘邦痛饮美酒。就这样持续了十几天，在刘邦就要返回朝中时，乡亲们还热情挽留。临别之时，全城的乡亲都送刘邦美酒，此情此景让刘邦很感动，他当即叫人搭起帐篷，又和大家畅饮了三天后，才依依不舍地和大家告别。这就是人们津津乐道的高祖还乡和高祖酒酣高唱《大风歌》的故事。

3. 荆轲怒酒刺秦王

在春秋战国时，燕国太子丹很敬佩荆轲的人品，因此敬他为上宾，后来又封他为上卿，甚至把车骑美女都赏赐给他，让他随意使用。

有一天，燕太子丹对荆轲说："现秦兵南伐楚国，北逼赵国，赵国一破，便祸及燕国。燕国弱小，即使倾全国兵力，也不能抵挡秦国。我想派一勇士到秦国，用丰厚的礼物打动秦王，秦王是个贪婪的人，一定能答应我们的条件，若是不答应，就找机会刺杀他。而这个勇士，我觉得只有你才是最适合的。"

当时，燕太子丹买了一把锋利的匕首，并淬上毒药。荆轲带着自己的随从去秦国。临行前，太子丹在易水边设宴为荆轲饯行。群臣与宾客都身穿白衣，头戴白帽。三杯酒后，荆轲唱道："风萧萧兮易水寒，壮士一去兮不复返。"他的歌声哀怨而悲壮，在场的人们个个瞪大眼睛，怒发上指。歌毕荆轲登车离去。

荆轲来到秦都城咸阳，当他向秦王献出地图时，趁其不备地露出匕首，荆轲紧握匕首，手拉秦王衣袖，企图逼迫他答应将侵占之领土归还燕国。秦王看情况不好，当时扯断衣袖，同时拔剑砍伤荆轲的腿，荆轲高举匕首，用力向秦王掷去，却打偏了。当时，秦王左右迅速上前杀了荆轲。荆轲怒酒刺秦王的故事也自此记载在了史册上。

4. 阮籍喝酒避祸醉两月

三国阮籍,是建安七子之一阮瑀的儿子。阮籍3岁丧父,家境清贫,苦学而成才。本来阮籍在政治上有济世之志,曾登广武城,观楚、汉古战场,慨叹"时无英雄,使竖子成名!"当时明帝曹叡已亡,由曹爽、司马懿辅佐曹芳,二人明争暗斗,政局十分险恶。曹爽曾召阮籍为参军,他托病辞官归里。正始十年(249),曹爽被司马懿所杀,司马氏独专朝政。司马氏杀戮异己,被株连者很多。阮籍本来在政治上倾向于曹魏皇室,对司马氏集团怀有不满,但同时又感到世事已不可为,于是他采取不涉是非、明哲保身的态度,或者闭门读书,或者登山临水,或者酣醉不醒,或者缄口不言。钟会是司马氏的心腹,曾多次探问阮籍对时事的看法,阮籍都用酣醉的办法获免。司马昭本人也曾多次和他交谈,试探他的政见,他总是以发言玄远、口不臧否人物来应付过去,使司马昭无奈说"阮嗣宗至慎"。

阮籍在《大人先生传》里这样说过:"天地解兮六合开,星辰陨兮日月颓,我腾而上将何怀?"他说的意思是天地神仙,都是无意义,一切都不要,所以他觉得世上的道理不必争,神仙也不足信,既然一切都是虚无,所以他便沉湎于酒了。然而他还有一个原因,就是他的喝酒不独由于他的思想,大半倒在环境。其时司马氏已想篡位,而阮籍的名声很大,所以他讲话就极难,只好多喝酒,少讲话,而且即使讲话讲错了,也可以借醉得到人的原谅。有一次司马懿想要和阮籍结亲,而阮籍一醉就是两个月,没有提出的机会。不过在有些情况下,阮籍迫于司马氏的淫威,也不得不应酬敷衍。他接受司马氏授予的官职,先后做过司马氏父子三人的从事中郎,当过散骑常侍、步兵校尉等,因此后人称之为"阮步兵"。他还被迫为司马昭自封晋公、备九锡写过"劝进文"。所以,司马氏对他采取的态度是容忍,对他放浪张狂、不符礼法的各种行为没有追究,使得他最后终其天年。

5. 太祖杯酒释兵权

赵匡胤发动"陈桥兵变",黄袍加身成功建立北宋政权后,有鉴于唐朝中叶以来藩镇割据,武将掌权,对于中央集权不利,于是便和他的宰相赵普密商,决定收回大将兵权。

在结束五代十国局面的进程里,需要北宋统治者重点考虑的问题有两个:第一是怎样重建中央集权的专制统治,使唐朝末期以来长期存在的藩镇跋扈局面从此消失;二是怎样使赵宋王朝长期稳固延续下去,不会重蹈覆辙成为五代之后的第六个短命王朝。

公元960年末，宋太祖赵匡胤在平定李筠和李重进叛乱后的一天，召见宰相赵普问计：为何自唐朝末期以来，短短几十年间帝王换了八姓十二君，争战不断呢？如果从本朝开始从此息灭天下之兵，使国家长治久安，有什么好的计策吗。

宰相赵普深谙治道，对此类问题也早有所考虑，听到太祖的发问，他就说这个问题的症结，就在于方镇太重，君弱臣强而已，治理的办法也没有奇巧可施，只要削夺其权，制其钱谷，收其精兵，天下自然就安定了。赵普的话说到这里，宋太祖就让他打住"你不必再说了，我心里有数了"。接下来，一个重建中央集权专制制度的计划就一步步制定了出来，并慢慢地付诸实施了。

要解决北宋中央集权中存在的问题，首先需要解决的问题就是"削兵权"，这也是最需要解决的问题。范浚在《五代论》中指出："兵权所在，则随以兴，兵权所去，则随以亡"。这些话揭示了唐末五代以来，在政治局面变换中，兵权所起的决定性作用。从一个小军官升到殿前都点检，又从殿前都点检跃上皇帝大位的赵匡胤，非常明白军事力量的起到的重要作用。所以，北宋一成立，他就吸取后周灭亡的教训，增强对军队的控制。

在建隆二年，太祖鉴于大局已定，就开始着手采取了一些措施，把殿前都点检镇宁军节度使慕容延钊罢为山南东道节度使，侍卫亲军都指挥使韩令坤罢为成德节度使。由于殿前都点检是宋太祖黄袍加身前所担任的职务，此后就不再设置此职务。接下来，再让石守信接任韩令坤任侍卫马步军都指挥使。

最开始的时候，太祖认为石守信等人都是自己的故友，就没有对其产生防备之心，赵普就向他一再进言说："臣也不担心他们会背叛陛下，可若是他们的部下贪图富贵，万一有作孽之人拥戴他们，他们能够自主吗"？宰相的这番话摆明了就是提醒宋太祖，要他不要忘了陈桥兵变的事情，以防类似的事件再次上演。幡然醒悟的宋太祖，果断采取措施要削除禁军高级将领的兵权。

公元961年8月22日（建隆二年七月初九日）的晚朝过后，宋太祖把石守信、高怀德等禁军高级将领留下来喝酒，当大家喝到高兴之时，宋太祖突然屏退左右叹了一口气，给将领们说出了自己的苦衷，说："我如果不是靠你们出力，绝对到不了今天这个地位，因此我从内心感激你们的功德。可是做皇帝也太艰难了，还不如做节度使快乐，我整个夜晚都不敢安枕而卧啊！"石守信等人惊骇地忙问其故，宋太祖继续说"这不难知道，我这个皇帝位谁不想要呢？"石守信等人听了知道这话中有话，赶紧叩头说："陛下何出此言，现在天命已定，谁还敢有异心呢"？宋太祖回答说："也许，你们都没异心，但是你们的部下想要富贵，一旦把黄袍加在你的身上，你就算无心当皇帝，可能也会身不由己了。"

这一番话，话中带话，使这些将领明白已经受到猜疑，不小心还会引来杀身之祸，当时都惊恐地哭了起来，恳求宋太祖给他们指明一条"可生之途"。宋太祖慢慢地说："人生在世，像白驹过隙那样短促，所以要得到富贵的人，不过是想多聚金钱，多多娱乐，使子孙后代免于贫乏而已。你们不如释去兵权，到地方去，多置良田美宅，为子孙立永远不可动的产业。同时多买些歌姬舞女，日日喝酒相乐，颐养天年，朕同你们再结为婚姻，君臣之间，再无猜疑，两者皆安，这样不是更好吗"！

石守信等人看宋太祖把话说到这种地步了，料也无有转机了，当时宋太祖已牢牢控制着中央禁军，几个将领也无可奈何，只能俯首听命，纷纷感谢太祖恩德。第二天，石守信、高怀德、王审琦、张令铎、赵彦徽等上表声称自己有病，都要求解除兵权，宋太祖当然巴不得，立刻解除他们的禁军职务，到地方任节度使，同时废除了殿前都点检和侍卫亲军马步军都指挥司。此时的禁军分别由殿前都指挥司、侍卫马军都指挥司和侍卫步军都指挥司，也就是所谓的三衙统领。

在削除石守信等大将的兵权之后，宋太祖赵匡胤另安排一些资历浅，个人威望低，容易掌控的人担任禁军将领。禁军领兵权析而为三，以名位较低的将领掌握三衙，这就意味着皇权对军队控制的加强，以后宋太祖还兑现了与禁军高级将领联姻的诺言，把守寡的妹妹嫁给高怀德，后来又把女儿许配石守信和王审琦的儿子。将领张令铎的女儿则嫁给太祖三弟赵光美。这就是北宋建朝后著名的"杯酒释兵权"。

6. "垂涎葡萄酒"的魏文帝

在中国的历史上，魏晋及稍后的南北朝时期，葡萄酒的消费和生产逐渐有了很大的恢复和发展。关于葡萄酒消费的情况，从当时的文献以及文人名士的诗词文赋中就能够清楚地看出来。

魏文帝曹丕很爱喝酒，尤其钟爱葡萄酒。他不但自己喜欢葡萄酒，还把自己对葡萄和葡萄酒的喜爱和见解写到诏书里，告之于群臣。魏文帝在《诏群医》中写道："三世长者知被服，五世长者知饮食。此言被服饮食，非长者不别也。……中国珍果甚多，且复为说蒲萄。当其朱夏涉秋，尚有余暑，醉酒宿醒，掩露而食。甘而不饴，酸而不脆，冷而不寒，味长汁多，除烦解渴。又酿以为酒，甘于鞠蘖，善醉而易醒。道之固已流涎咽唾，况亲食之邪。他方之果，宁有匹之者。"

身为一代帝王，在给群臣的诏书中，他不但谈吃饭穿衣，更大谈自己对葡萄和葡萄酒的喜爱，并表示只要提起葡萄酒这个名，就足以让人垂涎了，更不用说亲自喝上一口，这恐怕也是空前绝后的。《三国志·魏书·魏文帝记》是这样评价魏文帝的："评曰：文帝天资文藻，下笔成章，博闻强识，才艺兼备"。在这一历史时期，正是由于有了魏文帝的提倡和身体力行，葡萄酒业得到极大的恢复和发展，使得在后来的晋朝及南北朝时期，葡萄酒成为王公大臣、贵族名流酒席上必备的美酒，葡萄酒文化自此日渐兴旺。

需要说明的是，在魏晋南北朝时期，在种植张骞引进的欧亚种葡萄的同时，也有人工种植我国原产的葡萄,这都能从当时的诗文中反映出来。曹操的另一个儿子曹植,在其诗词《种葛篇》中就有"种葛南山下,葛藟自成阴。与君初婚时,结发恩义深"的句子。

7. 唯酒无量不及乱——孔子

孔子(公元前551~前479年),本名丘,字仲尼,山东曲阜人。父叔梁纥因战功而成为陬邑(山东曲阜城东南)大夫。《史记·孔子世家》中载:"纥与颜氏野合而生孔子。"这里的野合不是现代汉语中野合的意思,而指没有按当时的礼仪而结婚。因为叔梁纥在超过六十岁时才结的婚,而颜氏女尚为妙龄,这样已违反了常规的礼仪。

孔子的身世坎坷,三岁丧父,十七岁时母亲又不幸过早离世。从此,孔子开始了贫困自强的生活历程。孔子一生好学,多能鄙事。孔子以他的渊博学识,周游列国,而未能求得稳久的仕途,但整理文籍,编辑五经,教书育人且获得了辉煌的成就。使其桃李满天下,终于成为学祖儒师。袁宏道的《觞政·八之祭》中的一段话强调和突出了孔子在酒文化上的地位。"凡饮必祭所始,礼也。今祀先父曰酒圣。'夫无量不及乱',觞之祖也,是为饮宗"。这里袁宏道单单凭借一句话,就便把孔子称为"酒圣"、"觞祖"、"饮宗",实则是有其独到的见解和精紧的概括。

下面是《论语·乡党》中的片段文字:

"食不厌精,脍不厌细。食而饐而肉败,不食。色恶不食。臭恶不食。失饪不食。不时不食。割不正不食。不得其酱不食。肉虽多,不使胜食气。唯酒无量,不及乱。沽酒,市脯不食。不撤姜食。不多食。祭于公,不宿肉。祭肉不出三日;出三日,不食之矣。食不语,寝不言。虽疏食,菜羹瓜祭,必齐如也。"

上面这篇文字主要是针对饮食而言的,"唯酒无量,不及乱。沽酒,市脯不食。"这句话与"割不正不食"有明显的共同之处。即须遵循一定的规范。当人们第一次发明了酒或发现了酒时,最深的印象是这东西竟有如此的神奇,应该用来祭祀祖宗或先人。这也说明一点就是我国的酒起初是为礼而设的,而礼是孔子一生的追求。"唯酒无量不及乱"是人们最常提及的孔子言论或语录,孔子以客观的感受和主观的修养,得出唯有酒对于人来说是没有固定的量的。可以不加限量,只要没有到达"乱"的程度。实际上,孔子的酒论,都是与他一生为之奔走的观点相一致的。即都是以"周礼"作为他人生最高的礼治目标。或可以说,礼治作为他对当时治理社会的一种坚定信念。所以这里说的"乱"并不局限于醉酒狂乱,而重在于不违反礼法伦常。因为接下去还连着一句"沽酒,市脯,不食",人们在提及"唯酒无量不及乱"时,往往忽略这下一句,而对下一句均解释为:从市上打来的酒,买来的肉不吃。

当然，也有人认为孔子早就懂得食品的卫生要求，市场上不干净的东西是不吃的。其实这下半句的"沽酒、市脯"不食，也是从孔子的礼治说教出发的，他认为酒之饮，只能在祭祀行礼时才可以，才符合礼仪。而从市场上随意地买酒买肉，在既不敬先人也不祭神明的情况下，随心所欲地不按传统规矩喝酒吃肉，对孔子而言，这种违反礼仪的做法他是不会做的，就算是买到了他也不吃，这是作为老师的模范带头作用，是《仪礼》、《礼记》编写审定者理所当然应该做到的，并不单是望文生义所能解释得了的。

在"圣人"孔子看来，社会必须有严格的等级制度，所有人都要遵守礼制规定，贵贱有等，上下有序。而要实现礼治，则需有仁。"仁"是孔子追求和提倡的人生最高境界。对"仁"的阐述很多，从"仁者爱人"到"仁远乎哉？欲找仁，仁斯至矣"。认为个人的道德修养是达到"仁"的境界的首要条件。道德修养的主要内容和办法便是"克己复礼"，"克己复礼为仁。一日克己复礼，天下归仁焉"。复礼便是恢复周礼，又是对周礼的继承和发展。周礼是"礼不下庶人"，孔子则发展为"齐之以礼"。主张对一切人都应有礼。《论语·颜渊》中有"非礼勿视，非礼勿听，非礼勿言，非礼勿动"。认为礼是治国之本"道之以德，齐之以礼，有耻且格"（《论语·为政》）。在《礼记·哀问》中有："丘闻之，民之所由生，礼为大，非礼，无以节事天地之神也；非礼，无以辩君臣上下之信也；非礼，无以别男女父子、兄弟之亲，婚姻疏数之交也。"在《论语、季氏》中有"不学礼，无以立"对超越礼仪的"及乱"行为，孔子的思想认为是"是可忍也，孰不可忍"。他希望整个社会、希望生活在当时社会中的每个人都能对礼自觉遵循。

在孔子的《论语》中，有很多处记载和酒有关的言辞语录，特别是酒为礼设，循规蹈矩的说教贯穿全书。

孔子在《礼记·礼运》中提到酒和酒器的放置摆设时有说："玄酒在室，醴在户，粢醍在望，澄酒在下。陈其牺牲，备其鼎俎，列其琴瑟管磬钟鼓，修其祝嘏，以降上神与其先祖。"祭祀中的礼乐，酒品、器物的列放都应符合礼制的规范，有一种庄严和神秘的氛围，似乎有点酒神精神雏形的体现。《礼记·礼运》中还记有孔子的话："……盏及尸君，非礼也，是谓僭君"。孔子认为夏盏和殷都是先王用的酒器，只有周天子与鲁国公，祭天时才能用的酒器，后来诸侯也使用了，这都是不合礼法的，"僭君"行为。《论语·雍也》中也有这样的记述，孔子看到不符合周时的酒器"觚"，便发出了"觚不觚，觚哉？觚哉？"的叹息，他的意思是说"现在的觚不像周时的觚，这是觚吗？是觚吗？"的感叹疑问，也能够理解为现在的礼已不像周礼了，那么你们还能标榜为礼吗？

在等级制度中孔子的酒论也列入其中，如《论语·为政第二》载"有酒食，先生馔，曾是以为孝乎？"说白了就是有酒肉应先敬年长的。为什么一定会有先生可以敬呢？因为酒为礼而设，而举行这种仪式时，根据规定由长者主持，既然有长者则敬长者是礼仪的一部分,喝酒时当然须先敬长辈,这其中也不排斥在家中以礼待人时的举止。

如果我们通观《礼记·仪礼》不难发现酒是与礼联系在一起的,是为礼而设的,只有在遵循礼仪,礼节时人们才可享用,只要不违反礼制,礼仪能喝多少就喝多少,那种没有祭祀,没有礼仪时的随意喝酒是不合礼的,作为一代师长,则是不为的。所以他才说:"沽酒、市脯、不食"。这并不是从市场上买来的酒和食物,孔子是不吃的,而是不符合礼法不通过祭祀礼仪等形式,而直接从市上买来的酒食不吃。其对学生和后人的教育,一以贯之是为了实现孔子理想中的"礼治"社会。在《礼仪·乡喝酒礼》中详细地记录了当时对礼严格而谨慎的行为,从酒礼出发,通过酒食的摆设到如何按规定入座,如何举杯、举爵,如何敬祖、如何答礼到如何离席都作了明确的说明和要求。《乡射礼》前半部分也作了同样的要求。可见当时对执觚喝酒的繁琐礼节达到何种程度。

身为师长,就要为为人师表,当然是热衷于仪礼了,而礼上的酒是没有限量的,只要合乎礼仪,不乱设,便是有礼,便是有度了。而这一"不及乱"也是孔子"中庸之道"的一种表现。"中庸"这个概念在《论语》中只出现过一次,"中庸之为德也,其至甚乎!民鲜久矣"。这就要求人们用"中"这一方法,使人们能"允执其中"。子贡曾问孔子,师和商两个人谁好一点,孔子说:"师也过,商也不及。"子贡又问:师比商是否好一点,孔子说:"过犹不及。"孔子对他的学生总是设法裁过和补不及。在个人修养方面孔子说过:"质胜文则野,文胜质则史。文质彬彬然后君子。"意思是说朴实多于文采,便显得粗俗;如果文采胜过朴实,便显得浮夸,只有将二者恰到好处地结合起来,达到中庸的目的,才是一个真正的君子。喝酒也一样,酒为礼而设,如不用酒则显得比较粗俗,对不起先人和客人;如酒多到乱了礼仪法度则又失去了礼。唯有用酒而又不失礼仪,才是应该追求的。而喝酒当然更不能狂醉而乱了心智。只有文质彬彬便无限止了,便是君子。

现在,在提到酒文化的时候,还常常会从酒量上引用一句"尧舜千钟,孔子百觚"的说法。其实,这里主要有二个出处,一是《孔丛子》一书中有"平原君与子高饮,强子高酒曰:'有谚云:尧舜千钟,孔子百觚,子路嗑嗑,尚饮百,古之圣贤无不能饮,子何辞焉?'子高曰:以予所闻,圣贤以道德兼人,未闻喝酒。"孔融的《难曹操禁酒书》中有"尧不千钟,无以建太平;孔不百觚,无以堪上圣"。第一个出处是双方互相对豪饮的理解和举尊者的例子。意思互为相反。第二个出处是孔融为了反对曹操禁酒而举出圣贤的例子来镇唬曹操,似可信孰不可信。为何?孔子的孙子子思应该比较了解其祖父的,而子思曾经说过:"夫子一饮,不能一升",可见喝酒量不大的,再观各大史籍,也无孔子喝酒的记载。由此可知,孔子绝对不是好酒之人,这更证明了孔子的"唯酒无量不及乱"是不独针对喝酒而言的。"沽酒不食","非礼勿动"可以才是孔子真正的酒论。

8. 关羽温酒斩华雄

三国时期,曹操意欲称霸,遂招兵买马,会合袁绍、公孙瓒、孙坚等十七路兵马,攻打董卓。刘备、关羽和张飞追随公孙瓒一同前往。董卓大将华雄打败了十八路兵马的先锋孙坚,又在阵前杀了两员大将,很是得意。十八路诸侯都很惊慌,束手无策,袁绍说:"可惜我的大将颜良、文丑不在,不然,就不怕华雄了。"话音刚落,关羽高声叫道:"小将愿意去砍下华雄的脑袋!"袁绍认为关羽不过是个马弓手,就生气地说,"我们十八路诸侯大将几百员,却要派一个马弓手出战,岂不让华雄笑话。"关羽大声说:"我如果杀不了华雄,就请砍下我的脑袋。"曹操闻听此言,很是赏识。当下,就倒了一杯热酒,递给关羽说:"将军喝了这杯酒,再前去杀敌。"关羽接了酒杯,然后放在桌上说:"等我杀了华雄再回来喝吧!"说完,就骑马提着大刀去了。

盖世英雄关羽武艺高强,片刻之间,就砍下了华雄的脑袋。关羽返回军营,曹操赶快拿起桌上的酒杯递给他,这时,杯中的酒竟还是热的。关羽毛遂自荐,在一杯酒还没有凉下来的短时间之内,已提了华雄的项上人头掷于地上,为"联盟军"解了围。后人有诗赞之曰:

"威镇乾坤第一功,辕门画鼓响咚咚。

云长停盏施英勇,酒尚温时斩华雄。"

9. 沙场骁将,饮中豪杰——许世友

纵观人民解放军的高级将领,许世友将军可以称得上一位饮中豪杰。他平时吃饭必备三样东西:辣椒、烈酒和野味。他曾多次向人炫耀:"我8岁就开始喝酒了!"一直到逝世的那一天,酒都没有离开过他,可以说酒伴随着许世友将军的一生。

他少年时就跟随长辈们进山打猎,刚满12岁被送进少林寺替祖母"还愿",成了一名少林俗家弟子。在佛门8年,义父"素应法师"教他学会了两大本领,一是武功,二是喝酒。所以,四十多年后,在他的一次家宴上,面对许司令亲自猎取的野鸡野鸭和茅台酒,他的将军战友们开玩笑:"许和尚,佛门五戒,你这一顿饭可是犯了两戒啊。"将军大手一摆:"扯鸟淡!少林武僧从不讲什么鸟戒,这是李世民封的!"

许世友将军一生征战,不仅在军阀吴佩孚手下当过兵,而且也当过国民革命军的官,来来去去,却总是不能如意,因此受尽了委屈与窝囊。在1927年的时候,蒋介石、汪精卫相继发动"四·一二"、"七·一五"政变,刹那间,乌云遮日,血雨腥风,许世友内心很绝望。也正是在这种绝望中,他选择了革命,参加

了红军。

在红军队伍里，可谓是纪律严明，通常是不允许喝酒的。长征途中，许世友四个多月没喝上酒，便在率团攻克川北重镇巴中后，偷偷搞了一面盆玉米酒，躲到司务长的宿舍里，一口气喝了半面盆。这件事被人告发到红四方面军总部，政委陈昌浩召开团以上干部会，宣布说："禁酒令还是要坚决执行的，不过许世友可以喝一点。"有人对此提出异议。陈昌浩反诘："你有许世友那个酒量吗？没有，没有就不准喝！"从此，许世友成了红四方面军中唯一可以公开喝酒的将领。从当师长、副军长到军长，不管职务怎样变换，警卫人员中总有一个专门为他背酒壶的，有时缴获的酒多，甚至还要安排一个炊事员专门为他挑酒。

许世友喝完酒打仗很勇猛，从来没有因为喝酒误过事。1933年10月，红四方面军发起宣（汉）达（县）战役，残敌及增援敌军共8个团一万多人，集结在南坝场地区。川东游击军和当地群众武装对该敌围困一周之后，最终却因为兵力单薄，不敢贸然进攻，因此请求主力红军增援。当时任红9军副军长兼25师师长的许世友奉命率两个团前往增援。当时，川东游击军总指挥王维舟在南坝场附近的下八庙镇设宴款待许世友。他听说许世友酒量很好，便特意从镇上请了几位以善饮出名的长者作陪。许世友看几位长者频频劝酒，又喝得很爽快，当下酒兴大发，反客为主，竟把那些酒场老将一个个灌得烂醉如泥！宴会结束，许世友当即下令发动进攻，王维舟不知究竟，怕他是酒后狂言，劝他改日再战。许世友却豪气冲天地说："我喝酒从来不耽误打仗，你就把心放肚里吧，保证给你打胜仗，缴的枪全部给你，算是还你的酒钱。"当天晚上，许世友亲临战场前线，挥师猛击南坝场，在很短的时间内便打得敌人溃不成军。次日，在追击逃兵的过程中，许世友不幸被手榴弹击中头部，"死"了一天时间。从昏迷中醒来后，他想起自己许诺的"酒钱"，便命人把缴获的一千多枪枝和弹药等战利品全部送给了王维舟。

在抗日战争时期，有一次，许世友主动请命担任胶东军区司令员。一个大风雪天，他召集了一批部队、民兵和军、地干部讲话。他的面前横了一张案板，上面摆着一碗酒，还有菜刀和绑了双腿的大公鸡。他说："小日本'拉网'，制造了'马石山惨案'，我们吃了大亏。"话说着忽然操起刀，一下把鸡头剁掉了，当下鸡血流到酒碗里，他端起让众人看了一下，然后一饮而尽。"假如今后再出现马石山这种情况，当砍我许某之头如同此鸡！"……

新中国成立之后，许世友作为功臣身居要职，但嗜酒如故。打仗和喝酒依旧是他的拿手好戏。毛泽东周恩来知人善任，成全他成了建国后参战最多的一位高级将领。抗美援朝，他带着几箱白兰地跨过鸭绿江；解放一江山岛，他用酒为将士壮行；保卫西沙群岛，他用酒庆贺将士凯旋；对越自卫反击战，他设宴点将，用三瓶茅台酒，检验出"宝刀不老"的战友……

许世友将军一生与酒为友，真正是一生戎马，身经百战，出生入死，屡建殊勋。

　　1985年10月22日，已经80岁高龄的许世友将军高龄告别人生。据说，在弥留之际，他突然提出要求要活动活动，医护人员根据将军一生嗜酒的特性，给他喂了一点酒，这竟使他神奇般站了起来，给世人留下了最后一个挺立的姿态。

第二章 惟有饮者留其名——诗人酒缘

1. "酒圣"杜甫

大诗人杜甫素有诗圣之名,却与酒仙李白一般也是一位饮中高人。从杜甫的诗中可知,他从少年时代就开始饮酒。其《壮游》诗云:"往昔十四五,出游翰墨场。斯文崔魏徒,以我似班扬。七龄思即壮,开口咏凤凰。九龄书大字,有作成一囊。性豪业嗜酒,嫉恶怀刚肠。脱略小时辈,结交皆老苍。饮酣视八极,俗物都茫茫。东下姑苏台,已具浮海航。"这里面的一个豪字,一个嗜字,一个酣字,明白无误地告诉我们,杜甫不仅从小就饮酒,而且还很有级别。杜甫的名句"人生七十古来稀",千年以来几乎妇孺皆知,然而与之相对仗的上一句"酒债寻常行处有"和前两句"朝回日日典春衣,每日江头尽醉归",却不大为人所知。杜甫已经到了天天都要典当衣服来买酒,而且每天都要大醉而归的程度,甚至除了典当衣服,他还要到处赊账喝酒,走到哪里都有酒债。即使是李白的"五花马,千金裘,呼儿将出换美酒"也不过如此吧。由此看来,杜甫不仅是诗圣,也堪堪是一位酒圣。

杜甫嗜酒如命,一生纵酒悲歌,留下了大量的饮酒诗。杜甫流传下来的诗歌有一千四百多首,其中涉及饮酒的有三百首左右。郭沫若曾对杜甫的饮酒诗作出过统计,指出杜甫集中"凡说到饮酒上来的共有三百首,为百分之二十一强。"当代学者葛景春在《李白与唐代酒文化》一文中指出"杜甫诗中提到酒字的有一百七十处,醉字八十一处,酣字二十二处,酌字九处,杯字三十九处,樽字二十二处,其他如醒、醅、酝、酪、酿、酩酊、醇酣、玉壶、玉筋、玉瓶等二十一处,总计有三百八十五处。"

杜甫诗歌中所描述的"酒",不单是他个人生平的概括,更是折射出杜甫生活的唐朝时期社会的历史缩影,他诗歌中的"酒"不仅是一生波折、大起大落的"良液",更是散发着忧国忧民情怀的"佳酿"。杜甫的吟酒诗中有不少感时伤世、忧国忧民之作,读了,分明可以触摸到诗人的心脉,它与国家的命运和人民的喜怒哀乐融合在一起:"酒阑却忆十年事:肠断骊山清路尘"(《九日》),以酒后追忆唐玄宗去骊山与杨贵妃寻欢作乐之事,委婉地指出唐玄宗的骄奢淫逸造成了社会动乱、民不聊生之恶果,于沉郁之中见哀怨。"朱门酒肉臭,路有冻死骨"(《自京赴奉先县咏怀五百字》),勾勒出了一幅触目惊心的贫富图,反映出人吃人的社会现实。"苦辞'酒味薄,黍地无人耕,兵革既未息,儿童尽东征'"(《羌村三首》其三),含泪写尽兵荒马乱之中人民生活之维艰,统治者穷兵黩武之危害。"白日放歌须纵酒,青春作伴好还乡"(《闻官军收河南河北》),写出了诗人获悉官军平定叛乱、收复失地喜讯后兴奋不已的心怀,爱国精神跃然纸上。诗人热爱农村,亲近农民,熟悉农民的生活习惯,善于用农民的言行写出农村的风俗习惯与农民憨厚爽朗的性情,吟酒诗因而散发出村酒的芬芳、乡土的气息:"田翁逼社日,邀我尝春酒","叫妇开大瓶,盆中为吾取","月出遮我留,仍嗔问升斗"(《遭田父泥饮,美严中丞》)。杜甫吟酒诗内容丰富多彩,除上述具有现实性、人民性与爱国精神的诗外,还有一些缅怀往事,思念亲朋,描述自身与别人生活、性情的作品:"忆与高李辈,论交入酒垆"(《遣怀》),"醉眠秋共被,携手日同行"(《与李十二白同寻范十隐居》),"何时一樽酒,重与细论文?"(《春日忆李白》)"故人能领客,携酒重相看。自愧无鲑菜,空烦卸马鞍。移樽劝山简,头白恐风寒"(《王竟携酒高亦同过共用寒字》),"主称会面难,一举累十觞。十觞亦不醉:感子故意长"(《赠卫八处士》),"酒尽沙头双玉瓶,众宾皆醉我独醒。乃知贫贱别更苦,吞声踯躅涕泪零"(《醉歌行》),这些歌咏诗人与李白、高适、郑虔等友人往来,以及饯别亲友的诗,于真率中见深情,于朴素中见厚意。

杜甫从少年开始饮酒一直饮到老年,他56岁那年在夔州参加刺史柏茂琳的宴会,乘兴纵马飞奔,不小心从马上摔下来跌伤,朋友们看望他,提了许多酒来,于是杜甫忘了伤痛,拄着拐杖又和朋友们到山溪边去大喝起来,杜甫即席赋诗曰:"酒肉如山又一时,初筵哀丝动毫竹。共指西日不相待,喧呼且覆杯中渌。(醉为马坠,诸公携酒来看)"酒伴随杜甫一生,最终伴随他平静地走完了人生历程。大历五年(公元770年),杜甫漂泊到湖南耒阳,当地县令素仰诗人大名,送来牛肉和白酒,杜甫"饮过多,一夕而卒(明皇杂录)。"此说向来有争议,为热爱杜甫的人不愿接受,但联系其终生饮酒,当亦在情理中。

2. 豪放"酒仙"李白

李白,字太白,号青莲居士,唐代著名诗人,祖籍陇西成纪(今甘肃秦安东)。隋末,其先人流寓碎叶(今巴尔喀什湖南面的楚河流域),李白即生于此。幼时随父迁居绵州昌隆(今四川江油)青莲乡。

李白一生嗜酒,与酒结下了不解之缘。百姓都很喜欢李白,因此尊称他为"诗仙"、"酒仙"。为了称颂这位伟大的诗人,古时的酒店时里,都挂着"太白遗风"、"太白世家"的招牌,流传至今。无法考证,李白的篇篇佳作是否全是酒后而作,但可以肯定,酒后的李白吟唱出了不少传世名篇。"敏捷诗千首,飘零酒一杯。"是好友杜甫对他的一生的最佳写照,也道出了李白的诗情与酒意。

李白与酒缘定终生，难舍难分。杜甫有诗云："李白斗酒诗百篇，长安市上酒家眠。天子呼来不上船，自称臣是酒中仙。"好个"酒中仙"！寻酒不归的李白，天子差人找他；酩酊大醉的李白，宠臣伺候着他；睡眼惺忪的李白，却依然诗如泉涌，醉笔生花。"云想衣裳花想容，春风拂槛露华浓。若非群玉山头见，会向瑶台月下逢。"于是，一个醉态可掬的李白，一个真真切切的李白，就这么潇洒地醉在天子的脚下，醉在众臣的面前。好个李白！"嗜酒见天真"。他的真，就如他口中的酒，不掺半点儿水。荣华富贵算什么！"钟鼓馔玉不足贵，但愿长醉不复醒。"功名利禄算什么！"黄金白璧买歌笑，一醉累月轻王侯。"这一切的一切，都可随杯中酒一饮而尽，淡然而消。有人同饮，他"烹羊宰牛且为乐，会须一饮三百杯。"这是何等的气魄！他喝出了万丈豪情。无人对酌，他"举杯邀明月，对影成三人。"这又是何等的诗意！他喝出了浪漫飘逸。得意时，他必须尽欢，"莫使金樽空对月。"失意时，他抽刀断水，举杯消愁。虽"抱用世之才而不遇合"，可我们看不到消沉萎靡的李白，李白依然故我。也许，正是酒，使李白愁而不悲，悲而不戚，戚而不伤，伤而不废。正是酒，使李白忘却了人间的烦忧。正是酒，使李白活得潇洒活得从容。

于是，我们看到了一个"凤歌笑孔丘"的李白；一个"天生我才必有用"的李白；一个"安能摧眉折腰事权贵，使我不得开心颜"的李白。醉酒下的诗文，气势是强烈的，意境是奇特的，敢于大胆想象的，语言夸张的。他让自己的生命力和个性在酒中充分的释放，在诗中尽情的张扬。想长安，"狂风吹我心，西挂咸阳树"；入京时，"仰天大笑出门去，我辈岂是蓬蒿人"；忧愁时，"白发三千丈，缘愁是个长"。无怪乎，杜甫赞他"笔落惊风雨，诗成泣鬼神"。于是乎，昂扬中我们看到了理智，陶醉中又见其觉醒。千里送别，"劝君更进一杯酒，西出阳关无故人"；对待功名，"且乐生前一杯酒，何须身后千载名"；思考人生，"青天有月来几时，我今停杯一问之。""对酒步觉暝，落花盈我衣。醉起步溪月，鸟还人亦稀。"李白在自然中徜徉，酒中的李白与自然已浑然一体了。酒中乾坤荡荡，诗里皓月汤汤。酒蕴育了李白的风流，酒升腾了李白的诗文。自古鲜花送美人，宝剑赠名士，那么，酒，不就是上苍给予李白的最好馈赠么？酒，对于李白，不正是绝配么？唯李白，方显酒的醇，酒的烈，酒的真，酒的香，酒的豪情万丈，酒的万古柔情，酒的羽化登仙。李白让中国酒文化的到了最好的传承。在李白的杯中，酒发挥的淋漓尽致，飘香流芳。李白因酒而越发洒脱飘逸，酒因李白而更加酣畅淋漓。

李白的出现，把酒与文化的关系提高到了一个崭新的阶段，他在继承历代酒文化的基础上，通过自己的大量实践，以开元以来的经济繁荣作为背景，以诗歌作为表现方式，创造出了具有盛唐气象的新一代酒文化。李白六十多年的生活，没有离开过酒。他在《赠内》诗中说："三百六十日，日日醉如泥。"李白痛饮狂歌，给我们留下了大量优秀的诗篇，但他的健康却为此受到损害，六十二岁便魂归碧落。"古来圣贤皆寂寞,惟有饮者留其名。"这就是李白,一个光照千古,豪放不羁的诗仙,酒仙!

3. "醉吟先生"白居易

如同李白、杜甫,白居易也是一个嗜酒成性的人。白居易家有酒库,还把酒坛放在床头。睡前要喝,醒来也要喝;独自一人要喝,亲朋好友来时更要喝;在家中、寺观要喝,在山野林间、溪边船头也要喝;有钱沽酒要喝,没钱卖马典衣也要喝("卖我所乘马,典我旧朝衣。尽将酤酒饮,酩酊步行归。");有下酒菜要喝,没有下酒菜,就是吟诗、弹琴也要喝。白居易平生最喜两样活动,就是喝酒和登山,直到晚年时酒性难改——"见酒兴犹在,登山力未衰"。他经常喝得酩酊大醉,或笑或狂歌,"陶陶复兀兀,吾孰知其他"。

张文潜在《苕溪鱼隐丛话》中说:陶渊明虽然爱好喝酒,但由于家境贫困,不能经常喝美酒,与他喝酒的都是打柴、捉鱼、耕田的乡下人,地点也在树林田野间,而白居易家酿美酒,每次喝酒时必有丝竹伴奏,僮妓侍奉。与他喝酒的都是社会上的名流,如裴度、刘禹锡等。他在67岁时,写了一篇《醉吟先生传》。这个醉吟先生,就是他自己。他在《传》中说,有个叫醉吟先生的,不知道姓名、籍贯、官职,只知道他做了30年官,退居到洛城。他的居处有个池塘、竹竿、乔木、台榭、舟桥等。他爱好喝酒、吟诗、弹琴,与酒徒、诗友、琴侣一起游乐。事实也是如此,洛阳城内外的寺庙、山丘、泉石,白居易都去漫游过。

白居易每日必饮酒。而每次酒后,就诗兴大发,诗歌如流水汩汩而出:"吟诗石上坐,引酒泉边酌。"、"独持一杯酒,南亭送残春。半酣忽长歌。"、"遇物辄一咏,一咏倾一觞。"、"一酌池上酒,数声竹间吟。独酌复独咏,不觉月平西。"、"为我引杯添酒饮,与君抱箸击盘歌。"、"酒引眼前兴,诗留身后名。闲倾三数酌,醉咏十余声。"直到老年时"花时仍爱出,酒后尚能饮"。这便是他在衰病时所言——"平生好诗酒"。每当良辰美景,或雪朝月夕,他邀客来家,先拂酒坛,次开诗箧,后捧丝竹。于是一面喝酒,一面吟诗,一面操琴。旁边有家僮奏《霓裳羽衣》,小妓歌《杨柳枝》,真是不亦乐乎。直到大家酩酊大醉后才停止。白居易有时乘兴到野外游玩,车中放一琴一枕,车两边的竹竿悬两只酒壶,抱琴引酌,兴尽而返。

白居易在诗歌主张和创作方面,以其对通俗性、写实性的突出强调和全力表现,在中国诗史上占有重要的地位。在《与元九书》中,他明确说:"仆志在兼济,行在独善。奉而始终之则为道,言而发明之则为诗。谓之讽喻诗,兼济之志也;谓之闲适诗,独善之义也。"白居易的闲适诗在后代有很大影响,其浅近平易的语言风格、淡泊悠闲的意绪情调,都曾屡屡为人称道。

白居易一生作诗3000多首,其中与酒有关的就有好几百首。有许多诗题目就和酒有关，或者全诗都是写酒的：《南亭对酒送春》、《劝酒寄元九》、《对酒》、《花下对酒二首》、《醉歌》、《同韩侍郎游郑家池吟诗小饮》、《醉后走笔》、《醉后狂言》、《同崔存度醉后作》、《同李十一醉忆元九》、《花下自劝酒》、《答劝酒》、《强酒》、《春酒初熟》、《醉吟二首》等等，他最著名的长诗之一《琵琶行》就是他边喝酒边听琵琶声中酝酿创作而成的。而另一首有名的长诗《长恨歌》则是好友王质夫与其话及唐明皇、杨贵妃事时，相与感叹，王举酒敬之，建议他写作而成的。白居易虽然酒量不是最大，比不李太白的海量——"斗酒诗百篇"，但他们有同工异曲之妙，又都能醉酒作诗，汩汩不绝。我们说，没有酒，就没有李太白的许多好诗；同样，没有酒，也就没有白乐天的诸多名篇，此话绝不为过。这也难怪白公要以"醉吟先生"自号了。

白居易去世后，河南尹卢贞刻《醉吟先生传》于石，立于墓侧。传说洛阳人和四方游客，知白居易生平嗜酒，所以前来拜墓，都用杯酒祭奠，墓前方丈宽的土地上常是湿漉漉的，没有干燥的时候。不言而喻，白居易是人们最喜爱的诗人之一，他的诗对后代诗歌产生了重大而深远的影响，"白诗"将永远受到全世界人们的喜爱，流传千古。

4. "画圣"吴道子豪饮挥毫

吴道子（680－759年），玄宗赐名道，河南阳翟（今禹州市）人，唐代第一大画家。开元年间，玄宗召其入宫，让其教内宫子弟学画，因封内教博士；后又教玄宗的哥哥宁王学画，遂晋升为宁王友，从五品。唐宣宗（847年）被推崇为"画圣"，民间画塑匠人称他为"祖师"，道教中人更呼之为"吴道真君"、"吴真人"。苏东坡在《书吴道子画后》一文中说："诗至于杜子美（杜甫），文之于韩退之（韩愈），书至于颜鲁公（颜真卿），画至于吴道子，而古今之变，天下能事毕矣！"一代宗师，千古流传。

吴道子少时孤贫，初学书法，后转习绘画，年过二十岁即崭露头角。吴道子创作的活跃期，正逢唐代国势强盛，经济繁荣，文化昌明的时代。他以民间画家的身份浪迹于洛阳时，唐玄宗李隆基闻其名，任命他作"内教博士"。在唐代两个重要的都会洛阳和长安，诗人、艺术家云集，如群星璀璨。《历代名画记》称："圣唐至今二百三十年，奇艺者骈罗，耳目相接，开元天宝，其人最多。"吴道子、王维、张、李思训、曹霸、韩、陈闳、项容、梁令瓒、张萱、杨惠之等人，都是当时声望颇高的名画家。众多的名家和数以千计的民间画工，争胜斗强，各显神通，一时间，绘画之盛蔚为大观。

吴道子在这种环境的影响下，凭借其杰出的天赋迅速成长起来，不仅道释人物作画逼真，而且山水、鸟兽、草木、台阁无所不能。天宝年间是吴道子绘画创作的极盛时期。这时他仅在洛阳，长安两京寺庙就留下壁画三百多壁，此外还来有大量卷轴画。据宋徽宗赵佶亲自主持编纂的《宣和画谱》载，时间过了几百年，到宋代宣和年间（公元1119—1125年），宫廷中还收藏有吴道子的卷轴画93件。目前所看到的画迹、碑刻、画目以及关乎吴道子的画诗画跋、口传画迹、海外存迹等还有391件。公认的吴画代表作品是《天王送子图》、《八七神仙卷》、《孔子行教像》、《菩萨》、《鬼伯》等。现存壁画真迹有《云行雨施》、《万国咸宁》等。现在台湾的《宝积宾伽罗佛像》、《关公像》、《百子图》等。还有一些真迹摹制品，如《吴道子贝叶如来画》（七幅）、《少林观音》、《大雄真圣像》等。海外存迹有流入德国的《道子墨宝》50幅，流入日本的《溪谷图》等6幅。吴道子一生虽然创作了许多作品，但真迹流传下来的很少。原因：一是毁于兵乱水火。比如天宝末年的安史之乱，玄宗逃往四川，皇室的书画毁损散失不计其数。及到肃宗李亨回到长安，不惜名迹，将宫内残留下来的画随便赏赐给贵戚，有的贵戚不爱好书画，就鬻于不肖之子。因此，吴道子的不少名画流散民间。唐末，黄巢起义，唐兵溃入京城，僖宗李儇逃往四川，溃兵及市民涌入宫中抢掠，"秘府藏画亦多有流散。"以后历代更迭，名画都有散失。明隆庆、万历年间国库空虚，皇室竟用内府名画折抵官吏奉禄，使许多名画流入贵族官僚之手。1860年英法联军侵入北京，清皇宫的书画又被外国人大量掠去。二是会昌五年（845年）唐武宗曾以佛教"非中国之教"，下令毁灭佛寺，除京都长安、东京、洛阳各留两寺，同州、华州、高州、汝州名留一寺外，其余尽皆毁去。全国共毁佛寺46600所，僧尼归俗26万多人。五代周世宗于955年4月下诏，严禁私自出家，当年废寺3336所。吴道子的画大部是画在寺庙墙上的壁画，随着灭佛废寺，自然难以幸存。所以吴道子的真迹留下来的很少。但寺庙虽然废毁殆尽，毕竟有个别保留下来（河北曲阳北岳庙壁画）；宫廷所藏卷轴虽然几乎全部流落民间和国外，却也未必全部毁失。

吴道子也是一个嗜酒的人，是一个酒中豪杰。据《历代名画记》卷九载："吴道玄，阳翟（今河南禹县）人，好酒使气，每欲挥毫，必须酣饮。"所谓"好酒使气"，无非是说吴氏每作画时，必借酒助力，乘兴挥毫。据《京洛寺塔记》记载，有个法号叫会觉的老和尚为了请动吴道子，摸准了吴道子喜功好赏的脾气和喜豪饮且乘醉挥毫的习惯，预先在寺中两廊之下陈列美酒坛瓮，故意请吴道子观看，并对他说："吴施主若能为我寺作画，这些琼浆玉液就是给您预备的。"嗜酒贪功的画家自然中计，在老僧的偷笑中慨然应诺。豪饮挥毫，大概是吴道子一生的写照了。

5. "醉翁"欧阳修

欧阳修（公元1007~1072年），字永叔，号醉翁，又六一居士。北宋庐陵（今江西）人。宋仁宗天圣八年进士，为北宋时期著名的文学家、史学家，在中国古代文学和史学上都占有重要地位。欧阳修是北宋时期古文运动的领袖，对宋初以来靡丽、艰涩的文风进行了改革，建立了说理畅达、抒情婉曲的文章风格，因而被列为"唐宋八大家"之一。他的诗风也与其散文近似，力矫西昆体的浮艳，专以气格为主，语言平易疏畅，在当时也有较大的影响。欧阳修不但是一位著名的散文作家和诗人，而且也是一位大词人。他的词作比诗文成就更高，影响更大，在中国古代词作史上占有重要地位。

欧阳修也是一生爱好喝酒。宋仁宗庆历七年，欧阳修遭诬被贬官到滁州做太守。一日来到琅琊，与一老者开怀畅谈结为知己，并在半山腰修一凉亭，常常与友人在此饮酒赋诗或借酒浇愁，并取名为"醉翁亭"。后欧阳修作《醉翁亭记》，文中描写醉翁亭曰："环滁皆山也。其西南诸峰，林壑尤美。望之蔚然而深秀者，琅琊也。山行六七里，渐闻水声潺潺而出于两峰之间者，酿泉也。峰回路转，有亭翼然临于泉上者，醉翁亭也。"自欧阳修《醉翁亭记》问世以后，此亭名声大振，前往凭吊者纷至沓来。亭西有六一亭，亭南有酿泉，亭后有二贤堂，还有意在亭、影香亭、古梅亭等分布泉水之上，亭泉相映，甚为秀雅。

然而与前几篇所列举的几个诗人相比，欧阳修的不同在于虽好饮却量不佳，《文忠集·醉翁亭记》记载，欧阳修和宾客们到醉翁亭饮酒，总是喝不多少就有醉意。在其被贬滁州、建醒心醉翁亭于琅琊幽谷之时，曾"令幕官谢希深杂植花草。谢以状问名品，公批纸尾云：'浅红深白宜相间，先后仍须次第栽。我欲四时携酒去，莫数一日不花开'。"他说每年四季都要带酒来此，并且每次来时都要有鲜花盛开。未过多久，欧阳修又被贬扬州，徙迁之前，曾作《别滁》诗云："花光浓郁柳轻明，酌酒花前送我行。我亦宜如常日醉，莫教弦管作离声。"表达了欧阳修对如此清新别致的醉饮之所的眷恋之情。看来欧阳修的嗜酒与陶渊明、李白、杜甫等人不同，陶、李、杜等人是以酒解忧消愁，以便沉醉其中，清心凝神，催发诗兴，乐在酒与诗之中；而欧阳修则是寄酒于山水，把琼浆玉液、诗词文赋予良辰美景相结合，以达到三者相融的最高境界。"临溪而渔，溪深而鱼肥；酿泉为酒，泉香而酒洌。山肴野蔌，杂然而前陈者，太守宴也。山水之乐，得之心而寓之酒也。"这几句话把欧阳修嗜酒的目的表达得再清楚不过了。

欧阳修喜好酒，他的诗文中自然亦有不少关于酒的描写。他大多都是在有花草和河湖的地方饮酒，把饮酒与享受自然风光结合起来，以达到回归自然。如其诗《别滁》、《丰乐亭游春》，其词《浪淘沙·把酒祝东风》和《定风波》等皆描写山前开怀、花间畅饮的情景；而《采桑子·画船载酒西湖好》、《浣溪沙·堤上游人逐画船》、《浣溪沙·湖上朱桥响画轮》、《浪淘沙·欢饮》二首和《浣溪沙·咏酒》则都是描写寄身于湖光之中，饮酒观景，别有情趣。区阳修《答通判吕太博》诗夹注曰："予尝采莲千朵，插以画盆，围绕坐席。"又曰："又尝命坐客传花，人摘一叶，叶尽处饮，以为酒令。"有人据此推测以"摘叶传花"为酒令者始自欧阳修，看来欧阳修饮酒之时，花草、景致似乎为必备之物。欧阳修之饮的确是别具一格,将"山水之乐"寓于酒,中运于心上。很显然,欧阳修把饮酒艺术升华到了一个新的境界,酒中不但有诗文、情感,而且还有山水、花草。美哉!妙哉!

欧阳修作的词在民间广为流传,很多人都很喜欢他的词。庆历间贾文元任昭文相时,常与欧阳修畅饮。贾知欧阳修饮酒时喜欢听曲,所以预先叮嘱一官妓,准备些好曲子来助兴。谁知这官妓闻而不动,再三催促,仍就无动于衷。贾文元感到很无奈。不料在宴席上,这位官妓在向欧阳修敬酒祝寿时,一曲又一曲地献唱。欧阳修侧耳细听,听完一曲,饮一大杯酒,心情十分痛快。贾文元感到奇怪,过后一问,才知道官妓所唱的曲,全是欧阳修作的词。晚年的欧阳修,自称有藏书一万卷,琴一张,棋一盘,酒一壶,陶醉其间,怡然自乐。可见欧阳修与酒须臾不离。

6. 苏东坡"把酒问青天"

历史上,很多诗人都与酒结下不解之缘,苏轼是其中的一个,而且是突出的一个。苏东坡生活的北宋,是一个更加讲究生活品位的时代。苏东坡嗜美食,其饮酒的"知名度"虽不及李白、贺知章、刘伶、阮籍等前辈,但却颇有"特色"。他从不沉溺于酒,他在饮酒赋诗时写下的多是对生活的赞美与祝福。因此,苏东坡堪称酒德的典范。他是一个特别看重手足情的人,在中秋佳节思念弟弟子由,痛饮达旦,大醉之后,并没有借酒浇愁,而是趁着酒兴把这份浓得化不开的愁绪,天才地转化成了他那家喻户晓的千古绝唱——《水调歌头》:"明月几时有?把酒问青天。不知天上宫阙,今夕是何年?……人有悲欢离合,月有阴晴圆缺,此事古难全。但愿人长久,千里共婵娟。"苏东坡黄钟大吕般的大气磅礴真是适合把酒歌咏。全体中国人都应该感谢苏东坡在丙辰中秋的痛饮达旦,因了他的吟咏,我们头顶的那一轮明月,不再是一个冷冰冰的客观物象,而是能自由表达我们思乡之情的情感符号。全体中国人有福了!我们甚至可以指着天上的那个银盘,温馨而自豪地说,那是"中国人的月亮"。

苏轼在惠州时,为当地酒取过很多名字:家酿酒叫"万户春",糯米酒叫"罗浮春",龙眼酒叫"桂酒"(龙眼又名桂圆故也),荔枝酒叫"紫罗衣酒"(荔枝壳为紫红色)……他自己也自酿酒浆,招人同饮。他曾在诗中写道:"余家近酿,名之曰'万家春',盖岭南万户酒也。"这酒是"雪花浮动万家春",好像是上面飘有酒粕的糯米酒。他搜集民间的酒方,埋在罗浮山一座桥下,说将来有缘者,喝了此酒能够升仙。他赞惠州酒好,写信给家乡四川眉山的陆续忠道士,邀他到惠州同饮同乐,说往返跋涉千里也是值得的。说饮了此地的酒,不但补血健体,还能飘飘欲仙,陆道士果真到惠州找他。酒的力量之大,酒的浓香之烈,由此可见。

苏轼的许多名篇，也都是酒后之作。"明月几时有，把酒问青天"，固然如此；《前赤壁赋》《后赤壁赋》等等，他多少借了酒的灵气，流传千古。据说，苏轼是中国文人中写酒写得最多的文人。中年之后，他的生活和创作都离不开酒。在董治祥、刘玉芝编著的《鹤兮归来——苏轼在徐州》一书中，选注了苏轼在徐州的作品共95篇，提到酒的就有35篇。其中选注的诗词有77篇，提到酒的有32篇，不可谓不多也。比如，"吾一醉岂易得，买羊酿酒从今始"、"念君官舍冰雪冷，新诗美酒聊相温"、"入城都不记，归路醉眠中"、"山城酒薄不堪饮、欢君且吸杯中月"、"酒困路长唯欲睡、日高人渴漫思茶，敲门试问野人家"等等。在《放鹤亭记》一文中，有六处说到酒。其中卫武公作《抑戒》，认为没有比酒更令人荒唐腐败的；而刘伶、阮籍等人却因为好酒而留名后世。值得一提的是，文中第二段重点本来是讲放鹤的，可苏轼却大讲特讲起酒来，以"酒"做宾，来陪衬鹤。这样，"山林遁世之士，虽荒惑败乱如酒者犹不能为害，而况于鹤乎"。从历史上看，做过徐州太守的人何其多也，唯有苏公经常与朋友一起登山临水，寻胜访幽，诗酒唱和，以他生花妙笔描绘了徐州的山山水水，并赋予了神气与灵性。

"诗言志，酒载情。"如果仔细研读苏轼的诗，就会发现苏轼的诗文中有一个显著的特点，就是借酒抒怀，充分体现了在徐州期间的畅快心情和"乐民之乐、忧民之忧"的爱民思想。"但喜宾客来，置酒花满堂"、"轻舟弄水买一笑，醉中荡浆肩相摩"、"醉呼妙舞留连夜，闲作清诗断送秋"、"从君学种，斗酒时自劳"等都是例证。最能反映他与百姓亲密无间的莫过于《登云龙山》这首诗了。诗云："醉中走上黄茅冈，满冈乱石如群羊。冈头醉倒石作床，仰看白云天茫茫。歌声落谷秋风长，路人举首东南望，拍手大笑使君狂。"苏轼身为使君，不摆架子，平易近人，老百姓见他醉卧在石床上，无所顾忌，拍手大笑。这不仅生动描绘了苏轼不拘一格的豪情，而且体现了他一贯"遇民如儿吏如奴"的爱民如子的思想。还有"东坡偕民求雨"，在当时被传为佳话。面对徐州"久旱千里赤"的严重旱情，苏轼尊重风俗民情，同百姓一起来到城东石潭求雨。"天地本无功，祈禳何足数"。苏轼并不迷信祈禳，只不过是尽知州"守土之责"罢了。说来也巧，不久，徐州真的下了一场喜雨。当他亲眼看到旱情解除、丰收在望、农民喜气洋洋时，满怀深情地写下了著名的《浣溪沙》词五首。词中写道："老幼扶携收麦社，乌翔舞赛神村。道逢醉叟卧黄昏"。"垂白杖抬醉眼，捋青捣软饥肠，问言豆叶几时黄？"农村淳朴的风光、老少俱欢的情景，写得生动活泼、亲切感人。究其原因，恐怕是"使君元是此中人"吧。

在苏东坡的人生历程中，美酒确实激发了他的诸多创作灵感，许多名篇佳作皆由酒而催生。他深谙酿酒之道，又深得酒中之趣，酒与诗文珠联璧合，真不愧为千古风流的酒中之圣。在中国文学史中，始终流淌着两种液体：一种叫"泪"，伴随着李煜似的闲愁"一江春水向东流"；另一种则是此刻正谈到的"酒"，诗酒风流，从远古一直流淌到现在，成就了一代又一代真性情与真豪杰的文人墨客，更成就了中国文学的博大、豪迈与精深。

7. "五柳先生" 陶渊明

陶渊明（365-427），名潜，字元亮，东晋时著名的田园诗人，鲁迅称他和李白"在中国文学史上都是头等人物"。陶渊明的一生，大都是在诗酒中度过的。他为自己写照的《五柳先生传》中，毫不掩饰地作过"性嗜酒"的自白。"捽兀穷庐，酣饮赋诗"成为他一生中最大的乐事。"在世无所须，唯酒与长年"，酒成为陶渊明生活和文学创作的标志。魏晋时期文人饮酒带有以酒解忧的目的，并有借着酒醉来抒发忧愤，远祸全身的用意，所以在咏怀诗里常出现酒。另外，朋友间的交往也需要酒来滋润，所以在宴饮诗、赠答诗中也会出现酒，诗酒之缘从此更加深了。但是在诗中集中写饮酒，以致形成一种文学的主题，应当说还是自陶渊明始。

陶渊明"性嗜酒"可以从一些事例中看出，如：任彭泽令时把公田三百亩全部种秫，以供酿酒，曰"吾常得醉于酒足矣！"其妻反对，认为口粮要紧，他才分出五十亩种了粳稻。又《莲社高贤传》记载曰："时远法师与诸贤结社，以书招渊明，渊明曰：'若许饮则往'，许之，遂造焉"。其友颜延之经过浔阳时，曾留下二万钱赠给他，他却悉数遣送酒家，稍就取酒，这些都是诗人的嗜酒轶事，历来传为雅谈。

陶渊明不但喜欢饮酒，而且能够从饮酒中品出"深味"的，他对宇宙、人生和历史的思考所得出的结论，他的哲学追求，那种物我两忘的境界，返归自然的素心，有时就是靠着酒的兴奋和麻醉这双重刺激而得到的，其作品中写到"酒"字的频率非常高，萧统的《陶渊明集序》说："有疑陶渊明之诗，篇篇有酒，吾观其意不在酒，亦寄酒为迹也"。在陶渊明集中，饮酒与著文融合紧密，陶渊明酣觞赋诗，可谓有酒必诗，诗成酒足。他"偶有名酒，无夕不饮"，而且"既醉之后，辄题数句自娱"，或"春秋作美酒，酒熟吾自斟"，题写《和郭主簿》表白志向；或与"诸人共游周家暮柏下，举行'清歌散新声，绿酒开芳颜'的小型诗会"，或述酒表关心世事，"流泪抱中叹"之情；或借批评"酒云能消愁"抨击宗教迷信等，这些正是萧统所谓"寄酒为"。

陶渊明幼年生活在邻近长江、鄱阳湖、庐山的浔阳柴桑的乡村，朝夕和美丽的山水田园景色接触。他生活的时代，又是自然美感在人们意识中日益显豁的时代，因此，他从小喜爱自然：少无适俗韵，性本爱丘山。自然是陶渊明生活和创作的最高准则，陶渊明思想的核心就是崇尚自然。他认为隐居山林，躬耕田园最符合人的本性。在这种人生哲学的指导下，陶渊明形成了他独具一格的田园诗。陶渊明的田园诗反映诗人全部的农村生活，表现了"狗吠深巷中，鸡鸣桑树颠"的农村场景，恬澹平和宁静，吟诵了田园生活的乐趣，躬耕陇亩的怡然自得之情。他和农民"日入相与归,壶浆劳近邻,长吟掩柴门,聊与陇亩民",这时"偶有名酒,无夕不饮,顾影独尽,忽焉复醉",诗人喝得多惬意!有时"提壶抚寒柯,远望时复为";有时"班荆坐松下,数斟已复醉,父老杂乱言,觞酌失行次",有时又"一觞聊独进,杯尽壶自倾",而且"既醉之后,辄题数句自娱"。

陶渊明喜欢饮酒与他生活的时代、家庭背景有很大关系。陶渊明出身于破落仕宦家庭。时代思潮和家庭环境的影响,使他接受了儒家和道家两种不同的思想,培养了"猛志逸四海"和"性本爱丘山"的两种不同的志趣。年少时他志向远大,希望通过出仕建功立业,实现"救苍生"的宏愿。但是,他所处的时代,社会动乱不安,政治极端黑暗,门阀势力严重,士庶界限非常严格,诗人面对这种黑暗的政治和险恶的政局,既无力去拨乱反正,又不肯与一些人同流合污,因而只好"逃禄归耕",走上"击壤以自叹"的道路,把隐居田园作为寄托生命的天地。从志在四海,到逃避官场,退隐归田。归隐田园,就像笼中鸟飞回大自然一样,感到无比自由和愉快。家乡的草屋、田地、树木、炊烟,乃至鸡鸣、犬吠,都是那么的亲切、可爱。但归隐并不能完全逃避残酷的现实,所以酒是他生活的需求,酒是他生活的留恋。陶渊明离开我们快1600年了,在那个物质生活非常贫乏的年代,人们过着日出而耕,日落而息的生活,特别是陶渊明从争权夺利、勾心斗角的官场辞职归隐,住在山远地偏的乡村,只有酒,能使他解忧,能使他消愁,能使他兴奋,能使他舒适。小饮小舒适,大饮大舒适,再喝多了他会说:"我欲睡眠卿且去"。

陶渊明是一个比较清高的人,他生活很特立独行,不常和宾客周旋,可是一看见酒的时候,纵使他和主人不认识,他也会和大家坐在一起喝酒的。陶渊明归隐田园之后,日子过得很清苦,连喝酒的嗜好也无法得到满足。有一年,九九重阳佳节竟无酒饮,于是,一个人来到院子外边的菊花丛中,摘菊盈把,静坐而伤感。过了一会儿,友人王弘给他送来美酒,他顿时喜出望外,心花怒放,立即开坛畅饮,直到烂醉如泥。诗与酒,大概就是陶渊明的人生了。他以酒入诗,把酒和诗直接联系起来,从此酒和文学发生了更加密切的关系,对后来诗人也产生了很大的影响。像唐朝的很多诗人,特别是李白,我们吟诵他们的诗,自然会想到陶渊明。

8. 李清照——沉醉不知归路

在中国三千多年古代文学的长河里,诗歌有如银汉当空、群星灿烂。许多伟大的诗人、作家以及他们卓越的才能为祖国的文化宝库创造了无比珍贵的财富。只是,由于历史条件的限制,在这漫长的历史长廊里,女作家却寥若晨星、屈指可数。综观历史,宋代女词人李清照可以说是最为杰出的一个,"才力华赡,逼近前辈,在士大夫中已不多得。若本朝好人,当推文才第一。明代杨慎说她"便在衣冠,当与秦七(观)、黄九(庭坚)争雄,不独雄于闺阁也。"不论是当代之人,还是后世之人,对李清照都给予了极高的评价。而这位名留千古的女词人,还是一位好酒的人。

  酒在中国历史上的地位十分重要,任何事情都可以与酒联系在一起,"无酒不谈事。"不为五斗米而折腰的陶渊明却不能没有酒,唐代大诗人李白既是诗仙,也是酒仙,宋代范仲淹的"把酒临风,其喜洋洋者矣"成了古今多少人在饮酒时所追求的境界,等等。对于古代为数不多的女文人李清照来说,她也与酒有所牵连。她的词充分证明了李清照的好酒。在李清照所留下的词中,有四分之一都与酒有关,这比任何一位古代文人所写的都多。从她的词中可以看出,她饮酒的方式要么是小酌,要么是沉醉;要么是独斟,要么是对饮。可见,酒在李清照的生命中是何等的重要,他的一生与酒也有着不解之缘。

  李清照《如梦令·昨夜雨疏风骤》次句便称"浓睡不消残酒",可谓厉害吧,喝了那么多的酒,美美睡了一晚,第二天醒来时头还隐隐作痛。男人酒喝多了也不过如此,而这首词是她早期作品确实的说是新婚前后或少女时代的作品。《如梦令·常记溪亭日暮》中的"沉醉不知归路",都醉到不知该怎么回家,跌跌撞撞,以至后来划舟误入荷花丛中,惊起一滩沙鸥飞起。这首词则是她少女时代的作品,如果说是婚后的作品,那她的行为就更为出格,这种女人放在今天,谁都无法管得住,只有她管你的份,而绝没有管她的份。她简直就是通了诗文的王熙凤似人物,哪把男人放在眼里。也正是这种开明的家庭中,让李清照才能得到最大程度发展。《渔家傲·雪里已知春信至》中"共赏金尊沉绿蚁,莫辞醉,此花不与群花比。"绿蚁就是酒,她一边喝着酒与大家或丈夫在赏梅,还时兴起吟词一首,多浪漫多风雅的生活。她写梅又是如此的冰洁纯粹——"玉人浴出新妆洗"。没有美酒,这首咏梅词说不准还写不出来呢!《庆清朝慢·禁幄低张》结拍三句"金尊倒,拼了尽烛,不管黄昏",她又是在狂饮的情形下挥笔(此词为咏牡丹或芍药,山人以为易安居士此词吟咏的是芍药),管它时间晚不晚,就是不回家,要喝就喝个痛快。《念奴娇·萧条庭院》中"险韵诗成,扶头酒醒,别是闲滋味",这里的"扶头酒醒"有两种解释,一种为喝了扶头酒,醒来。一种为酒醒后扶头的姿态。反正无论那种解释,这句话都是李清照酒喝太多了醉粘粘地醒过来的意思。她一个人在家,一边喝酒一边写险韵诗(不好押韵的诗,如'黑'这样的韵脚,人就称其为险韵,不容易押的贴切),还嫌没事干,东瞧西睇,什么"日高烟敛,更看今日晴未",晴天后,一定得去游玩一番才成。难怪赵明诚遇见此等事,就称苦也!《醉花阴·薄雾浓云愁永昼》中有"东篱把酒黄昏后,有暗香盈袖"之句,不用说了吧,持酒赏菊,而丈夫不在家,故才有"人比黄花瘦"之语。而赵明诚这个傻蛋笨到忘食寝者三日作词五十阕欲与李清照比高下,其友陆德夫玩之再三,曰:"只三句绝佳。"明诚诘之,曰:"莫道不销魂,帘卷西风,人比黄花瘦。"正易安作也。易安酒后之作令丈夫难堪之极,颜面尽失，逊成为流传千古李清照的佳话，赵明诚的笑话。《凤凰台上忆吹箫·香冷金猊》上阕结拍云："新来瘦，非干病酒，不是悲秋"，李清照是说，近来我消瘦了，不是酒喝多了，也不是悲秋引起的，言外之意，你快点回来，别在外头总让我担心受怕，人可瘦了不少。想想，这句词里她虽然没有直写到喝酒，但却表明了她可是常常借酒释愁的啊！读罢此词，方知赵明诚出仕后生活相当精彩，词中隐隐的一丝不满之意能感觉到。诸如此类，当然还有很多。

可以这么说，李清照的一生少不了酒，如果没有酒来替她排犹解愁，她可能要少活两年、五年、十年，甚至于更长。那么，对于她晚年的作品，我们岂不是要看不到了，这又该是多大的损失？有人说李清照是个女酒鬼，我想这是片面的，而且我也替这个人悲哀，能说出此话的人一定不了解李清照，仅凭几首词中所包含的几个酒字就枉下定论，根本没有理解李词的意境。李清照是一个悲剧人物，如果能真正了解她一生的悲惨经历，我想这说她是酒鬼的人就会感到羞愧了。酒在李清照的词作中具有独特的艺术美，也正是这词中之酒，才使李词的内容更加空灵，更具韵味，也更易表现她的情绪。

9. 辛弃疾——醉里且贪欢笑

辛弃疾，字幼安，号稼轩，历城（今山东济南）人。出生时，山东已为金兵所占。21岁参加抗金义军，不久即归南宋，历任湖北、江西、湖南、福建、浙东安抚使等职。他一生坚决主张抗金，提出不少恢复失地的建议，由于受投降派的阻挠，均未被采纳。晚年落职闲居在江西上饶一带。他的词，以豪放为主，与苏轼并称苏辛，对后世影响很大。

辛弃疾也是一个嗜酒好饮的人，"醉里且贪欢笑"大概是他最好的写照了。辛弃疾的诗与酒也是密不可分的。辛弃疾的《西江月》"昨夜松边醉倒，问松我醉如何？只疑松动要来扶，以手推松曰去！"《定风波》"少日春怀似酒浓，插花走马醉千锺，老去逢春如病酒，唯有，茶瓯香篆小帘栊。"这少年风华正茂"似酒浓"、"醉千锺"喝干了杯之后如何癫狂，就不难想象了。这二首词最能表白中国诗酒文学的真正意境，但辛弃疾还不仅此也，他有过两句词："明春波都酿作一江酸甜，约清愁，杨柳岸边相侯。"寓意之深，更甚于前者。他要把一条春天的江水都化成美酒，约着清愁，在江边的杨柳岸相侯，和着清愁一起痛饮，这种雄浑，古今无人能及。另有一首《破陈子》："醉里挑灯看剑，梦回吹角连营，八百里分麾下炙，五十弦翻塞外声，沙场秋点兵。马作的卢飞快，弓如霹雳弦惊。了却君王天下事，赢得生前身后名。可怜白发生。"也是诗酒文学的上上之作，又雄奇又高洁；尤以首句"醉里挑灯看剑"给人一种激荡的豪气，一般人都能体会到，即使文豪苏武这一点上也不如他。写田园之情：《丑奴儿》"青旗卖酒，上那畔、别有人家。只消山水光中，无事过者一夏。午醉醒时，松窗竹户，万千潇酒，野鸟飞来，又是一般闲暇！"

他以酒写历史的无奈：《浪淘沙》"身世酒杯中，万事皆空。古来三五个英雄，雨打风吹，何处是汉殿秦宫。"他以酒写自己的伤怀：《丑女儿》"都将今古无穷事，放在愁边，放在愁边，却自移家向酒泉。"他以酒写晚年心情：《西江月》"万事云烟忽过，百年蒲柳先衰。而今何事最相宜？宜醉，宜游，宜睡。"他梦见陶渊明，用酒写下：《水龙吟》"老来曾识渊明，梦中一见参差是。觉来幽恨，停筋不御，欲歌还止。白发西风，折腰五斗，不应堪此。向北窗高卧，东篱自醉，应别有归来意？"他用酒写得最多的应是对空消逝的感叹：《卜算子》"简策写虚名，蝼蚁侵枯骨。千古光阴一霎间，且进杯中物。"《水调歌头》"一杯酒，问何似身后名，人间万事，豪发常重，泰山轻！悲莫悲生离别，乐莫乐新相识，儿女古今情。"《满江红》"广极目烟横山数，子瓜舟月谈人千里。对婵娟从此话离愁，金尊里！"

辛弃疾常以酒会友，为不少人传为美谈。刘过是南宋有名的词人，诗人。在他的诗词里抒发了抗金的抱负，为一般爱国志士所器重。当时，辛弃疾任浙东安抚使，而刘过则是一个怀才不遇，流落江湖的落魄文人。刘过对辛弃疾十分崇敬，想方设法要结识辛弃疾。有一天，他来到辛府，因穿着褴褛，被门吏拒之于外。他故意大吵大闹，惊动了正在酣饮的辛弃疾。辛弃疾忙出来迎接，见刘过虽然衣衫破旧，却英气勃勃，不愧是一位爱国文人，于是请他入席饮宴，刘过也不卑不亢地坐着喝酒。酒过三巡，旁边有位宾客对刘过说：听说先生不仅善于词赋，而且还能作诗，是吗？刘过很有分寸地说：诗词之道，略知一二。当时席上正好有一大碗羊腰肾羹，辛弃疾就让他以此为题，赋诗一首。刘过豪爽地说：天气殊冷，当以先酒后诗。辛即命人为他满满地斟了一碗酒。由于刘过双手已经冻僵，接碗在手，颤抖不止，把碗中的酒流到了胸前的衣襟上，辛就请他以"流"字为韵。刘过沉吟片刻，马上吟出了一首既切题又符合当时情景的绝句："拔毫已付管城子，烂首曾封关内侯。死后不知身外物，也随樽酒伴风流。"拔毫指拔羊毛，管城子指毛笔。煮羊，必先拔羊毛，用羊毛制成毛笔，可供文人使用。烂首指煮烂羊头，因东汉时流传的一首歌谣：烂羊头，关内侯。讽刺小人封侯，专权误国。羊死后，当然不知身外物，但可作为佳肴，和樽酒一起陪伴风流人物。当然风流人物就是辛弃疾等人。辛弃疾听了，赞赏不已，觉得刘过确是个"奇男子"，马上举杯与他共饮。宴会结束后，辛弃疾还给他许多礼物，从此以后，两人成了莫逆之交。

再就是陈亮。陈亮是辛弃疾的知交，也是一位爱国词人。淳熙十五年冬天，陈亮从他的故乡浙江永康来江西拜访辛弃疾，这时，辛弃疾在小病中，见到陈亮，十分高兴。他俩或在瓢泉共饮，或往鹅湖寺游览。他们一边喝酒，一边纵谈国家大事，时而欢笑，时而忧愤。陈亮在铅山住了十天，才告别回去。辛弃疾一程又一程地送他。第二天早晨，辛弃疾又赶马追去，想挽留陈亮多住几天。当他追到鹭鹚林地方，因深雪泥滑，不能前去，才停了下来。那天，他在方村怅然独饮。夜半投宿于姓吴的泉湖四望楼，听到邻人吹笛声，凄然感伤，就写了一首《贺新郎·把酒长亭说》词。词中写自己与陈亮欢饮纵谈的喜悦，对陈亮的敬爱，以及对当权者偷安误国的痛心。后来把这首词寄给了陈亮，陈亮也写了一首和词《贺新郎·老去凭谁说》寄给辛弃疾。

　　自辛弃疾之后，中国诗酒文学上虽也有一些奇才，只是中国诗酒文学已经告一段落，此后诗不如唐，词不及宋，中国诗酒文学慢慢没落了。

第三章　今日登高醉几人——酒与人品

1. 叶圣陶——一生只醉两次酒

叶圣陶先生一生喝了近80年的酒,喜欢慢喝酒,且不饮烈性白酒,以微醺为最大限度。有一次郑振铎请他喝酒。郑振铎性格豪爽,爱喝快酒,一口一杯,颇有梁山好汉的气概。他举杯邀叶老:"圣陶干一杯,干一杯。"叶圣陶先生虽不赞同,说:"慢慢喝,饮酒的趣味在于一小口一小口的品味。"但终于拗不过郑振铎的一再催促,干了几杯,吃得面红耳赤,几乎醉倒。文人相交,意气相投,性情中人,性情中事,读来感慨丛生。

关于叶老先生的比较有趣的故事就是:在叶圣陶先生九十华诞时,有人向他讨教长寿秘诀。叶老的回答是七个字:"喝酒,吃肉,不运动。"这和一般人说的养身之道大相径庭,甚觉有趣。

叶圣陶先生以嗜酒养生,似不合养身之道。其实,嗜酒不嗜酒在于其次,寿者多大气,因此"大气"才是养身的关键。所谓"大气"即"大家之气象",就是严以律己,宽厚待人,谨慎从事,心胸开阔。叶圣陶先生正是这样的一位长者。他事事处处严格要求自己,在文学创作上,在教育事业上,在编辑工作中,都取得了很大的成就。他宽厚待人,褒腋后进,许多蜚声国内外文坛的文学大家,起初都是在他的赏识、推荐下走上文学之路的。"教育工作者的全部工作就是为人师表。"叶圣陶先生这句对教育工作者提出的要求,实在是他真切的人生体会与总结。

上世纪20年代,叶圣陶先生和郁达夫、沈雁冰、郑振铎等发起成立文学研究会。入会成员的条件之一竟是能饮黄酒三斤。想必当时的黄酒都为米酒,不会是酒精加香精加水勾兑的"劳什子",但三斤而不醉确实也要有些酒量的。

而叶圣陶先生谨慎从事的生活作风,更是受人称道。当然,"谨慎"不是胆小怕事,不是唯唯诺诺,畏首畏尾。"诸葛一生惟谨慎"难道一生历经百战、建功立业的开国丞相诸葛亮会是胆小畏惧的懦夫吗?叶圣陶先生80多年前从事教育改革实践,在"五四"运动的当晚写出《甫里国民小学宣言》,带领师生搞反帝反封建的游行,没有过人的胆识和勇气能行吗?"谨慎"是不鲁莽,不草率,虑事周密,三思而行。因此叶老先生不仅是一个受到后辈的尊敬,而且很受同辈人的信服的人,这正是他虑事周密,不意气用事的结果。每当大家遇事都愿向他请教,他也真心诚意地为大家服务,为他人排忧解难。

叶圣陶是现当代文人中的高寿老人。他的长寿,与他那一生善良的博大胸怀,乐观向上的进取精神有直接关系,同时也与酒的滋养相关。是那舒心的美酒使他精神健朗矍铄,是那舒心的美酒使他福寿安康。他是现当代最会享用美酒的大饮者、善饮者。他自称饮酒80年,是酒成全了他的人生,并送他走完了该享的天年。

2. 陶行知——酒品如人品

俗话说的好,"喝酒赌钱看人品"。酒是真君子们的雅剂,也是伪君子们的天敌。正所谓酒风代表作风,酒品代表人品,但酒量却绝对不能代表能量,酒瓶也绝对不能等同于水平。酒风不正的人作风是绝对不会正的,酒品低下的人其品德也高不到哪里去。一个人的为人如何,看到酒后的举动就一目了然了。相信一个酒前文雅谦和而酒后污言秽语举止下流之人,是无论如何也高尚不到哪里去的!

陶行知是我国现代教育的开拓者,著名教育家。他与酒之间有着这样一个令人敬佩的故事。

当年,陶行知先生创建南京晓庄师范时,为了从严管理,他带领大家建立了一整套严格的规章制度。其中有一条规定:全校师生员工一律不准饮酒,违犯者进自省室反省。一天,当地附近的农民朋友请陶行知校长吃饭。农友们想用酒来表达对陶行知先生的崇敬心情,就向陶行知先生敬酒。陶行知告诉他们学校里规定不准饮酒。并再三说明校长是无论如何不能带头违犯校规的。可农民表达情感的淳朴劲就是认准了一个死理,不但坚持让他喝下这杯酒,并且告诉他如果不喝,就是看不起他们,不拿农民当朋友。无奈,面对农友的盛情,却之不恭,陶行知只好喝了这杯酒,农民朋友都十分高兴。

陶行知先生一回到学校,立即走进了自省室,按校规反省。一位校工劝他说:"你喝酒是出于无奈,师生们都会谅解你的。"

陶行知却说:"己不正则不能正人"。通过此事,师生们对陶行知先生的人品更加敬佩。

由此可以看出,酒桌就是一个人生小舞台,折射出人品来,从酒品里品人品,不失为聪明之举。试想,有多少好朋友是我们从酒桌上认识的呢?先是走进酒,再是走近人,异性间只要不随便走进人,就 OK 了。

刹那间接触,情系一生,无意间相遇,感觉内心有了沉甸甸的收获。朋友是财富,但愿我们都懂得珍惜呵护和包容,为友谊添砖加瓦。

酒如人生:享受阳光,必将经受风雨。

3. 乔冠华——酒尽文稿成

乔冠华阅历丰富，个性鲜明，秉性旷达，恃才傲物，浪漫洒脱，不拘小节，常在饮酒赋诗之间，挥毫大作。在几十年的革命生涯中，一支利笔，两排灵牙，在中国共产党宣传事业和新中国外交事业中，立下汗马功劳。处在人生事业巅峰之时，正是"文化大革命"之际，乔冠华在国际外交舞台上叱咤风云，而在国内政治漩涡中，却卷进波底。他的老友曾这样评价过他："当初不求闻达，而闻达自至；不期蹭蹬，而蹭蹬及身。"真是一言难尽乔冠华。

作为革命队伍中的文化人，乔冠华聪明过人，才华非凡，同时他也有某些文人不拘小节、狂放不羁的特点。他谈笑风生，性格外露，好吸烟，喜喝酒，确切地说是嗜酒。30年代末40年代初，他紧密联系如火如荼的斗争实际，写出了一系列脍炙人口并有重要影响的国际述评文章。他写作的习惯，常常是深夜伏案，边写，边吸，边喝，午夜时分，文稿完毕，第二天见诸于报刊。他的工作、生活无规律可循。那时，他衣着随便，头发长约二寸，朋友们戏称他是"怒发冲冠"。吃的更是菲薄，往往因为写文章，饱一顿饥一顿的。

茅台、卷烟、浓茶是乔冠华"三好"，壮年叱咤风云之时，乔冠华寓所的客厅里，各种名酒琳琅满目，茅台酒瓶一经启封即不加盖，其饮酒如水，以酒代茶之习很是常见。有的时候，乔冠华则手执酒杯，一边浅尝浅酌，一边口述要领，有关人员如李道豫先生等在一旁笔录，通常是酒尽文稿成矣！乔在"联大"的历次发言，多系如此"炮制"。

乔冠华喜饮茅台，情有独钟。二十世纪六十年代初期，乔冠华随周总理出访后回到国内，于昆明暂歇。云南省政府招待所捧出窖藏20余年的茅台酒，那茅台一启封，醇香浓烈，真是酒未醉人人自醉，这下可乐坏了乔冠华，一副垂涎三尺的样子，喜不自胜。他啧啧称赞，饮了一杯又一杯，次日一觉醒来，乔冠华腼颜向云南省府秘书长索酒。好客的招待所随即拿来两瓶茅台，乔冠华非常失望，几乎看都不看，沮丧地转身就走。招待所有关负责人十分尴尬地说："我们是招待总理，你们沾了总理的光……现在实在拿不出这种窖藏茅台……"

喝得醉醺醺的阿果利步履蹒跚地走出宴会厅，钻进汽车。当轿车经东长安街行至建国门外大街时，惨剧就在顷刻之间发生——一个无辜的骑自行车的中国工人便倒在阿果利摇来晃去的轿车车轮下。阿尔巴尼亚外交部获悉此事，立即下令召回阿果利。此事惊动了周恩来，总理专门就此事数次召集会议，狠狠地批评了乔冠华一顿，并且严肃责成他作出深刻检查。

1973年12月11日，乔冠华续取章含之为妻。乔冠华与章含之的婚宴，是婚后住进史家胡同51号才操办的。婚宴开始，乔冠华和章含之端起一瓶茅台，先给外交部的几位副部长斟酒。性急的仲曦东端起酒杯抿了一口，大叫道："老乔，你开什么玩笑,这是白水吧?"章含之十分意外,也尝了一口,忙问乔冠华:"你从哪里拿来的这瓶茅台?"乔冠华说:"我从饭厅拿来的。"章含之明白了,连忙向大家道歉,说:"老乔拿错瓶子了,他把小保姆灌水插花用的空茅台酒瓶拿来了。"说着,去饭厅重新拿来茅台,给大家一一敬酒。

乔冠华因为拿错了酒瓶,给大家斟上白水,大家自然不会放过他,有人说:"舍不得给客人喝茅台,用白水充数,要罚酒!"乔冠华承认:"该罚!"有人说:"白水待客有失礼数,要罚酒。"乔冠华也承认:"该罚!"就这样,新婚的乔冠华一通畅饮,自然一醉方休。

中央宣布为乔冠华、章含之平反一周后,便是1983年元旦。章含之特地请来乔冠华的几个好朋友:夏衍、冯亦代和郑安娜夫妇、黄苗子和郁风夫妇。乔冠华打开了家中尘封已久的茅台酒,高兴地说:"我因为有病,遵医嘱,已经告别了茅台,今天高兴,特地请大家来畅饮几杯。"说完,先端起酒杯一饮而尽。章含之担心他的身体,劝他不要多饮。乔冠华说:"只今天痛饮一回,以后再不饮酒了。"他频频举杯,请大家一起开怀畅饮,直至微有醉意这才尽兴。醉中,他还背诵了一首《诉衷情》的词,以抒发内心的感慨。

词曰:"先烈忠贞为国仇,何曾怕断头!而今祖国红遍,江山靠谁守?虽未终,鬓已秋,长驱倦。你我后辈,忍将夙志,付与东流?"然而不幸的是,这是乔冠华一生中最后一次饮茅台酒。此后,他再次住进医院,直到当年9月22日离开人世。

4. 华盛顿——自喝自酿

你见过这样的总统吗?会装修、会全套农牧活、还会酿酒?甚至不顾大选结果,回家种地酿酒去了。

他是谁呢?他就是大名鼎鼎的华盛顿。

1751—1752年,他正式掌管了维农山庄。此后20年间,他一直在这里工作和展开社交活动。维农山庄和18世纪所有的美国南方大种植园一样,基本上过着自给自足的生活,吃、穿、用品多出自庄园内的各种作坊。当时维农山庄也有一间酿造英国式淡啤酒的作坊(华盛顿的曾祖父约翰·华盛顿,本是英格兰商人,1636年移居新大陆,家族中仍保持了英国人的嗜好和传统)。华盛顿曾宣布过一条家规,无论谁,都要抽空到种植园和作坊参加劳动。华盛顿身体力行,除了狩猎,到小植物园经管各种花卉外,还常常到酿酒作坊去劳动。

华盛顿对啤酒酿造工艺颇有研究。1757年,他在记事簿中曾详细地记下了不少制造淡啤酒的秘诀,"酿造淡啤酒时,如天气寒冷,给它盖上毯子,24小时后灌入桶中……"他当年亲手写的《造淡啤酒法》已成为美国的重要文物。

华盛顿不仅是一位精明干练的军事家、政治家,还是一位优秀的设计师。现存的山庄是格鲁吉亚风格的建筑，红瓦白墙气质轩昂，它就是华盛顿亲自设计绘图并指挥施工建造的。

华盛顿还发明了一种摆在桌子上能自由翻转的酒瓶。甚至还亲自动手为山庄酿造啤酒，一边实践一边记笔记，天长日久，他的手艺越来越精湛。

一天，一位过路的英国绅士向华盛顿讨水解渴，华盛顿递过一杯自酿鲜啤，那绅士接过一饮而尽，略加回味，向华盛顿惊喜地问道："你从哪儿买的？这是我们英国最好的啤酒。"华盛顿笑而不答，旁边的一个小伙子告诉绅士：这是这位先生自己酿的。绅士惊诧不已，此后便到处传扬华盛顿的名字。

华盛顿不仅自酿自饮，还把一些秘诀写成《淡啤酒造法》小册子传给他人。1797年，华盛顿雇佣了苏格兰人詹姆斯·安德森为农场经理。在安德森的建议下，华盛顿开办了这家酒厂。当时美国人最爱喝朗姆酒，一种由甘蔗发酵制成的烈性酒。但由于当时英国主宰着朗姆酒的生产和销售，越来越多的美国人开始转向谷物酿造的威士忌。由于安德森熟知酒精蒸馏技术，华盛顿听从了他的建议。当年2月22日，安德森为华盛顿的65岁生日献上了一份厚礼："弗农山"自己酿造的300升威士忌。此后酒厂的规模不断扩大，并相继开发出6种口味的酒。在酿造过程中，华盛顿发现春秋两季酿造的酒味道尤佳，于是他便把一部分酒留给自己和7位至友享用，其他的用来外销。很快，"弗农山"的威士忌酒便畅销全国各地，给华盛顿带来了巨大的财富。

他比所有美国总统都了不起的地方不仅在于他会全套农牧活，还因为他是一位优秀设计师装修高手。他遗留下来的格鲁吉亚风格的山庄，就是他本人设计绘图和指挥装修的。最无人能及的是他在连任两届之后，不顾大选结果，回家种地酿酒。

太平洋西北部的葡萄生长区域，处于加州北海岸的正上方，包括了华盛顿州以及奥罗根地区而言，华盛顿州更为多产，酿制更多系列的高质量的葡萄酒。芳香的水果口感是它的特点，其中最为人所称道的有加本力苏维翁、海洛红、莎当妮、白苏维翁以及薏丝琳葡萄酒。层峦叠嶂的山峰使哥伦比亚山谷与太平洋相隔，因此当地的夏季气候温和，温度适中，白昼较长，夜晚凉风习习，如此温和的天气中诞生了一些最杰出的华盛顿葡萄酒品种。

华盛顿葡萄酒品种非常多样化，从日常饮用的餐酒，到高级葡萄酒都有。主要葡萄品种为莎当妮和卡百纳苏维戎，金粉黛是美国自己培育的品种。

尽管美国仍未完全走出经济危机的阴霾，但其华盛顿州的葡萄酒产业仍继续保持发展势头。据华盛顿州酒精类饮品管理局所发放的经营执照数看，目前该州已有700家葡萄酒厂。而在五年前，华盛顿州仅有360家葡萄酒厂。据美国农业部称，2010年华盛顿州的酿酒葡萄种植面积再次扩大2000英亩。美国葡萄酒委员会负责人表示，由于人们关于葡萄酒观念的改变，才促使了葡萄酒产业的发展。以前，葡萄酒在美国属于上流社会的专属饮品，而如今葡萄酒已飞入美国寻常百姓家。在华盛顿州，较为著名的葡萄酒产区有沃拉沃拉。其中沃拉沃拉产区的葡萄酒还被入选为白宫款待中国访美团的国宴用酒。

5. 丘吉尔——不喝酒不算一顿饭

英国前首相丘吉尔作为酒徒的名声不逊色于他作为政治家和作家的名声。

30年代，丘吉尔在德国纳粹势力急剧膨胀、战争危机日益严重情况下，不断提醒政府和公众注意英国国防实力有被德国超过的危险，反对对德国采取绥靖政策，谴责《慕尼黑协定》，主张加强军备，建立以英法联盟为核心包括苏联在内的反德同盟。第二次世界大战爆发后，于1939年9月3日出任海军大臣。1940年5月10日德军闪击西欧当日，出任英国战时内阁首相兼第一财政大臣、国防大臣和保守党下院领袖，迅即把国民经济转入战时轨道。英军自敦刻尔克撤退和法国投降后，在英国孤军奋战的危难时刻，他以其坚强意志和必胜信心，领导英国及英联邦国家人民进行反法西斯战争，在不列颠之战中击败德国空军，迫使A.希特勒放弃进攻英国的企图，使英国成为反法西斯抵抗运动的大本营和解放欧洲的反攻基地。他强调保卫海上交通线，团结一切反法西斯力量，借助美国的实力重返欧洲大陆，彻底击败轴心国。1940年9月批准以英国部署在西半球的海空军基地交换美国50艘驱逐舰的协议。12月请求F. D.罗斯福增加援助，并促成美国通过《租借法案》。1941年1月派遣二军参谋部代表与美国军方会谈，制定"先欧后亚"的战略方针。1941年6月22日苏德战争爆发当天即宣布援助苏联；7月12日与苏联达成军事协定，规定在战争中联合行动，不与德国单独谈判和。12月7日太平洋战争爆发，次日对日宣战。

杰明·富兰克林在《穷查理年鉴》中说：一个人如果想被历史记住，他或者做一些独特的事情，或者写一些独特的文章。温斯顿·丘吉尔或许是人类历史上为数不多同时符合这两点要求的人：作为20世纪最伟大的政治领袖之一，他于1953年获得了诺贝尔文学奖。

"伟人的特性就是具有留给他所遇见的人以永恒印象的力量。"丘吉尔曾经说过。他说的是他自己吗？他当然不会对自己的地位视而不见。他是少数能真正被称为具有英雄传奇色彩的人物之一。他的一生不仅漫长并且充实而丰富多彩——充满了朋友与敌人，行动、创造与争论、莽撞。有许多人爱他，也有许多人恨他，似乎还有许多人既恨他又爱他。极尽奢华与被宠坏，孩子气与天真烂漫，仁慈又残酷，精明又糊涂，拼命工作、大方高尚又自以为是、决意成为焦点中心：丘吉尔身上具备所有这些元素。他以政治领袖、战争谋略家、最后一个伟大的公众演说家这些成就为人们所记住。

丘吉尔非常喜欢喝酒，每餐必饮。他白天一般喝红葡萄酒，晚餐时要喝一瓶香槟，饭后还要喝波特酒，这之后是白兰地，最后在睡前还要再来一杯马提尼。

他曾经说过,"如果不喝酒,那就不能算是一顿完整的饭"。

丘吉尔是二战时期的一代名将,他和酒之间也有许多小幽默。跟着美食一起来看看丘吉尔与酒的幽默。丘吉尔嗜吸雪茄烟,更喜欢吸烟前把雪茄放在威士忌酒里浸泡一会儿,待到吸了不少的酒,然后再点燃抽。1940年夏天,丘吉尔视察蒙哥马利的部队后,他们一同到一家餐馆进餐,他问蒙哥马利喝什么饮料,蒙哥马利答道:"水。我不喝酒,又不抽烟,百分之百健康。"丘吉尔当即答道:"我既喝酒又抽烟,却百分之二百健康。"

1899年,丘吉尔曾以战地记者的身份随军赴南非采访。他在行李中携带了60瓶酒。

在二战中的一次会议上,斯大林邀请丘吉尔共进晚餐。当时,唯一作陪的是斯大林的翻译。宾主两人大吃大喝到次日凌晨3时。丘吉尔第二天上午醒来时,完全想不起昨晚对斯大林说过什么了。他叫来秘书,口授一封信,信中写道:"我对昨天的晚餐非常满意。按照我的理解,我们讨论了下述问题并达成了协议。"他派人把信送去。一小时之后,斯大林回了信。信云:"您不必为昨晚说的话而担忧,我也醉了。"

关于酒,丘吉尔有一个很著名的举动:他拒绝为了给军队士兵做榜样而戒酒。他还有一句名言:"我从酒中挖掘出的东西比酒从我身上挖掘出的东西要多得多。"

6. 叶利钦——痴迷美酒终不悔

鲍里斯·尼古拉耶维奇·叶利钦,俄罗斯总统。曾历任苏共中央政治局委员、莫斯科市市长、苏联俄罗斯联邦最高苏维埃主席、俄罗斯首任民选总统。叶利钦是位充满争议的政治人物,作为总统他政绩平平,执政时推动市场经济和民主制,却使人民生活水平下降一半以上,国际地位一落千丈,克林顿公开说"俄罗斯人必须抛弃过去的帝国思维,俄罗斯已不再是超级大国,而只是非洲的上沃尔特"。

叶利钦这位曾纵横俄罗斯政坛的风云人物,在退休之后并未消沉黯淡,而是开始了另一种精彩生活。退休后的叶利钦甚至比他当政时更加精力充沛、容光焕发。他坐拥政府拨给的豪华别墅,身旁有助手、医生、厨师为他服务,出行有警车开道,还有政府专机听候调遣,并享受全天候的医疗监护。退休数年来,他频频穿梭于世界各地观光访友,参加各种社交活动,俨然成为全俄罗斯最幸福的老头儿。

叶利钦当总统就十分贪杯,身边的工作人员不时向他的伏特加酒里兑水。退休以后,叶利钦对酒的痴迷不减当年。每到一处,他必定会去当地的酒厂和名酒商店逛一逛。在叶卡捷琳堡观光时,叶利钦不知不觉地走进一家酒品商店。一番垂涎之后，自然不能空手而归，他要了5瓶好酒。

叶利钦在亚美尼亚访问埃里温酒厂时，品尝了该厂酿制的白兰地后，不禁为它的美味而倾倒，喝了又喝，欲罢不能。按照厂里的传统，贵宾可以获得酒厂的馈赠，但赠酒重量只能与客人的体重相当。叶利钦的体重使他得到了该厂有史以来最重的馈赠。另外，厂家还为叶利钦准备了一只装有450升白兰地的大酒桶，桶上挂有"叶利钦"名牌，由当地代为保管。叶利钦只要想喝白兰地，可随时前来享用。

这是叶利钦应亚美尼亚总统的邀请访问该国过程中，在一家名为"埃里温"的白兰地酒厂参观时享受到的特殊待遇。除此之外，酒厂还送给叶利钦一桶以他名字命名的今年才酿制出来的白兰地。

白兰地是亚美尼亚最抢手的出口商品之一，叶利钦品尝的百年白兰地酿制于1902年，据说迄今为止只开封过两次。

酒厂还别出心裁地搞了十分有意思的一幕：叶利钦站在平台天平的一端，另一端则由酒厂工作人员不断摆上一箱一箱的白兰地，直到天平平衡为止。由此，众人得以再次目睹并惊叹叶利钦的体重：130公斤。面对如此珍贵的美酒，71岁的叶利钦还是抵住了诱惑，没有贪杯。在新闻发布会上，叶利钦表示，他目前的身体状况很好。他还透露，正在计划访问所有独联体成员国。但他同时强调："我并不是想重返政坛，我已经做了我该做的，让普京继续努力吧。"在参观酒厂的过程中，叶利钦还发现与他的酒桶相邻的另一桶酒竟然是以他的政敌，前苏联总理尼古拉·雷日科夫命名的。略感不快的叶利钦要求酒厂将自己的酒桶移开。

叶利钦对各种酒都感兴趣。叶利钦夫妇今年拜访了楚瓦什共和国总统费奥多罗夫，后者邀请叶利钦参观一家酒类博物馆。博物馆的出口周围挤满了等候的人群，叶利钦一走出来，人们马上围了上去，期待着他发表一番有关国家政治的重要言论。不料叶利钦竖起大拇指，对人群大声喊道："你们的酒，真好！"博物馆馆员后来告诉记者，叶利钦尝遍馆藏的各种佳酿，对当地生产的"天鹅绒"和"夜夫人"两种酒尤为赞赏。

7. 周恩来——独宠茅台

作为一代伟人，周恩来总理与茅台酒也有着许许多多的故事。

"有佳水能酿出美酒"。深知此理的周总理不但多次详细询问过茅台酒的地理位置、气候、土壤和水质，而且还在1956年和1958年两次指示"茅台河不容污染"。后又派工作组到茅台酒厂作调查。在70年代初的一次全国重要工业会议上，他又强调指出："为确保茅台酒的质量，维护国家民族的荣誉，茅台河上游10公里不准建工厂，不准污染茅台河水。"

在全国第二届评酒会上，茅台酒曾从冠军宝座上跌落下来。1963年秋周总理从国外访问回来得知这一消息后,很快请轻工部部长将参加评选得茅台酒样品带来,亲自品尝后说:"这是新酒,不能代表茅台酒参加评选,只有老窖经过勾兑后检查合格的茅台酒才称的上标准的茅台酒"。最后,他还特别指出:"茅台酒在哪里评下去,你们必须把它从哪里评起来。"

周总理不但为保证茅台酒的质量倾注了心血,而且屡次在外交活动中,智用茅台巧周旋。1964年金秋,周总理与邓大姐在中南海西花厅家中请日本乒坛友人。午餐后,周总理取出两瓶茅台酒赠送给世界乒坛名将松崎君代,对她说:"听说你父亲在制酒业干了好几十年,很辛苦。你回国后,一定要替我向他问个好,并请他尝尝我们的第一名酒——茅台酒。这种酒的度数可能要比你们日本酒要高一些,但却不伤人,味道也是蛮不错的。"一位乒乓名将得到一位国家总理的如此厚爱,松崎君代自然感动不已,连表感谢。

曾有红军一教导营进入茅台镇,长途行军,大家都很疲乏,他们发现茅台镇酒多,便纷纷用来擦脸、洗头、洗脚。由于茅台酒能舒筋活血,消炎祛肿,战士们顿时感到浑身痛快,解除了长途跋涉的疲乏。正当战士们兴高采烈的时候,周恩来到达茅台。他见大家用茅台酒擦脸、洗脚,十分生气,连声批评道:"真是糟蹋圣人!"

周恩来为何说"圣人"二字呢?传说东汉末年,曹操主持朝政,一天,尚书侍郎徐邈在家喝酒大醉,正好曹操派人唤他进朝议事,他躲闪不及,就依仗酒劲儿说:"回禀丞相,臣正与'圣人'议事,不得功夫。"来人一听"圣人",便糊里糊涂地复命去了。曹操也糊里糊涂,没有追问下去。事后,徐邈与友人谈起此事说:"不想'圣人'二字竟然救了我的性命。"从此,"圣人"便成了酒的别名。显然,周恩来同志是借用酒的这个别名批评红军战士。他语重心长地说:"同志们,这是我们国家在巴拿马万国博览会上获得金奖的贵州茅台酒啊!"接着,又给大家讲了有关茅台酒的故事,在场的红军战士无不深受教育。

1950年国庆节,周总理决定用茅台酒作为国宴用酒。可是,在国庆节前夕,偌大的北京城竟连一瓶茅台酒也找不到,周总理十分着急。他要办公厅挂通贵州的电话,亲自电告省委书记苏振华,要他急调一批茅台酒进京。

周恩来会饮酒,酒量不小,但十分节制。在外交场合,周恩来常以酒作为调节、活跃气氛的话题。无论是日内瓦会议,还是尼克松访华……凡举行国宴,周总理都用茅台酒招待宾朋。

1972年2月,美国总统尼克松来华,周总理也是用贮藏了30多年的茅台酒招待。这纯净透明、醇香浓郁的茅台酒将尼克松迷住了。在和尼克松碰杯时,周总理告诉尼克松说,在长征途中,一次他曾喝过25杯烈性茅台酒,若是在肚子里发起热来可不得了!尼克松在美国曾经读过斯诺的《西行漫记》,其中讲到红军在长征途中,攻占茅台镇时,红军将领和战士们畅饮茅台酒的故事。在另一次宴会上,周总理向尼克松介绍茅台酒时说:"比伏特加好喝,饮之喉咙不痛也不上头……"尼克松心悦诚服，也赞扬茅台酒"能治百病"。

电视台工作人员甚至还拍下了周总理与尼克松满脸喜悦用茅台酒干杯的镜头，并向全世界播送，更使茅台酒伴随着这个历史性的"干杯"而名震世界。

在此之前，日本首相田中访问我国，周总理在首都迎宾馆设国宴款待。席间田中首相赞道："茅台酒是美酒，大大的好，世界第一！"

周总理对生产茅台酒的地理条件、气候、土壤和水质也极为关心，曾多次详细询问，并作出过"为确保茅台酒的质量，维护国家民族的荣誉，茅台河上游不准建化工厂，不准污染茅台酒河水"的重要指示。由于周总理的百般关心，茅台河水至今清澈透底，酿出的茅台酒至今名不虚传，保持着原有品质和传统特色，深受国内外饮者喜爱。

第四章 浊酒一杯家万里——酒之典故

1. 折冲樽俎

早在春秋时期，中原各国相互作战，晋国是一个比较强大的国。在一次谋划对齐国的攻打前，晋太公派出大夫范昭出使齐国去探清齐国的形势。

齐景公盛情款待范昭。席间，正值酒酣耳热，大家都有些微醉。正在这时，范昭借着酒劲对齐景公说："大王，能否亲自赏杯酒喝。"齐景公还有点醉意，对左右的人说道："把酒倒在寡人的酒杯里赏给他喝。"范昭接过酒后一饮而尽，并把酒杯归还给齐景公左右的人。宴婴看到后，厉声命令侍臣道："快扔掉这个酒杯，给大王再换一个。"

因为依照当时的礼节，酒席上，君臣应该各用各自的酒杯。范昭故意违反礼节是为了试探齐国各君臣的反应，但是被宴婴识破了。后来，范昭就回国了，回去向晋平公说道："目前攻打齐国不是最好的选择，我试探了齐国君臣的反应，但被宴婴识破了，所以最佳时机还没有到来。我认为齐国有这样的贤臣，现在去攻打，还没有必胜的把握。"

这就是折冲樽俎典故的故事由来。孔子后来在《战国策·齐五策》称赞晏婴的外交说："不出樽俎之间，而折冲千里之外。"

折冲樽俎的意思就是指不使用武力而在酒桌上谈判中制敌取胜。在现在的社会中，主要指一些生意事业在酒席上谈判。

应酬每个人都会有，那么我们应该怎样正确面对。也不知道是谁说的，大部分的生意都是在酒桌上产生的，当然，这句话已经无从考证。不过，如今社会，不抽烟还可以，但要是不会喝酒，就有点悲剧了。谈生意、交朋友、一些聚会party中等等，不会喝酒，就难以生存。

另外酒桌上还有个不成文的习俗，就是"成事在酒桌"，但是喝酒有是有学问的，很多其他方面的问题，是可以在酒桌上解决的，但是"酒"的问题可能就没那么容易解决了，直接点说，生意场上的合作，其他方面可以稍有失误可以用"酒"补救，但如果"酒"的文章没做好，那你的生意可能就谈砸了。

很多生意人的谈判，都是在酒桌上完成的，而酒桌上的菜肴只是附属品，商务宴请在很大程度上都已经失去了原来的意义，变成了一种排场、一种面子、一种投资、一种手段。精于此道的人，不仅做成了生意，积累了财富，也搞好了关系，结识了朋友，一举两得，名利双收。据说，喝酒可以让会谈气氛轻松，溶通感情，使己方处于有利地位。酒不喝到一定的程度，宴会的目的就难以实现。因此，陪酒者一定要有能让客人达到那个度的特殊办法，才能处于主动的地位，才能在宴会这个特殊的商战场合立于不败之地，才能使酒的作用得到有效发挥。

2. 白衣送酒

东晋时候，伟大诗人陶渊明非常喜爱菊花，因为菊花是经历了秋后风霜的磨砺的花卉，它是一种高洁的象征，陶渊明生在那个时代，政治混乱、官吏腐败让陶渊明厌恶官场的黑暗，放弃了为官仕途，毅然辞官归隐，在家种了很多菊花，自己观赏。陶渊明非常喜爱饮酒，由于家境贫穷，不能常得。

有一年，正值重阳节，由于家境贫穷没有钱买酒喝，陶渊明心中烦闷，于是独自一人在门外篱笆边无事踱步地赏菊。正值陶渊明百无聊赖的时候，忽然看见一个白衣男子来拜访，说道："我是奉王弘之命特地来给您送一些薄利，一壶浑酒，望请收纳。"陶渊明心中大喜，正渴望的东西朋友正送来，真是想什么来什么，接过酒饮尽至醉。

这就是陶渊明白衣送酒的故事，现在对自己多指心想事成，对别人雪中送炭。陶渊明心想事成，但这不仅仅是运气，而是陶渊明先生的为人让他结交了更多的朋友，是他人生注定的结果，而现在的人们如果还只想着心想事成，那么，恐怕将一事无成。

每个人的心中都会有个愿望，只要心中多一份预期，前方多一条道路，敢想才敢做，倘若心中连想法都没有，遇到困难就放弃，不去多想一想其他方法或途径，困难就永远不会解决，前方那块拦路石永远不会消失。心中总抱有一份成功的期望，是对自己充满信心的鼓励；避免俗套，敢于创新，心中新奇的想法也许就会成为你进行的另一条路。倘若没有爱迪生对发明电灯的渴望，对光明的向往，又怎会有如今万家灯火，夜如白昼的景象？倘若不是人类有飞翔的欲望，又怎会有太空站的建立，阿波罗登月的壮举？是对未来的一种预期，一种渴望推动人类不断追求，不断进步。

毫无疑问的，陶渊明的白衣送酒是幸运的，对他来说就是雪中送炭。而现代的人们往往大多数是只愿意锦上添花，却不多雪中送炭，这或许是中华民族的劣根性，或者干脆说地球人类的劣根性。

然而，锦上添花，使"锦"更为辉煌灿烂只是情理之中的事，但那些呆在雪地里茫然的耕耘，寂寞的等待，饱受黑暗寒冷围绕的人，是不是更需要关怀照顾，更需要奋起的潜能和机会？这好比赠予一个身价百万的人100元，远远不足赠予一个饥肠辘辘的人几个馒头的意义大。那个身价百万的人获得这100元可能根本不会放在心上，但那个饥肠辘辘的人得到几个馒头却是犹如再拾生命。

然而，事物总是有个新陈代谢，人才也有新旧更替。锦上添花，固然可以烘云托月，赢得一段时期内的辉煌夺目。但若无坚实的后备生力军，将会造成断层。我们在给名人，名家加冕一个个桂冠时，是否也该那些虽然暂时没有发出耀眼光芒，却在努力闪烁的无名小卒给以雪中送炭，使他们获得好的培养液和潜能而茁壮成长，待时机将脱颖而出作"皓月一轮"。那就将会人才辈出，永无凋谢之时，社会进步，国家富强定是指日可待……由此而论，雪中送炭比之锦上添花更为重要。

白衣送酒告诉我们的是心想事成和雪中送炭，而我们要做的是让心想事成成为必然，让雪中送炭成为主流。

3. 金龟换酒

唐朝伟大的诗人李白。初次从蜀地去往京城，当时秘书监贺知章久闻李白的诗名，得知李白来到京城，便立即前往拜访，然后二人来到长安街上一个酒楼喝酒。

酒菜摆上之后，李白手执酒杯，先敬了贺知章三大杯。贺知章素来善饮，如今一气喝下这三大杯，也觉有点经受不起，但这李白连饮三大杯，却似没事一般，只是连声高呼："好酒！好酒！"贺知章见李白如此豪饮，心想此人以后即使做不成诗友，也可做个酒友，心下便有了几分喜欢。

酒至半酣，贺知章开言相问："老朽听说居士之诗，极有才华，不知可否展示一二？"

"哪里！贺大人过奖了。李白写诗，只是率性而为，全无章法，难入大人法眼。诗没带在身边，不过我可以背出几首，请大人指教。"说着，李白就要店小二取来笔墨，下笔如飞，不多时即将这次出川远游时所写的《蜀道难》一诗书毕，呈于贺知章面前。

贺知章见李白此诗，不仅有对大唐壮美山川的尽情赞美，更有对当时藩镇势力日强割据称雄，与朝廷分庭抗礼的深切忧虑，不唯文才出众，更兼忧时傲世，识见过人，此时已十分佩服，只是边看边赞："好！好！绝妙绝妙！妙绝妙绝！竟令我难以置评！"连连干杯。

"大人，酒要醉了！"李白担心地劝道。

不会醉，不会醉！居士此诗，状蜀道之险出神入化，句句都能把人惊出一身冷汗来，句句可作下酒之菜，句句可作醒酒之汤，哪里会喝醉呢？说着，贺知章见桌上之酒已尽，高声叫道："小二，取酒来！"店小二闻声跑来，小心翼翼地回道："大人，酒资已尽了。"

"噢！哈哈！我倒忘了。"说着，贺知章去摸身边，却发觉没有多带银两，酒兴正浓，怎可无酒？他一眼看到身上所佩金龟，连忙解下来，小二，且拿这个换酒来！大人，不可！此乃你上朝必佩之物，怎可换酒？李白连忙劝阻。别管它，酒逢知己千杯少。来，你我且开怀畅饮。居士此诗，怎亏你想得出来，非凡人所能道，直教人疑是谪下凡间之仙人也！贺知章又高高地举起酒杯，来！来！你我一醉方休，莫负今日之会。

李白喝贺知章以酒会友是一段佳话，让世人流传。自古就有以酒会友，朋友之间更是酒逢千杯知己少，和老朋友喝，不醉不归。现在的人们真心朋友本来就很少，酒桌上，互相敬上几杯，说说话，谈谈心，增进友谊，联络感情，开怀大笑，其乐无穷。老朋友，无拘无束，随便而不轻浮；新朋友，彬彬有礼，初识更加尊重。

每一个人对于朋友，都有着自己不同的理解和认识。但是对于朋友的理解，都会有这样一个共识：朋友必出之于"真"，朋友必发自于"诚"。朋友如酒，弥久弥醇。朋友是用时间攒下来的，是经得起时间考验的。真正意义上的朋友，时间越久，情分也随之越深。天下酒虽多，但是真正称得上好酒的却并不多。朋友似酒，不在于多，而贵在精。人们常说：人生难得几个知己，平生有一足愿矣。朋友如酒，可以不必天天在一起，也可以不用经常打电话，不必在意是否经常联络。好酒，天天饮用，既可能因为贪杯而醉，随着时间的推移，也可能因为天天品味而感到腻烦，开始对酒中之醇不以为然，甚至会因此有些厌倦和反胃。朋友之间的相处亦是如此。

关于酒，有这样一句俗语："酒香不怕巷子深。"对于好友，我要说："情真不怕相隔远。"也许双方相隔甚远，因为种种原因，一年甚至几年难得见一次。但是，当自己或对方在忙碌生活的某一地或某一刻，都能彼此记起对方，一个电话、一个短信送去一点问候，或者仅仅从心底道一句："你在他乡还好吗？""希望你现在一切安好！"……不需要太多的言语，没有那么多繁文缛节，更不需要什么挂在嘴边的地久天长的承诺。而当彼此见面的时候就会有太多话想说，却不用太多的言语来表达，因为彼此之间都能感觉到对方的心中想要叙说的事情。

4. 以酒谏酒

春秋战国时期，淳于髡曾是一个犯人，刑满释放后配给私人，招为赘婿。这不是倒插门的养老女婿，而是农奴主为女奴招的男奴配偶，没有人身自由的贱民。而淳于髡虽然身材短小，其貌不扬，但是博闻强记，好学不倦，能够博采百家，学无所主，广纳涓流，丰富驳杂，做到卓立不群，独树一帜，终于被齐威王看中，"立淳于髡为上卿，赐之千金，革车百乘，与平诸侯之事"。

齐威王，是个不爱江山爱美酒的主儿，整天陶醉于酒宴，好为长夜之饮，以致国政荒乱，沈湎不治，诸侯并侵，国且危亡，在于旦暮，群臣心急如火，皆莫敢谏。

由于淳于髡多次以特使身份,周旋诸侯之间,不辱国格,不负君命,他说话威王还是听的,只是不能犯颜直谏,而要发挥他巧言善辩机智幽默的本事,用隐言微语的方法。

一天,齐威王又喝酒了,并约淳于髡同饮作陪。席间,威王问:"听说先生酒量极大,能饮几何而醉?"

淳于髡答曰:"臣饮一斗亦醉,一石亦醉。"

齐王一听,兴致来了:"别逗了,你饮一斗已经醉了,怎么还能再饮一石呢?"

淳于髡说:"大王没听说过吗,喝酒也有天时地利人和。像现在喝酒,有大王在前,执法官于侧,御史立后,臣心揣恐惧,惶惶不安,不过一斗就醉了!"

齐王觉得更有趣了:"那你什么时候能喝一石呢?"

"有朋自远方来,酒逢知己,推心置腹,臣可以饮六七斗,而酒不及乱,不失常态。"

"可是,你还是没有告诉我,你什么时候喝到一石,而烂醉如泥呢?"

淳于髡呷了一口酒,步入正题:"当我参加州府之会,男女杂坐,勾肩搭背,堂上灭烛,杯盘狼藉,君非君样,臣非臣为,似人非人,似鬼非鬼——在这种场合,臣会兴致勃勃,一饮一石呢?"

齐威王一听,好个淳于髡,这不是暗讽我在朝廷大摆酒宴吗,我这是自己挖了坑往里跳呀。还没等他来得及发话,淳于髡又说了:"大王啊,酒极生乱,乐极生悲,万事尽然。臣不想喝一石而烂醉如泥,大王也一定不愿因狂饮而殇国政吧。如果一日饮酒,三日寝之,国治怨呼外,左右乱乎内。上离德行,民轻赏罚,国将不国,君将不君,节制酒宴,势在必行也!"

齐威王听罢,沉思良久,幡然悔悟,罢彻夜之欢,除淫靡之风,令淳于髡做纪委的头头,监督酒宴之事。每宗室置酒,髡必在侧。此后,齐国文有淳于髡辅政,武有孙膑统军,跻身战国列强,而淳于髡也美名传扬于世永载于史。淳于髡以酒谏酒无疑是正确的,齐威王整天饮酒作乐,不顾朝政,带来的不仅是自身利益的损失,更是百姓的苦难。酒固然可饮,不能不饮,但不能多饮,不能滥饮。

在如今社会也一样,很多人都很喜欢喝酒,也有很多人嗜酒如命,但这种不分情况的烂饮导致的是自己身体的损坏以及家庭矛盾的产生。喝酒在有些地方极为普遍,有些人一日三餐,顿顿不离酒。饮酒过度是不良生活习惯,应该改变。

"酒,它柔软如锦缎,锋利似钢刀;它能叫人忘却人世的痛苦忧愁和烦恼,到绝对自由的时空中尽情翱翔;它也能叫人肆行无忌,勇敢地沉沦到深渊的最底处,叫人丢掉面具,原形毕露,口吐真言。"

如今的人们喝酒为了什么?似乎一切事情最后都被酒代替、统管,喝酒已经成为一张"万能牌":助兴时,喝酒;不爽时,喝酒;社交时,喝酒;独处时,喝酒;对一个人好,喝酒;报复一个人,还是喝酒。酒作为一种交际媒介,我们不能就以它为借口而过多饮酒。在交际中，要学会怎样控制自己的酒量，这是对自己负责，同时也是对工作和家人的负责的表现。

5. 醉斩白蛇

在秦始皇当政末期，当时汉高祖刘邦只是一个亭长。在一次往郦山押送普通劳动工人，在路上，很多劳工在路上死了，到了丰西泽中，刘邦将劳工放走，结果只有十来个壮士愿意跟随刘邦。夜中，刘邦喝醉了酒，令一人前行，前行者回报道，前面有一条大蛇阻挡在路上。请求让我们回来。刘邦正在酒意朦胧之中，似乎什么也不怕，说：是壮士的跟我来，怕什么！由是勇往直前，刘邦挥剑将挡路的大白蛇斩为两段，路开通了，走了数里路，刘邦困了，倒头就睡着了。有一老妇人在蛇被杀死的地方哭，有人问哭的原因，老妇人说，有人将我儿子杀死了，有人又问，何以见得你儿子被杀？老妇人说，我的儿子，就是化成为蛇的白帝子，因挡在路上被赤帝子所斩。大家都不相信，正在那时，那老妇人化作一道白烟消失了。后来有人将此事告诉刘邦，刘邦听后暗自高兴，颇为自负。

这就是汉高祖醉斩白蛇的故事。刘邦喝醉了酒，却什么都不怕，这就是酒精的力量。

6. 高阳酒徒

在秦末汉初的时候，有个叫郦食其的人。家境比较贫寒，在乡里做了一个相当于地保的工作。那年当刘邦路过乡里的时候，郦食其碰见了一个在刘邦手下的一个骑兵的老乡。然后，郦食其让那个骑兵向刘邦推荐自己，说可以帮助刘邦铸成大事。那个骑兵向刘邦酒推荐了郦食其，刘邦让郦食其在等候。

那天，郦食其去拜见刘邦。侍卫进去通报了，刘邦问侍卫郦食其是个怎样的人。侍卫回答：看打扮，像个儒生。刘邦历来对儒生有一种偏见，这次听说是一个儒生，便说：我正忙的大事，不见不见。门卫把刘邦的话传给了郦食其。郦食其十分生气，瞪着大眼，啪地一声把剑拨出来："回去，重新说，什么读书人，谁是读书人，你说有一个高阳酒徒求见！"

刘邦见郦食其非同一般之人，便召见了他。两人边喝酒边攀谈，谈得挺投机。后来，郦食其设计攻克了陈留，为刘邦的军队解决了粮草供应，被刘邦封为广野君。郦食其又将其弟郦商荐归刘邦，被刘邦封为将军。楚汉战争中，郦食其说齐王田广归汉，韩信乘机袭击了齐国。齐王以为郦食其出卖了自己，便把他烹死了。

高阳酒徒就是这个故事的由来，后来人们把高阳酒徒这个成语指为好饮酒而狂放不羁的人。

在现代的生活中，像高阳酒徒这样的人有很多，大多都是为人豪爽耿直的人。在古代，酒是文人骚客的至爱。若没有那醇香四溢的酒，哪来李白的不朽诗篇；若没有那浓烈似火的酒，哪会有曹操的雄心和霸气。在今天，用酒来诠释人生。

酒，醇香四溢，就像我们的人生充满着热情和希望，而我们只有热情的拥抱人生，感受人生，才发现生活也如酒一般美味。酒，浓烈似火，就像人生充满着竞争和挑战，在这样一个既充满希望又十分残酷的社会，物竞天择，适者生存。而我们只有在一次次的竞争中，逐渐提升着自己的素质和能力，才能在这个残酷的社会立足。

酒，它蕴藏了悠悠历史沧桑，体味了无尽红尘迷茫，见证了多少英雄豪迈，抚慰了万千儿女情长……它的魅力是鉴者眼中的晶莹，是智者心中的独清，是饮者嘴中的香醇，是醉者心中的宁静。

人生就像品尝一杯酒，蕴含着无穷的玄机。不懂得生活的人会把酒一口喝尽，这样也只喝到了酒的辣味，却没有品出酒的甘甜。而懂得生活的人会一口一口的慢慢品尝，就像人生的路是一步一步走过来的，品尝到了生活的万千滋味。

人生得意须尽欢，莫使金樽空对月。抒心的酒千杯不醉，皆因一个"乐"字。乐在好友重逢。所谓酒逢知己千杯少，醉翁之意不在酒。酒，总会让你感动，心情好的时候，酒把气氛烘托得有如锦上添花，美酒抒心，千杯不醉；心情不好的时候，酒会体贴周到，让你三杯两盏便沉沉漉漉，不愿清醒，却已醒悟……

通常，我们把喝酒说得斯文一点，就说饮酒。生活要有情趣，就不能少了酒。自从仪狄杜康造出酒以来，人们凡爱酒者没少喝酒，也出现了不少因酒而感慨生活者，感叹人生者，感恩亲友者，为人豪爽者。

为人豪爽者喝酒酣战淋漓，如同武士，酒过三巡，菜过五味之后，人们的大脑都有些兴奋，话语渐渐增多。于是觥筹交错，杯来瓶往进行激战，初相识要好事成双，哥俩好要感情深一口闷，有瓜葛要以酒释前嫌，甚至有人说酒风就是作风。总而言之，不管和谁都有喝酒的理由，好像一切真的都在酒中，这部曲就像是一场混战，个个侠肝义胆，个个像武士要拼死疆场一样一往无前，要不是酒中融入了武士的血怎有如此的激情。

7. 饮酒要高唱《大风歌》

"大风起兮云飞扬，
威加海内兮归故乡，
安得猛士兮守四方？"

刘邦平定天下后，回到故乡沛县，邀请旧日好友一起饮酒庆祝，喝到醉醺醺的时候，刘邦一面击筑，一面唱这首《大风歌》。前两句诗气魄豪壮，雄迈飞扬，充分表现出一代英雄志得意满,意气风发的气概。后一句诗表达了刘邦要巩固他的统治,急须招揽人才的心情,依据史书记载,刘邦唱此歌时"泣下数行",可见他情绪十分激动。

不难想象,没有悲剧就没有悲壮,没有悲壮也就没有了英雄!刘邦他是中国历史上第一位布衣皇帝,是中国历史上的一个传奇的英雄。当秦末天下大乱、群雄逐鹿中原之际,刘邦"以布衣提三尺剑取天下"。刘邦是以善于用人著称于史。他初登帝位时,对群臣自述得天下的原因,得出的结论是三个"不如"。他说:"运筹帷幄之中,决胜千里之外,吾不如子房;填国家,抚百姓,给饷馈,不绝粮道,吾不如萧何;连百万之众,战必胜,攻必取,吾不如韩信。"他接下去又说:"三人皆人杰,吾能用之,此吾所以取天下者也。"关键在于"吾能用之"为原则,以"取天下"为目的。刘邦用人的奥秘,在于他不仅善于发挥人才的长处,还能够抓住他们的弱点加以控制,当发现他们功高震主,威胁自己的统治,不再有利用价值的时候,就必先除之而后快。于是乎就有了"狡兔死,走狗烹;飞鸟尽,良弓藏"的文字。所以就直接导致韩信、彭越等悲愤丧命的结局。

饮酒的男儿是雄浑豪迈的。蜀地巴将军,鲸吞豪饮,横刀立马,一刀一酒,无敌天下。岳飞将军饮酒论剑,驾长车,挥长缨,直捣黄龙。喋血疆场的将士们,"醉卧沙场君莫笑,古来征战几人回?"饮酒的男儿,立身堂堂,壮怀凛凛,多几份豪迈,多几肝胆。

饮酒的男儿飘逸疏野的。会稽山,兰亭畔,竹林中,曲水流觞。王羲之酒酣意畅、神采飞扬,蚕茧纸、鼠须笔,《兰亭集序》。饮酒的男儿如此的飘逸,怡然,以至使后人陈子昂"前不见古人,后不见来者,念天地之悠悠,独怆然而涕下。"

饮酒的男儿是潇洒不羁的。览尽江河的诗人李白潇洒不羁,"兰陵美酒郁金香,玉碗盛来琥珀光"、"钟鼓馔玉不足贵,但愿长醉不愿醒。"杜甫老人家也"白日放歌须纵酒,青春做伴好还乡"。饮酒男儿疏狂随意,纵流水行云,亦失颜色。

饮酒的现代男儿在艰难世事中打拼,商场上,仕途中,举杯间运筹帷幄,豪饮中决胜千里。此时酒已经融进了血液,成为了人的内涵,成了一种精神,一种品格。酒伴着男人超越自我,释放激情,恢弘志向。酒与失德无系,君子坦荡,饮酒更加豪迈,小人戚戚其龌龊与酒无关。真正男儿的酒,醉而不沉,醒而微醺,七分化成月光,剩下的三分啸成剑气,绣口一吐就是半个盛唐。

倘若这世上没有酒,生活便失去了色彩。快乐的时候,拿酒来畅饮三杯,让快乐升华;郁闷的时候,拿酒来一饮而尽,醉在痛苦中,醒来又是美好的一天。酒真是好东西。可以壮胆,可以解忧,可以解乏,可以活跃气氛,还可以使平素道貌岸然的人绽出笑脸,沉默寡言的人滔滔不绝。

饮酒同喝茶一样,讲的是心情。在晴朗的秋日,东篱菊黄、遍野稻香的时候,和三两位情投意合的好友一起,在农家的小院里摆上两碟精致的小菜,一边小酌一边低谈,让闲适恬淡的心情融入到风轻云淡的自然美景之中。或者在飘雪的冬夜,和爱人围着一炉红红的炭火,做上两个家常菜,慢慢地对饮,慢慢品尝爱的滋味,温暖的感觉一定会弥漫到你和他的心里。

8. 中国古代八大酒局

(1) 八大酒局之第八:醉打金枝

醉打金枝是"酒壮怂人胆"的典型例子。与醉打金枝相关的酒局实际上是一次家宴。醉打金枝的故事讲的是唐朝名将郭子仪的儿子郭暧在家宴后,借酒壮胆而痛打老婆升平公主的故事。

(2) 八大酒局之第七:贵妃醉酒

贵妃醉酒历来被公推为中国传统四大美人图之一。在此次酒局中,杨贵妃美中见醉,醉中见美,与太监宫女们演了一出好戏。这是八大酒局中唯一的美人酒局,而且是唯一以女子为主角的酒局,所以不可不选。

(3) 八大酒局之第六:杜康美酒醉刘伶

和杨贵妃一样,西晋刘伶在酒后也经常失态,但与杨贵妃不同的是,刘伶的酒后失态不是酒后乱性,似乎刻意而为,以示其雅致高格,与众不同。刘伶每次大醉后,喜欢在大道上裸奔,还自称以天为衣被,以地为床第。他是当时的名士,名气太大了,一举一动都备受瞩目,时人不但不斥责他这种有违传统的做法,反而称赞他这种行为是名士风流,是"率真","潇洒","有个性"的表现。

(4) 八大酒局之第五:东晋新亭会

西晋末年,中原经过八王之乱和永嘉之祸后,北方大片土地落入胡人之手。北方士家大族纷纷举家南迁。南渡后的北方士人,虽一时安定下来却经常心怀故国。每逢闲暇他们便相约到城外长江边的新亭饮宴。名士周顗叹道:"风景不殊,举目有江河之异。"在座众人感怀中原落入夷手,一时家国无望,纷纷落泪。为首的大名士王导立时变色,厉声道:"当共戮力王室,克服神州,何至作楚囚相对泣邪!"众人听王导这么说,十分惭愧,立即振作起来。

当年在洛水边,名士高门定期聚众举办酒会,清谈阔论,极兴而归,形成了一个极其风雅的传统。此时众人遥想当年盛况,不由悲从中来,唏嘘一片。王导及时打消了北方士人们的消极情绪。这便是史上非常著名的新亭会。

(5) 八大酒局之第四:三国江东群英会

那年,周瑜正在喝将领们议事,听闻蒋干来访。当即命众将依计行事,然后摆下宴席。并禁止在席间谈论曹操与东吴军旅之事。周瑜曰:"吾自领军以来,滴酒不饮;今日见了故人,又无疑忌,当饮一醉。"说罢,大笑畅饮。座上觥筹交错。接着周瑜领蒋干参观了东吴军营的精兵强将。蒋干被周瑜的实力气势和功成名就震慑了，倒也不敢提说服周瑜投降的事。

(6) 八大酒局之季军：青梅煮酒论英雄

一天，刘备正在浇菜，曹操派人请刘备，刘备只得胆战心惊地一同前往入府见曹操。曹操不动声色对刘备说，"在家做得大好事！"说者有意，听者更有心，这句话将刘备吓得面如土色，曹操又转口说，你学种菜，不容易，这才使刘备稍稍放心下来。曹操说，刚才看见园内枝头上的梅子青青的，想起以前一件往事（即"望梅止渴"），今天见此梅，不可不赏，恰逢煮酒正熟，故邀你到小亭一会。刘备听后心神定定。随曹操来到小亭，只见已经摆好了各种酒器，盘内放置了青梅，于是就将青梅放在酒樽中煮起酒来了，二人对坐，开怀畅饮。酒至半酣，突然阴云密布，大雨将至，曹操大谈龙的品行，又将龙比作当世英雄，问刘备，请你说说当世英雄是谁，刘备装作胸无大志的样子，说了几个人，都被曹操否定。

曹操此时正想打听刘备的心理活动，看他是否想称雄于世，于是说："夫英雄者，胸怀大志，腹有良谋，有包藏宇宙之机，吞吐天下之志者也。"刘备问，谁能当英雄呢？曹操单刀直入地说："当今天下英雄，只有你和我两个"！刘备一听，吃了一惊，手中拿的筷子，也不知不觉地掉落地下。正巧突然下大雨，雷声大作，刘备灵机一动，从容地低下身拾起筷子，说是因为害怕打雷，才掉了筷子。曹操此时才放心地说，大丈夫也怕雷吗？刘备说，连圣人对迅雷烈风也会失态，我还能不怕吗？刘备经过这样的掩饰，使曹操认为自己是个胸无大志，胆小如鼠的庸人，曹操从此再也不疑刘备了。

(7) 八大酒局之亚军：汉初鸿门宴

鸿门宴简直是一部高潮迭起、扣人心弦的现代电影。太史公就是这部电影的编剧。他的《史记》在细节方面的描述十分精彩，从项羽和刘邦的出场、退场，到席间各种人物的对话、神情、动作，甚至座位的朝向，都交代得一清二楚。整个鸿门宴的过程，跌宕起伏，险象环生。

(8) 八大酒局之冠军：盛唐饮中八仙长安酒会

虽然历史上没有这"饮中八仙"齐聚一堂的明确记载，但盛唐时各种酒会盛行一时，参与者甚众。这"饮中八仙"，都是当时的名人，或同朝为官，或诗文相交，或意气相投，名人一向喜欢扎堆，他们八个聚在一次酒局的可能性就非常大。这种聚会，可能在白天，也可能在夜晚；可能在秋雨绵绵中举杯把盏，也可能在春雷阵阵里开怀痛饮。总之，曾经有过这么一次潇洒快活的神仙酒局，杜甫用诗把这种场面记录下来并传于后世。

第五章　却忧前路酒醒时——酒与健康

1. 饮酒十忌

一忌饮酒过量，猛烈饮酒，一饮而尽的喝酒方式使体内的酒精含量增加。

二忌空腹饮酒，这样会直接刺激消化道黏膜，带来危害。

三忌酒后看电视，尤其老年人更加应该注意。因为酒中含有的甲醇，饮酒后使视神经萎缩，这个时候看电视容易损伤眼睛。

四忌酒后立即服药，特别是镇静剂一类的药物。

五忌饮酒后立即运动。很多人喜欢酒后健身，通过打网球、台球、保龄球等，认为这样既让身体得到锻炼又能起到"醒酒"的作用。其实，酒后立即运动对身体有害无益，酒精具有抑制心肌收缩的作用，它会使每次心跳时心脏泵出的血液量减少，从而造成心跳加速，血液循环量加快，而运动本身会增加心肺等脏器的负担。因此，无论身体多么健康，酒后运动都可能引起不容忽视的严重后果。

六忌饮酒时吃咸鱼香肠。饮酒时最好的下酒菜是高蛋白和含维生素多的食物，如新鲜蔬菜、鲜鱼、瘦肉、豆类、蛋类等。而像咸鱼、香肠、腊肉之类，都是属于熏腊食品，其中含有大量色素与亚硝胺，会与酒精发生反应，不仅伤肝，而且损害口腔与食道黏膜，甚至有诱发癌症的危险。

七忌睡前喝葡萄酒。法国的塞卢兹·鲁诺教授——红葡萄酒的著名的研究专家说，红葡萄酒在就餐时喝对人体有益，但睡觉之前就尽量不要喝红葡萄酒，因为红葡萄酒虽然有助于进入睡眠，但是妨碍睡眠质量。尤其是如果在没有睡意的情况下喝红葡萄酒，结果就会导致失眠。

八忌酒与含热量饮料混合食用。将酒与热量饮料混合在一起，这种喝法变的越来越流行，如 RedBull。但是，巴西研究人员报道说，这种混合物会影响人的清醒意识。尽管喝过 RedBull 酒的人说，喝酒后会解除疲惫，并且感到很快乐，但是实际上这种混合酒严重影响了人们的判断力。耶鲁大学医学院公共健康与防治中心副教授 DavidL. Katz 说，"一个人清醒时，警觉性较高，不容易出事故。但是如果协调能力及反应力受到损害，那么就会影响判断的正确性，从而造成车祸。"因此，为了您的健康，不要做这种比较"流行"的尝试，健康饮酒，让您的身体更棒。

九忌冬泳前后饮酒。众所周知饮酒之后会加速血液循环，所以饮酒后全身发热。有人因此认为下冷水前喝点酒来保暖，其实这是非常有害的。酒精只能暂时性扩张血管，增加一点温暖感，但要知道，同时也会使体温散失加快，还会破坏用冷水锻炼身体的效果。

另外，酒精对中枢神经系统有麻痹作用，会影响心脏的正常功能。下水前喝酒，可能会出现呕吐、头晕、发冷、痉挛，严重的会休克，游泳以后喝酒会使这种情况加剧，因此冬泳前后必须忌喝酒。

十忌用塑料制品储存酒。塑料的原料是合成树脂，在制作过程中要添加塑剂、稳定剂等。大家都知道添加剂有些是有毒的。这些有毒物质与酒接触之后，会逐渐被溶解入酒中，人喝了便对身体产生危害。因此，不宜用塑料桶贮存酒！

2. 饮酒四佳

饮酒是有许多讲究，讲究口味、情趣、心情等等，而符合饮酒的四个最佳条件是：

（1）最佳种类

酒有白酒、啤酒、果酒之分，从健康角度看，当以果酒之一的红葡萄酒为优。据研究人员介绍，红葡萄酒中有一种植物色素成分，因此爱饮红葡萄酒的法国人的寿命平均都很长寿。红葡萄酒中的植物色素成分具有抗氧剂与血小板抑制性的双重"身份"保护血管的弹性与血液畅通，它可以源源不断地向心脏提供血液，常饮红葡萄酒患心脏病的几率很低。

（2）最佳时机

每天下午两点以后饮酒较安全。有研究表明，上午人体的胃中分解酒精的霉－酒精脱氢酶浓度低，饮用等量的酒，上午更易吸收，会使血液中的酒精浓度升高。对肝、脑等器官造成较大伤害。此外，空腹、睡前、感冒或情绪激动时也不宜饮酒，尤其是白酒，以免心血管受害。

（3）最佳饮量

人体肝脏每天能代谢的酒精约为每公斤体重1克。也就是说，如果一个人60公斤体重，他每天可以摄入的酒精量在60克以下。低于60公斤体重者应相应减少，最好掌握在45克左右。而以此标准换算成各种成品酒应为：60度白酒50克、啤酒1公斤、威士忌250毫升。红葡萄酒虽有益健康，但也不可饮用过量，以每天2至3杯为佳。

（4）最佳下酒菜

空腹饮酒是很损伤身体的，选择合适的下酒菜既可饱口福，又可减少酒精之害。从酒精的代谢规律看，最佳下酒菜当推高蛋白和含维生素多的食物。注意，切忌饮酒时同时食用咸鱼、香肠、腊肉，因为这些熏腊食品含有大量色素与亚硝胺，与酒精发生反应，严重伤肝、损害口腔与食道黏膜，而且可能会诱发癌症。

3. 五花八门解酒术

你知道吗？一般酒精在胃里时就会被血液带进循环系统，当人体肝脏系统解酒速度弱于酒精摄入速度时，血液酒精浓度增加，人就会醉酒，在另一个方面，肝脏也会受损。

解酒的方法有好多种，最好的解酒方法是事前防范，具体方法如下：

（1）RU21 安体普复合片

目前全球防止醉酒、保持头脑清醒的最好的食品，据说是前苏联特务组织"克格勃"间谍们出色完成任务的贴身保镖。

（2）牛奶或酸奶（优质蛋白芬类亦可）适量

于酒前半小时服用，牛奶或酸奶在胃壁形成保护膜，减少酒精进入血液达到肝脏。

（3）维生素 B6 解酒

维生素 B6 的能够促进新陈代谢，加强解酒速度。

在维生素中，和肝脏有较密切关系的是 B 族维生素。它包括维生素 B1、维生素 B2、维生素 B6、维生素 B12、烟酸、泛酸、叶酸等。这些 B 族维生素是推动体内代谢，把糖、脂肪、蛋白质等转化成热量时不可缺少的物质。如果人体缺少维生素 B，则细胞功能马上降低，引起代谢障碍，这时人体会出现怠滞和食欲不振。相反喝酒过多等导致肝脏损害，很多时候是和维生素 B 缺乏症并行的。因此酒精性肝炎和脂肪肝等的治疗，可以采用补给大量维生素 B，来修复肝功能紊乱。另外喝酒之前先食用油质食物，如肥肉、肘子等，或饮用牛奶，利用食物中的脂肪不易消化的特性保护胃部，以防止酒精渗透胃壁。

下面向您介绍一些比较实用的解酒方法，以供用时之需。

（1）将大白菜帮洗净，切成细丝，加些食醋、白糖，拌匀后腌制 10 分钟后食用，清凉、酸甜又解酒。

（2）取荸荠 10 多只洗净捣成泥状，用纱布包裹压榨出汁饮服，此法最适宜于饮高粱等烈性酒醉者。

（3）取雪梨 2 至 3 个洗净切片捣成泥状，用纱布包裹压榨出汁饮服。

（4）用绿豆、红小豆、黑豆各 50 克，加甘草 15 克，煮烂，豆、汤一起服下，能提神解酒，缓解酒精中毒症状。

（5）将洗净除皮的甘蔗，切成小段榨汁饮用，有解酒作用。

（6）中药葛花 30 克加适量水，煎汤饮服，解酒效果尤佳。

（7）取适量芹菜洗净切碎捣烂，用纱布包裹压榨出汁饮服，此法可解酒醉后头痛脑胀、颜面潮红等症。

（8）醉酒时用酸醋或陈醋 60 克、红糖 25 克、生姜片 5 克，加水适量，煎后饮服。

（9）用生白萝卜 500 克，洗净榨汁，代茶饮服，每次一杯，饮 2 次至 3 次，有解酒和消酒气的功效。

（10）浓米汤里含有多种糖及 B 族维生素，有调和解毒醒酒之功效；如加适量白糖效果更好。

（11）饮酒前喝点牛奶，可使蛋白凝固，缓解酒精在胃内吸收，并有保护胃黏膜的作用。

（12）将生鸡蛋清、鲜牛奶、霜柿饼煎汤，可消渴、清热、解醉。

（13）饮酒过量轻度酒精中毒患者，立即吃香蕉 3~5 个，可清热凉血，润肺解酒。

（14）饮酒过量恶心呕吐者，立即口服 VC 片 6~10 片。VC 有清除血中酒精之作用。

（15）酒醉后感到恶心呕吐时可取一小块生姜含于口内，可止呕吐。

（16）豆腐作下酒菜有很多好处。因为豆腐中半脱氨酸是一种主要的氨基酸，它能解乙醇的毒性，食后可促进酒中的乙醇迅速排泄。

（17）醋渍杨桃 1 个，加水煎服，可用于醒酒。

（18）饮用酒精过多可引起酒精中毒，可将藕切成薄片 100~200 克，放入滚水中一会儿，捞出放入少量白糖搅拌，待凉后一次食完。若中毒严重昏迷不醒，可用 100~200 毫升的凉藕汁灌服。

4. 中药解酒

所谓饮酒畅快、醉酒难受，这话说的一点也不假，很多喝酒过量的人醉酒之后总是难受地说："以后再也不喝了。"但毕竟这也是解决不了醉酒的痛苦的，有效的解酒方法才是醉酒者的最佳选择，在此向您推荐几种中药解酒方法，以备急时之需。

枳椇子

枳椇子含有丰富的葡萄糖及苹果酸钙。解酒止呕，止渴除烦，祛风通络，通利二便，醒酒安神。主治饮酒过度所致的胸膈烦热，头风，口渴心烦等病症。民间有"千杯不醉枳椇子"的称号。

关于枳椇子的醒酒疗法还有这样一个故事，据《苏东坡集》中记载：苏东坡的一个同乡揭颖臣因长期喝酒得了一种饮食倍增、小便频数的病。久治不好，这样反复几次使病情变得越发严重。后来苏东坡向他推荐了一个名叫张肱的医生，张肱诊后认为慢性酒精中毒。于是张肱用醒酒药为他治疗，多年痼疾就此痊愈。张肱所用的一味主药就是"枳椇子"。苏东坡于是记录下了这个小医案，还常以枳椇子作为醒酒良药向友人推荐。

祖国医学专著中称，枳椇子性平、味甘酸，入脾、肺二经，主治酒醉、烦热、口渴、呕吐、二便不利，有显著的利尿除酒毒作用，是一种解酒良药。现代医学研究表明，枳椇子含葡萄糖、果糖、硝酸钾、过氧化物酶等。枳椇子及其复方能显著降低乙醇在血液中的浓度，促进乙醇的清除，消除酒后体内产生的过量自由基，阻碍过氧化脂质的形成，从而减轻乙醇对肝组织的损伤，避免酒精中毒导致各种代谢异常，诱发各种疾病。此外，枳椇子还是消化人体过多脂肪的保健果品，常吃可以减肥健美。

葛根

葛根具有抗酒精引起的肝和睾丸组织脂质过氧化损害，有人认为也可以作为解酒药物。葛根含大豆甙，它能分解乙醛毒性，能阻止酒精对大脑抑制功能的减弱；能抑制肠胃对酒精的吸收，促进血液中酒精的代谢和排泄。美国人在用葛根黄酮治疗酒精中毒的临床研究中，取得了很好的疗效。

《本草纲目》载：具清热、降火、排诸毒功效；《千金方》载：治酒醉不醒；《药性论》载："治天行上气，呕逆，开胃下食，主解酒毒，止烦渴；治胃虚热渴，酒毒呕吐。"葛根味甘微辛，气清香，主入脾胃经，解表退热，解酒毒，调节人体机能，增强体质。

紫葛花

紫葛花又名葛藤花，是一种名贵的中药材。具有清热解毒，分解酒精的作用，同时还具有健胃，护肝等功效。《滇南本草》等多部药典记载："治头晕，憎寒，壮热，解酒醒脾，酒痢，饮食不思，胸膈饱胀，发呃，呕吐酸痰，酒毒伤胃，吐血，呕血，消热。"取葛花30克，水煎服，解酒效果甚佳。

人参

人参对乙醇的分解作用十分有效，它可以缩短乙醇麻醉的持续时间和加快恢复正常的时间，还能降低血清中 GOT、GPT、ALP 和胆红素等含量，而且能增加与乙醇代谢有关的醇脱氢酶和醛脱氢酶的活性，同时将代谢所产生的有毒物质乙醛迅速地排出体外，合成氢参与皂甙从而有效地保护乙醇中毒的肝脏。

灵芝

灵芝性甘，平。归心、肺、肝、肾经。能补心血、益心气、安心神。

灵芝对多种肝脏损伤有保护作用。无论在肝脏损害发生前还是发生后，服用灵芝都可保护肝脏，减轻肝损伤。灵芝能促进肝脏对毒物的代谢，对于中毒性肝炎有确切的疗效。灵芝可明显消除头晕、乏力、恶心、肝区不适等症状，并可有效地改善肝功能。

桑椹

别名桑果、桑椹子等，始载于《新修本草》。其性寒味甘，入心、肝、肾经，具有滋阴补血、润肠通便，以及解酒的作用。《本草纲目》谓其捣汁饮，能解酒中毒。本品可治眩晕、失眠、消渴、便秘，及风湿关节炎。

高良姜

别名风姜、良姜、始载于《名医别录》。味辛性温，人脾、胃经。具有散寒止痛，温中止呕的功效。《大明本草》有治转筋泻痢、反胃呕食，解酒毒，消宿食的记载。治饮酒太过，身寒呕逆，取本品 10～15 克，煎服。若寒甚，可与法夏、生姜、香附同用。

现代用于解酒的产品中，也有很多运用了以上的多种珍贵草本配方，经现代科技萃取精华而成，经过提纯更提高了草本药物的效果，而且服用简单方便，无副作用，有些产品还能清除体内沉积多年的酒毒，受到众多经常喝酒人士的青睐。

白茶片（藤茶）

当人体体内的酒精过量，超过人体肝脏的代谢能力和解毒能力时，酒精就会对肝细胞产生或大或小的损害、刺激脂肪合成、缺氧、产生乙醛而诱导各有关酶系活性而导致扰乱肝脏代谢等等。引起一系列临床症状，导致酒精性肝炎、脂肪肝、肝纤维化以致肝硬化甚至肝癌等的发生。另外，乙醇的代谢物乙醛，是造成酒后第二天头昏和恶醉的主要原因，是给肝脏带来损害的主要物质。

白茶片富含的二氢杨梅素等黄酮类天然物质可以保护肝脏，加速乙醇代谢产物乙醛迅速分解，变成无毒物质，降低对肝细胞的损害。另外，二氢杨梅素能够改善肝细胞损伤引起的血清乳酸脱氢酶活力增加，抑制肝性 M 细胞胶原纤维的形成，从而起到保肝护肝的作用，大幅度降低乙醇对肝脏的损伤，使肝脏正常状态迅速得到恢复。二氢杨梅素还具有起效快，作用持久等特点，盟军白茶片是保肝护肝，解酒的良品。

5. 世界各国解酒高招

也许你还不知道，解酒的方法是五花八门，不仅有偏方、有中药、西药和食疗方法，而且在不同的国家也有不同的方法。

中国：中国酒文化不仅历史悠长，而且解酒的产品、方法也有许多，有水果如西瓜汁、白菜等解酒方法；有药物如葛根葛花等解酒方法等。现在很多人为了方便都会选择食用九省功能性食品，效果明显，没有副作用，而且购买、服用都比较简单、快捷，更符合现代人的生活和工作的方式和特点。

埃及：不拘小节的埃及法老喝醉之后躺倒在煮熟的白菜上，而整天在大海里穿行的水手都说，只需喝下一杯咸海水便能解除宿醉之苦。

德国：德国人和斯堪的纳维亚半岛人则认为只要用加上葱和浇上酸牛奶以及酸奶油的醋渍鱼做下酒菜，喝上两三杯啤酒便可解酒。

斯堪的纳维亚：斯堪的纳维亚半岛特别流行以鲱鱼加上甜菜和沙拉油做成的色拉做喝啤酒时的下酒食物，他们这样做还有一定的科学道理，因为醉酒的人难受主要是因为身体脱水，而啤酒中的95%都是水。

挪威：挪威人醉酒后习惯立即喝一大杯浓浓的炼乳，这主要是因为油脂可以帮助调整好体内中毒部分的功能，使遭了大罪的胃能蒙上薄薄的一层保护膜。

日本人出于同样的目的，喝高了之后便吃香蕉，英国人则强迫自己吃一盘粘糊糊的燕麦粥。

法国：对饮食比较有讲究的法国人通常喝下一盘浮着一层油的葱汤，意大利人则是吃下一盘只加番茄酱而不加任何肉、葱和油脂的通心粉。而瑞士人往往是喝下一小杯加几滴薄荷酊的白兰地。

匈牙利：匈牙利是个只有1000万人口的小国，这个国家每年销售一种回冒汽的饮料片2亿枚。这种饮料片是一种具有水果味的维他命C片，具有提神醒酒的作用。世界上的很多国家都选择用柑橘汁当醒酒药物，纯汁加酒、咖啡和可口可乐。

美国：美国人喜欢早上醒来后喝半加仑（相当于两升）的葡萄柚汁，然后再睡觉，这在其他国家很少有人喝下这么大量的饮料后还能睡很长时间。另外，美国最普及的醒酒药物还有各种各样的鸡尾酒，尤其是一杯番茄汁加50克龙舌兰酒的血玛丽。很多纽约的酒吧老板对于醉酒也称得上是行家高手。他们通常会建议你空腹吃下两块煎得半生不熟的带血牛排（如果能吃生肉，效果更佳），嚼上一瓣蒜，吞下3块冰，吃下一整只炸鸡雏，然后躺下睡觉，床头再摆上6杯普通饮用水，上好闹钟，每小时喝一杯水。

泰国：在泰国，喝醉酒的人早上起来要喝一碗又辣又烫的汤面。欧洲人喝用蒲公英的根煎成的茶水，这种茶水味苦却相当有效。蒙古人向来以强壮、勇猛著称，他们醉酒后早上要喝一碗里面漂着醋渍羊眼睛的番茄汁，这在别的民族恐怕就不大敢试了。

东南亚：东南亚人解酒用针疗，亚洲人用大拇指按手掌心来解除恶心和头疼之苦，反复3-4次，每次持续1分钟，然后换另一只手掌。

6. 科学饮酒，健康长寿

很多对酒有了解的人都知道，酒可以起到安神镇静、增加兴奋的作用，它直接对食道和胃壁产生刺激反应，反射地刺激大脑，从而使血液循环恢复正常，起到恢复意识的作用。因此酒有的时候被当作百药之长，饮用适量的酒有利于扩张皮肤血管，使人皮肤发红而有温暖感，起到医疗保健作用。酒可以帮助人体发汗，以治"寒痰咳嗽"，酒还具有良好的可溶性，能溶解许多难溶或不溶于水的物质，所以人们常用酒来浸泡中草药，炮制药酒和补酒。从上述这些关于酒的特点我们可以看出酒具有很多优点，甚至可以说在一定程度上，人体的长久健康离不开酒，但是要注意的是，凡事物都有两面性，饮酒需要掌握科学的规律，才有助于健康。

第一,饮酒要适时、适量。在愁闷之时,有人往往借酒浇愁,殊不知,喝闷酒最伤身。人在情绪异常时,机体各系统的功能都处于低下状态,此时"举杯消愁愁更愁"。还有人把喝酒当作暖身的一种手段,实际上,以酒御寒是达不到目的的。"暖和"只是暂时的,相反,由于酒精很快把体内的大量热量带到体表散掉,会使人感到更加寒冷。另外因为酒中含有对人体有副作用的微量成分,这些微量成分有的是原料带来的,有的产生于发酵过程当中。主要有杂醇油、醛类和甲醇。杂醇油能使人的神经系统充血,产生头痛,其麻醉能力比酒精强,并且在人体内的氧化速度慢,在身体内停留的时间也较长。这也是饮酒要自我节制,不能嗜酒贪杯的重要原因之一。

第二,不能贪便宜喝劣质酒,要尽量喝正规厂家有质量保证的优质酒。酒中的有害成分与酒的品质有关,好品质的酒才能买了放心,喝着舒心。比如二锅头酒因生产工艺独特,价格低,质量优,酒体强劲,入口醇,后味较长,很多人对它情有独钟,被誉为老百姓当家酒,在国外也享有盛名。

其实总而言之,饮酒最重要的就是适量,正如元代御膳太医忽思慧所言:"酒味苦甘辛,大热有毒,主行药势,杀百邪。去恶气,通血脉,厚肠胃,消忧愁。少饮尤佳,多饮伤神损寿,易人本性,其毒甚也。醉饮过度,丧失之源。"因此只要人们饮而有节,喝而有度,健康就会长相伴,美酒就能随时尽情品尝。